Unternehmens-gründung

Von
Univ.-Prof. Dr. habil. Thomas Hering
und
Dr. Aurelio J. F. Vincenti

Stiftungslehrstuhl für Betriebswirtschaftslehre,
insbesondere Unternehmensgründung und
Unternehmensnachfolge
Fern-Universität in Hagen

R. Oldenbourg Verlag München Wien

Bibliografische Information Der Deutschen Bibliothek

Die Deutsche Bibliothek verzeichnet diese Publikation in der Deutschen
Nationalbibliografie; detaillierte bibliografische Daten sind im Internet
über <http://dnb.ddb.de> abrufbar.

© 2005 Oldenbourg Wissenschaftsverlag GmbH
Rosenheimer Straße 145, D-81671 München
Telefon: (089) 45051-0
www.oldenbourg-verlag.de

Gedruckt auf säure- und chlorfreiem Papier
Gesamtherstellung: Druckhaus „Thomas Müntzer" GmbH, Bad Langensalza

ISBN 3-486-57661-5

Vorwort

Erst seit wenigen Jahren gibt es die Unternehmensgründung als betriebswirtschaftliches Studienfach an Hochschulen. Daher kann es nicht verwundern, daß sich für diese junge Disziplin noch kein allgemein akzeptierter Lehrkanon herauskristallisiert hat. Ebensowenig existieren weithin anerkannte Standardwerke oder auch nur einmütige Definitionen der zentralen Begriffe des Fachs. Nicht einmal die groben inner- und interdisziplinären Grenzen dieses sich mit dem Unternehmertum befassenden Forschungsgebietes sind auch nur annähernd klar abgesteckt. Auf dem Feld tummeln sich Betriebs- und Volkswirte, Ingenieure und Informatiker, Geographen und Juristen, Psychologen und Soziologen, Theoretiker und Praktiker nahezu jeder Couleur. Dementsprechend vielgestaltig sind die jeweils unter der Gründungsüberschrift vertretenen Ansätze. Es bleibt nicht aus, daß die wissenschaftliche Herkunft der Autoren auch die Brille erklärt, durch die sie – zumindest schwerpunktmäßig – den ausgedehnten Themenkomplex „Gründungsforschung" betrachten.

Hiervon ist auch das vorliegende Lehrbuch nicht ausgenommen. Es beschränkt sich auf den wirtschaftswissenschaftlichen und hier vor allem den betriebswirtschaftlichen Standpunkt, wobei die Gründung primär als Investition mit Gewinnerzielungsabsicht gedeutet wird. Im Vordergrund stehen neben dem von der Theorie der Unternehmung bisher vernachlässigten Unternehmer gleichrangig die betriebswirtschaftlichen Besonderheiten junger Unternehmen. Da unternehmerisches Handeln auch alten und großen Unternehmen guttut und die Gründungslehre das Rad der Unternehmensführung nicht neu erfindet, versagen wir uns bewußt dem Ansatz, eine Allgemeine Betriebswirtschaftslehre mit einigen zusätzlichen Kapiteln zum Unternehmer, zu Förderprogrammen oder zum Patentrecht anzubieten. In jedem einzelnen Teilgebiet gibt es Standardwerke und in fast jedem auch berufenere Experten. Wenn die Gründungslehre Konturen gewinnen soll, dann muß sie in erster Linie solche Stoffe abhandeln, die sich an anderer Stelle nicht oder aber nur äußerst zersplittert finden.

In diesem Sinne hoffen wir, dem betriebswirtschaftlich interessierten Leser einige gründungsbezogene Einsichten vermitteln zu können, die er nicht bereits aus anderen Funktionen- und Institutionenlehren kennt.

Herrn cand. rer. pol. Tomislav Bosnjak danken wir für abschließende Korrekturarbeiten.

THOMAS HERING
AURELIO J. F. VINCENTI

Inhaltsverzeichnis

Abkürzungsverzeichnis

AER	The American Economic Review
AG	Aktiengesellschaft
Aufl.	Auflage
Bd.	Band
BFuP	Betriebswirtschaftliche Forschung und Praxis
bzw.	beziehungsweise
DB	Der Betrieb
DBW	Die Betriebswirtschaft
et al.	et alii
etc.	et cetera
f.	folgende
FB	Finanz-Betrieb
ff.	fortfolgende
GmbH	Gesellschaft mit beschränkter Haftung
HAPAG	Hamburg-Amerikanische Packetfahrt-Aktiengesellschaft
HGB	Handelsgesetzbuch
Hrsg.	Herausgeber
Jg.	Jahrgang
Kap.	Kapitel
KG	Kommanditgesellschaft
OHG	Offene Handelsgesellschaft
S.	Seite
u.a.	und andere
vgl.	vergleiche
WiSt	Wirtschaftswissenschaftliches Studium
WISU	Das Wirtschaftsstudium
z.B.	zum Beispiel
ZfB	Zeitschrift für Betriebswirtschaft
ZfbF	Schmalenbachs Zeitschrift für betriebswirtschaftliche Forschung

Symbolverzeichnis

D	Nachfrage nach Unternehmertum
E	Marktgleichgewicht
N	Zahl aktiver Unternehmer
N^E	Gleichgewichtszahl aktiver Unternehmer
S	Angebot an Unternehmertum
W	Entlohnung
W^E	Gleichgewichtsentlohnung

Abbildungsverzeichnis

Tabellenverzeichnis

1 Unternehmertum und Gründungslehre

Seit Jahrhunderten spielen Unternehmer wie auch Neugründungen von Unternehmen in den Wirtschafts- und Gesellschaftsordnungen der prosperierenden Länder eine bedeutsame Rolle. Allerdings sind diese beiden maßgeblichen Bestimmungsfaktoren wirtschaftlichen Erfolgs erst in den letzten zehn Jahren erneut vermehrt in das Gesichtsfeld der öffentlichen Diskussion gerückt. Das Thema Unternehmensgründung bildet inzwischen einen Schwerpunkt aktueller wirtschaftspolitischer Debatten; unternehmerische Aktivitäten werden als Berufsbild von der Politik wiederentdeckt und gleichzeitig (auch in traditionell „unternehmerfeindlichen" Kreisen) gesellschaftlich salonfähiger.[1] Nicht unberechtigt kann man in diesem Kontext durchaus von einer angestrebten „Kultur der Selbständigkeit" sprechen.[2]

Auswirkungen dieser Entwicklung zeigen sich unter anderem im Bereich der universitären Forschung und Lehre, beispielsweise in der Errichtung eigenständiger „Gründungslehrstühle" an verschiedenen wirtschaftswissenschaftlichen Fakultäten. Mit diesen Lehrstühlen verbindet man, vor allem seitens der Politik und Öffentlichkeit, nicht selten auch die Hoffnung, im Rahmen geeigneter Lehrprogramme fördernd auf das Gründungsgeschehen einwirken zu können.[3]

Hier stellt sich nun die grundsätzliche Frage: Inwieweit kann ein betriebswirtschaftliches Fach „Unternehmensgründung" einer derartigen Zielsetzung gerecht werden? Ohne an dieser Stelle bereits den Zusammenhang zwischen erfolgreicher unternehmerischer Tätigkeit und gewissen Vorbedingungen in Form eines geeigneten Umfeldes sowie in der Persönlichkeit des Unternehmers thematisieren zu wollen,[4] sollte es außer Zweifel stehen, daß im Kontext jeglichen universitären Lehrauftrages und damit auch des vorliegenden Lehrbuches hauptsächlich „technische" Fertigkeiten bezüglich der unternehmerischen Tätigkeit im Gründungsprozeß vermittelbar sind. Das Ziel dieses Werkes läßt sich demgemäß zweifach interpretieren:

- Um den prinzipiellen Anspruch universitärer Lehre aufrechtzuerhalten, geht es auf der einen Seite darum, dem Studenten das notwendige theoretische und empirische Wissen aus der ökonomischen Forschung zu vermitteln, welches ihn dazu

---

[1] Vgl. zu diesem Sachverhalt z.B. *PLEITNER*, Entrepreneurship (2001), S. 1146-1148, ebenso *SCHALLER*, Entrepreneurship (2001), S. 3.

[2] Vgl. etwa *LAGEMANN/FRICK/WELTER*, Selbständigkeit (1999), S. 61.

[3] Vgl. insbesondere *CORSTEN*, Gründungsentscheidung (2002), S. 3-5 sowie *FALLGATTER*, Theorie (2002), S. 39 f.

[4] Hinsichtlich dieser Gegebenheiten vgl. vor allem die Ausführungen in Kap. 3.3.2.

befähigt, sich mit den beiden Gebieten Unternehmensgründung und Unternehmertum im wissenschaftlichen Rahmen angemessen auseinanderzusetzen.

• Darüber hinaus soll der Leser auf der anderen Seite zugleich eine umfassende betriebswirtschaftliche Handlungskompetenz in Hinblick auf den Gründungsprozeß eines Unternehmens erwerben.[1]

Gewissermaßen als Folge einer derartigen doppelten Zwecksetzung kann das vorliegende Buch deshalb in zwei größere, inhaltlich zum Teil voneinander unabhängige Themenkomplexe unterteilt werden.

Ersterer davon, welcher sich im wesentlichen mit den bekannten wirtschaftswissenschaftlichen Vorstellungen und Modellen zu den Gebieten Unternehmensgründung und Unternehmertum befaßt, wird von den beiden Hauptkapiteln 2 und 3 abgehandelt. Neben der Beschreibung verschiedener Gründungsarten und entsprechender Systematisierungsansätze werden im Kapitel 2 zunächst die wirtschaftliche Bedeutung sowie der Erfolg von Unternehmensgründungen untersucht. Im Anschluß daran stehen der Unternehmer und seine zentralen Aufgaben hinsichtlich eines funktionsfähigen Wirtschaftslebens im Mittelpunkt der Betrachtung von Kapitel 3. Aufgrund der besonderen Bedeutung, die dem Unternehmer als Wirtschaftsperson im Rahmen der Gründungstheorie zukommt, bildet dieser Abschnitt dabei den klaren inhaltlichen Schwerpunkt dieses ökonomischen Grundlagenteils.

Im darauf folgenden Hauptkapitel 4 geht es dann um die betriebswirtschaftliche Gründungslehre, also vor allem um diejenigen Besonderheiten, die aus betriebswirtschaftlicher Sicht bei der Führung eines neu gegründeten Unternehmens auftreten können. Grundsätzlich muß diesbezüglich angemerkt werden, daß man sich in den klassischen, funktional gegliederten Teilbereichen der akademischen Betriebswirtschaftslehre in der Regel an den Gegebenheiten eines bereits bestehenden Unternehmens als Leitbild ausrichtet. Die charakteristischen Eigenheiten der ersten Phasen im Lebenszyklus eines Unternehmens hingegen finden kaum Beachtung. Als erstes werden verschiedene Problembereiche in der Unternehmensführung von Neugründungen, insbesondere die Gebiete allgemeine Gründungsplanung und Geschäftsplan, näher beschrieben. Da der Bereich Finanzierung in diesem Zusammenhang aufgrund seiner Wichtigkeit für den Gründungserfolg eine hervorgehobene Bedeutung besitzt, erhält er den eigenständigen zweiten Abschnitt zugewiesen. Gegenstand des dritten und abschließenden Teils dieses Kapitels bilden dann die verschiedenen Formen der Gründungshilfe, insbesondere Inkubatoren.

---

[1] Vgl. *HERING*, Unternehmensgründung (2003), S. 283-294.

Insgesamt beschäftigt sich dieses Werk mit verschiedenen betriebswirtschaftlichen Sachthemen, die nicht nur für einen potentiellen oder tatsächlichen Unternehmensgründer Relevanz besitzen. Vielmehr werden in diesem Zusammenhang zentrale Grundfragen sowie Problemkreise der unternehmerischen Tätigkeit und des wirtschaftlichen Handelns angesprochen, die gerade auch aus dem Blickwinkel der Allgemeinen Betriebswirtschaftslehre von nicht geringer Bedeutung sein können.

2   Unternehmen und Unternehmensgründung

2.1   Systematisierungskonzepte zur Gründung

2.1.1 Begriffliche Grundlagen

Eine definitorische Annäherung an die Bezeichnung *Unternehmensgründung* ergibt nur dann Sinn, wenn man sich zunächst einmal über den Begriff des *Unternehmens* im klaren ist. Häufig bezieht man sich in der (deutschsprachigen) Betriebswirtschaftslehre dabei auf die bekannte Definition GUTENBERGS, gemäß der ein Unternehmen als System von Produktionsfaktoren gilt, welches auf den Prinzipien der Wirtschaftlichkeit, des finanziellen Gleichgewichts, der erwerbswirtschaftlichen Tätigkeit sowie der inneren und äußeren Autonomie beruht.[1] Wie die späteren Ausführungen noch zeigen werden, erfordert allerdings gerade das Thema Gründung eine verstärkte Fokussierung auf den institutionenbezogenen und systemorientierten Aspekt eines Unternehmens. Um dieser Notwendigkeit angemessen Rechnung zu tragen, bietet sich deshalb im Rahmen dieses Lehrbuches vor allem der systemtheoretische Ansatz ULRICHS als geeigneter definitorischer Zugang zum Unternehmensbegriff an. Demgemäß läßt sich jedes Unternehmen dann als zwar offenes, aber zugleich eigenständiges wirtschaftliches und soziales System, welches produktive Aufgaben übernimmt, betrachten.[2]

Der Begriff der Unternehmensgründung bezieht sich in diesem Sinne dann auf die erste Phase im Lebenszyklus eines Unternehmens. In einer herkömmlichen, engeren und vor allem formal-juristischen Sichtweise wird damit allein der förmliche *Gründungsakt* oder auch der finanzielle Akt der Bereitstellung von Eigenkapital gesehen. In einer zweiten, umfassenderen Sichtweise, welcher im Rahmen einer ökonomischen Perspektive eindeutig der Vorzug zu geben ist, faßt man Gründung hingegen als kreativen Vorgang auf, bei dem eine gegenüber seiner Umwelt abgrenzbare eigenständige Institution (bzw. eigenständiges System) Unternehmen gebildet wird, welche in dieser Form vorher nicht vorhanden gewesen ist.[3] Gleichzeitig kommt es zu einer betrieblichen Neukombination von Produktionsfaktoren. Durch diesen zweiten, vor allem prozessual geprägten Blickwinkel wird es dann einerseits möglich, zwischen verschiedenen Phasen während des gesamten, sich in der Regel über mehrere

---

[1]   Vgl. *GUTENBERG*, Betriebswirtschaftslehre (1983), S. 511 f.

[2]   Vgl. insbesondere *ULRICH*, System (1970), S. 153-224.

[3]   Vgl. ebenso *SZYPERSKI/NATHUSIUS*, Unternehmensgründung (1999), S. 23 f.

Jahre hinziehenden Gründungsprozesses zu trennen.[1] Andererseits kann man aber auch gleichzeitig verschiedene Gründungsformen voneinander unterscheiden.[2]

Ergänzend ist bei der betriebswirtschaftlichen Charakterisierung von Unternehmensgründungen allerdings noch zu beachten, daß neu gegründete bzw. junge Unternehmen zumindest in der Anfangszeit ihrer wirtschaftlichen Existenz üblicherweise zu den *Klein- und Mittelunternehmen* gehören[3] und deshalb auch deren typische Merkmale aufweisen. Insofern entspricht eine spezielle Betriebswirtschaftlehre für Unternehmensgründungen in nicht wenigen Aspekten zugleich auch einer speziellen Betriebswirtschaftlehre für kleine und mittlere Unternehmen. Um diesen Umstand angemessen zu berücksichtigen, sollen daher nachfolgend zunächst wesentliche Kennzeichen von Klein- und Mittelunternehmen,[4] durch die sie sich normalerweise von den üblichen Großunternehmen unterscheiden, kurz vorgestellt werden:[5] Zwar sind die Bezeichnungen „klein" und „mittel" zunächst Begriffe, die sich primär auf quantitative Größen beziehen. Eine Einstufung als Klein- und Mittelunternehmen lediglich anhand verschiedener numerischer Meßgrößen ist zudem relativ einfach durchführbar. Allerdings läßt sich hiermit nur ein unzureichender Einblick in das Wesen eines Unternehmens gewinnen.[6] Um einem derartigen Sachverhalt Rechnung zu tragen, erscheint es daher notwendig, anstelle quantitativer Differenzierungskriterien[7] das Hauptaugenmerk eher auf qualitative Besonderheiten mittelständischer Unternehmen zu richten:

---

[1] Ausführlich dazu vgl. Kap. 2.1.3, weiterführend zur Prozeßtheorie der Unternehmensgründung vgl. z.B. *PICOT/LAUB/SCHNEIDER*, Unternehmensgründungen (1989), S. 18-20.

[2] Vgl. hierfür die Ausführungen in Kap. 2.1.2.

[3] Vgl. diesbezüglich auch *Abbildung 3* zu den Entwicklungspfaden von Unternehmensgründungen.

[4] Als gebräuchliches Synonym kann auch die Bezeichnung „mittelständisches Unternehmen" Verwendung finden.

[5] Für eine ausführliche Beschreibung der genannten Merkmale vgl. etwa *BUSSIEK*, Betriebswirtschaftslehre (1996), S. 18-20, ebenso *MUGLER*, Betriebswirtschaftslehre (1995), S. 18-23, dergleichen *PFOHL*, Abgrenzung (1997), S. 19-22.

[6] Vgl. *AENGENENDT*, Klein- und Mittelbetriebe (1962), S. 9, dergleichen auch *MUGLER*, Betriebswirtschaftslehre (1995), S. 17.

[7] Als Obergrenze und quantitatives Abgrenzungskriterium für Klein- und Mittelunternehmen gegenüber Großunternehmen sieht man in der einschlägigen Literatur zumeist eine Beschäftigtenzahl von maximal 500 Mitarbeitern an. Grundsätzlich wären wohl weitere quantitative Parameter als zusätzliche Abgrenzungsmerkmale wünschenswert. Häufig wird in diesem Zusammenhang etwa der Umsatz des Unternehmens aufgeführt. Da dieser Wert sowie auch andere zahlenmäßige Merkmale, z.B. Bilanzvolumen und Lohnsumme, jedoch in verschiedenen Wirtschaftzweigen unterschiedliche Qualitäten aufweisen, eignen sie sich weniger als Differenzierungsmerkmale. Vgl. hierzu beispielsweise *SCHNEELOCH*, Mittelständische Unternehmen (1997), S. 9.

- Das Unternehmen wird oftmals durch die Persönlichkeit des Unternehmers maßgeblich bestimmt. Dieser ist (Haupt-)Eigentümer und Geschäftsführer zugleich.

- Aufgrund der geringen Größe bleibt das Unternehmen für den Inhaber dabei noch überschaubar.

- In der Regel stellt es auch seine wirtschaftliche Existenzgrundlage dar.

- Bei gering formalisierter Organisationsstruktur sind die Beziehungen zwischen der Unternehmensleitung und den Mitarbeitern meist eng und informell.

- Zusätzlich existiert ein Netz von persönlichen Kontakten zwischen Inhaber einerseits und Kunden, Lieferanten sowie der für das Unternehmen wichtigen Öffentlichkeit andererseits.

- Sowohl die personellen als auch finanziellen Ressourcen des Unternehmens sind recht eng begrenzt.

In Teilen der betriebswirtschaftlichen Gründungsliteratur findet man manchmal eine Gleichsetzung der beiden Begriffe *Unternehmens-* und *Existenzgründung*[1] oder auch gelegentlich die Interpretation der Existenzgründung als besondere Form der Unternehmensgründung.[2] Derartigen Begriffsverständnissen soll im Rahmen dieses Lehrbuches jedoch nicht gefolgt werden. Dem Grundsatz nach handelt es sich bei einer Existenzgründung nämlich um einen Prozeß, in dessen Verlauf eine natürliche Person berufliche Selbständigkeit erlangt.[3] Charakteristischerweise sichert die Ausübung einer solchen Tätigkeit zugleich die finanzielle und wirtschaftliche Lebensgrundlage dieser Person, so daß man auch von einer wirtschaftlichen Selbständigkeit sprechen kann. Häufig wird eine derartige Existenzgründung durchaus auch mit einer gleichzeitigen Unternehmensgründung einhergehen.

Trotzdem sind beide Begriffe gegeneinander abzugrenzen.[4] Einerseits muß nicht jede Unternehmensgründung zugleich die wirtschaftliche Existenzgrundlage für ihren Gründer und Eigentümer darstellen. Andererseits ist es ebenso unzweckmäßig, bei manchen Formen eindeutiger beruflicher sowie wirtschaftlicher Unabhängigkeit, in diesem Zusammenhang denke man beispielsweise an eine Tätigkeit als Heilpraktiker, Psychotherapeut oder auch Künstler, von einer Unternehmensgründung zu sprechen. Ohne den Ausführungen zum Unternehmerbegriff vorgreifen zu wollen,[5] erscheint es

---

[1] Vgl. z.B. *SCHMUDE*, Unternehmensgründungen (1994), S. 6.

[2] Für diese zweite Auffassung vgl. etwa *WEISS*, Entwicklung (1999), S. 42 f.

[3] Vgl. hierzu auch *NATHUSIUS*, Finanzierungsinstrumente (2003), S. 177.

[4] Weiterführend vgl. z.B. *FALLGATTER*, Entrepreneurship (2004), S. 25 f.

[5] Vgl. vor allem Kap. 3.4.

zudem mehr als fraglich, einen solchen Personkreis selbständiger Wirtschaftssubjekte als Träger wesentlicher Unternehmerfunktionen und damit als Unternehmer sehen zu wollen.

2.1.2 Formen der Unternehmensgründung

Genauso wie andere wichtige ökonomische Begriffe können auch Gründungen anhand geeigneter Kennzeichen geordnet und in verschiedene Kategorien eingeteilt werden. Für eine solche Vorgehensweise bieten sich insbesondere die nachstehenden beiden Abgrenzungskriterien an:[1]

- Zum einen handelt es sich hierbei um die Dimension der Systemgestaltung bzw. Strukturexistenz. Dieses Merkmal berücksichtigt das Ausmaß, mit welchem man bei der Gründung auf bereits bestehende betriebliche Strukturen zurückgreifen kann. In diesem Zusammenhang lassen sich zwei Gründungsformen unterscheiden:[2]

  - *Aufbaugründung* – in der einschlägigen Literatur häufig auch als *originäre Gründung* bezeichnet:

    Eine Aufbaugründung. liegt dann vor, wenn die Unternehmensgründung weitgehend ohne Verwendung bereits vorhandener Unternehmensstrukturen durchgeführt wird. Es kommt also stets zu einem Aufbau wesentlicher Unternehmensbestandteile. Wegen der fehlenden Notwendigkeit, bereits bestehende Strukturkomponenten berücksichtigen zu müssen, bietet diese Gründungsform erhebliche Freiräume in der Gestaltung des Unternehmens.

  - *Übernahmegründung* – in der betriebswirtschaftlichen Gründungsforschung zum Teil als *derivative Gründung* beschrieben:

    Im Gegensatz zur Aufbaugründung findet bei einer derartigen Form der Gründung stets ein Rückgriff, etwa durch Kauf, auf eine bestehende Wirtschaftseinheit statt. Zwar werden auch hier wichtige, bereits vorhandene Struktur-

---

[1] Hierzu und für die nachfolgenden Ausführungen vgl. insbesondere SZYPERSKI/NATHUSIUS, Unternehmensgründung (1999), S. 26-30, in Hinblick auf eine ergänzende Darstellung auch DIETZ, Gründung (1989), S. 29-34, wiederum DÖBLER, Unternehmerinnen (1997), S. 42, ebenso ELFERS, Unternehmensgründungen (1996), S. 18-22, gleichermaßen HUNSDIEK, Beschäftigungspolitische Wirkungen (1985), S. 20 f.

[2] Diesbezüglich sowie vor allem auch in Hinblick auf die Abgrenzung zwischen Unternehmensgründung und Unternehmensnachfolge vgl. OLBRICH, Universitäre Unternehmungsgründungen (2002), S. 374 und OLBRICH, Nachfolge und Gründung (2003), S. 134-142, ergänzend HERING/OLBRICH, Unternehmensnachfolge (2003), S. 12.

merkmale dieser Wirtschaftseinheit im Rahmen des Gründungsprozesses verändert, dennoch ist die Übernahmegründung gerade wegen der bestehenden Strukturkomponenten im Vergleich zur Aufbaugründung vielfach mit einem geringeren Risiko verbunden. Einem solchen Vorteil steht allerdings auch der Nachteil gegenüber, daß die notwendige Eingliederung dieser gegebenen „alten" Unternehmensstrukturen die Gestaltungsspielräume für das neue Unternehmen merklich verringert.

- Zum anderen bezieht sich ein gängiges Differenzierungskriterium auf die Dimension der Abhängigkeit von bereits bestehenden Unternehmen. Diesbezüglich sind ebenfalls zwei Gründungsformen zu trennen:

  ▪ *Selbständige Gründung*:

  Dieser Begriff bezeichnet eine spezielle Form der Unternehmensgründung, bei welcher das neu gegründete Unternehmen rechtlich unabhängig von bereits existierenden Unternehmen und damit in dieser Hinsicht selbständig ist.

  ▪ *Unselbständige Gründung*:

  Als Gegenpol zur selbständigen Gründung besteht das Ergebnis hier aus einer neuen Wirtschaftseinheit, die entweder nur rechtlich, beispielsweise als Tochtergesellschaft, oder rechtlich und zugleich wirtschaftlich, etwa als Betriebsgründung, von einem bestehenden Unternehmen abhängig ist.

In einem zweiten Schritt ist es nun möglich, diese beiden Aspekte des Strukturbezugs sowie der Selbständigkeit miteinander zu verbinden. Man erhält auf diese Weise zunächst einmal vier verschiedene *Basiskombinationen* von Gründungsformen. Diese lassen sich, wie nachfolgende *Abbildung 1* verdeutlicht, in Gestalt einer Vierfeldermatrix mit den beiden Dimensionen Systemgestaltung einerseits und Abhängigkeit von bestehenden Unternehmen anderseits darstellen. Da allerdings für beide Dimensionen durchaus auch Zwischenstufen der jeweiligen Merkmalsausprägungen vorstellbar sind, ergeben sich zusätzlich zu den vier Grundformen der Unternehmensgründung noch weitere Zwischen- bzw. Mischformen, welche dann mittels des in die Mitte der Graphik ergänzend eingefügten fünften Feldes symbolisiert werden:

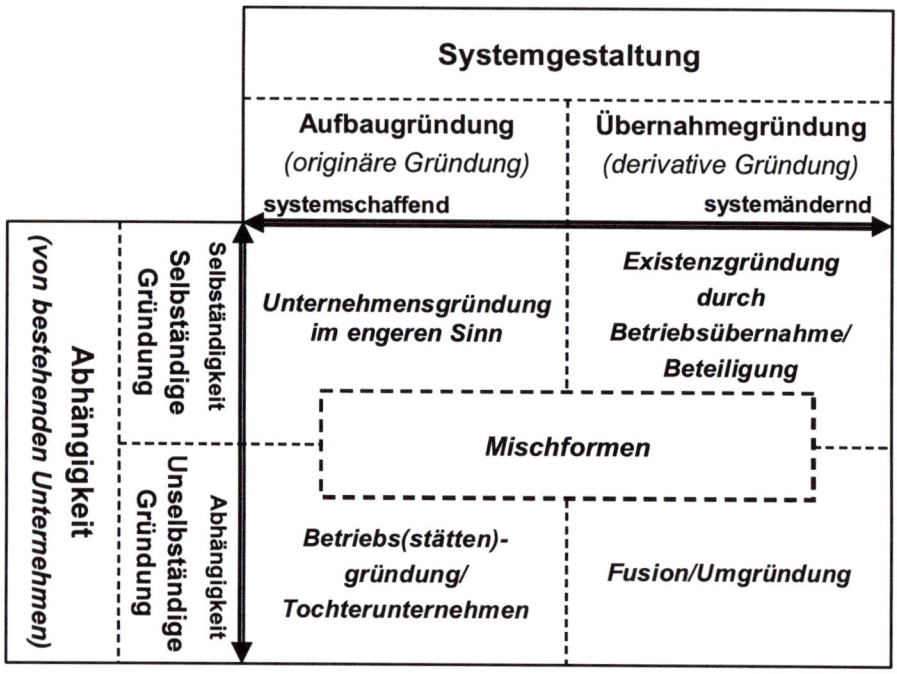

Abbildung 1: Dimensionen und Formen der Unternehmensgründung[1]

- *Selbständige Aufbaugründungen*:

  Sowohl wegen der fehlenden Abhängigkeit als auch wegen des fehlenden Bezugs zu den Strukturen einer bestehenden Wirtschaftseinheit zeichnet sich diese Kombination durch ein sehr großes Entscheidungsfeld mit zahlreichen alternativen Gestaltungsmöglichkeiten während der Durchführung der Gründung aus. Die Bezeichnung *Unternehmensgründung im engeren Sinn* für diese spezielle Form der Gründung rechtfertigt sich dabei durch den Sachverhalt, daß es im Rahmen des Gründungsprozesses dabei zur Entstehung eines tatsächlich neuen und selbständigen Unternehmens kommt.

- *Selbständige Übernahmegründungen*:

  Als typische Beispiele dieser Gründungsform kann vor allem die Schaffung einer eigenen unternehmerischen Existenz, etwa durch Übernahme eines schon vorhandenen Unternehmens oder aktive Teilhaberschaft an diesem aufgeführt werden.

---

[1] Eigene Darstellung in Anlehnung an *SZYPERSKI/NATHUSIUS*, Unternehmensgründung (1999), S. 27.

Da gleichsam im Extremfall der Wechsel des Unternehmers die einzige wesentliche Änderung in der bestehenden Unternehmensstruktur darstellt, steht demzufolge die Person des Gründers hier ganz im Mittelpunkt der Betrachtung. Ein wichtiger Unterschied zu den Unternehmensgründungen im engeren Sinn besteht aus der Tatsache, daß Übernahmegründungen wegen dieser zumindest teilweisen Persistenz der bisherigen Unternehmensstrukturen in den Anfangsjahren üblicherweise geringere Wachstumsraten aufweisen.[1] Daher besitzen auch manche der charakteristischen betriebswirtschaftlichen Probleme, die während des Gründungsprozesses eines Unternehmens häufig auftreten, nur eine geringere Bedeutung. Aufgrund dieses Umstandes soll in den nachfolgenden Abschnitten auf eine weitere Thematisierung dieser Gründungsform verzichtet werden.

- *Abhängige* (oder unselbständige) *Aufbaugründungen*:

  Hierzu rechnen beispielsweise der Aufbau neuer, abgrenzbarer Produktionsstätten (Zweigbetriebe) durch ein bestehendes Unternehmen, aber auch die Gründung von Tochterunternehmen. In der Regel wird man eine solche Vorgehensweise dann wählen, wenn ein Rückgriff auf bereits bestehende Strukturen entweder sich als nicht sinnvoll erweist oder mit zu hohen Kosten einhergeht.

- *Abhängige* (oder unselbständige) *Übernahmegründungen*:

  Insbesondere gehören zu diesem Typus alle Eingliederungen einer bestehenden Wirtschaftseinheit in ein anderes Unternehmen. Weil es in derartigen Situationen, abgesehen von einem Wechsel der Eigentumsverhältnisse, nicht unbedingt zu zusätzlichen strukturellen Veränderungen bei dieser Wirtschaftseinheit kommen muß, ist es zweckmäßig, diese Gründungsform als *„unechte Gründung"*[2] zu bezeichnen.

- *Mischformen*:

  Selbstverständlich gibt es auch Gründungssachverhalte, welche durch eine nur graduelle Abhängigkeit oder einen sehr eingeschränkten Zugriffs auf vorhandene Unternehmensstrukturen gekennzeichnet sind. Solche Zwischenstufen, beispielsweise fallen hierunter Franchising oder seitens des Altunternehmens geförderte Ausgründungen (sogenannte „Sponsored Spin Offs"), lassen sich nur bedingt in das obige Vierfelderschema einordnen und sind insofern als eine eigenständige fünfte Mischform von Unternehmensgründungen anzusehen.

---

[1] Vgl. zu diesem Sachverhalt z.B. *HUNSDIEK*, Beschäftigungspolitische Wirkungen (1985), S. 21.

[2] *SZYPERSKI/NATHUSIUS*, Unternehmensgründung (1999), S. 27.

Insgesamt weisen die unselbständigen Gründungsformen, sowohl in Gestalt einer Aufbau- als auch einer Übernahmegründung, genauso wie die diversen Mischformen eine eher geringe Verbindung zur Thematik dieses Lehrbuches auf. Daher lassen sie sich auch im weiteren Verlauf weitgehend vernachlässigen, so daß sich die künftigen Ausführungen dieses Buches hauptsächlich auf den Bereich der Unternehmensgründungen im engeren Sinn beschränken können.

Neben dem gerade vorgestellten Systematisierungskonzept zu den verschiedenen Formen der Gründung findet man in der betriebswirtschaftlichen Gründungsliteratur manchmal noch eine weitere begriffliche Unterscheidung, welche sich auf den Gesichtspunkt der Aufbringung des Betriebskapitals bezieht. Man trennt in diesem Zusammenhang zwischen folgenden Gründungsformen:

- *Bargründung*:

  Bei dieser ersten finanzierungsbezogenen Unterform einer Unternehmensgründung wird das vereinbarte Betriebskapital für das neue Unternehmen als Bareinlage – etwa in Form gesetzlicher Zahlungsmittel, bankbestätigter Schecks etc. – durch den oder die Gründer zur Verfügung gestellt.

- *Sachgründung*:

  Im Rahmen einer solchen alternativen Vorgehensweise wird das Betriebskapital hingegen als Sacheinlage durch den oder die Gründer in das Unternehmen eingebracht. Grundsätzlich eignen sich zu diesem Zweck alle Vermögensgegenstände, für die sich ein wirtschaftlicher Wert feststellen läßt. Darunter fallen also hauptsächlich bilanzierungsfähige Vermögenspositionen wie etwa Grundstücke, Patente, Produktionsmittel, aber auch ganze Unternehmen.

Bar- und Sachgründungen – sowie entsprechende Zwischenformen – besitzen vor allem bei der Gründung von Kapitalgesellschaften eine besondere Relevanz. Eine in der betriebswirtschaftlichen Praxis nicht unübliche besondere Ausgestaltung der Sachgründung besteht dabei aus der sogenannten verdeckten Sachgründung. Häufig wird hierbei zunächst (den Gründungsvereinbarungen entsprechend) in einem ersten Schritt eine Bareinlage an das Unternehmen geleistet. In einem zweiten Schritt kommt es jedoch dann zu einem Veräußerungsgeschäft zwischen dem Unternehmen und dem jeweiligen Gründer, bei dem diese Einlage als Gegenleistung aus einem Kaufvertrag oder einer Forderungsabtretung an den Gründer zurückfließt. Tatsächlich erfolgt also eine Sachanlage anstelle der nach außen dokumentierten Bareinlage.

2.1.3 Zum Gründungsprozeß

Anläßlich der definitorischen Abgrenzung des Begriffs Unternehmensgründung[1] ist bereits auf die gerade in der Betriebswirtschaftslehre gebräuchliche prozessual ausgerichtete Perspektive zu diesem Sachverhalt hingewiesen worden. In diesem Sinn kann dann der Vorgang jeder Unternehmensgründung prinzipiell in verschiedene Gründungsphasen unterteilt werden. Diese sind anhand geeigneter ökonomischer Kriterien, wie Umsatz, Gewinn etc. voneinander abgrenzbar. Selbstverständlich besitzt ein derartiges Phasenschema nur idealtypischen Charakter, so daß eine Trennung zwischen den einzelnen Stadien einer Unternehmensgründung im konkreten Anwendungsfall nur in Grundzügen und mit Einschränkungen möglich sein wird. Auch läßt sich die Dauer eines solchen Gründungsprozesses nicht verallgemeinern und variiert vor allem aufgrund unternehmensspezifischer Gegebenheiten genauso wie aufgrund branchenbezogener Umstände. Üblicherweise erstreckt sich der gesamte Ablauf aber über einen Zeitraum von insgesamt mehreren Jahren, während dessen man nach wie vor von einer Unternehmensgründung, für die Zeit nach dem juristischen Gründungsakt alternativ auch von einem jungen Unternehmen sprechen kann.

Insbesondere hinsichtlich des relevanten Zeithorizontes der einzelnen Stadien im Gründungsprozeß gibt sich die betriebswirtschaftliche Gründungsliteratur nicht immer einheitlich, auch werden je nach Autorenperspektive in diesem Kontext zumeist drei bis fünf verschiedene Einzelabschnitte unterschieden.[2] Dennoch kann ein gewisser Grundkonsens zum Vorgang der Gründung festgestellt werden, der es zweckmäßig erscheinen läßt, eine Betrachtungsweise zu wählen, welche zwischen fünf aufeinander folgenden Gründungsphasen differenziert:

---

[1] Vgl. hierfür Kap. 2.1.1.

[2] Vgl. beispielsweise *ELFERS*, Unternehmensgründungen (1996), S. 22-26, auch *SABISCH*, Unternehmensgründung und Innovation (1999), S. 21-24, ebenso *SZYPERSKI/NATHUSIUS*, Unternehmensgründung (1999), S. 30-34, für eine Übersichtsdarstellung verschiedener gebräuchlicher Einteilungen des Gründungsprozesses weiterhin *DIETZ*, Gründung (1989), S. 35-39 sowie *KAISER/GLÄSER*, Entwicklungsphasen (1999), S. 11 f.

- *Vorgründungsphase* als der dem eigentlichen Gründungsakt vorgelagerte Zeit-raum:

  Ganz am Anfang dieser Vorbereitungsphase kommt es zunächst zu einer eher unspezifischen und visionären Auseinandersetzung mit der geplanten Unterneh-mensgründung und ihren Chancen und Risiken. Eine inhaltliche Konkretisierung der hierbei getroffenen Vorüberlegungen, etwa hinsichtlich der Produktidee oder der Analyse möglicher Absatzmärkte, findet anschließend statt. Am Ende der Vorgründungsphase liegt normalerweise bereits ein umfassendes Unternehmens-konzept vor, welches konkrete Aussagen etwa zur vorgesehenen Rechtsform, zum Standort, zur Finanzierung und ähnlichen Sachverhalten beinhaltet.

- *Gründungsphase* als derjenige Zeitabschnitt, welcher die tatsächliche förmliche Unternehmensgründung umfaßt:

  Er beinhaltet jedoch nicht nur den juristischen Gründungsakt, sondern typischer-weise auch die Bereitstellung erster Produktionsfaktoren. Des weiteren erfolgen in dieser Phase auch der organisatorisch-institutionelle Aufbau des Unternehmens, die Anbahnung von Kontakten zu Lieferanten und möglichen künftigen Kunden sowie die Entwicklung des (innovativen) Produktes. Vor allem in technikorien-tierten Branchen gelingt es jedoch nicht immer, diesen Entwicklungsprozeß bis zur vollständigen Marktreife des Produktes bereits während dieser Zeit erfolgreich abzuschließen.

- *Frühentwicklungsphase* als das Stadium im Gründungsprozeß eines Unterneh-mens, welches sich an die eigentliche Gründungsphase anschließt:

  Betriebswirtschaftlich läßt sich diese Periode hauptsächlich durch den Abschluß der Entwicklungstätigkeit und den Beginn der Produktion wie auch durch die Markteinführung und erste Verkaufserfolge der entsprechenden Produkte beschreiben.

- *Amortisationsphase*, zeitlicher Abschnitt, der mit dem Überschreiten der Gewinn-schwelle beginnt und durch einen stetigen Ausbau des Produktions- und Ver-triebssystems charakterisiert ist:

  Bei zunehmendem Markterfolg übertreffen während dieser Phase erstmals die kumulierten Einzahlungen die kumulierten Auszahlungen, und es kommt in der Folge auch finanzwirtschaftlich zur verzinsten Rückgewinnung der investierten Mittel.

- *Expansionsphase*, Zeitraum, der sich an die Amortisationsphase anschließt und am Ende des Prozesses einer Unternehmensgründung steht:

  Bei andauerndem Markterfolg und kontinuierlichen Unternehmensgewinnen steigt nicht nur das Unternehmensvermögen, häufig gelingen gleichzeitig eine Ausweitung des Produktangebotes und eine Erschließung neuer Absatzmärkte. Dieser ersten Expansionsphase können weitere Expansions- bzw. Wachstumsphasen, aber auch Stagnations- und Schrumpfungsphasen folgen, die jedoch nicht mehr dem Gründungsprozeß zurechenbar sind, sondern Bestandteile späterer Abschnitte im Lebenszyklus eines Unternehmens bilden.

Aufgabe 1:

Erläutern Sie das betriebswirtschaftlich wesentliche Merkmal, durch welches sich die Amortisationsphase von der vorgeschalteten Frühentwicklungsphase im Prozeß der Unternehmensgründung abgrenzen läßt!

Nachstehende *Abbildung 2* zeigt dieses Phasenmodell für den zeitlichen Ablauf des Gründungsprozesses eines Unternehmens in einer zusammenfassenden und idealisierenden Darstellung. Letzterer Sachverhalt bedingt allerdings gerade in Hinblick auf die beiden in die Graphik eingefügten Kurven, welche sowohl den Verlauf der kumulierten Einnahmen/Ausgaben als auch den Verlauf der Umsatzentwicklung betreffen, eine stark vereinfachende sowie gewissermaßen unvermeidlich pauschalierende Skizzierung und Schematisierung der phasenbezogenen Vorgänge beim Gründungsprozeß. So wäre es beispielsweise genauso gerechtfertigt, von einem progressiv steigenden Umsatz in der Expansionsphase für den Fall einer erfolgreichen Kundenakzeptanz des oder der Produkte auszugehen. Bezüglich der kumulierten Einnahmen/Ausgaben ist es vor allem eine Gegebenheit besonders hervorzuheben.[1] Diese bezieht sich auf die Tatsache, daß vor der Markteinführung des unternehmensspezifischen Produktes grundsätzlich keine Zahlungszuflüsse zum Unternehmen aus der eigentlichen Unternehmenstätigkeit heraus bestehen:

---

[1] Weiterführend zum diesem Themenbereich vgl. die Ausführungen in Kap. 4.2.1.3.4.

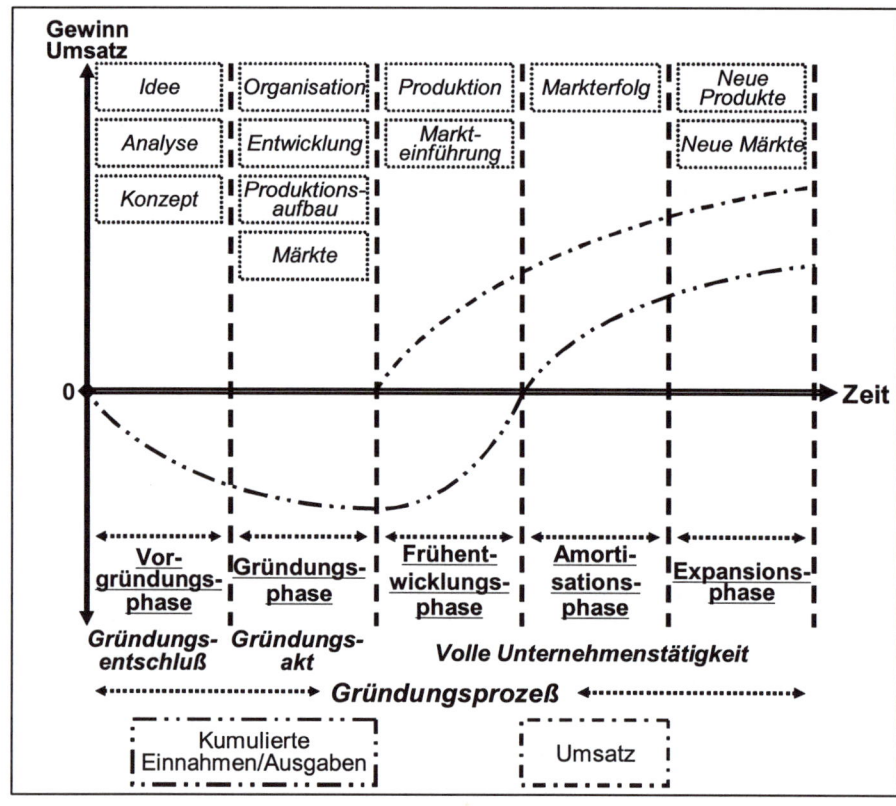

Abbildung 2: Prozeß der Unternehmensgründung

Die zeitliche Dimension der Unternehmensgründung und -entwicklung zeigt sich jedoch nicht nur in der Phaseneinteilung des Gründungsprozesses. Wenn man diesen Zeitaspekt darüber hinaus mit dem Aspekt der Unternehmensgröße verknüpft, ergibt sich die Möglichkeit, verschiedene Entwicklungspfade neu gegründeter Unternehmen zu beschreiben.[1] *Abbildung 3* verdeutlicht diesen Sachverhalt ebenfalls im Rahmen einer graphischen Darstellung:

---

[1]   Vgl. zu dieser Thematik und den nachfolgenden Ausführungen vor allem *SZYPERSKI/NATHUSIUS*, Unternehmensgründung (1999), S.17-19, allgemein zur Entwicklung bzw. zum Lebenszyklus eines Unternehmens auch *ALBACH*, Unternehmensentwicklung (1986), S. 7-33 und *ALBACH*, Geburt und Tod (1987), S. 3-20.

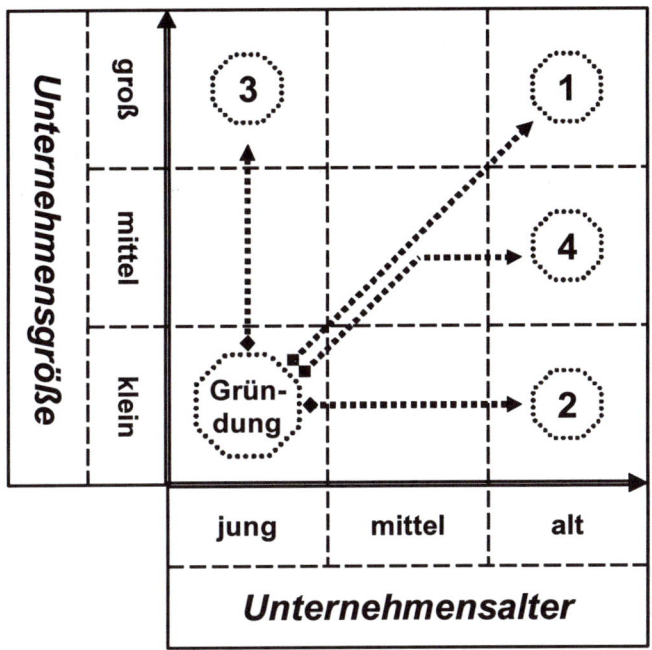

Abbildung 3: Verschiedene Entwicklungspfade von Unternehmensgründungen[1]

Im Ausgangspunkt der Betrachtung, bei oder kurz nach dem Gründungsakt, handelt es sich idealtypisch um ein sowohl junges als auch gleichzeitig kleines Unternehmen. Entwicklungspfad **1** gibt hierbei sozusagen den „klassischen Standardverlauf" einer Unternehmensentwicklung wieder, wonach das Unternehmen mit zunehmender Bestehensdauer kontinuierlich wächst und dann in einer fortgeschritten Phase seines Lebenszyklus später zum Großunternehmen wird. Dagegen stellt Entwicklungslinie **2** eine Situation dar, in der es während des gesamten Zeitablaufs kaum zu einem Unternehmenswachstum kommt. Genau die gegenteilige Entwicklungstendenz wird hingegen durch Pfad **3** aufgezeigt. Bereits unmittelbar im Anschluß an die Gründung findet in diesem Fall eine deutliche Größenzunahme statt, so daß als Folge davon das junge Unternehmen sehr schnell an die Gruppe der Großunternehmen herangeführt wird. Gerade eine solche expansive Entwicklungstendenz (wie auch allgemein der Übergang vom „mittelständischen" zum Großunternehmen) kann jedoch mit besonderen Risiken und Anpassungsproblemen hinsichtlich verschiedener Funktionsbereiche eines Unternehmens einhergehen, wobei im wesentlichen der Finanzierungsbereich sowie das Gebiet der Unternehmensführung diesbezüglich eine besondere Relevanz

---

[1] In Anlehnung an *SZYPERSKI/NATHUSIUS,* Unternehmensgründung (1999), S. 18.

besitzen.[1] Entwicklungspfad **4** steht schließlich im Kontext von *Abbildung 3* sozusagen als Platzhalter für den Umstand, daß abgesehen von den durch die Pfade **1** bis **3** symbolisierten idealtypischen Verläufen selbstverständlich noch weitere Entwicklungslinien eines Unternehmens auftreten können, die sich als Zwischenpositionen im Rahmen der obigen Graphik deuten lassen. Nicht eingezeichnet ist zudem die Möglichkeit, daß der Pfad unabhängig von Alter und Größe zum Ableben des Unternehmens – etwa durch Konkurs, Zerschlagung, Fusion – führt.

---

[1] Umfassend zu den kritischen Wachstumsphasen eines Unternehmens vgl. insbesondere *ALBACH, Kritische Wachstumsschwellen* (1976), S. 688-692 sowie *ALBACH/BOCK/WARNKE, Wachstumsschwellen* (1985), S. 8-120, ergänzend auch *BOCK, Unterschiede* (1985), S. 19.

2.2 Ökonomische Bedeutung von Unternehmensgründungen

2.2.1 Wirtschaftlichkeitsunterschiede zwischen verschieden großen Unternehmen

Eine Forderung nach neuen Unternehmensgründungen, wie sie ja anfänglich[1] für die politische Diskussion beschrieben worden ist, beinhaltet ja implizit stets die Annahme, daß mit den bereits am Markt tätigen Unternehmen die anstehenden wirtschaftlichen Herausforderungen nicht mehr zufriedenstellend zu lösen seien. Es stellt sich folglich die Frage, worin sich Unternehmensgründungen und junge Unternehmen von etablierten Unternehmen unterscheiden bzw. welche spezifischen Wirkungen diese Unternehmen etwa im Vergleich zu bereits bestehenden Unternehmen besitzen. Hinzu kommt der Umstand, daß man Unternehmensgründungen zumindest in der Anfangszeit ihrer wirtschaftlichen Existenz eigentlich regelmäßig der Gruppe der Klein- und Mittelunternehmen zuordnen muß.[2] In diesem Zusammenhang gilt nach wie vor die Feststellung, daß gerade die betriebswirtschaftliche Theorie der Besonderheiten mittelständischer Unternehmen noch in den Kinderschuhen steckt,[3] allerdings trifft eine derartige Aussage mit noch erheblich größerer Berechtigung für die betriebswirtschaftliche Gründungsforschung zu.[4] Insofern ist es hinsichtlich der weiteren Vorgehensweise dieses Kapitels durchaus angebracht, sich in einem ersten Schritt zunächst mit der besser erforschten Theorie von Klein- und Mittelunternehmen, insbesondere deren Rentabilität im Vergleich zu Großunternehmen, zu befassen.

Wie im Kapitel 2.1.1 eingehend erläutert, lassen sich mittelständische Unternehmen durch eine Reihe von spezifischen betriebswirtschaftlichen Charakteristika beschreiben. Solche Merkmale können nun nicht nur einfach dafür verwendet werden, diese Unternehmen von Großunternehmen abzugrenzen. Darüber hinaus sind derartige besondere Eigenschaften gleichermaßen dazu geeignet, sich als Wettbewerbsvorteile, möglicherweise aber auch als Wettbewerbsnachteile im Vergleich zu den Großunternehmen bemerkbar zu machen.[5] Die Frage nach Wirtschaftlichkeitsunterschieden zwischen Klein- und Mittelunternehmen einerseits und Großunternehmen anderer-

---

[1] Vgl. Kap. 1.

[2] Vgl. *Abbildung 3*.

[3] Vgl. *D'AMBOISE/MULDOWNEY*, Theorie (1986), S. 25.

[4] Für eine vergleichbare Auffassung vgl. auch *MELLEWIGT/WITT*, Vorgründungsprozeß (2002), S. 100 f.

[5] Hierzu und bezüglich der nachfolgenden Ausführungen vgl. insbesondere auch *VINCENTI*, Mittelständische Unternehmen (2002), S. 32-35.

seits[1] ist hierbei inhaltlich eng mit der Suche nach der optimalen Betriebsgröße eines Unternehmens verknüpft:

- Vorteilhaftigkeit von *Großunternehmen*:

    In einer gewissermaßen „traditionellen" und eher statischen Sichtweise, stehen Skalenerträge und Verbundeffekte im Vordergrund der Betrachtung. Unbestreitbar besitzen in diesem Kontext Großunternehmen einen gewissen *produktionsbezogenen Effizienzvorteil* gegenüber mittelständischen Unternehmen. Zusätzlich gibt es weiterhin auch *finanzierungstheoretische* Gesichtspunkte, die größere Wirtschaftseinheiten begünstigen. Hierzu gehören die in der Regel leichtere Verfügbarkeit und geringere Kosten von Fremdkapital, genauso wie der einfachere Zugang zum organisierten Kapitalmarkt.

    Bekannteste ökonomische Weltanschauung, welche sich die These der Überlegenheit von Großunternehmen gleichsam im dogmatischen Sinn zu eigen macht, ist wohl der Marxismus gewesen, der aus diesen Gründen eine Akkumulation des Kapitals in Gestalt von Großbetrieben als quasi zwangsläufiges und unvermeidbares Ergebnis einer „kapitalistischen" Wirtschaftsordnung vorhersagte.

- Vorteilhaftigkeit von *Klein- und Mittelunternehmen*:

    Auf der Gegenseite lassen sich besondere Stärken von Klein- und Mittelunternehmen vor allem aus einer *organisations-* und *personaltheoretischen Perspektive* heraus begründen. Zu einem großen Teil können diese Vorteile dabei unmittelbar aus den bereits beschriebenen Charakteristika mittelständischer Unternehmen abgeleitet werden:[2]

    - Gering formalisierte und wenig ausdifferenzierte Führungs- und Organisationsstrukturen stellen eine hohe Flexibilität sicher und ermöglichen eine rasche Anpassungsfähigkeit mittelständischer Unternehmen an veränderte Technologie- und sonstige Umwelteinflüsse.

    - Das eigenverantwortliche Handeln der Geschäftsführung, zumeist verbunden mit einem sichtbar gelebten Wertesystem, und die starken informellen Beziehungen aller Beschäftigten bewirken zumeist eine bessere Leistungsmotivation und Arbeitszufriedenheit.

---

[1] Ausführlich zu diesem Problembereich vgl. *SCHMIDT*, Einfluß der Unternehmensgröße (1995), S. 13-88, ergänzend z.B. *AUDRETSCH*, Kleinunternehmen (1993), S. 1-4.

[2] Vgl. Kap. 2.1.1, für eine ausführliche Darstellung in tabellarischer Übersicht z.B. *PFOHL*, Abgrenzung (1997), S. 19-22.

- Des weiteren zeichnen sich mittelständische Unternehmen häufig auch durch eine ausgeprägte Kundenorientierung, nicht nur des Vertriebs, sondern auch der anderen Abteilungen des Unternehmens aus. Diese Gegebenheit ermöglicht es ihnen besser als Großunternehmen, Marktlücken aufzufinden und individualisierte Kundenwünsche zu befriedigen.[1] Im Rahmen einer strategiebezogenen Betrachtung ist es deswegen für Klein- und Mittelunternehmen zumeist einfacher, geeignete Differenzierungs- und Nischenstrategien zu entwickeln und am Markt erfolgreich umzusetzen.

Analysiert man verschiedene betriebswirtschaftliche Quellen zum Thema Stärken/Schwächen von Klein- und Mittelunternehmen, offenbart sich zudem folgende, durchaus bemerkenswerte Tendenz: Übereinstimmend werden vor allem qualitative Faktoren, etwa Kundenorientierung und Flexibilität, als Wettbewerbsvorteile für mittelständische Unternehmen aufgeführt. Typische quantitative Kriterien, wie beispielsweise Kosten und Finanzen, gelten dagegen weniger als eigenständige Erfolgs- bzw. Mißerfolgsmerkmale, sondern werden eher als Folgen qualitativer Kennzeichen interpretiert. Daher versuchen zur Zeit auch nicht wenige Großunternehmen, durch Zerteilen ihrer Unternehmensbereiche und durch Förderung des unternehmerischen Engagements ihrer Führungskräfte gleichsam mittelständische Organisations- und Führungsmodelle in ihrem Unternehmen zu generieren.[2]

Bei einem Zwischenfazit zeigt es sich also, daß man aufgrund der bisherigen Ausführungen nicht generell von Rentabilitätsunterschieden kleiner und mittlerer Unternehmen im Vergleich zu Großunternehmen ausgehen kann. Denn während einerseits finanzierungstheoretische Argumente und betriebsgrößenbezogene Kostendegressionseffekte im Produktionsbereich für Großunternehmen sprechen, führt andererseits ein markt- und organisationstheoretischer Blickwinkel durchaus zu Vorteilen für mittelständische Unternehmensstrukturen. Insgesamt ergeben sich damit aus einer Perspektive, welche typische betriebliche Funktionsbereiche in den Vordergrund der Untersuchung setzt, vorerst kaum verwertbare Anhaltspunkte für eine besondere ökonomische Rolle bzw. spezielle ökonomische Vorteile kleinerer Unternehmen. In Hinblick auf die Situation in Deutschland sei noch ergänzend angedeutet, daß derartige Renditevergleiche zudem noch durch den Steuergesetzgeber beträchtlich verzerrt werden, indem dieser auf der einen Seite zur steuerlichen Bevorzugung von Großunternehmen neigt, während er auf der anderen Seite junge Unternehmen sowie Unternehmen in ausgewählten Wirtschaftszweigen subventioniert.

---

[1] Vgl. *ALBACH*, Innovationsdynamik (1984), S. 45 f.

[2] Vgl. hierzu etwa *BUSSIEK*, Betriebswirtschaftslehre (1996), S. 21.

2.2.2 Eine innovationsbezogene Betrachtung

2.2.2.1 Abhängigkeit der Innovationsleistung von der Unternehmensgröße

Der bisherige Vergleich zwischen Klein- und Mittelunternehmen auf der einen Seite und Großunternehmen auf der anderen Seite hat jedoch den Gesichtspunkt der *Innovation* als wesentlichen Bestandteil des Erfolgspotentials eines Unternehmens vernachlässigt. Wegen seiner maßgeblichen Stellung im Rahmen der Unternehmertheorie[1] und der sich hieraus ableitenden Wirkung auf die Gründungstheorie benötigt dieser Aspekt daher nachfolgend eine gesonderte Betrachtung:

- Insbesondere SCHUMPETER und GALBRAITH vertreten eine Auffassung, gemäß der die Vorteile in Hinblick auf die Innovationsfähigkeiten eines Unternehmens bei den Großunternehmen liegen:[2]

  „Der Unternehmungstypus, der mit der vollkommenen Konkurrenz vereinbar ist, ist in vielen Fällen in bezug auf die innere, namentlich technische Leistungsfähigkeit unterlegen; ist er dies, dann vergeudet er wirtschaftliche Chancen. Er kann auch bei seinen Bestrebungen, seine Produktionsmethoden zu verbessern, Kapital vergeuden, weil er in einer weniger günstigen Lage ist, um neue Möglichkeiten zu entwickeln und richtig zu beurteilen. ... Wir müssen vielmehr anerkennen, daß die Großunternehmung zum kräftigsten Motor dieses Fortschritts und insbesondere der langfristigen Ausdehnung der Gesamtproduktion geworden ist ... . In dieser Hinsicht ist die vollkommene Konkurrenz nicht allein unmöglich, sondern auch unterlegen, und sie kann keinen Anspruch erheben, als Muster idealer Leistungsfähigkeit zu gelten."[3]

  Großunternehmen bieten in diesem ökonomischen Weltbild folglich nicht nur die Gewähr für überlegene produktive Effizienz, sondern besitzen deswegen gleichzeitig auch die besseren Fähigkeiten gegenüber Klein- und Mittelunternehmen, sowohl Innovationen zu erzeugen als auch diese am Markt durchzusetzen. In der einschlägigen Literatur werden vor allem vier Faktoren zur Begründung dieser Überlegenheit im Innovationsverhalten thematisiert:[4]

---

[1] Diesbezüglich und für eine Definition des Innovationsbegriffs vgl. Kap. 3.3.1.3.

[2] Vgl. vor allem *SCHUMPETER*, Kapitalismus (1972), S. 143-175 und *GALBRAITH*, Capitalism (1993), S. 86-90. Damit wenden sie sich gegen eine neoklassische Sichtweise, welche entsprechend ihrem Idealbild der vollständigen Konkurrenz den technischen Fortschritt am besten gewährleistet sieht, sobald ein intensiver Wettbewerb durch zahlreiche kleine Unternehmenseinheiten stattfindet.

[3] *SCHUMPETER*, Kapitalismus (1972), S. 174 f. In der ökonomischen Literatur wird eine solche Ansicht, die Großunternehmen auch Innovationsvorteile zuerkennt, deswegen zum Teil auch als „SCHUMPETERSCHE These" bezeichnet.

[4] Vgl. für die nachstehende Auflistung *ACS/AUDRETSCH*, Innovation (1992), S. 54 f.

- Häufig sind Innovationen mit hohen Fixkosten verbunden. Insofern beanspruchen sie nicht nur die (finanziellen) Unternehmensressourcen, sondern ermöglichen gerade Großunternehmen die Wahrnehmung von Vorteilen der Größendegression.

- Nur Unternehmen, welche die erforderliche Größe besitzen, um zumindest zeitweise eine marktbeherrschende Stellung einzunehmen, wählen Innovationen als Verfahren zur Gewinnmaximierung aus.

- Grundsätzlich sind Investitionen in den Forschungs- und Entwicklungsbereich als Voraussetzungen für eine Innovation mit Risiko behaftet. Da gerade kleinen und mittleren Unternehmen anders als Großunternehmen in diesem Zusammenhang kaum Diversifikationsmöglichkeiten offenstehen, kann ein Rückschlag im Innovationsvorhaben durchaus eine Gefahr für den Fortbestand des gesamten Unternehmens darstellen. Ergänzend ist es für größere Unternehmen häufig leichter, für innovative Projekte mit fraglichem Ergebnis dennoch eine geeignete Nutzung zu finden.

- Üblicherweise führen Innovationen bei Großunternehmen wegen deren Größenvorteile in der Produktion und im Vertrieb zu einer höheren innovationsbedingten Mehreinnahme bzw. Ausgabenminderung.

- Zu einem gegensätzlichen Ergebnis kommt indes eine neuere, die Dynamik des technischen und wirtschaftlichen Fortschritts betonende Betrachtungsweise, welche in der aktuellen Diskussion über die Innovationsfähigkeit von Unternehmen vorherrscht. Eine solche sozusagen „evolutionäre" Sicht faßt mittelständische Unternehmen gleichsam als Mittler des ökonomischen Wandels und Fortschritts auf, vor allem als Quelle neuer Ideen und Versuche, welche sonst von Großunternehmen nicht realisiert würden.

Hierbei können solche Innovationsvorteile zu einem großen Teil aus den bereits im Kapitel 2.2.1 als Pluspunkte für Klein- und Mittelunternehmen thematisierten besonderen Organisationsstrukturen heraus begründet werden und beruhen im wesentlichen auf folgenden zwei Argumenten:[1]

- In der Regel geht man davon aus, daß Großunternehmen aufgrund ihrer bürokratischen Gestaltung der Unternehmensstruktur und ihres von hierarchischen Instanzenwegen sowie einer allgemeinen Risikoaversion der Führungskräfte geprägten Entscheidungsverhaltens eher bremsend auf die Innovationsaktivitäten ihrer Mitarbeiter wirken. Unter der Annahme, daß innovatives Handeln vor allem durch eine Umgebung mit möglichst wenigen bürokratischen

---

[1] Vgl. hierzu und für die nachfolgenden Ausführungen insbesondere *ACS/AUDRETSCH*, Innovation (1992), S. 55 f. sowie *AUDRETSCH*, Small Firms (1999), S. 24 f.

Hemmnissen gefördert wird, sollten daher mittelständische Unternehmen mit ihren gering formalisierten Führungsstrukturen und ihrer tendenziell geringen Bürokratisierung sowie ihrer hohen Flexibilität den Mitarbeitern bessere organisatorische Voraussetzungen für eine erfolgreiche Innovationstätigkeit bieten.[1]

▪ Ergänzend ist in diesem Zusammenhang noch zu beachten, daß auch bedeutsame Innovationsleistungen sich oftmals aus einer Vielzahl einzelner Detailinnovationen zusammensetzen. Die jeweiligen Gewinnmöglichkeiten einer derartigen Einzelinnovation bewegen sich allerdings häufig in einem finanziellen Bereich, der gerade für Großunternehmen zu gering ist, um besonders beachtet zu werden, während er bei kleineren Unternehmen zumeist sehr wohl auf Interesse stößt.

Diese zweite Sichtweise findet eine gewisse Unterstützung in verschiedenen empirischen Studien. Beispielsweise zeigt es sich in diesem Zusammenhang, daß Klein- und Mittelunternehmen im Vergleich zu Großunternehmen generell eine höhere Innovationsrate pro Mitarbeiter besitzen. In besonders innovativen und vom technischen Fortschritt geprägten Wirtschaftszweigen beträgt dieser Wert für mittelständische Unternehmen sogar mehr als das Sechsfache des Wertes für Großunternehmen. Allerdings gilt diese Feststellung nicht gleichermaßen für alle Branchen:

● Auf kapitalintensiven Märkten mit hoher Konzentration und signifikanten Markteintrittsschranken, auch hinsichtlich der Werbeintensität, besitzen Großunternehmen Vorteile bei der Innovation. Zu diesen Branchen gehören z.B. anorganische Chemie und Luftfahrtindustrie, ebenso die pharmazeutische und Photoindustrie sowie der Bereich Unterhaltungselektronik.

● In hochinnovativen Wirtschaftszweigen hingegen, vor allem wenn sie von großen Unternehmen beherrscht werden, kann man von einer Überlegenheit der Klein- und Mittelunternehmen bezüglich der Innovationsfähigkeit ausgehen. Derartige Umstände betreffen insbesondere die Gebiete Biotechnologie und Informationstechnik, aber auch allgemeine elektronische Bauteile, Meß- und Kontrollinstru-

---

[1] Zu diesem Gesichtspunkt vgl. *ROTHWELL*, Innovation (1989), S. 52 f., ergänzend weiterhin *HOLMSTROM*, Agency Costs (1989), S. 306, ebenso *LINK/BOZEMAN*, Innovative Behavior (1991), S. 179, gleichermaßen *SCHERER*, Firm Size Problem (1991), S. 24 f.

mente, Kunststoffprodukte, industrielle Steuerungsanlagen und optische Geräte, zusammenfassend also durchwegs Branchen aus dem Bereich der Spitzentechnik.[1]

Aufgabe 2:

Welche Sachverhalte sprechen für die These, daß Großunternehmen Innovationsvorteile gegenüber Klein- und Mittelunternehmen besitzen, welche dagegen?

Offensichtlich besteht also eine gewisse Abhängigkeit der Innovationsfähigkeiten mittelständischer Unternehmer von der Zugehörigkeit zu einem bestimmten Wirtschaftszweig und den dortigen Marktstrukturen. Hinsichtlich dieses Sachverhaltes bietet sich als möglicher Ansatzpunkt für eine ökonomische Deutung eine Hypothese an, die von der Existenz zweier verschiedener technischer Herrschaftssysteme, welche sich durch den Charakter des jeweiligen innovationsbezogenen Wissens unterscheiden, ausgeht:

- *„Unternehmerisches Herrschaftssystem"* („entrepreneurial regime"):

  Auf der einen Seite beruhen im Kontext eines solchen unternehmerischen Herrschaftssystems Innovationen typischerweise auf Informationssachverhalten, welche sich wegen ihrer Andersartigkeit nicht in vorliegende Wissensstrukturen einbinden lassen und daher bei den Entscheidungsinstanzen bestehender Unternehmen häufig auf Ablehnung stoßen. Hier existieren demzufolge ökonomische und technische Rahmenbedingungen, welche die Markteintritte neuer Unternehmen durch Innovationen begünstigen und sich zugleich negativ auf die Innovationsleistung bereits vorhandener Unternehmen auswirken.

- *„Routinemäßiges Herrschaftssystem"* („routinized regime"):

  Auf der anderen Seite können auch die genau gegenteiligen Bedingungen vorliegen. In diesen Fällen sind innovationsbezogene Kenntnisse gut unter den Rahmenbedingungen bestehender Informations- und Organisationsstrukturen zu nutzen. Diese Umstände bedingen dann ein eher routinemäßiges Herrschaftssystem, in dem Innovationen vor allem von etablierten Unternehmen realisiert werden.[2]

---

[1] Vgl. dazu *ACS/AUDRETSCH*, Large and Small Firms (1988), S. 680-688 sowie *ACS/AUDRETSCH*, Innovation (1992), S. 52-75 und *AUDRETSCH*, Kleinunternehmen (1993), S. 12-14. Zur generellen Problematik einer geeigneten Operationalisierung der Innovationstätigkeit im Rahmen empirischer Studien etwa durch die Ausgaben für Forschung und Entwicklung oder durch die Zahl der angemeldeten Patente vgl. zudem *SCHMIDT*, Einfluß der Unternehmensgröße (1995), S. 48-52.

[2] Vgl. insbesondere *WINTER*, Alternative Regimes (1984), S. 294-317, ergänzend zu diesem Gebiet etwa *NELSON/WINTER*, Theories of Economic Growth (1974), S. 899-904, ebenso *NELSON/WINTER*, Schumpeterian Competition (1978), S. 541-543.

;ren fällt bei Betrachtung der oben gegebenen Branchenauflistung auf, daß
ächlich die als besonders wachstumsträchtig und zukunftsrelevant geltenden
Branchen betrifft, in denen Innovationsvorteile für mittelständische Unternehmen
festgestellt worden sind. Wenn man in einem zweiten Schritt dann die typischen
innovativen Klein- und Mittelunternehmen dieser Wirtschaftszweige noch genauer
betrachtet, wird man zudem erkennen können, daß es sich hierbei häufig nicht nur um
kleinere, sondern hinsichtlich des Unternehmensalters vor allem auch um gleichzeitig
junge Unternehmen handelt. Bei Berücksichtigung der Tatsache, daß junge Unternehmen entsprechend der Begriffsfassung aus Kapitel 2.1.3 Unternehmensgründungen sind, läßt sich folglich folgendes feststellen: Gerade in vielen zukunftsweisenden
Wachstumsbranchen, die dem Bereich der Spitzentechnik zurechenbar sind, müssen
als Träger des technischen und damit auch des ökonomischen Fortschritts im wesentlichen Unternehmensgründungen angesehen werden.[1]

Bezüglich der im vorherigen Kapitel thematisierten Suche nach der optimalen
Betriebsgröße eines Unternehmens führt das Resultat dieses Abschnittes schließlich
zu der Aussage, daß auch durch Einbeziehung der Innovationstätigkeit in das Blickfeld der Analyse die Bestimmung einer für alle Wirtschaftzweige einheitlich optimalen Betriebsgröße nicht möglich wird. Vielmehr sollten Wirtschaftlichkeitsunter-
schiede zwischen den verschiedenen Unternehmensgrößen spezifisch stets in Abhängigkeit von den jeweiligen Branchenverhältnissen betrachtet werden. Insbesondere
bezüglich innovationsintensiver Wirtschaftszweige, bei denen Skalenerträge, Kapi-
talintensität und Werbung weniger Bedeutung besitzen, ist es allerdings durchaus
angebracht, hier eine besondere Wettbewerbstärke kleiner und mittlerer Unternehmen
zu vermuten.

2.2.2.2 Neue Institutionenökonomie als theoretische Basis

Um das im vorhergehenden Abschnitt festgestellte Phänomen der Konzentration
innovativer Unternehmensgründungen auf ganz bestimmte Wirtschaftszweige zu
erklären, bietet sich, gleichsam als ökonomischer Bezugsrahmen, ein Rückgriff auf

neoinstitutionalistische Konzepte an, und zwar auf eine Kombination aus Prinzipal-
Agenten-Theorie einerseits und Transaktionskostentheorie andererseits.[2] Der wesentliche Grundgedanke besteht dabei aus der in Anlehnung an SCHUMPETER[3] getroffe-

---

[1] Vgl. zu diesem Sachverhalt auch *AUDRETSCH*, Kleinunternehmen (1993), S. 11 f., ebenso *KRIE-GESMANN*, Unternehmensgründungen aus der Wissenschaft (2000), S. 398.

[2] Für die nachfolgenden Ausführungen dieses Kapitels vgl. insbesondere *AUDRETSCH*, Asymmetric Information (1994), S. 1-18 sowie *AUDRETSCH*, Innovation (1995), S. 47-55, weitergehend zur Prinzipal-Agenten-Theorie vgl. Kap. 4.2.3.1.1, zur Transaktionskostentheorie Kap. 4.3.2.2.

[3] Hierzu vgl. Kap. 3.3.1.3.2.

nen Annahme, daß das Wissen um einen innovativen Sachverhalt grundsätzlich personenbezogen vorliegt und insofern stets Informationsunterschiede hinsichtlich dieses
Umstandes, insbesondere in Hinblick auf dessen Bedeutung und dessen Erfolgspotential, bestehen. Die Rolle des besser informierten Agenten, welcher die Innovation
gleichsam entdeckt oder entwickelt hat, nimmt dann ein Beschäftigter eines bereits
bestehenden Unternehmens wahr, während auf der Gegenseite die Führungsinstanz
dieses Unternehmens als Prinzipal auftritt.

Man kann nun davon ausgehen, daß gerade bei „wertvollen" Innovationen die Unterschiede zwischen der positiven Einschätzung des künftigen Erfolges einer derartigen
Innovation durch den Agenten einerseits und der zurückhaltenden Beurteilung durch
den Prinzipal andererseits besonders groß sind. Je ausgeprägter sich jedoch eine solche Informationsasymmetrie zwischen Mitarbeiter und Unternehmensführung darstellt, desto wahrscheinlicher wird der spezifische innovationsbezogene Wissensvor-
sprung des Agenten diesen dazu bewegen, selbst ein eigenes Unternehmen zu gründen und dadurch diese Kenntnisse ökonomisch gewinnbringend anzuwenden.[1] Tritt
diese Situation ein, entsteht somit ein neues Klein- und Mittelunternehmen, dessen
Unternehmensziel im wesentlichen aus der ökonomischen Realisation der Innovation
besteht.

Das von Wirtschaftszweig zu Wirtschaftszweig variierende Ausmaß an derartigen
innovativen Neugründungen läßt sich im wesentlichen durch die unterschiedlichen
Informations- bzw. Wissensstrukturen in diesen Branchen erklären. Da letztere dabei
zugleich das technische Herrschaftssystem bestimmen, darf man von folgendem
Zusammenhang zwischen jeweiligem Herrschaftssystem und Anreizen zur Unternehmensgründung ausgehen:

- *Routinemäßiges Herrschaftssystem* und *Innovationsverwertung* (Vorteilhafte
  Bedingungen für bestehende Unternehmen):

  Zum einen sind manche Bereiche im Wirtschaftsleben dadurch gekennzeichnet,
  daß in ihnen neue – vor allem technische – Informationstatbestände nach wie vor
  einen Bezug zu bisher genutzten Wissensinhalten aufweisen. Sie können daher in
  der Regel innerhalb vorhandener bürokratischer Hierarchien ohne Änderung der
  bestehenden Regeln und damit ohne große Steigerung der unternehmensinternen
  Transaktionskosten in tatsächliche und ökonomisch wirksame Innovationsaktivitäten transferiert werden.

  Die auch hier prinzipiell denkbare Alternativentscheidung, die Innovation im
  Rahmen einer eigenen Unternehmensgründung zu vermarkten, geht häufig mit

---

[1] Ohne an dieser Stelle tiefergehend in die Modellwelt der Prinzipal-Agenten-Theorie eindringen
zu wollen, – diesbezüglich vgl. vor allem Kap. 4.2.3.1 – erscheint es intuitiv einleuchtend, daß ein
geringerer Informationsvorteil dem Agenten weniger Möglichkeiten bietet, dieses Zusatzwissen
zu seinem eigenen Nutzen und zu Lasten des Prinzipals zu verwerten.

hohen Transaktionskosten einher, da in diesen Branchen für eine erfolgreiche Durchführung der Innovation zumeist ein gewisser, im Unternehmen bereits vorhandener Bestand an einschlägigen Erfahrungen benötigt wird, der auf das neue gegründete Unternehmen nicht übertragbar ist. Wegen der hierdurch bedingten Minderung der Informationsasymmetrie bietet eine Gründung aus Sicht der Prinzipal-Agenten-Theorie dem Mitarbeiter in diesen Branchen zudem in der Regel geringere Gewinnaussichten.

Insgesamt bestehen daher unter solchen Rahmenbedingungen für Agenten nur geringe ökonomische Anreize zur selbständigen unternehmerischen Nutzung ihres innovationsbezogenen Wissensvorsprungs.

*   *Unternehmerisches Herrschaftssystem* und *Innovationsverwertung* (Vorteilhafte Bedingungen für eine Neugründung):

    Zum anderen existieren jedoch auch Wirtschaftszweige in denen bedeutsame technische Innovationen nur aus neuen Kenntnissen stammen, die kaum in das bisher bestehende Erfahrungs- bzw. „Routinewissen" der Unternehmenshierarchie einzubinden sind, wobei diese Feststellung auf die Mehrheit der im Hochtechnikbereich angesiedelten und besonders wachstumsintensiven Wirtschaftszweige zutrifft.[1] Beim Versuch einer unternehmensinternen Umsetzung stoßen die Innovationsträger folglich dort auf erheblichen Widerstand.

    In einer neoinstitutionalistischen Perspektive sind sie nur mit hohen Transaktionskosten in das bestehende Unternehmensgefüge integrierbar. Denn gerade bürokratische Hierarchien entstehen ja oftmals aus dem Bestreben heraus, die Kontroll- bzw. Überwachungskosten innerhalb eines zumeist größeren Unternehmens zu verringern. Sozusagen als Nebenwirkung führen derartige bürokratische Organisationsstrukturen mit ihren festen Regeln jedoch dazu, daß neue Aktivitäten, die sich beispielsweise auf strukturverändernde Innovationen beziehen, kaum zu vertretbaren Kosten mit diesen bereits vorhandenen Organisationsregeln eines Großunternehmens in Einklang gebracht werden können.[2] Hinzu kommen noch weitere, durch die Prinzipal-Agenten-Beziehung verursachte Zusatzkosten, etwa in Form von gestiegenen Überwachungskosten für den Prinzipal. Diese ergeben sich aus dem sehr spezifischen Charakter mancher Innovationssachverhalte und führen ebenfalls dazu, daß ein Prinzipal bzw. Unternehmen alle Aktivitäten, die Probleme bei der Überwachung bereiten, tendenziell meidet.[3]

    Alles in allem kann es deshalb gerade für ein Großunternehmen im Kontext einer Prinzipal-Agenten-theoretischen sowie transaktionskostentheoretischen Betrach-

---

[1]   Vgl. die Auflistung in Kap. 2.2.2.1.

[2]   Ergänzend vgl. vor allem *WILLIAMSON*, Markets and Hierarchies (1975), S. 200 ff.

[3]   Vgl. hierzu etwa *HOLMSTROM*, Agency Costs (1989), S. 323.

tungsweise ökonomisch sinnvoller sein, auf eine unternehmensinterne Realisation mancher innovationsbezogenen Wissenstatbestände zu verzichten.

Ergänzend soll noch kurz ein zweiter, ebenso vorstellbarer Fall angesprochen werden, bei dem nicht ein Mitarbeiter eines bereits am Markt aktiven Unternehmens, sondern eine *außenstehende Person* über das innovationsrelevante Wissen verfügt. Auch in derartigen Situationen erscheint eine Differenzierung zwischen den verschiedenen Herrschaftssystemen zweckmäßig:

● *Unternehmerisches Herrschaftssystem*:

Unverändert besitzen schon bestehende Unternehmen, gerade wenn es sich um Großunternehmen handelt, in einer Branche mit derartig geprägten Informationsstrukturen kaum Möglichkeiten, systemänderndes innovatives Wissen wegen der bereits angesprochenen sowohl Prinzipal-Agenten-theoretisch als auch bürokratisch bzw. transaktionskostentheoretisch bedingten Schwierigkeiten unternehmensintern zu übernehmen und selbst erfolgreich anzuwenden. Anders ausgedrückt: Ein Verkauf der innovationsbezogenen Kenntnisse von extern an ein bereits am Markt tätiges Unternehmen ergibt unter dieses Voraussetzungen in der Regel für beide Seiten keinen Sinn. Allein die Gründung eines neuen Unternehmens ermöglicht dem Besitzer der entsprechenden Wissenssachverhalte eine angemessene wirtschaftliche Verwertung der Innovation.[1]

● *Routinemäßiges Herrschaftssystem*:

Anders als beim unternehmerischen Gegenpol können in diesem Umfeld innovative Wissenstatbestände, die zunächst einmal lediglich externen Quellen bekannt sind, durch das Unternehmen prinzipiell, etwa durch Kauf, erworben werden und anschließend innerhalb des Unternehmens in ein marktfähiges Ergebnis umgesetzt werden. Aber auch für den Fall, daß der anfängliche Informationsträger sich dazu entschließen sollte, seine Kenntnisse in Form einer Unternehmensgründung betriebswirtschaftlich zu verwerten, führt dies in einer solchermaßen strukturierten Branche zu keinem bedeutsamen innovationsbedingten Vorteil des neuen gegenüber dem etablierten Unternehmen. Der Wert der Innovation für ihren ursprünglichen Schöpfer bzw. Entdecker ist folglich hier geringer als in Wirtschaftszweigen, die durch ein unternehmerisches System gekennzeichnet sind.

---

[1] Weiterführend zu dieser Thematik vgl. z.B. *MUELLER*, Information (1976), S. 425-428, dergleichen *WILLIAMSON*, Markets and Hierarchies (1975), S. 192 ff.

2.2.3 Beschäftigungswirkung von Unternehmensgründungen

Im Kapitel 2.2.1 ist bereits sinngemäß darauf hingewiesen worden, daß das gestiegene Interesse der Öffentlichkeit an Klein- und Mittelunternehmen im allgemeinen sowie an Unternehmensgründungen im besonderen auf der Annahme beruht, eine Zunahme wie auch Förderung dieser Unternehmen würde mit speziellen volkswirtschaftlich erwünschten Entwicklung einhergehen. Aufgrund der in den zwei vorhergehenden Abschnitten gewonnenen Erkenntnisse zu den branchenbezogenen Innovationsvorteilen kleinerer Unternehmen wird es nunmehr möglich, eine Deutung dieses gesellschaftlichen und politischen Bedeutungszuwachses von Unternehmensgründungen zu geben.

Denn im Kontext der bisherigen Ergebnisse, die eine besondere Relevanz junger Unternehmen gerade für zukunftsorientierte sowie stark innovative und an Hochtechnik ausgerichtete Wachstumsbranchen postulieren, liegt es dann durchaus nahe, Unternehmensgründungen zugleich eine hervorgehobene Rolle bei der Schaffung neuer Arbeitsplätze zuzuweisen. Eine solche Annahme, die in der Literatur auch als *Mittelstandshypothese* bezeichnet wird,[1] geht demzufolge von einem überproportionalen Beitrag mittelständischer Unternehmen zur gesamtwirtschaftlichen Beschäftigungsentwicklung einer Volkswirtschaft aus.

Auch auf empirischer Grundlage ist eine derartige positive Wirkung von Unternehmensgründungen auf das gesamtwirtschaftliche Angebot an Arbeitsplätzen mehrfach analysiert worden. Vor allem die Untersuchung von BIRCH, die als zeitlich erster Ansatz für eine empirische Bestätigung dieses Sachverhaltes gelten kann, wird wegen der zur Zeit der Veröffentlichung im Jahre 1979 als durchaus überraschend anzusehenden Ergebnisse in der wissenschaftlichen wie auch politischen Diskussion häufig thematisiert. In ihrer Kernaussage geht diese Studie dabei davon aus, daß, entgegen der traditionellen Lehrmeinung und gegen die damaligen öffentlichen Erwartungen, nicht Großunternehmen der wesentliche Träger einer positiven Beschäftigungsentwicklung seien. Vielmehr schüfen vor allem junge Kleinunternehmen, deren Gründungen weniger als fünf Jahre zurücklägen, den Hauptanteil neuer Arbeitsplätze.[2]

Wohl weist das empirische Untersuchungskonzept dieser BIRCH-Studie in Hinblick auf die Methodik nicht geringe Mängel auf und hat dafür in der einschlägigen Literatur auch entsprechende Kritik geerntet:

---

[1] Hinsichtlich dieses Begriffes vgl. insbesondere *SCHMIDT*, Überproportionaler Beitrag (1996), S. 538.

[2] Vgl. *BIRCH*, Job Generation (1979), insbesondere S. 26-50, ergänzend z.B. *BIRLEY*, Role of New Firms (1986), S. 361-365.

- Beispielsweise berücksichtigt die Analyse lediglich die Zahl der in einem bestimmten Zeitraum neu entstandenen Arbeitsplätze, ohne jedoch die Zahl der in der Folge davon wieder verlorengegangenen Arbeitsverhältnisse in die Betrachtung einzubeziehen. Aufgrund der Tatsache, daß gerade bei jungen mittelständischen Unternehmen viele dieser neu geschaffenen Arbeitsplätze hauptsächlich wegen der prinzipiell nicht sehr hohen Überlebensfähigkeit dieser Unternehmen wieder wegfallen,[1] führt eine derartige Vorgehensweise zu einer tendenziellen Überbewertung der Beschäftigungswirkung von Unternehmensgründungen und damit zu erheblichen Validitätsproblemen.[2]

- Spätere Untersuchungen zum gleichen Sachverhalt haben zudem folgendes gezeigt: Ein wesentlicher Anteil der im Zusammenhang mit Klein- und Mittelunternehmen neu entstandenen Arbeitsplätze entfällt auf eine schmale, nur etwa 12-15 % betragende Gruppe dieser Unternehmen. Auch gehören im Rahmen einer branchenorientierten Analyse diese beschäftigungsaktiven Unternehmen nur einigen wenigen, besonders dynamischen Wirtschaftszweigen an. Anders ausgedrückt: Nur eine Minderheit aller Unternehmensgründungen, welche darüber hinaus in ganz bestimmten Branchen wirtschaftlich tätig ist, zeichnet für die positive Wirkung der Klein- und Mittelunternehmen auf den Arbeitsmarkt verantwortlich.[3]

Trotz derartiger Einschränkungen und methodischer Vorbehalte haben weitere empirische Analysen durch andere Autoren im wesentlichen die obig vorgestellten zentralen Ergebnisse der Studie von BIRCH insgesamt bestätigt: Unternehmensgründungen führen im Vergleich zu bereits etablierten Unternehmen durchschnittlich eher zur Schaffung von mehr Arbeitsplätzen und besitzen insofern einen positiveren Beschäftigungseffekt.[4] Allerdings gilt diese Feststellung hauptsächlich für junge und innovative Unternehmen, die charakteristischerweise in technikintensiven Branchen angesiedelt sind, hierzu gehört im einzelnen der Spitzentechnikbereich sowie der Bereich höherwertiger Technik, aber auch das technikintensive Dienstleistungsgewerbe. Sie trifft dagegen weniger für die Unternehmensgründungen im „traditionellen" verar-

---

1   Insbesondere trifft dies auf junge Kleinunternehmen mit weniger als 20 Mitarbeitern zu. Vgl. dazu z.B. *BIRLEY*, Role of New Firms (1986), S. 371, allgemein zur Überlebensfähigkeit von Unternehmensgründungen Kap. 2.3.1.

2   Diesbezüglich vgl. etwa *ACS/AUDRETSCH*, Innovation (1992), S. 16 sowie *AUDRETSCH*, Kleinunternehmen (1993), S. 4.

3   Vgl. *SEXTON*, Role of Entrepreneurship (1986), S. 27 f.

4   In einer Übersicht betreffend die USA vgl. etwa *HALTIWANGER/KRIZAN*, Small Business 1999, S. 79-97, bezüglich ähnlicher Untersuchungen für den Bereich Deutschland z.B. *HUNSDIEK*, Beschäftigungspolitische Wirkungen (1985), S. 15-24, überblicksartig *LEIBBRAND*, Gründungsforschung (2001), S. 118-120, für eine kritische Analyse insbesondere *SCHMIDT*, Überproportionaler Beitrag (1996), S. 541-552.

beitenden Gewerbe, welches ohne einen besonderen Einsatz innovativer Technik auskommt, zu.[1]

Wenn man die bisherigen Erkenntnisse zusammenfassen möchte, läßt sich die Bedeutung von Unternehmensgründungen für die wirtschaftliche Entwicklung daher mit folgenden vier Aussagen beschreiben:

- Zum einen leisten Unternehmensgründungen aufgrund ihrer überdurchschnittlichen innovationsbezogenen Fähigkeiten einen wichtigen Beitrag für den technischen und ökonomischen Fortschritt.

- Zum anderen verursachen sie durch ihren Eintritt in bereits bestehende Märkte nicht nur Turbulenzen, sondern führen zugleich zu einer Verstärkung oder Erneuerung des Wettbewerbs in diesen Branchen.

- Gewissermaßen als Folge aus den ersten beiden Wirkungen bedingen Unternehmensgründungen dann drittens eine Erhöhung der Wettbewerbsfähigkeit einer Volkswirtschaft in den jeweiligen Produktsegmenten, die ihr wirtschaftliches Betätigungsfeld bilden. Eventuell generieren sie darüber hinaus in diesem Sinn sogar zusätzliche neue Produktnischen, in denen sie gerade im internationalen Vergleich Vorteile besitzen.

- Aufgrund von Sachverhalt drei können junge Unternehmen schließlich auch einen wichtigen Beitrag zur Schaffung und Sicherung von Arbeitsplätzen leisten.[2] Allerdings muß bei Ermittlung der Beschäftigungswirkung berücksichtigt werden, daß eine Gründung neuer Unternehmen oftmals auch mit einer gleichzeitigen Verdrängung bereits bestehender Konkurrenzunternehmen in dieser Branche einhergehen kann. Die dadurch verlorengegangenen Arbeitsplätze sind in die Berechnung einzubeziehen und führen demgemäß zu einer Minderung des gesamtwirtschaftlichen Nettobeschäftigungseffektes.

---

[1] Vgl. beispielsweise *NERLINGER*, Junge innovative Unternehmen (1998), S. 36-38, ergänzend zu den Begriffsdefinitionen und Abgrenzungskennzeichen der verschiedenen Wirtschaftsbereiche sowie möglichen Erfassungsproblemen insbesondere *BRETTEL/JAUGEY/ROST*, Business Angels (2000), S. 19-23.

[2] Vgl. *ACS/AUDRETSCH*, Innovation (1992), S. 158-160.

2.3 Bestand und Erfolg einer Unternehmensgründung

2.3.1 Zur Überlebensfähigkeit von Gründungen

2.3.1.1 Grundsätzliche strukturelle Probleme

Wenn man sich die im Kapitel 2.1.1 im Zusammenhang mit dem Thema Klein- und Mittelunternehmen vorgestellten typischen Merkmale junger Unternehmen noch einmal vergegenwärtigt, ist es augenscheinlich, daß manche dieser Charakteristika nicht nur als strukturelle Schwachpunkte anzusehen sind, die den wirtschaftlichen Erfolg einer Unternehmensgründung mitunter beeinträchtigen. Vielmehr können sie durchaus unter ungünstigen äußeren Bedingungen zu bestandsgefährdenden Schwierigkeiten werden. In diesem Zusammenhang sind insbesondere folgende Strukturschwächen relevant:

- Bedingt durch eine hochspezifische technische Grundausrichtung, die häufig mit einer eher eindimensionalen Fokussierung auf gewisse enge Marktsegmente sowie einer mehr als geschlossen zu bezeichnenden Organisationsform einhergeht, sind viele Unternehmensgründungen als spezielle Vertreter einer bestimmten Technologiewelle anzusehen. Bei entsprechenden Veränderungen im Rahmen neuer Technologiewellen kann es zu Anpassungsschwierigkeiten und zur Überforderung kommen.[1]

- Gerade im Bereich solcher technikbasierter Unternehmensgründungen muß man oftmals von einer geringen kaufmännischen Kompetenz des Unternehmensgründers bzw. der Gründungsmannschaft ausgehen. Die Gefahr betriebswirtschaftlicher Fehler in der Unternehmensführung wird durch diesen Umstand verstärkt.

- Geringe finanzielle Ressourcen, die unter anderem meist auf einem schwierigen Zugang zum Kapitalmarkt und Problemen bei der Kreditaufnahme beruhen, erlauben zudem nur geringe Ausgleichsmöglichkeiten bei derartigen „unternehmerischen" Fehlentscheidungen. Auch bedingen sie eine prinzipiell höhere Anfälligkeit für z.B. Schwankungen der Absatzmärkte oder Mißerfolge im Forschungs- und Entwicklungsbereich.

- Eine häufig auf den Gründer und Eigentümer ausgerichtete organisatorische Einlinienstruktur erscheint bei fehlender Austauschbarkeit der Führungsperson durchaus störanfällig.

---

[1] Dazu vgl. etwa *SZYPERSKI*, Hochtechnologie (1984), S. 82 f.

Daher liegt die Annahme nahe, daß neu gegründete Unternehmen im Gegensatz zu ihren schon länger am Markt aktiven Konkurrenten ein erhöhtes Risiko aufweisen, bereits nach kurzer Zeit ihre Tätigkeit wieder unfreiwillig zu beenden. Wie nachfolgendes Zitat belegt, ist dieser Umstand in der Ökonomie im Grunde schon immer eine bekannte Tatsache gewesen:

> „In Frankreich rechnet man im Allgemeinen, daß von 100 versuchten oder angefangenen gewerblichen Unternehmungen 20 zu Grunde gehen, bevor sie irgend Wurzel gefaßt haben; 50-60 vegetiren kürzere oder längere Zeit in beständiger Gefahr des Untergangs und höchstens 10 kommen zu bedeutender, oft nicht einmal dauernder Blüthe. GODARD, bei ROSCHER §. 196. Anm. 2."[1]

2.3.1.2 Probleme der Gründungsstatistik

Eine genaue und empirisch fundierte Betrachtung der Überlebenschancen junger Unternehmer wird jedoch gerade in Deutschland durch verschiedene Umstände behindert. Im Vordergrund steht hierbei die Tatsache, daß sowohl im Bereich des Bundes als auch im Bereich der Länder keine *Gründungsstatistik* im eigentlichen Sinn besteht.[2]

Ohne eine solche *primärstatistische Quelle* muß man sich bei dem Bestreben, dennoch eine quantitative Aussage zum Gründungsgeschehen oder auch zum betriebswirtschaftlichen Ende von Unternehmen erhalten zu wollen, deshalb mit verschiedenen Kennzahlen begnügen, welche hauptsächlich von staatlichen Stellen zunächst und primär für die ihnen übertragenen Verwaltungszwecke erhoben werden oder sozusagen als Nebenprodukt bei der Durchführung ihrer Aufgaben anfallen. An derartigen *sekundärstatistischen Quellen* stehen im Bereich der empirischen Gründungsforschung vor allem folgende amtliche Datenquellen zur Verfügung:[3]

---

[1] Zitiert in *V. MANGOLDT*, Unternehmergewinn (1855), S. 85. Kapitälchenschrift für die Namen des Original- sowie Sekundärautors sind nachträglich von den Verfassern eingefügt.

[2] Vgl. auch *LEIBBRAND*, Unternehmensgründungen (2001), S. 61, ergänzend zu diesem Themenkreis etwa *KISTNER*, Einführung (1988), S. 11-14, dergleichen *SCHMUDE/LEINER*, Zur Messung (1998), S. 113 f.

[3] Hinsichtlich der nachfolgenden Ausführungen zu diesem Gebiet vgl. beispielsweise *FRITSCH ET AL.*, Gründungen (2002), S. 2-5, ebenso *SCHULZ*, Unternehmensgründungen (1995), S. 7-17, gleichermaßen *WEISS*, Entwicklung (1999), S. 44-59.

- Zahl der *Gewerbean-* bzw. *-abmeldungen:*[1]

Entsprechend den umfangreichen und detaillierten Angaben auf den Gewerbean-meldebögen repräsentieren diese Daten grundsätzlich wohl einen der zur Zeit am besten geeigneten Näherungswerte für Unternehmensgründungen im engeren Sinn.[2] Die Schwierigkeiten, die sich aus Nutzung dieser Quelle ergeben, liegen zum einen darin begründet, daß nicht alle Anmeldungen stets später zu tatsächlichen Gründungen führen müssen. Zum anderen können auf der einen Seite teilweise auch Doppelzählungen auftreten, während auf der anderen Seite Land- und Forstwirtschaft genauso wie die freien Berufe unberücksichtigt bleiben. Als weiteres Problem ist in diesem Zusammenhang noch folgendes zu berücksichtigen: Änderungen etwa hinsichtlich der Rechtsform des Unternehmens, des Firmensitzes sowie des Geschäftsgegenstandes sind in den Statistiken bis einschließlich 1995 ebenfalls als Gewerbeanmeldungen verzeichnet. Hinsichtlich der Abmeldung ergibt sich eine vergleichbare Situation. Auch in diesem Fall geht nicht jede tatsächliche Beendigung einer unternehmerischen Tätigkeit stets zugleich mit einer formalen Aufgabe des Gewerbes durch Abmeldung einher. Alles in allem muß man aus diesen Gründen von einer systematischen Überzeichnung der tatsächlichen Gründungsdynamik durch die *Gewerbemeldestatistiken* ausgehen.

- Zahl der *Handelsregisterein-* und *-austragungen:*

Erst durch den Eintrag in das *Handelsregister* bei dem für den jeweiligen Sitz des Unternehmens zuständigen Amtsgericht entstehen die Kapitalgesellschaften, wie etwa AG und GmbH, als eigenständige juristische Personen. Aber auch OHG und KG als Personengesellschaftsformen benötigen eine solche Handelsregistereintragung, ebenso wird durch sie die Kaufmannseigenschaft nach dem HGB konstitutiv begründet.[3] Aufgrund dieser Gegebenheiten bietet sich die Zahl der Handelsregisterein- und -austragungen nicht nur als eine dem Gewerberegister durchaus vergleichbare Näherungsgröße für das Gründungsgeschehen an. Vielmehr weist sie diesem gegenüber den nicht unwesentlichen Vorteil auf, daß wegen der Ausrichtung auf den Vollkaufmann in diesem Verzeichnis die betriebs- und gesamtwirtschaftlich wie auch bezüglich der Beschäftigungswirkung weniger interessanten gewerblichen Existenzgründungen zunächst unberücksichtigt bleiben.[4]

Allerdings zieht auch die Verwendung der Handelsregisterdaten verschiedene Validitätsprobleme nach sich. Beispielsweise kann auf der einen Seite trotz vor-

---

[1] Ausführlich vgl. etwa LEINER, Gewerbeanzeigenstatistik (2002), S. 103-127.

[2] Vgl. hierzu z.B. CLEMENS/FREUND, Erfassung (1994), S. 41-45, ebenso DAHREMÖLLER, Nutzung vorhandener Datenquellen (1988), S. 94-97.

[3] Für weitergehende Ausführungen zum Handelsregister vgl. z.B. EULER/SCHEMMEL, Statistik der Kapitalgesellschaften (1988), S. 75-82.

[4] Zum Begriff der Existenzgründung vgl. auch Kap. 2.1.1.

liegender Voraussetzungen für eine Vollkaufmanneigenschaft der Unternehmenseigentümer eine Handelsregistereintragung unterlassen. Auf der anderen Seite
fallen Eintrag ins bzw. Austrag aus dem Handelsregister nur selten mit dem
Beginn bzw. dem Ende der wirtschaftlichen Tätigkeit eines Unternehmens
zusammen, insbesondere bleibt die Eintragung des Unternehmens trotz wirtschaftlicher Auflösung häufig bestehen. Insofern läßt sich die Aussagekraft des
Handelsregisters gerade für Longitudinalbetrachtungen des Gründungsgeschehens
und Untersuchungen zur Überlebensrate von Unternehmen als nur sehr eingeschränkt geeignet bezeichnen.

- Zahl der *Selbständigen*:

In der politischen Diskussion wird oftmals die Zahl an selbständig Erwerbstätigen
als Maß für die Gründungsdynamik einer Volkswirtschaft genommen. Deshalb
sieht man gerade eine Erhöhung dieses Wertes als grundsätzlich erstrebenswertes
Ziel und als geeignetes Mittel sowohl zur Verbesserung der gesamtwirtschaftlichen Entwicklung als auch zur Verbesserung des Arbeitsmarktes an. Jedoch wird
in diesem Kontext häufig übersehen, daß die *Selbständigenstatistik* aufgrund verschiedener verzerrender Einflußfaktoren[1] lediglich eine personenbezogene Kennzahl und keine unternehmensbezogene Kennzahl darstellt. Eine Zunahme der
selbständig Erwerbstätigen muß in diesem Sinn nicht unbedingt für eine zugleich
gestiegene Zahl der Unternehmensgründungen sprechen.

Eine noch geringere ökonomische Aussagekraft besitzt die *Selbständigenquote* als
Verhältnis der Selbständigen zur Gesamtzahl der Erwerbstätigen. Aufgrund ihrer
konstitutiven Abhängigkeit von der gesamtwirtschaftlichen Erwerbstätigkeit steigt
sie auch dann, wenn beispielsweise bei unveränderter Zahl der Selbständigen in
Folge einer konjunkturellen Schwäche die Zahl der abhängig Beschäftigten sinkt.
Zudem verfügen gerade unterentwickelte Volkswirtschaften oftmals über eine
hohe Selbständigenquote, beispielsweise bei Dominanz des Agrarsektors und
fehlender Großindustrie.

- Zahl der *umsatzsteuerpflichtigen* Personen bzw. Institutionen:[2]

Auch die im zweijährigen Rhythmus erstellte *Umsatzsteuerstatistik* beinhaltet
einen gesonderten Ausweis des Gründungsgeschehens in Form derjenigen Steuer-
pflichtigen, deren Umsatzsteuerpflicht im Betrachtungszeitraum begonnen und
zugleich während dieser Zeit fortbestanden hat. Neben der Nichteinbeziehung der

---

[1] Als Beispiel sei hier der Bereich der sogenannten „Scheinselbständigen" genannt, also derjenigen
    zwar formell Selbständigen, die dennoch wegen ihrer wirtschaftlichen Weisungsgebundenheit
    eher als abhängig beschäftigte Arbeitnehmer zu bezeichnen sind.

[2] Weiterführend zum Bereich des steuerstatistischen Datenmaterials vor allem DAHREMÖLLER, Exi-
    stenzgründungsstatistik (1987), S. 22-31 sowie GRÄB/ZWICK, Umsatzsteuerstatistik (2002), S.
    129-140.

umsatzsteuerbefreiten Unternehmen besteht der wesentliche Nachteil dieser Kennzahl aus dem Umstand, daß jede Zuteilung einer neuen Umsatzsteuernummer ebenfalls als Gründung erfaßt wird. Insofern beinhaltet diese Datenquelle außer den Unternehmensgründungen im engeren Sinn noch alle weiteren in *Abbildung 1* vorgestellten Gründungsformen. Insgesamt geht die Nutzung auch dieses Gründungsindikators folglich mit diversen Validitätsproblemen einher.[1]

* Zahl der *Arbeitsstätten*:

Dem Vorteil, keine bestimmten Wirtschaftszweige auszugrenzen, steht in diesem Fall die Tatsache entgegen, daß derartige *Arbeitsstättenzählungen* nur relativ selten durchgeführt werden und deshalb keine sinnvolle Longitudinalbetrachtung ermöglichen. Wie der Name bereits verdeutlicht, wird im Rahmen dieser Statistik die Zahl der jeweiligen Arbeitsstätten in einem bestimmten Gebiet erfaßt. Es ist unmittelbar nachvollziehbar, daß diese Größe nur bedingt als Ersatzparameter für die eigentlich gesuchte Zielgröße Zahl der Unternehmensgründungen dienen kann.

* *Ergänzende Datenquellen*:

Als zusätzliche Datenbasen zur Abbildung des Gründungsgeschehens sind zudem verschiedene, regional teilweise unterschiedliche Informationsquellen im Bereich der Industrie- und Handelskammern bzw. Handwerkskammern verfügbar. Aber auch der aus der finanziellen Gründungsförderung heraus entstandene Datenbestand der ehemaligen Deutschen Ausgleichsbank sowie das von den Kreditauskunfteien, z.B. CREDITREFORM, erfaßte Zahlenmaterial lassen sich durchaus als geeignete Quellen für weitere gründungsbezogene Informationen ansehen. Nicht zuletzt liegen für die jüngere Vergangenheit noch mehrere unabhängige wissenschaftliche Befragungen und Untersuchungen, zumeist auf regionaler Ebene, zu diesem Themenkomplex vor.[2]

Wie bereits angesprochen, stehen bei *sekundärstatistischen Quellen* jedoch in der Regel andere als gründungsspezifische Sachverhalte im Mittelpunkt ihrer Nutzung.[3] Solche Daten können daher lediglich als mehr oder weniger geeignete Näherungswerte gelten und müssen bei unreflektierter Verwendung als Gründungs- bzw. Über-

---

[1] Ausführlich zu den Methodenproblemen in diesem Zusammenhang vgl. GRILLMAIER, Umsatzsteuerstatistik (1988), S. 64-66.

[2] Hierzu gehören etwa die „Münchner Gründerstudie" – vgl. BRÜDERL/PREISENDÖRFER/ZIEGLER, Erfolg neugegründeter Betriebe (1996) – und das „ZEW-Gründungspanel" – vgl. ALMUS/ENGEL/ PRANTL, Mannheimer Gründungspanels 2002, S. 79-102, ebenso LESSAT ET AL., Beteiligungskapital (1999), S. 14-17 – sowie der jährliche „Länderbericht Deutschland" im Rahmen des „Global Entrepreneurship Monitor" – vgl. z.B. STERNBERG/BERGMANN/TAMÁSY, Länderbericht 2001 (2001).

[3] Diesbezüglich vgl. z.B. HÖRNER/GNOSS, Methodische Ansätze (1988), S. 37.

lebensindikatoren durchaus als problematisch eingestuft werden. Insbesondere führt
die Verwendung des Datenmaterials obiger Herkunft für eine Gründungsstatistik stets
dazu, daß nur in einem eingeschränkten Bereich die *Realgesamtheit* der statistisch
tatsächlich erfaßten Unternehmensgründungen der *Zielgesamtheit* an Unternehmensgründungen, deren statistische Erfassung konzeptionell gewünscht ist, entspricht. So
kommt es in gewissen Bereichen zu einer Untererfassung der interessierenden Zielgruppe Unternehmensgründungen im engeren Sinn, während auf anderen Gebieten
gleichzeitig eine Übererfassung stattfindet:[1]

- Problem der *Untererfassung*:

   Allgemein läßt sich die fehlende statistische Berücksichtigung mancher Unternehmensgründungen auf zwei Ursachen zurückführen, entweder auf *Ausfälle* im
   eigentlichen Erhebungsprozeß oder auf konzeptionsbedingte *Auslassungen* in der
   Erhebungsmethodik.

- Problem der *Übererfassung*:

   Auch auf diesem Gebiet können sowohl *Fehlerfassungen im Erhebungsprozeß* als
   auch methodisch bedingte *Übererfassungen im Erhebungskonzept* zu einer nicht
   angestrebten Erhöhung der Gründungszahlen führen.

In Hinblick auf die Mängel im Erhebungsprozeß, also Fehlerfassungen oder Ausfälle,
ist davon auszugehen, daß diese Fehler auch bei einer primärstatistischen Quelle
generell niemals vollständig vermeidbar sind. Etwas anderes gilt allerdings für die
Mängel im Erhebungskonzept. Diese Fehlergruppe, zu der Auslassungen und Übererfassungen gehören, muß als typisches Problem sekundärer statistischer Daten eingestuft werden. Angesichts der Dominanz und fast ausschließlichen Nutzung solcher
Quellen im Bereich der empirischen Gründungsforschung in Deutschland besitzen
daher alle statistischen Aussagen sowohl zum Gründungsgeschehen als auch zur
Überlebensfähigkeit von Unternehmensgründungen, die auf einer derartigen Daten-
basis beruhen, nur eine eingeschränkte ökonomische und wirtschaftspolitische Aussagefähigkeit.

Abbildung 4 bietet zu dieser Thematik noch einmal eine Übersichtsdarstellung und
zeigt die schematischen Zusammenhänge der verschiedenen Fehlermöglichkeiten und
Problemkreise, welche bei der statistischen Erfassung von Unternehmensgründungen
prinzipiell auftreten können:

---

[1]   Vgl. *HÖRNER/GNOSS*, Methodische Ansätze (1988), S. 37 f.

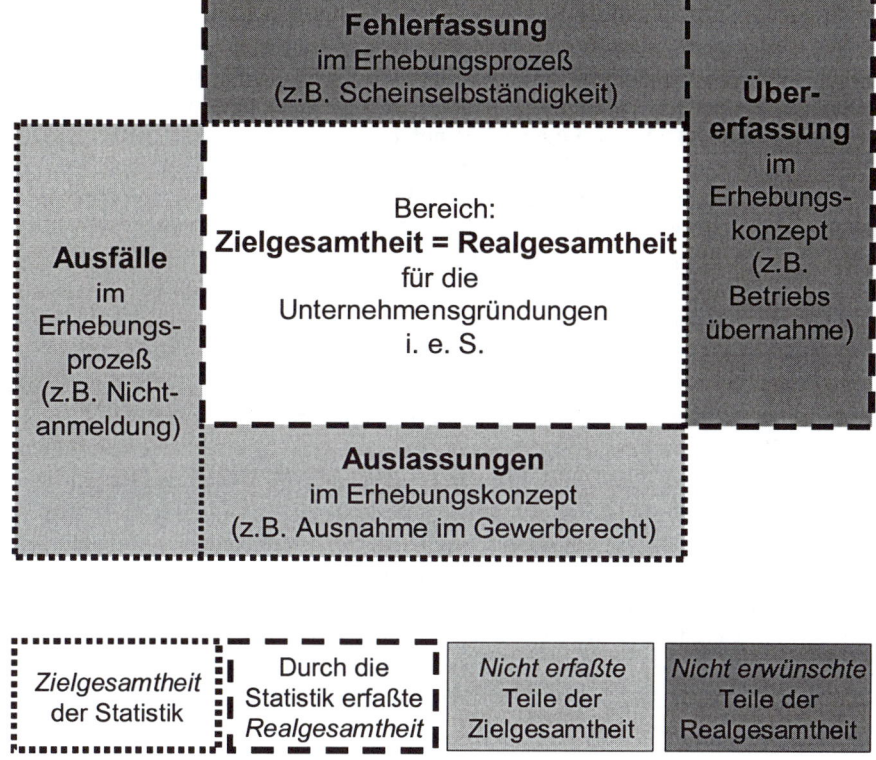

Abbildung 4: Statistische Erfassungsprobleme bei Unternehmensgründungen[1]

Aufgabe 3:

Worin besteht das spezifische Problem, mit dem sich die empirische Gründungsforschung gerade in Deutschland auseinandersetzen muß?

---

[1] In Anlehnung an *HÖRNER/GNOSS*, Methodische Ansätze (1988), S. 38.

2.3.1.3 Tendenzen des Gründungsgeschehens in Deutschland

Alles in allem kann es nicht verwundern, daß in Anbetracht der soeben dargestellten Probleme zur Gründungstätigkeit in Deutschland bisher nur wenige verwertbare Studien vorliegen.[1] Die Datenerfassung beginnt hierbei üblicherweise Mitte der 70er Jahre und reicht bis Ende der 90er Jahre. Für den Zeitraum ab 2000 sind also noch kaum Werte erhältlich. Je nach genutzter Datenquelle sind dabei für die gleiche Grundgesamtheit durchaus unterschiedliche Ergebnisse zu erwarten. Dieser Tatbestand erschwert nicht nur die unmittelbare Vergleichbarkeit der jeweiligen Ergebnisse, sondern erlaubt auch insgesamt lediglich vorsichtige Tendenzaussagen zum Gründungsgeschehen in Deutschland:[2]

Während sich für die zweite Hälfte der 70er Jahre zunächst eine einigermaßen *konstante Zahl* an Unternehmensgründungen in der damaligen Bundesrepublik Deutschland feststellen läßt, kommt es seit Anfang der 80er Jahre zu einer deutlichen Steigerung der Gründungsdynamik, die mit einer ungefähren Verdopplung der jährlichen Neugründungen einhergeht. Dieses erhöhte Niveau bleibt während der gesamten Dekade in etwa gleich. Der Zeitraum ab 1990, also seit der Wiedervereinigung, geht dann mit einer weiteren *Erhöhung* der Gründungsaktivität auch in den „alten" Bundesländern einher. Zugleich findet in den „neuen" Bundesländern, vor allem in den ersten Jahren nach dem Beitritt, ein intensives, durchaus berechtigt als „Gründungsfieber" zu bezeichnendes Gründungsgeschehen statt. Seit Mitte der 90er Jahre kann allerdings sowohl für die „alten" als auch „neuen" Bundesländer von einer leicht *rückläufigen Tendenz* der Gesamtzahl an Unternehmensgründungen berichtet werden.

Eine sinnvolle Interpretation jeder Gründungstätigkeit ist jedoch nur möglich, wenn man neben der Zahl der Neugründungen an Unternehmen gleichzeitig auch die Zahl der *Austritte aus dem Markt* in die Betrachtung mit einbezieht. Generell muß man hierbei davon ausgehen, daß bei unveränderten wirtschaftlichen Rahmenbedingungen jede Zunahme neu gegründeter Unternehmen mit einer Verzögerung von mehreren Jahren von einer Erhöhung der Unternehmensauflösungen begleitet wird. Eine solche Annahme läßt sich anhand der vorliegenden empirischen Daten für das Gründungsgeschehen sowohl in den 80-er und 90-er Jahre in Deutschland im wesentlichen bestätigen.

---

[1]   Vgl. *WEISS,* Entwicklung (1999), S. 41 f.

[2]   Für eine Übersichtsdarstellung der empirischen Ergebnisse zu diesem Themenkomplex vgl. z.B. *BRETTEL/JAUGEY/ROST,* Business Angels (2000), S. 14-33, abermals *FRITSCH ET AL.,* Gründungen (2002), S. 5-9, gleichfalls *LEIBBRAND,* Unternehmensgründungen (2001), S. 66-84, auch *LESSAT ET AL.,* Beteiligungskapital (1999), S. 18-70, ebenso *NERLINGER,* Junge innovative Unternehmen (1998), S. 27-62, weiterhin *WEISS,* Entwicklung (1999), S. 56-59.

Als besonders interessante Größe kann in diesem Zusammenhang vor allem der sogenannte *Gründungssaldo* gelten. Dieser beschreibt den Differenzbetrag zwischen der Anzahl der Unternehmensgründungen und der Anzahl der Unternehmensaufgaben. Weil ersterer Wert normalerweise größer als letztere Variable ist, nimmt der Gründungssaldo in der Regel positive Beträge an. In den „alten" Bundesländern steigt er dabei für die Zeit bis Mitte der 90er Jahre leicht an, so daß sich während dieses Zeitraums der Gesamtbestand der am Markt aktiven Unternehmen erhöht. In der zweiten Hälfte der 90er Jahre verringert sich dieser Gründungssaldo zwar sichtlich, dennoch kann man auch weiterhin von einem wesentlichen Gründungsüberschuß sprechen. Deutlichere Zeichen einer abnehmenden Gründungsdynamik zeigen sich allerdings im Datenmaterial der „neuen" Bundesländer. Bei sich mehrenden Unternehmensaufgaben reicht die Zahl der neu gegründeten Unternehmen gerade eben noch aus, um einen negativen Gründungssaldo zu vermeiden.

Bei jeder ökonomischen Interpretation des Gründungsgeschehens ist allerdings noch zu beachten, daß ein positiver Gründungssaldo keineswegs mit einer Zunahme der Beschäftigtenzahlen einhergehen muß. Da beispielsweise eine Vielzahl von Unternehmensgründungen notwendig ist, um die Insolvenz eines einzigen Großunternehmens in Hinblick auf die Zahl der Arbeitsplätze auszugleichen, stellt diese Größe für sich allein folglich keine gesamtwirtschaftlich besonders aussagefähige Kennzahl dar.

Noch unbefriedigender als im Bereich der „üblichen" Gründungsstatistik stellt sich der empirische Erkenntnisstand dar, sobald man detailliertere Aussagen zur Entwicklung neu gegründeter Unternehmen, also sowohl zu ihrem Wachstum und Überleben als auch gegebenenfalls zu ihrem Sterben erhalten möchte. Zu diesem Themenbereich liegen nur wenige Untersuchungen vor, die sich zumeist auf bestimmte Unternehmensgruppen, etwa technikorientierte Unternehmensgründungen, oder eine regionale Perspektive beschränken.[1] Aufgrund dieser Selektionsproblematik kann man lediglich davon ausgehen, daß Unternehmensgründungen eine deutlich höhere Auflösungs- bzw. „Sterberate" als etablierte Unternehmen besitzen. Detailliertere Aussagen zur Überlebensfähigkeit junger Unternehmen, die den im Kapitel 2.3.1.1 zitierten Erkenntnisstand MANGOLDTS wesentlich übertreffen, erscheinen zur Zeit jedenfalls kaum möglich.

---

[1]   Vgl. hierzu *NERLINGER*, Junge innovative Unternehmen (1998), S. 39.

2.3.2 Kennzeichen und Ursachen des Gründungserfolges

Angesichts der Ergebnisse des vorhergehenden Abschnittes wird es gleichzeitig auch verständlich, warum ein wichtiger Bereich in der ökonomischen Gründungsforschung vor allem die Fragestellung betrifft, durch welche Merkmale sich erfolgreiche von nicht erfolgreichen Unternehmensgründungen unterscheiden. Ein erstes großes konzeptionelles Problem, das mit einer derartigen, zunächst eher unproblematisch erscheinenden Thematik unweigerlich einhergeht, bezieht sich auf die Schwierigkeit, eine sinnvolle Operationalisierung des zunächst rein theoretischen Konstruktes Gründungserfolg zu finden. Ohne die wissenschaftliche Diskussion zu diesem Problemkreis allzu ausführlich darstellen zu wollen, findet man dabei häufig eine Zweiteilung der Erfolgsindikatoren in einerseits eher betriebswirtschaftliche sowie andererseits eher psychologische Maßgrößen:[1]

- *Betriebswirtschaftlicher Gründungserfolg*:

  Zur ersten Gruppe betriebwirtschaftlicher Erfolgsmaße rechnen üblicherweise Kennziffern wie z.B. Überleben des Unternehmens,[2] Umsatz, Marktanteil, Wachstum des Unternehmens, Zahl der Mitarbeiter, Zahl der Patenterteilungen, Höhe des Gewinns oder auch Höhe des Unternehmereinkommens.

- *Psychologischer Gründungserfolg*:

  Zur zweiten Gruppe psychologisch dominierter Erfolgsmaße gehören hingegen beispielsweise folgende Größen: Erreichung individueller Ziele – etwa Selbstverwirklichung, Prestigestreben, berufliche Unabhängigkeit – oder Arbeitszufriedenheit.[3]

---

[1] Bezüglich der nachfolgenden Ausführungen und für weiterführende Angaben zu diesem Sachverhalt vgl. z.B. DIETZ, Gründung (1989), S. 271-397, erneut FREIER, Etablierungsmanagement (2000), S. 49-51, gleichfalls GLEIßNER, Erfolgsfaktoren (2001), S. 230-254, weiterhin PREISENDÖRFER, Erfolgsfaktoren (2002), S. 56-58, ebenso SCHENK, Unternehmenserfolg (1998), S. 59-65, wiederum SCHMIDT, Indikatoren (2002), S. 22-44.

[2] Allerdings muß der betriebswirtschaftliche Erfolg einer Unternehmensgründung nicht unbedingt an den Fortbestand dieses Unternehmens geknüpft sein. Da die Liquidation eines Unternehmens in manchen Situationen einen höheren Gewinn als die Fortführung verspricht, kann man aus dem Erlöschen nicht zwangsläufig auf das betriebswirtschaftliche Scheitern des Unternehmens schließen.

[3] Die Tatsache, daß es sich bei diesen psychologischen Maßgrößen um personenbezogene Kennziffern handelt, verdeutlicht zugleich die enge konzeptionelle Bindung des Konstruktes Gründungserfolg an das Konstrukt Gründer- und Unternehmererfolg in der einschlägigen Literatur. Diesbezüglich vgl. daher auch Kap. 3.3.2.3.

Eine solche Vielfalt der verschiedenen Kriterien, welche gemeinhin zur Messung des Unternehmenserfolges verwendet werden, schränkt dabei nicht nur die Vergleichbarkeit der verschiedenen Untersuchungsergebnisse zum Gründungserfolg bzw. -mißerfolg merklich ein. Sie zeigt vielmehr auf, daß es bisher überhaupt noch kein theoretisch befriedigendes Konzept zu diesem Bereich gibt, welches sich gleichzeitig auch für eine empirische Nutzung empfiehlt. Insofern verwundert es nicht, wenn die bisherigen Forschungsresultate zu den Kennzeichen wie auch den Ursachen des Erfolges oder Scheiterns einer Unternehmensgründung nur eine sehr geringe wissenschaftliche Aussagekraft und Verwertbarkeit besitzen. Auf eine eingehende Beschreibung der diversen Ergebnisse aus diesem Bereich, insbesondere auf eine detaillierte Darstellung einzelner Studien, kann daher im Rahmen dieses Lehrbuches verzichtet werden.[1]

Wenn man dennoch eine allgemeine Tendenzaussage zu den bisherigen Erkenntnissen der Forschung zum Gründungserfolg abgeben möchte, läßt sich wohl am ehesten davon ausgehen, daß der Erfolg eines Unternehmens, wird er im Kontext einer wachstumsbezogenen Perspektive betrachtet, hauptsächlich durch *unternehmensinterne* „Erfolgsfaktoren" verursacht ist. Zu diesen endogenen Bestimmungselementen des Unternehmenswachstums rechnen vor allem überlegene strategische Konzepte in den Bereichen Führung und Organisation, Investition und Finanzierung, Produkt und Marketing sowie Forschung und Entwicklung. Wichtig ist hierbei noch die Erkenntnis, daß weder Rechtsform noch Wirtschaftszweig, genausowenig wie konjunkturelle Einflüsse und staatliche Rahmenbedingen als wirklich maßgebliche Einflußgrößen für die positive Entwicklung eines Unternehmens gelten können.[2] In gewisser Weise bestätigt sich damit die bereits von ERICH GUTENBERG vertretene Ansicht, das eigentliche erfolgreiche Wachstum eines Unternehmens lasse sich weniger aus günstigen Umständen im Bereich der Unternehmensumwelt herleiten, sondern beruhe in wesentlichen Teilen auf dem betriebswirtschaftlichen Leistungsvermögen der Unternehmensführung.[3]

---

[1] Für eine Übersichtsdarstellung wichtiger Befunde auf diesem Gebiet vgl. beispielsweise *BRETTEL/JAUGEY/ROST*, Business Angels (2000), S. 27-33, gleichermaßen *DOWLING*, Erfolgsfaktoren (2002), S. 19-26, auch *GLEIßNER*, Erfolgsfaktoren (2001), S. 247-254, weiterhin *PREISENDÖRFER*, Erfolgsfaktoren (2002), S. 61-67, ebenso *SABISCH*, Unternehmensgründung und Innovation (1999), S. 25-35, desgleichen *SCHENK*, Unternehmenserfolg (1998), S. 66-82.

[2] Vgl. *ALBACH/BOCK/WARNKE*, Wachstumsschwellen (1985), S. 405 f.

[3] Folglich bestimmt sich der Unternehmenserfolg in diesem Sinn überwiegend aus der jeweiligen Unternehmertätigkeit heraus, er stellt sich als Ergebnis „starker und zupackender Unternehmungspolitik" dar. Vgl. *GUTENBERG*, Entwicklung von Unternehmungen (1942), S. 150 f., ergänzend z.B. auch *PIERENKEMPER*, Unternehmensgeschichte (2000), S. 114. In diesem Zusammenhang ist noch zu berücksichtigen, daß gerade für *GUTENBERG* die planerische Tätigkeit der Unternehmensführung, welche als dispositives Element eine sinnvolle Koordination der anderen Produktionsfaktoren gewährleistet, den zentralen Bestandteil jeglichen unternehmerischen Handelns bildet. Weiterführend zu dieser Thematik vgl. vor allem Kap. 3.3.1.6.4.

Allerdings kann ein solches insgesamt ernüchterndes und wenig befriedigendes Fazit der aktuellen Gründungsforschung insofern nicht überraschen, wenn man sich die Ergebnisse, die zu den Erfolgsfaktoren von Unternehmen im allgemeinen vorliegen, vergegenwärtigt. Trotz intensiver Bemühungen ist es den einschlägigen „Managementforschern" auf diesem Gebiet in den letzten Jahrzehnten ebenfalls nur mit wirklich sehr bescheidenem Erfolg gelungen, entscheidende Elemente, durch die sich erfolgreiche von weniger erfolgreichen Unternehmen differenzieren, aufzuspüren.[1] Es wäre unplausibel, für den speziellen Bereich der Gründung hier ein positiveres und aussagekräftigeres Resultat erwarten zu wollen.

---

[1]   Weiterführend zu diesem Bereich, insbesondere zu Gründen für diesen Sachverhalt der tendenziellen Erfolglosigkeit der Erfolgsfaktorenforschung, vgl. z.B. *NICOLAI/KIESER*, Erfolgsfaktorenforschung (2002), S. 579-596, ergänzend auch *HAENECKE*, Systematisierung (2002), S. 176-178.

3 Unternehmer und Unternehmertum

3.1 Überblick

Seit Jahrhunderten spielen Unternehmer in den Wirtschafts- und Gesellschaftsordnungen der Länder eine wichtige Rolle. Ebenso ist die grundsätzliche Bedeutung unternehmerischen Handelns für den Prozeß wirtschaftlichen Wachstums ein seit langem anerkannter und wichtiger Bestandteil ökonomischer Erkenntnis. Nicht selten spricht man in diesem Zusammenhang dann auch von *einer* bzw. *der unternehmerischen Tätigkeit*, ohne zumeist die konzeptionellen Inhalte dieses Begriffes näher zu verdeutlichen. Für eine wissenschaftliche Auseinandersetzung mit dem Gebiet Unternehmen und Unternehmensgründungen kann jedoch auf eine weitergehende Analyse des Wirtschaftssubjekts *Unternehmer* nicht verzichtet werden, zumal sich gerade in der wissenschaftlichen Diskussion zum begrifflichen und inhaltlichen Unternehmerverständnis bereits eine beträchtliche Bandbreite unterschiedlicher Definitionen entwickelt hat.

In der Betriebswirtschaftslehre wie auch allgemein in der Ökonomie wird dieser Begriff Unternehmer zunächst vor allem als Sammelbezeichnung für die Ausübung einer Anzahl verschiedener Führungsaufgaben in Unternehmen verwendet:

> „Wenn wir in der Nationalökonomie von Unternehmern sprechen, meinen wir nicht Menschen, die sich von den anderen Menschen dadurch unterscheiden, dass sie im Marktgetriebe eine besondere Funktion erfüllen, sondern eine Funktion, die jeder Wirt auf sich nehmen muss."[1]

Konstitutives Kennzeichen eines solchen *funktionalen* Unternehmerverständnisses ist daher die Betonung der verschiedenen Aufgaben unternehmerischen Handelns, beginnend etwa beim Eigentümer und Koordinator ökonomischer Ressourcen, über die Aufgaben des Innovators und Entscheidungsträgers bis hin zum Risikoträger und Arbitrageur.[2]

Bereits die Aufzählung dieser verschiedenen *Unternehmerfunktionen* zeigt jedoch, daß allein eine abstrakte Beschreibung des unternehmerischen Aufgabenbereiches für eine angemessene wissenschaftliche Betrachtung dieser Tätigkeit ebenso unbefriedigend ist wie etwa eine Auflistung der verschiedenen Rollen, welche der Unternehmers als ökonomischer Aufgabenträger übernimmt. Da jede unternehmerische Tätigkeit stets von einer konkreten Person auszuüben ist, gibt es vielmehr Sinn, eine derartige *aufgabenbezogene Sichtweise* des Unternehmers durch eine *personenbezogene*

---

[1] *v. MISES*, Nationalökonomie (1940), S. 246.

[2] Diese verschiedenen Funktionen sollen daher in den nachfolgenden Abschnitten noch einzeln herausgearbeitet und näher erläutert werden.

Sichtweise zu ergänzen, in der die Person des Unternehmers im Mittelpunkt des analytischen Interesses steht.

Zusätzlich zu den *ökonomisch-funktional* geprägten Definitionen gibt es daher auch sozialwissenschaftliche Annäherungsversuche an den Begriff des Unternehmers, welche hauptsächlich entweder *psychologisch*, in Form einer eher persönlichkeitsbezogenen Analyse, oder *soziologisch*, mittels einer gesellschaftsbezogenen Ansatzes, geprägt sind.[1] Die nachfolgende *Abbildung 5* faßt in einer kurzen Übersicht diese möglichen wissenschaftlichen Blickrichtungen bei der Untersuchung unternehmerischen Handelns zusammen:

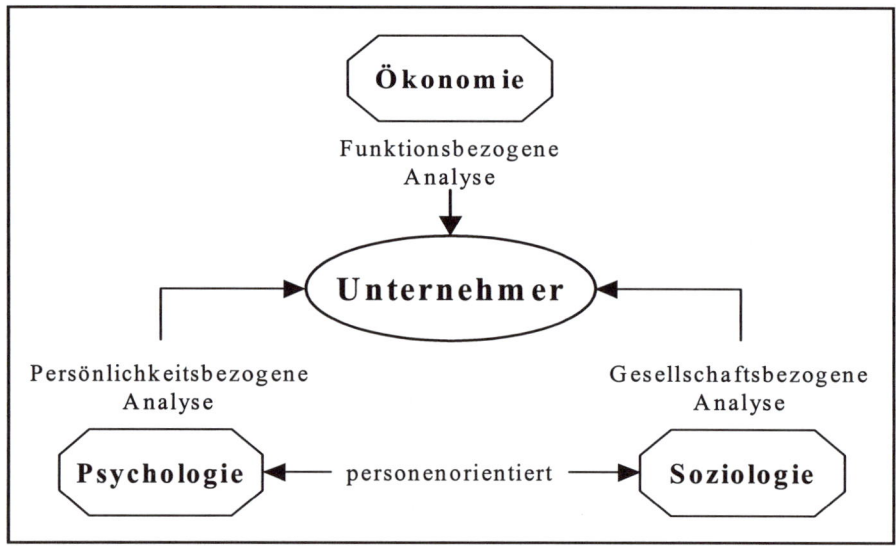

Abbildung 5: Wichtige Perspektiven der Unternehmerforschung

Darüber hinaus existieren natürlich auch Mischkonzepte, die einzelne Elemente verschiedener Forschungsansätze in ihrer Unternehmeranalyse verbinden. Ein Großteil dieser Forschungsarbeiten entstammt hierbei dem Bereich der Nationalökonomie sowie der Wirtschaftsgeschichte.[2] Aber auch die seitens mancher Autoren bevorzugte Vorgehensweise, die unternehmerische Tätigkeit in Form von Fallstudien anhand

---

[1] Vgl. z.B. *NERDINGER*, Perspektiven (1998), S. 5.

[2] In diesem Zusammenhang sind vor allem die Unternehmermodelle von WERNER SOMBART und MAX WEBER in den Kap. 3.3.2.1 und 3.3.2.2 hervorzuheben.

ausgewählter Unternehmer-Biographien vorzustellen, vereint in diesem Sinne funktionale und personale wissenschaftliche Perspektive miteinander.

Um die zentralen Ergebnisse der verschiedenen Analysen zum Unternehmer in den nächsten Kapiteln eingehend und übersichtlich herausarbeiten zu können, erscheint es aus systematischen Gründen sinnvoll, sich diesem Thema zunächst mit Hilfe einer historisch konzipierten Betrachtung zu nähern. Die geschichtlichen Entwicklungslinien der Unternehmerforschung dienen hierbei gewissermaßen als Leitfaden der weiteren Untersuchung:

Im Rahmen dieser wirtschaftswissenschaftlichen Ideengeschichte läßt sich der Prozeß ökonomischer Analyse unternehmerischen Handelns am besten in *drei Hauptphasen* unterteilen:[1]

- Die Phase der *Prä-Neoklassik*: z.B. Merkantilismus, Kameralismus, Physiokratie, Klassik.[2]

- Die Phase der *Neoklassik*.[3]

- Die Phase der *Trans-Neoklassik*.[4]

Eine solche im wesentlichen historisch-epochal strukturierte Betrachtungsweise ermöglicht es zum einen, den inhaltlichen Wandel und die konzeptionelle Bedingtheit des Unternehmerbegriffes zu zeigen, den dieser in Abhängigkeit von der jeweiligen wirtschaftswissenschaftlichen Denkrichtung erfährt. Zum anderen geht es in diesem Kontext aber auch darum, die historischen Wurzeln des modernen Unternehmerbildes zu verdeutlichen. Zur Erreichung dieser Zielsetzungen werden daher in den nachfolgenden Kapiteln (nach den jeweils zugrundeliegenden ökonomischen Schulen geordnet) die Ansätze verschiedener Ökonomen zum Unternehmertum vorgestellt, denen man für die Entwicklung der heutigen Unternehmertheorie eine wichtige Bedeutung zusprechen kann.

---

[1] Zur nachfolgenden Phaseneinteilung vgl. auch *RIPSAS,* Entrepreneurship (1997), S. 3, der jedoch anstelle des Begriffes Trans-Neoklassik die Bezeichnung Post-Neoklassik wählt.

[2] In Kap. 3.2.1.

[3] In Kap. 3.2.2.

[4] In Kap. 3.2.3.

3.2 Historische Entwicklungslinien des Unternehmerbegriffs

3.2.1 Der Unternehmer in der prä-neoklassischen Theorie

3.2.1.1 RICHARD CANTILLON

Gewissermaßen als Ahnherr der Unternehmerforschung, aber auch der gesamten Nationalökonomie, darf der in Paris lebende irische Ökonom und Bankier RICHARD CANTILLON (1680-1734) genannt werden.[1] Ausgehend von der Annahme rationalen Verhaltens der Wirtschaftssubjekte bildet für ihn die *Übernahme von Unsicherheit* den zentralen Bestandteil unternehmerischen Handelns. Diese Unsicherheit entsteht dadurch, daß der Unternehmer typischerweise Güter zu einem sicheren Preis kauft und zu einem unsicheren Preis wieder verkauft, wobei die Differenz seinen Gewinn ausmacht:[2]

> „Dies bewirkt, daß eine Anzahl Personen sich in der Stadt als Kaufleute oder Unternehmer niederlassen, um die Erzeugnisse des Landes von jenen zu kaufen, die sie hereinbringen, oder sie selbst auf ihre Kosten hereinschaffen lassen; sie zahlen dafür einen bestimmten Preis nach dem des Platzes, an dem sie sie kaufen, um sie im Groß- und Kleinhandel zu einem ungewissen Preis weiterzuverkaufen. ... Diese Unternehmer können niemals die Größe des Verbrauchs in ihrer Stadt kennen, ja nicht einmal wissen, wie lange die Kunden von ihnen kaufen werden, da doch ihre Konkurrenten mit allen Mitteln danach trachten, die Kunden von ihnen zu sich abzuziehen; all dies verursacht so viel Unsicherheit unter all diesen Unternehmern, daß man täglich sehen kann, wie manche von ihnen zahlungsunfähig werden."[3]

Entsprechend seiner Betonung der unternehmerischen Unsicherheit gibt es bei CANTILLON auch nur drei Gruppen wirtschaftlich handelnder Personen. Neben den finanziell unabhängigen Grundeigentümern unterscheidet er lediglich noch zwischen Unternehmern und Lohnempfängern, wobei

> „die Unternehmer gewissermaßen einen unsicheren Lohn haben und alle anderen einen sicheren, solange sie ihn beziehen, wenn auch ihr Amt und ihr Rang recht verschieden sind. Der General, der einen Sold bezieht, der Höfling, der ein Gehalt empfängt, der Diener, der einen Lohn bekommt, fallen in diese Kategorie. Alle übrigen sind Unternehmer, ob sie nun zur Führung ihres Unternehmens Kapital brauchen oder ob sie Unternehmer in ihrer eigenen

---

[1] Vgl. dazu die Ausführungen HAYEKS in der Einleitung zu CANTILLON, Abhandlung (1931), S. XV-XXIII, LII-LXI.

[2] Die Zitate dieses Kapitels, welche aus der deutschen Übersetzung CANTILLONS stammen, finden sich auch als Nachdruck bei *BROCKHOFF*, Geschichte (2000), S. 211-214.

[3] *CANTILLON*, Abhandlung (1931), S. 33 f.

Arbeit ohne jedes Kapital sind, und man kann sagen, daß sie in Unsicherheit leben; selbst die Bettler und Diebe sind Unternehmer von dieser Art."[1]

Als Konsequenz einer derartigen Unternehmerdefinition lassen sich insbesondere zwei wesentliche Aspekte in CANTILLONS Verständnis von Unternehmertum herausarbeiten:

- Betonung der Unternehmerfunktion:

Mit obig dargestellter Begriffsbildung und entsprechend der Auffassung, „daß aller Tausch und der Umlauf des Staats durch Vermittlung dieser Unternehmer zustande kommen",[2] stellt CANTILLON den Unternehmer gewissermaßen als Dreh- und Angelpunkt zwischen Produktion und Distribution klar in das Zentrum der wirtschaftlichen Entwicklung. Indem die gesellschaftliche Position de facto keinen Einfluß auf die Unternehmereigenschaft besitzt, trennt er gleichzeitig auch ökonomische Aufgabe von sozialer Stellung und gelangt dadurch zu einer funktional ausgerichteten Betrachtungsweise.

- Abgrenzung gegenüber dem Kapitalgeber:

Ein zweites bedeutendes Merkmal ergibt sich aus der Tatsache, daß der CANTILLON-Unternehmer für seine unternehmerische Tätigkeit nicht unbedingt auf den Faktor Kapital angewiesen ist. Auch den alleinigen Einsatz der eigenen Arbeitskraft, etwa im Rahmen ärztlicher, juristischer und künstlerischer Tätigkeiten, setzt der Autor, solange das Ergebnis dieser Tätigkeit unsicher ist, mit unternehmerischem Handeln gleich.[3] Dadurch kommt es zu einer Differenzierung zwischen Unternehmereigenschaft einerseits und *Kapitaleignereigenschaft* andererseits.

3.2.1.2 NICOLAS BAUDEAU

Sozusagen als Reaktion auf das Scheitern der merkantilistischen Wirtschaftspolitik entsteht in der zweiten Hälfte des 18. Jahrhunderts in Frankreich dann die Denkrichtung der *Physiokratie* („Herrschaft der Natur"), die wohl als die erste einheitliche und in sich geschlossene ökonomische Schule bezeichnet werden kann.[4] Einer ihrer Ver-

---

[1] *CANTILLON,* Abhandlung (1931), S. 36 f.

[2] *CANTILLON,* Abhandlung (1931), S. 38.

[3] Diese Personengruppe wird als „Unternehmer in ihrer eigenen Arbeit in Kunst und Wissenschaft" bezeichnet. Vgl. *CANTILLON,* Abhandlung (1931), S. 36.

[4] Eine ausführliche Beschreibung dieser ökonomischen Denkrichtung findet sich etwa bei *SÖLLNER, Geschichte* (2001), S. 18-24.

treter ist NICOLAS BAUDEAU (1730-1792), der den Unternehmerbegriff von RICHARD CANTILLON, insbesondere dessen Funktion bei Übernahme von Unsicherheit, aufnimmt. Gleichzeit erweitert er ihn in zweierlei Hinsicht:

- Zum einen untersucht er die Frage, inwieweit eine unternehmerisch tätige Person überhaupt bestimmte Fähigkeiten und Eigenschaften besitzen muß, um die Unsicherheit auf lange Sicht erfolgreich handhaben zu können. Hierbei gelangt BAUDEAU zu dem Ergebnis, daß vor allem die Intelligenz des Unternehmers, konkret das Wissen und die Handlungsfähigkeit, eine entscheidende Bedeutung besitzt. Mit diesem Konzept wendet sich die ökonomische Wissenschaft somit in ersten Ansätzen einer persönlichkeitsorientierten Sichtweise des Unternehmers zu.

- Die zweite für das Verständnis unternehmerischen Handels genauso wichtige Ergänzung des ökonomischen Unternehmerbildes besteht aus der Feststellung, daß ein Unternehmer, der durch das Wissen um innovative Maßnahmen die Erträge des (landwirtschaftlichen) Produktionsprozesses erhöhen bzw. die zugehörigen Kosten senken kann, dies auch tatsächlich umsetzen wird, wenn er dadurch seinen Gewinn steigert. Aufgrund dieser Erkenntnis erscheint es daher nicht unberechtigt, die erstmalige Betonung der unternehmerischen *Innovationsfunktion* in der ökonomische Literatur BAUDEAU zuzuschreiben.[1]

3.2.1.3 JEAN-BAPTISTE SAY

Danach ist es erneut ein weiterer französischer Wissenschaftler, JEAN-BAPTISTE SAY (1767-1832), der die Bedeutung des Unternehmers für die Ökonomie weiterentwickelt.[2] In diesem Zusammenhang differenziert er zunächst zwischen den drei Produktionsfaktoren Land, Kapital und menschliche Beschäftigung. Letztere gilt dabei als wichtigstes Element im Produktionsprozeß und kann in einem weiteren Schritt in drei unterschiedliche Formen von Arbeit aufgeteilt werden, wobei diese in einer gewissen Kausalreihenfolge zueinander stehen:

---

[1] Vgl. *HÉBERT/LINK*, Entrepreneur (1988), S. 31-33, auf den auch hinsichtlich der bibliographischen Daten zu BAUDEAUS wissenschaftlichem Werk verwiesen sei.

[2] Für nachfolgende Ausführungen vgl. beispielsweise *HÉBERT/LINK*, Entrepreneur (1988), S. 35-40, *RIPSAS*, Entrepreneurship (1997), S. 4-6 und *SCHNEIDER*, Geschichte (2001), S. 518 f. Für den Leser, der sich mit der Originalliteratur befassen möchte, finden sich bei *SCHNEIDER*, Geschichte (2001), S. 518 zudem umfassende bibliographische Angaben sowohl zu den Werken SAYS selbst als auch zu geeigneten Übersetzungen in die deutsche Sprache.

- Erwerb von Wissen als Ausgangspunkt jeder Güterproduktion.

- Unternehmerische Tätigkeit als Übertragung dieses Wissens auf einen sinnvollen Zweck und Koordination der Produktionsfaktoren.

- Eigentliche produktionsbezogene Arbeit zur Herstellung der Güter.

Für SAY besteht die Haupttätigkeit des Unternehmers also vornehmlich darin, durch Kombination der verschiedenen Faktoren den Produktionsprozeß zu organisieren. Mit dieser Betonung der *Koordinationsaufgabe* wird erstmals in der ökonomischen Literatur unternehmerisches Handeln mit der *Führungs- bzw. Leitungsfunktion* gleichgesetzt. Bedeutsam ist außerdem, daß in diesem Konzept SAYS dem Unternehmer explizit eine Rolle als Arbeitender, allerdings von gleichsam hervorgehobener Qualität, zugewiesen wird. Vergleichbar zu CANTILLON kommt es damit zunächst zu einer Trennung zwischen Unternehmertum und Kapitalbesitz. Darüber hinaus bedingt diese Gleichsetzung jedoch auch eine Interpretation des Unternehmergewinns als besonderen Arbeitslohn, der aus der Durchführung der Koordinationstätigkeit sowie dem Treffen notwendiger Entscheidungen entsteht und von dem Zins für das im Unternehmen eingesetzte Kapital zu unterscheiden ist.

3.2.1.4 HANS VON MANGOLDT

Ein gleichfalls wichtiger Beitrag zur wissenschaftlichen Analyse der Unternehmertätigkeit stammt von dem deutschen Ökonomen HANS VON MANGOLDT (1824-1868). Seine Ausführungen bezüglich der Theorie unternehmerischen Handelns lassen sich sowohl als produktionsorientiert als auch risikozentriert kennzeichnen. Nicht die Kombination der Produktionsfaktoren für sich allein, sondern deren Anwendung auf eigene Verantwortung und bei Unsicherheit hinsichtlich eines möglichen Erfolges sind die wesentlichen Merkmale des Unternehmers:

> „Eine Unternehmung ist also ein Verkehrsgeschäft, bei welchem die Unsicherheit des Erfolgs auf den Producenten fällt; ein Unternehmer der Inhaber eines solchen Geschäfts. ... Also nicht in der Verbindung verschiedener Productionsmittel, sondern in deren Anwendung auf eigne Gefahr liegt das Wesen der Unternehmung."[1]

Hierbei beschäftigt sich MANGOLDT vor allem mit dem *Unternehmergewinn*, den er in drei Einzelkomponenten unterteilt, zum einen in eine Prämie für die Übernahme der Unsicherheit, zum anderen in eine Entlohnung für die gewissermaßen spezifischen Leistungen des Kapitaleigners. Als dritten Bestandteil erhält der Unternehmer in diesem Konzept jedoch noch ergänzend ein gesondertes Entgelt für diejenigen

---

[1] *V. MANGOLDT,* Unternehmergewinn (1855), S. 36.

unternehmerischen Fertigkeiten und Eigenschaften, die in seiner Person liegen und durch die er sich auch von anderen positiv abgrenzt.

> „Demgemäß wird man im Unternehmergewinn folgende drei Bestandtheile unterscheiden können:
> 1) Entschädigung für die Last der Gefahr (Gefahrprämie).
> 2) Entschädigung für die dargebrachten Capitalnutzungen und Arbeitsleistungen (Unternehmerzins und = Lohn).
> 3) Vortheile, die aus der relativen Seltenheit der unternehmungsfähigen Subjecte fließen (Unternehmerrente)."[1]

Darüber hinaus wird von MANGOLDT erstmals auch ausführlich der unternehmerische Verlust in Form der „Unternehmereinbuße" näher thematisiert.[2]

3.2.1.5 JOHANN HEINRICH VON THÜNEN

Das Thema Unternehmergewinn nimmt auch in den Ausführungen JOHANN HEINRICH VON THÜNENS (1785-1850), eines weiteren deutschen Ökonomen, einen wichtigen Stellenwert ein.[3] THÜNEN faßt den Gewinn des Unternehmers als Bruttogewinn der Geschäftstätigkeit[4] abzüglich dreier Bestandteile, nämlich eines Zinses für das eingesetzte Kapital, eines Lohns für die Geschäftsführungstätigkeit sowie einer Versicherungsprämie gegen den gewissermaßen kalkulierbaren Teil des unternehmerischen Risikos, etwa Feuergefahr, Schiffbruch, auf. Der Residualgewinn des Unternehmers rechtfertigt sich hierbei hauptsächlich aus der allgemeinen nicht versicherbaren Unsicherheit unternehmerischen Handelns:

> „Wer das Vermögen besitzt, die Kosten zu bestreiten, welche die Erlangung der Kenntnisse und der Ausbildung für den Staatsdienst erfordert, hat die Wahl, entweder sich dem Staatsdienst zu widmen, oder – bei gleicher Befähigung für beide Berufsarten – Gewerbeunternehmer zu werden. Wählt er ersteres, so ist nach seiner Anstellung seine Subsistenz [Lebensunterhalt] für das ganze Leben gesichert; wählt er letzteres, so kann eine ungünstige Konjunktur ihn gar bald seines Vermögens berauben, und sein Lebenslos ist dann, Lohnarbeiter zu werden. Was könnte nun bei so ungleichen Aussichten in die Zukunft ihn bewegen,

---

[1] V. MANGOLDT, Unternehmergewinn (1855), S. 81.

[2] Vgl. V. MANGOLDT, Unternehmergewinn (1855), S. 144-155, für eine kurze Darstellung der wesentlichen Aussagen z.B. HÉBERT/LINK, Entrepreneur (1988), S. 60-62 und SCHNEIDER, Geschichte (2001), S. 513 f.

[3] Für die folgenden Ausführungen vgl. V. THÜNEN, Der isolierte Staat (1966), S. 478-483, eine Übersicht der wesentlichen Aussagen beispielsweise auch bei HÉBERT/LINK, Entrepreneur (1988), S. 57-59.

[4] In der heutigen betriebswirtschaftlichen Terminologie läßt sich dieser Bruttogewinn THÜNENS dabei in etwa als Differenz zwischen den Umsatzeinnahmen und den Ausgaben für die Produktionsfaktoren umschreiben.

Unternehmer zu werden – wenn nicht die Wahrscheinlichkeit des Gewinns viel größer wäre als die des Verlustes."[1]

Im Rahmen einer derartigen Auffassung sondert THÜNEN einerseits die Funktion des Unternehmers ausdrücklich von der des Kapitaleigners ab.[2] Darüber hinaus findet jedoch andererseits noch eine weitere, für das Verständnis seines Unternehmerbildes mindestens ebenso bedeutsame Unterscheidung statt, in der zwischen Unternehmertum und lohnabhängiger Geschäftsführungtätigkeit getrennt wird:

> „In solchen Zeiten, wo durch die Wechselfälle der Konjunktur das Geschäft große Verluste bringt, und das Vermögen, wie die Ehre des Unternehmers auf dem Spiele stehen, ist der Geist desselben von dem einen Gedanken, wie er das Unglück von sich abwenden kann, erfüllt – und der Schlaf flieht ihn auf seinem Lager. Anders verhält es sich in einem solchen Fall mit dem besoldeten Stellvertreter. Wenn dieser am Tag redlich gearbeitet hat und am Abend ermüdet nach Hause kommt, schläft er mit dem Bewußtsein erfüllter Pflicht ruhig ein."[3]

Mit anderen Worten: Unternehmer und angestellter Geschäftsführer unterscheiden sich nach THÜNEN im wesentlichen durch den Umfang ihres persönlichen Engagements für das Unternehmen. Gleichzeitig führen Widrigkeiten der wirtschaftlichen Rahmenbedingungen in diesem Konzept jedoch keinesfalls etwa zur Verzweiflung und gleichsam resignativen Untätigkeit des Unternehmers. Vielmehr ist dessen persönliche Betroffenheit in Verbindung mit solch ungünstigen konjunkturellen Verhältnissen eher eine wesentliche Triebfeder für technische und wirtschaftliche Innovationen:

> „Aber die schlaflosen Nächte des Unternehmers sind nicht unproduktiv. Hier faßt er Pläne und kommt auf Gedanken zur Abwendung seines Mißgeschicks, die dem besoldeten Administrator, wie ernstlich derselbe auch seine Pflicht zu erfüllen streben mag, doch verborgen bleiben – weil sie erst aus der höchsten Anspannung aller auf einen Punkt gerichteten Geisteskräfte hervorgehen. Die Not ist die Mutter der Erfindungen, und so wird auch der Unternehmer durch seine Bedrängnis zu Erfinder und Entdecker in seiner Sphäre."[4]

Während, wie bereits beschrieben, die Übernahme der Unsicherheit THÜNEN vor allem zur Rechtfertigung der Trennung zwischen Unternehmergewinn einerseits und (niedrigerem) Kapitalzins andererseits dient, begründet er das höhere Einkommen des Unternehmers im Vergleich zum bezahlten „Administrator" aus der besonderen unternehmerischen Leistungskraft, die durch die Verknüpfung von persönlichem Schicksal und Geschäftserfolg entsteht:

---

1 *v. THÜNEN*, Der isolierte Staat (1966), S. 480.

2 „Das Gewerbe liefert dem Unternehmer nach Erstattung aller damit verbundenen Auslagen und Kosten einen reinen Ertrag. Dieser Reinertrag enthält die beiden Bestandteile: Gewerbsprofit und Kapitalnutzung." *v. THÜNEN*, Der isolierte Staat (1966), S. 483.

3 *v. THÜNEN*, Der isolierte Staat (1966), S. 481.

4 *v. THÜNEN*, Der isolierte Staat (1966), S. 481.

„Wie der Erfinder einer neuen nützlichen Maschine mit Recht den Überschuß bezieht, den die Anwendung derselben im Vergleich mit der älteren Maschine gewährt, und diesen Überschuß als Belohnung seiner Erfindung genießt – eben so muß das, was der Unternehmer durch seine größere Geistesanstrengung mehr hervorbringt, als der besoldete Administrator, demselben als Belohnung seiner Industrie zufallen. Der für eigene Rechnung und auf eigene Gefahr arbeitende Unternehmer besitzt, bei übrigens gleichen Eigenschaften, eine größere Leistungsfähigkeit als der besoldete Stellvertreter – wie groß auch dessen Pflichttreue sein mag – und dies ist der Grund, warum dem Unternehmer außer den Administrationskosten noch eine Vergütung ... zukommt."[1]

Wenn man denn von einem besonderen Verdienst THÜNENS für die Weiterentwicklung der wissenschaftlichen Theorie zum Unternehmertum sprechen möchte, liegt dieser zweifelsohne in folgender Tatsache: Erstmals werden in seinem Unternehmerbild sowohl die Funktion der Unsicherheitsübernahme als auch die Innovationsfunktion miteinander zu einem gemeinsamen ökonomischen Konzept unternehmerischen Handelns verbunden.

Zwischenresümee:

In einer kurzen Bestandsaufnahme der bisherigen Ergebnisse zum Konzept des Unternehmers läßt sich folglich feststellen, daß bereits in der prä-neoklassischen Zeit von der ökonomischen Wissenschaft wichtige Gesichtspunkte unternehmerischen Handelns, nämlich die Übernahme wirtschaftlicher Unsicherheit (CANTILLON), die Durchführung von Innovationen (BAUDEAU) sowie die Koordination der Produktionsfaktoren (SAY) erarbeitet worden sind. Mit dem Werk THÜNENS wird bereits Mitte des 19. Jahrhunderts zudem ein erstes integratives Modell präsentiert, welches die verschiedenen unternehmerischen Funktionen zusammenführt. Neben solchen Ansätzen eines funktionalen Unternehmerbegriffs gibt es zugleich auch erste Bestrebungen, etwa bei MANGOLDT, den Unternehmer aus einer persönlichkeitsbezogenen Sichtweise heraus zu analysieren. Wie die nächsten Kapitel zeigen werden, lassen sich derartige Lösungsvorschläge zur ökonomischen Rolle des Unternehmers dann auch in späteren genauso wie in den aktuell thematisierten Konzepten unternehmerischen Handelns wiederfinden.

---

[1] *v. THÜNEN*, Der isolierte Staat (1966), S. 482.

3.2.2 Der Unternehmer in der neoklassischen Theorie

3.2.2.1 Allgemeines

Noch bis in die jüngere und jüngste Vergangenheit hinein wird das Bild des Unternehmers in der Ökonomie zu einem großen Teil durch den Einfluß der neoklassischen Theorie bestimmt. Während in der Klassik eine makroökonomische Sichtweise der Wirtschaft, etwa die Beschäftigung mit Fragen des längerfristigen Wirtschaftswachstums oder der Einkommensverteilung im Vordergrund steht, kommt es im Rahmen der Neoklassik hingegen zu einer Hinwendung zu vor allem mikroökonomischen Fragestellungen und damit einhergehend zu einer Betonung der individualistischen Sichtweise in der Ökonomie. Gleichzeitig wird der bisherige, eher allgemein philosophisch gebildete Ökonom durch einen sowohl hinsichtlich seiner Ausbildung als auch seiner beruflichen Tätigkeit der Universität verhafteten Wirtschaftswissenschaftler abgelöst, der Ökonomie als eigenständige Wissenschaft begreift und sich vor allem mathematischen Ansätzen gegenüber öffnet.

In enger Verbindung mit dieser Professionalisierung in der Ökonomie ebenso wie mit der Herausbildung einer eigenständigen, mathematisch fundierten wirtschaftswissenschaftlichen Methodik steht auch die Tendenz zur *Entpersonalisierung* der ökonomischen Theorie in der Neoklassik:[1] Langsam aber kontinuierlich verlagert sich der wissenschaftliche Forschungsbereich von der Person des Unternehmers zu vorwiegend formalisierenden Modellen des Unternehmens. Mehr oder weniger wird der Unternehmer mit seinem Unternehmen gleichgesetzt. Eine derartige Entwicklung kann vorwiegend aufgrund folgender Eigenheiten des ökonomischen Weltbildes der Neoklassik begründet werden:

---

[1] Allerdings abstrahiert bereits die KLASSISCHE BRITISCHE POLITISCHE ÖKONOMIE von ADAM SMITH über DAVID RICARDO bis zu JOHN STUART MILL von unternehmerisch tätigen Wirtschaftsindividuen auf die Faktortriade Boden, Arbeit und Kapital und setzt Unternehmer mit Kapitaleigner gleich. In diesem Sinn kann sich die Neoklassik diesbezüglich durchaus auf klassische Vorbilder berufen. Vgl. *SCHNEIDER,* Unternehmer (2001), S. 8.

√ • *Methodologischer Individualismus*:

Zum einen betont dieses neoklassische Paradigma zwar die Betrachtung der Mikroebene.[1] Dies darf jedoch nicht mit einem Interesse an dem individuellen Unternehmer verwechselt werden. Vielmehr bilden gerade hierbei entpersonalisierte Wirtschaftssubjekte, etwa Haushalte oder Unternehmen den Mittelpunkt der mathematisch-abstrahierenden Analyse, die unternehmerische Tätigkeit selbst wird allenfalls als standardisierter Produktionsfaktor „Arbeit" angesehen.[2]

√ • *Marktgleichgewicht*:

Zum anderen trivialisiert die im Zusammenhang mit dem neoklassischen Gleichgewichtsdenken stehende Annahme vollkommener Märkte mit vollkommener Information das Treffen unternehmerischer Entscheidungen doch erheblich. Betrachtet man beispielsweise ein charakteristisches Unternehmensmodell der Neoklassik, wird man feststellen können, daß in einem derartigen theoretischen Konzept in der Regel eine kleine Zahl wohlbestimmter Variablen, etwa Preis, Produktionsmenge, Werbungsausgaben, vorgegeben sind. Das Unternehmen muß dann lediglich die Ein- und Ausgaben der verschiedenen Handlungsalternativen, die durch die entsprechenden Gleichungssysteme fest definiert werden, betrachten. Letztlich läuft es daraus hinaus, im Rahmen einer mathematischen Berechnung die optimalen Werte der Entscheidungsvariablen zu ermitteln. Damit ist die zu treffende unternehmerische Entscheidung bereits determiniert, so daß für Unternehmungsgeist und Handlungsinitiative kein Spielraum verbleibt. Die Person des Unternehmers erhält auf diese Weise eine statische und passive Rolle.[3] Eine Einbeziehung unternehmerischen Handelns als eigenständiger Dimension in das ökonomische Gesamtkonzept wird hierdurch überflüssig, zum Teil, da sich sowohl Ursache als auch unternehmerische Tätigkeit selbst weitgehend einer formalen Darstellungsform entziehen, auch störend.[4]

---

[1] Das Konzept des *methodologischen Individualismus* beruht auf der Annahme, daß wirtschaftliche Entscheidungen stets von einzelnen Personen getroffen werden. Demzufolge geht man in diesem Zusammenhang davon aus, ökonomische Phänomene grundsätzlich einzelwirtschaftlich, d.h. durch individuelle Handlungen, erklären zu können. Vgl. *SCHNEIDER*, Geschichte (2001), S. 447. Allgemeine überindividuelle Organisationsstrukturen, die aus dem Zusammenwirken mehrerer Personen entstehen, gelten im Rahmen dieser Betrachtungsweise daher nicht als eigenständige wissenschaftliche Erkenntnisobjekte.

[2] So beispielsweise im Gleichgewichtsmodell von KIHLSTROM und LAFFONT, in dem die Entscheidung zwischen Unternehmerfunktion und Arbeiterfunktion durch die individuelle Risikoaversion determiniert wird. Vgl. *KIHLSTROM/LAFFONT,* Equilibrium Entrepreneurial Theory (1979).

[3] Vgl. ausführlich dazu *BAUMOL*, Entrepreneurship (1968), S. 66-69.

[4] Vgl. hierzu *KIRZNER*, Entrepreneurial Discovery (1997), S. 69, ebenso *RIPSAS*, Entrepreneurship (1997), S. 7-10, auch *SCHALLER*, Entrepreneurship (2001), S. 10, weiterhin *SCHNEIDER*, Innovative Unternehmen (1988), S. 12-23.

Es ist daher, angesichts der weitgehenden Bedeutungslosigkeit des Unternehmers als Person für die formalen neoklassischen Modelle, sicherlich berechtigt, tendenziell von einem „Verschwinden des Unternehmers in der Neoklassik"[1] und seiner Substitution durch die Theorie des Unternehmens zu sprechen. Dennoch kann nicht unerwähnt bleiben, daß sich, insbesondere in der Frühzeit dieser ökonomischen Forschungsrichtung um die Wende vom 19. zum 20. Jahrhundert, verschiedene neoklassische Ökonomen durchaus mit der Funktion des Unternehmers im Wirtschaftsprozeß beschäftigt haben. Beispielhaft sollen an dieser Stelle die Ausführungen von WALRAS und MARSHALL zum Unternehmer besprochen werden.

3.2.2.2 LÉON WALRAS

In seinem wissenschaftlichen Werk unterscheidet LÉON WALRAS (1834-1910), der als Hauptleistung das Grundmodell eines allgemeinen statischen Gleichgewichts entwickelt hat, vier Gruppen wirtschaftlich handelnder Personen.[2] Hierbei knüpft er zunächst an die Dreiteilung CANTILLONS in *Grundeigentümer*, *Unternehmer* und *Lohneigentümer* bzw. Arbeiter an, erweitert jedoch dieses Konzept um den *Kapitaleigentümer* als eigenständige vierte Wirtschaftsperson. In diesem System mietet der Unternehmer Land vom Grundeigentümer, stellt Arbeiter ein und leiht sich finanzielle Mittel beim Kapitaleigner, um diese Faktoren dann im Dienste einer landwirtschaftlichen oder industriellen Produktion, aber auch des Handels, miteinander zu kombinieren:

> „Let us call the holder of land ... a *land-owner*, the holder of personal faculties a *worker* and the holder of capital proper a *capitalist*. In addition, let us designate by the term *entrepreneur* a fourth person, entirely distinct from those just mentioned, whose role it is to lease land from the land-owner, hire personal faculties from the labourer, and borrow capital from the capitalist, in order to combine the three productive services in agriculture, industry or trade."[3]

Wichtig ist ihm in diesem Zusammenhang zum einen die ausdrückliche Trennung zwischen der Rolle des Kapitaleigentümers und der Rolle des Unternehmers, auch wenn in seinem Konzept eine Person durchaus verschiedene Rollen gleichzeitig wahrnehmen kann:

---

[1] *RIPSAS*, Entrepreneurship (1997), S. 7.

[2] Für die folgende Darstellung vgl. *WALRAS*, Elements (1977), vor allem Lesson 18-19. Anzumerken ist, daß für den interessierten Leser dieses bekanntesten Werks von WALRAS zur Zeit leider keine deutsche Übersetzung verfügbar ist.

[3] *WALRAS*, Elements (1977), S. 222.

„It is undoubtedly true that, in real life, the same person may assume two, three, or even all four of the above defined roles. ... [T]he roles themselves, even when performed by the same individual, still remain distinct."[1]

Zum anderen sieht er, etwa in Gegensatz zu SAY, Koordination und Überwachung nicht als eigentliche unternehmerische Funktionen, sondern eher als Teile einer delegierbaren routinemäßigen Unternehmensführung an. Die Unternehmertätigkeit selbst wird hauptsächlich als eine Vermittleraufgabe zwischen Produktion und Konsum definiert, und gilt in diesem Modell dadurch gewissermaßen als Voraussetzung für jede wirtschaftliche Aktivität:

„[W]e must think of the *land-owners*, *workers*, and *capitalists* as sellers of (productive) services and buyers of consumers' goods and services, standing face to face with sellers of products and buyers of productive services and raw materials. These latter sellers and buyers are the *entrepreneurs* who seek a profit by transforming productive services into products consisting either of raw materials which they sell to one another, or of consumers' goods which they sell to the land-owners, workers, and capitalist from whom they buy productive services."[2]

Wenn dieser WALRASIANISCHE Unternehmer in Ausübung seiner Vermittleraufgabe auf verschiedenen Märkten dann gleichzeitig als Akteur tätig ist, besteht sein Ziel vor allem darin, Arbitragemöglichkeiten, mit denen er Gewinne erzielen möchte, aufzuspüren. Beispielsweise wird er, sollte der mögliche Verkaufspreis eines Gutes dessen Herstellungskosten übersteigen, die Produktion dieses Gutes so lange ausweiten, bis sich durch ein Überangebot auf den Absatzmärkten bzw. durch steigende Herstellungskosten Preis und Kosten aneinander angleichen:

„It never happens in the real world, that the selling price of any given product is absolutely equal to the cost of the productive services that enter into that product ... . In fact, under free competition, if the selling price of a product exceeds, the cost of the productive services for certain firms and a *profit* results, entrepreneurs will flow towards this branch of production or expand their output, so that the quantity of the product ... will increase, its price will fall, and the difference between price and cost will be reduced; and, if ... the cost of the productive services exceeds the selling price for certain firms, so that a *loss* results, entrepreneurs will leave this branch of production or curtail their output, so that the quantity of the product ... will decrease, its price will rise and the difference between price and cost will again be reduced."[3]

---

[1] *WALRAS*, Elements (1977), S. 222.

[2] *WALRAS*, Elements (1977), S. 41.

[3] *WALRAS*, Elements (1977), S. 224 f.

Das entscheidende Merkmal unternehmerischen Handelns besteht also für LÉON WALRAS aus einer güterwirtschaftlichen *Arbitragefunktion*:

> „Whenever entrepreneurs, of whatever category, sell their products or merchandise at price higher than the cost of the raw materials, rent, wages and interest charges, they make a profit; and whenever they sell their products or merchandise at a lower price, they incur a loss. This is the alternative that the entrepreneur characteristically faces in the performance of his function."[1]

Damit verbindet er nicht nur die Beschaffungs- mit den Absatzmärkten, sondern trägt zusätzlich auch maßgeblich zum Entstehen eines Marktgleichgewichts bei.

Obwohl man aus derartigen Ausführungen eigentlich ohne Schwierigkeiten eine hervorgehobene Bedeutung des Unternehmers, die WALRAS diesem für das *reale Wirtschaftsleben* zuspricht, ableiten kann, läßt sich allerdings auch in diesem Unternehmerbild die neoklassische Tendenz erkennen, von dem Unternehmer als Person, die sich etwa durch besondere persönliche Eigenschaften auszeichnet, weitgehend zu abstrahieren. Demgemäß verzichtet er in seinem *theoretischen Werk* auf die Einarbeitung einer Unternehmerfunktion. Im allgemeinen statischen Gleichgewichtsmodell wird diese sozusagen systematisch eliminiert:

> „Assuming equilibrium, we may even go so far as to abstract from entrepreneurs and simply consider the productive services as being ... exchanged directly for one another, instead of being exchanged first against products, and then against productive services. ... Thus in a state of equilibrium in production, entrepreneurs make neither profit nor loss. They make their living not as entrepreneurs, but as land-owners, labourers or capitalists in their own or other business."[2]

Aufgabe 4:

Obgleich WALRAS dem Unternehmer im realen Wirtschaftsprozeß eine zentrale Position zuerkennt, verzichtet er darauf, ihn in sein formal-ökonomisches Modell zu integrieren. Welche Umstände können als Ursachen für diese Entscheidung aufgeführt werden?

---

1   *WALRAS*, Elements (1977), S. 227.

2   *WALRAS*, Elements (1977), S. 225. Ausführlich zu dieser Thematik vgl. auch *JAFFÉ*, Walras' Economics (1980), S. 534-538.

3.2.2.3 ALFRED MARSHALL

Auch der britische Ökonom ALFRED MARSHALL (1842-1924) befaßt sich mit der Unternehmerperson und wird dabei von der Evolutionstheorie DARWINS beeinflußt. Demzufolge besitzt der Unternehmer nach seiner Auffassung besondere Fähigkeiten und Talente, die im wirtschaftlichen Wettstreit um das Überleben auf den neoklassischen Märkten geformt werden. Diese unternehmerischen Fertigkeiten sieht er vor allem in den Bereichen analytisches Denken, Sinn für Ausgewogenheit, Stärke in der Urteilskraft, Koordinierungsvermögen, Innovationsfähigkeit und Bereitschaft zur Unsicherheitsübernahme. Nicht zuletzt gehört allerdings auch das Talent, ein geborener Führer von Menschen zu sein, zu diesen Grundfähigkeiten des Unternehmers. Alles in allem werden Menschen mit derartigen Persönlichkeitseigenschaften von MARSHALL als „*business genius*" bezeichnet. Auch lassen sich seiner Meinung nach diese Charaktermerkmale zwar durch Erfahrung vertiefen, nicht jedoch durch einen äußerlichen Unterricht erwerben.[1]

In seinem Konzept unterscheidet er zudem zwischen aktiven und passiven Unternehmertypen. Während letztere sich vor allem an Bewährtem orientieren und deshalb mehr oder weniger für eine Geschäftsführungsfunktion bezahlt werden, sind aktive Unternehmer hingegen diejenigen, die neue und verbesserte Wege wirtschaftlichen Handelns einschlagen. Da sie im Rahmen einer derartigen unternehmerischen Tätigkeit zwangsläufig mit erheblicher Unsicherheit konfrontiert werden, benötigen sie die bereits beschriebenen besonderen Fertigkeiten, um im marktlichen Wettbewerb bestehen zu können.[2] Als Gegenleistung erhalten sie dafür allerdings auch ein spezifisches Entgelt, welches sich aus diesem hervorgehobenen Talent heraus definiert:

> „Unter der Klasse der Geschäftsunternehmer befindet sich eine unverhältnismäßig große Zahl von Leuten mit hohen natürlichen Fähigkeiten; denn zu den fähigen Männern, die in dieser Gesellschaftsschicht geboren werden, kommt noch ein großer Teil der Bestbegabten, die aus den niedrigen Erwerbsstufen stammen. Während nun so die Gewinne von einem in Erziehung investierten Kapital ein besonders wichtiges Element in den Einkommen der liberalen Berufe sind, wenn man sie als Klasse betrachtet, so kann die Rente von seltener natürlicher Begabung als ein besonders wichtiges Element im Einkommen der Geschäftsleute betrachtet werden, solange wir sie als Individuen nehmen."[3]

Mit einer derartigen Sichtweise orientiert sich MARSHALL folglich an dem im Kapitel 3.2.1.4 beschriebenen Konzept MANGOLDTS, welcher ja einen Teil des Unternehmerlohns aus dessen besonderen persönlichen Fähigkeiten im wirtschaftlichen Han-

---

[1] Vgl. *MARSHALL*, Industry and Trade (1923), S. 356-358, auch *MARSHALL*, Volkswirtschaftslehre (1905), S. 316 f.

[2] Vgl. *MARSHALL*, Volkswirtschaftslehre (1905), S. 583.

[3] *MARSHALL*, Volkswirtschaftslehre (1905), S. 606. Für einen Überblick vgl. ebenso *HÉBERT/LINK*, Entrepreneur (1988), S. 74-77.

deln heraus erklärt. Dementsprechend kann die Bedeutung MARSHALLS für die ökonomische Unternehmerforschung hauptsächlich darin gesehen werden, daß er gegen
den generellen neoklassischen Trend zur Entpersonalisierung der Ökonomie eine
gewisse persönlichkeitsbezogene Deutung des unternehmerischen Erfolges betont.
Auf diese Weise wird dieser Ansatz sozusagen auch in der angelsächsischen Unternehmerforschung verankert.[1]

3.2.3 Der Unternehmer in der trans-neoklassischen Theorie

3.2.3.1 Zum Begriff Trans-Neoklassik

Während man in der allgemeinen ökonomischen Theorie auch heute nach wie vor
von einer klaren Dominanz neoklassischer Modelle ausgehen muß, gilt diese Aussage
jedoch nicht für das spezielle Gebiet der Unternehmerforschung. Auf diesen Bereich
bezogen erscheint es sehr wohl angebracht, von einer *trans-neoklassischen Phase* in
der Theorie unternehmerischen Handelns zu sprechen.

Die Berechtigung hierfür läßt sich einerseits aus der Renaissance des wirtschaftswissenschaftlichen Interesses am Unternehmer, wie sie vor allem in den letzten Jahrzehnten stattgefunden hat, herleiten. Im Kontext einer derartigen Argumentation wäre
es zwar sicherlich auch denkbar, anstelle des Begriffes trans-neoklassische Periode
etwa eine post-neoklassische Epoche der Unternehmerforschung zu thematisieren.
Andererseits müssen jedoch in einem solchen Phasenschema, welches sich mit der
Herausbildung des wirtschaftswissenschaftlichen Unternehmerbildes befaßt, auf
jeden Fall noch verschiedene zur Neoklassik alternative ökonomische Denkrichtun-
gen und Schulen berücksichtigt werden. Da diese sich in ihren konzeptionellen
Anfängen zumindest teilweise durchaus zeitgleich zur Entstehung der neoklassischen
Modellwelt entwickelt haben, würde Post-Neoklassik in diesem Zusammenhang
Möglichkeiten zu einer Fehldeutung gestatten. Es erscheint daher sinnvoller, diesem
Sachverhalt der zeitlichen Parallelität durch die begriffliche Festlegung auf trans-
neoklassische Phase der ökonomischen Unternehmerforschung Rechnung zu tragen.

Unter inhaltlichen Gesichtspunkten sollen deshalb nachfolgend im Rahmen der historisch strukturierten Betrachtung dieses Abschnitts gleichsam stellvertretend für die
trans-neoklassische Periode verschiedene Aussagen der ÖSTERREICHISCHEN SCHULE
und der DEUTSCHEN HISTORISCHEN SCHULE zum Unternehmertum dargestellt werden. Diese Darstellung der *Trans-Neoklassik* in der ökonomischen Unternehmerforschung bleibt damit bewußt unvollständig, weil entscheidende Aussagen in Hinblick

---

[1] Vgl. in diesem Sinn auch *HÉBERT/LINK,* Entrepreneur (1988), S. 76 f.

auf das heutige wissenschaftliche Verständnis unternehmerischen Handelns erst im Anschlußkapitel über die Perspektiven der Unternehmerforschung besprochen werden. Dies gilt beispielsweise für die Arbeiten KIRZNERS, KNIGHTS, SCHUMPETERS, SOMBARTS und WEBERS, deren Erkenntnisse unmittelbar in die Passagen zur funktionalen bzw. personalen Analyse der unternehmerischen Tätigkeit eingebunden werden.

3.2.3.2 ÖSTERREICHISCHE SCHULE

3.2.3.2.1 CARL MENGER

Die Veröffentlichung der „Grundsätze der Volkswirtschaftslehre" durch CARL MENGER (1840-1921) kann als der Beginn der ÖSTERREICHISCHEN SCHULE[1] aufgefaßt werden. In diesem Werk entwickelt MENGER unter anderem auch ein eigenes Modell unternehmerischen Handelns. Allerdings wird dieser Ansatz einem Außenstehenden erst bei Kenntnis seiner sonstigen konzeptionellen Überlegungen verständlich. Vor einem Eingehen auf die Unternehmerfunktionen ist es daher notwendig, zunächst kurz das grundsätzliche ökonomische Gedankengebäude MENGERS vorzustellen:[2]

Einen Mittelpunkt seiner Lehre bildet die bekannte *subjektive Werttheorie*, nach welcher der Wert eines Gutes sich aus der Eignung der letzten, am wenigsten wichtigen Einheit dieses Gutes für die Bedürfnisbefriedigung bestimmt. Gleichzeitig teilt MENGER die Güter entsprechend ihrem Kausalzusammenhang zur Bedürfnisbefriedigung in verschiedene Hierarchiestufen ein. Hierbei unterscheidet er vor allem zwischen Gütern erster Ordnung, die der direkten Bedürfnisbefriedigung dienen und Gütern höherer Ordnung, die bei der Herstellung von Gütern erster Ordnung Verwendung finden. Zu den Gütern erster Ordnung gehören etwa Nahrungsmittel und andere Konsumgüter, während die landwirtschaftlichen Vorstufen der Nahrungsmittel in der Landwirtschaft beispielsweise bereits als Güter höherer Ordnung gelten. Insofern lassen sich letztere gewissermaßen als Produktionsfaktoren auffassen. Der Produktionsprozeß selbst wird als der Vorgang angesehen, bei dem die Güter höherer Ordnung in Güter niedriger Ordnung umgewandelt und schließlich ihrer Aufgabe zur Befriedigung der Bedürfnisse zugeführt werden. Im Zusammenhang mit diesem Umwandlungsprozeß spielt der Zeitaufwand eine wichtige Rolle. Zwar können tech-

---

[1] Zu den charakteristischen Merkmalen der ÖSTERREICHISCHEN SCHULE gehören neben einer ausgeprägten Thematisierung der subjektiven Perspektive wirtschaftlichen Handelns vor allem die Betonung der Unsicherheit und der Bedeutung des Unternehmertums für die Ökonomie sowie ergänzend auch die Tendenz zur Befürwortung einer liberalen Wirtschaftspolitik.

[2] Vgl. für die folgenden Ausführungen MENGER, Volkswirtschaftslehre (1923).

nische Verbesserungen bei der Herstellung oder auch beim Transport der Güter diese Zeitkomponente verkürzen, jedoch nie ganz beseitigen.

In diesem ökonomischen Konzept ist es nun die zentrale Funktion des Unternehmers, einen solchen Einsatz der Produktionsfaktoren, also der Güter höherer Ordnung, zu koordinieren und über die Zeitschiene aufeinander abzustimmen:

> „Der Prozeß der Umgestaltung von Gütern höherer Ordnung in solche niederer Ordnung ... ist ferner unter allen Umständen dadurch bedingt, daß ein wirtschaftendes Subjekt denselben vorbereite und in ökonomischem Sinne leite, also die ökonomischen Berechnungen ... anstelle und die Güter höherer Ordnung, einschließlich der technischen Arbeitsleistungen, dem Prozesse tatsächlich zuführe oder zuführen lasse. Diese sogenannte Unternehmertätigkeit ... ist deshalb ein ebenso notwendiges Element der Gütererzeugung wie die technischen Arbeitsleistungen und hat den Charakter eines Gutes höherer Ordnung, und ... auch Wert.[1]

Nach *MENGER* umfaßt die unternehmerische Aufgabe deshalb

> „a) die *Information* über die wirtschaftliche Sachlage, b) die sämtlichen *Berechnungen*, welche ein Produktionsprozeß ... zu seiner Voraussetzung hat, oder mit anderen Worten das wirtschaftliche Kalkül, c) den *Willensakt*, durch welchen Güter höherer Ordnung ... einer bestimmten Produktion gewidmet werden und endlich d) die *Überwachung* der möglichst ökonomischen Durchführung des Produktionsplanes."[2]

Als offensichtliche Folge einer derartigen Auffassung zur unternehmerischen Tätigkeit sieht sich der Unternehmer im Modell MENGERS zudem mit dem Problem der Unsicherheit konfrontiert. Das Ausmaß dieser Unsicherheit hängt dabei zum einen von der Einsicht des Unternehmers in den Produktionsprozeß ab, zum anderen wird es aber auch entscheidend von dem Grad der Kontrolle des Unternehmers über diese Herstellungsabläufe bestimmt:

> „Je mehr Faktoren bei der Güterentstehung mitwirken, die wir nicht kennen, oder über die wir, wenn sie von uns erkannt sind, nicht zu verfügen vermögen, ... um so größer pflegt auch die Unsicherheit über die Qualität und Quantität des Produktes zu sein ... . Diese Unsicherheit ist eines der wesentlichsten Momente der ökonomischen Unsicherheit des Menschen und ... von der größten praktischen Bedeutung für die menschliche Wirtschaft."[3]

---

[1] *MENGER*, Volkswirtschaftslehre (1923), S. 153 f.

[2] *MENGER*, Volkswirtschaftslehre (1923), S. 154. (Hervorhebungen durch die Verfasser).

[3] *MENGER*, Volkswirtschaftslehre (1923), S. 30.

Allerdings faßt MENGER die Übernahme der Unsicherheit nicht als wesentliche Eigenschaft unternehmerischen Handelns auf. Diese insbesondere von MANGOLDT[1] vertretene Auffassung weist er vielmehr ausdrücklich zurück und begründet dies damit, daß das Verlustrisiko letztlich nur als entsprechendes Gegenstück zur Gewinnchance anzusehen ist.[2]

3.2.3.2.2 FRIEDRICH VON WIESER

Von den Vertretern der älteren ÖSTERREICHISCHEN SCHULE besitzt neben CARL MENGER vor allem FRIEDRICH VON WIESER (1851-1926) Bedeutung für die Unternehmerforschung.[3] Hierbei erweitert WIESER das für sich allein bereits mehrdimensional konzipierte Unternehmermodell MENGERS noch um weitere Gesichtspunkte, etwa die Aspekte Führerschaft, Gespür für ökonomische Chancen und (unter gewissen Einschränkungen) Unsicherheitsübernahme. Es gelingt ihm dadurch, im Rahmen eines von ihm zunächst rechtlich begründeten Unternehmerbegriffs eine Vielzahl von Aufgaben zusammenzuführen:

> „[D]er Unternehmer ist der vollberechtigte und zugleich der wirtschaftliche Führer seiner Unternehmung. Er ist Führer zu eigenem Recht, er ist Rechtssubjekt des Betriebes, Eigentümer der sachlichen Erwerbsmittel, Gläubiger der Geschäftsforderungen, Schuldner der Geschäftsverbindlichkeiten, er wird aus Pacht und Miete berechtigt und verpflichtet, er ist Dienstherr aus den Arbeitsverträgen, ihm gehören alle Erzeugnisse zu eigen, er verfügt über alle Leistungen, auf seine Rechnung werden die Erzeugnisse und Leistungen abgesetzt und geht der Erlös ein, wie umgekehrt alle Zahlungen ihn belasten. Er ist aber nicht nur der rechtliche, sondern durchaus auch der wirtschaftliche Führer, seine rechtliche Verfügungsgewalt kommt erst dadurch zu ihrer wahren Bedeutung, daß sie ihm die volle Freiheit zur wirtschaftlichen Führung gibt. Seine wirtschaftliche Führung beginnt mit der Begründung des Unternehmens, er organisiert es, indem er nicht bloß das nötige Kapital beschafft, sondern vor allem die Idee faßt, den Plan ausarbeitet und verwirklicht, sowie die Mitarbeiter anwirbt und einführt. Wenn das Unternehmen begründet ist, wird er sein Leiter, sowohl technisch als kaufmännisch. ... Mit den Unsicherheiten der Zukunft muß jede Wirtschaft rechnen, auch die einfachste Naturalwirtschaft, sobald sie anfängt, über den nächsten Bedarf hinaus vorsorglich zu schaffen, ... das Wagnis des Unternehmers ist gewiß noch weiter gesteigert, weil auf seine Rechnung der Erfolg einer ganzen Betriebsgemeinschaft gesetzt wird."[4]

---

[1] Vgl. Kap. 3.2.1.4.

[2] Ausführlich zur unternehmerischen Aufgabe im Ansatz MENGERS vgl. *KIRZNER, Unternehmer* (1988), S. 68-91.

[3] Für nachstehende Ausführungen vgl. *V. WIESER, Gesellschaftliche Wirtschaft* (1977), S. 228-233, eine inhaltliche Zusammenfassung beispielsweise bei *HÉBERT/LINK, Entrepreneur* (1988), S. 67-69.

[4] *V. WIESER, Gesellschaftliche Wirtschaft* (1977), S. 229.

Für WIESER definiert sich die unternehmerische Tätigkeit demgemäß aus einem umfassenden Verständnis des unternehmerischen Handelns und der unternehmerischen Verantwortung heraus. In diesem Sinne können dem Unternehmer nach seiner Auffassung folgende betriebswirtschaftlichen Funktionen zugewiesen werden:

1) Unternehmensführer:

   a) Direktor im Innenverhältnis,

   b) Repräsentant im Außenverhältnis,

2) Eigentümer,

3) Arbeitgeber,

4) Kapitalgeber,

5) Träger der Geschäftsidee,[1]

6) Planer und Organisator,

7) kaufmännischer und technischer Leiter,

8) Träger von Unsicherheit.[2]

Die Erstellung eines derartigen integrativen Gesamtkonzeptes zur wissenschaftlichen Begründung der Unternehmertätigkeit läßt sich als eine der hervorzuhebenden Leistungen WIESERS für die ökonomische Analyse unternehmerischen Handelns bezeichnen. Während die meisten der in diesem Zusammenhang aufgeführten Tätigkeiten allerdings bereits von früheren Wissenschaftlern als unternehmerische Aufgaben beschrieben worden sind, gilt dies nicht für die Führungsfunktion. Die ausdrückliche Übertragung des Führerprinzips auf den Bereich der Wirtschaft kann demgemäß als Beitrag WIESERS auf dem Gebiet der Unternehmerforschung angesehen werden.[3]

Als gleichsam logische Konsequenz aus der Anwendung dieses Konstruktes *Führerschaft* auf die Theorie unternehmerischen Handelns kommt es zudem dazu, daß in einem solchen Ansatz erfolgreiches Unternehmertum dann mit gewissen personenbezogenen Eigenschaften des Unternehmers verknüpft wird:

---

[1] Etwa im Sinne der tatkräftigen Wahrnehmung ökonomischer Gelegenheiten.

[2] Die wirtschaftliche Unsicherheit des Unternehmers besitzt jedoch, gewissermaßen ganz in der Linie der ÖSTERREICHISCHEN SCHULE, bei WIESER keine besondere Relevanz. Zum einen sind nach seiner Auffassung die günstigen Aussichten des Fortkommens deutlich häufiger als die Fehlschläge. Zum anderen weist er nicht unberechtigt darauf hin, daß stets auch Dritte von dieser unternehmerischen Unsicherheit betroffen sind, etwa Gläubiger und Arbeitnehmer.

[3] DIETER SCHNEIDER bezeichnet das Führerprinzip durchaus berechtigt als „Lieblingsidee *Friedrich von Wiesers*". *SCHNEIDER*, Geschichte (2001), S. 523.

„Aus der Fülle von Eigenschaften, die er braucht, um seiner Aufgabe gerecht zu werden, ragt die eine besonders hervor, von der er seinen Namen hat, er muß unternehmend sein, er muß den Blick haben, die neuen Wendungen zu erfassen, welche das Geschäftsleben bringt, und er muß die selbständige Kraft haben, um sein Geschäft in ihrem Sinne einzurichten. Es gehört mit dazu, daß er die Kühnheit haben muß, das Risiko einzugehen, welches mit jedem Kapitaleinsatz und zumal mit einem solchen verbunden ist, der in einer noch nicht begangenen Richtung gemacht wird, aber nicht der bloße Wagemut oder gar die Lust am Spiele, sondern die freudige Kraft zum Schaffen ist es, die ihm den unternehmerischen Sinn gibt.“[1]

Damit gelingt es ihm, eine Verbindung zwischen funktionaler und persönlichkeitsbezogener Betrachtung herzustellen, wie sie auch für das aktuelle Verständnis vom Unternehmer kennzeichnend ist. Gleichzeitig, im Zusammenhang mit der Einbeziehung derartiger Merkmale in das ökonomische Unternehmerbild, beschreibt WIESER deshalb große „Unternehmerpersönlichkeiten“, beispielsweise „kühne technische Neuerer“, „menschenkundige Organisatoren“ und „weitblickende Bankiers“.[2]

Insgesamt erschließt sich die Bedeutung CARL MENGERS und FRIEDRICH VON WIESERS für die Unternehmertheorie hauptsächlich aus der Tatsache, daß ihre Vorstellungen von späteren Vertretern der ÖSTERREICHISCHEN SCHULE aufgegriffen und weiterentwickelt werden. Insbesondere trifft diese Feststellung auf JOSEPH A. SCHUMPETER zu. Wie noch zu zeigen ist,[3] wird dessen Unternehmerbild zum Teil von der Auffassung MENGERS beeinflußt, das Tragen von Unsicherheit nicht als zentrale unternehmerische Aufgabe zu sehen. Darüber hinaus erhält es positive Impulse – vor allem durch die Betonung innovativer und kreativer Aspekte, aber auch des Führerprinzips – aus dem Unternehmerkonzept WIESERS.

3.2.3.3 DEUTSCHE HISTORISCHE SCHULE

GUSTAV VON SCHMOLLER (1838-1917) gilt als der führende Vertreter der JÜNGEREN HISTORISCHEN SCHULE.[4] In seinem Ansatz beschäftigt er sich nicht nur mit rein ökonomischen Fragestellungen, sondern entwickelt ein gewissermaßen historisches

---

[1] *V. WIESER*, Gesellschaftliche Wirtschaft (1977), S. 229.

[2] *V. WIESER*, Gesellschaftliche Wirtschaft (1977), S. 231.

[3] Vgl. Kap. 3.3.1.3.

[4] Kennzeichen der HISTORISCHEN SCHULE der Nationalökonomie ist ihre Bezugnahme auf die geschichtliche Forschung. In Anlehnung an die Geschichtsphilosophie HEGELS, für den die geschichtliche Entwicklung einen Ausdruck des Volksgeistes darstellt, werden die theoretischen Aussagen der klassischen Ökonomie durch die Berücksichtigung geschichtlicher Umstände relativiert. Mit anderen Worten: Historische und politische, aber auch moralische Faktoren werden in die ökonomische Betrachtung mit einbezogen. (Die ÄLTERE HISTORISCHE SCHULE verbindet sich hauptsächlich mit dem Namen ROSCHER.)

Modell der Volkswirtschaft, welches auf Recht, Kultur und Ethik des deutschen Sprachraums beruht und die Wirtschaft anhand sittlicher Ideale beurteilt. Dementsprechend steht auch anstelle eines lediglich seinen eigenen Vorteil berücksichtigenden Nutzenmaximierers die sittliche, deutsche Persönlichkeit, die sich als verantwortlicher Teil des Staatswesens begreift, im Vordergrund der Betrachtung.[1]

Hierbei weist SCHMOLLER den Unternehmern in diesem Konzept ökonomischen Verhaltens eine durchaus einzigartige und zentrale Position als verantwortliche *Lenker* der industriellen Produktion und des Handels zu:[2]

> „Die Unternehmer sind die Offiziere und der Generalstab der Volkswirtschaft. Je komplizierter dieselbe wird, desto größer sind die Anforderungen an sie."[3]

Um diese Aufgaben bewältigen zu können, benötigen die Unternehmer dabei zunächst umfassende Kenntnisse der ökonomischen Verhältnisse, etwa bezüglich des Kundenbedarfs, möglicher Absatzwege, geeigneter Produktionstechniken, sowie auch eine gewisse Geschicklichkeit. Noch wichtiger für den erfolgreichen Unternehmer schätzt SCHMOLLER jedoch bestimmte Persönlichkeitseigenschaften ein. Dazu gehören nach seiner Auffassung Organisationstalent, Menschenkenntnis, Kombinationsgabe, geschäftliche Vorstellungskraft, weiterhin auch Mut, Energie, Tatkraft und nicht zuletzt auch eine gewisse – allerdings durch sittliche Maßstäbe zu begrenzende – Rücksichtslosigkeit. Derartige Charaktermerkmale sind in diesem Modell zum Unternehmertum also maßgebliche Einflußfaktoren unternehmerischen Erfolgs:

> „Was ... [die Unternehmungen] schafft und erhält, bleiben immer die persönlichen Eigenschaften; jeder Mangel an denselben rächt sich durch Verluste, oft durch den völligen Bankerott."[4]

Gleichzeitig wird in diesem Zusammenhang die innovatorische Komponente unternehmerischen Handelns betont, es als wichtige Aufgabe des Unternehmers gesehen, neuartige Vorhaben auf den Weg zu bringen. Zu diesem Zweck besitzt er seine bereits bekannten speziellen charakterlichen Merkmale:

> „[D]as Verharren in hergebrachten Geleisen genügt immer weniger, je komplizierter der Weltmarkt und die Technik werden. Das kaufmännisch spekulierende und das organisatorisch technische Talent muß unausgesetzt nach Verbesserungen ausspähen, wenn die Konkurrenz nicht das Geschäft vernichten soll."[5]

---

1   Für eine ausführliche Darstellung vgl. *WOLL*, Menschenbilder (1994), S. 68-79.

2   Bezüglich der folgenden Aussagen vgl. *V. SCHMOLLER*, Grundriß I (1923), S. 41, 500-503 und *V. SCHMOLLER*, Grundriß II (1923), S. 495-499, allgemein auch *HÉBERT/LINK*, Entrepreneur (1988), S. 103.

3   *V. SCHMOLLER*, Grundriß I (1923), S. 41.

4   *V. SCHMOLLER*, Grundriß I (1923), S. 502.

5   *V. SCHMOLLER*, Grundriß II (1923), S. 496.

Als Konsequenz eines solchen Unternehmerbildes teilt SCHMOLLER den Unternehmergewinn dann in drei Bestandteile auf:[1]

1. Verzinsung des eingesetzten Kapitals,

2. Vergütung der Arbeitstätigkeit eines vergleichbaren Angestellten,

3. Unternehmergewinn im eigentlichen Sinne.

Obwohl die Unsicherheit als allgemeiner Bestandteil ökonomischen Handelns in diesem Ansatz SCHMOLLERS durchaus thematisiert wird, so erhält das Unternehmerein-
kommen beispielsweise einen lotterieartigen Charakter zugewiesen, spielt die Funktion der Unsicherheitsübernahme weder bei ihm noch bei anderen bedeutenden Vertretern dieser ökonomischen Denkrichtung eine wichtige Rolle in der Analyse der
Unternehmertätigkeit.

Zusammenfassend kann festgehalten werden, daß der Unternehmer im ökonomischen
Konzept SCHMOLLERS eine Schlüsselposition sowohl als Koordinator als auch Innovator aller volkswirtschaftlichen Prozesse einnimmt. Ein derartiger funktionaler
Zugang wird zusätzlich durch eine persönlichkeitszentrierte Analyse ergänzt, indem
die Charaktereigenschaften des Unternehmers als zentrale Einflußfaktoren für den
unternehmerischen Erfolg angesehen werden.

Dieser Forschungsansatz SCHMOLLERS, welcher neben ökonomischen auch historische, charakterlich-ethische sowie gesellschaftsbezogene Elemente enthält, wird auch
von seinen Quasinachfolgern, den Vertretern der nächsten, der dritten Generation der
DEUTSCHEN HISTORISCHEN SCHULE, sofern sie sich mit dem Unternehmer in ihren
wissenschaftlichen Arbeiten befassen, weitergeführt.

In diesem Zusammenhang lassen sich vor allem WERNER SOMBART und MAX
WEBER nennen.[2] Für beide gilt, daß noch ausgeprägter als bei SCHMOLLER im Mittelpunkt ihrer Konzepte unternehmerischen Handelns eindeutig die Verbindung einer
funktionalen Betrachtung der Unternehmertätigkeit mit einem allgemeinen gesell-
schaftswissenschaftlichen Ansatz steht, der sowohl soziologische als auch psychologische Aspekte berücksichtigt.

---

[1] Vgl. in Hinblick auf dieses Thema Unternehmergewinn auch die Darstellung der konzeptionell
    ähnlichen Aussagen MANGOLDTS in Kap. 3.2.1.4.

[2] Vgl. Kap. 3.3.2.1 für SOMBART sowie Kap. 3.3.2.2 für WEBER.

3.3 Perspektiven der Unternehmerforschung[1]

3.3.1 Funktionale Analyse des Unternehmers

3.3.1.1 Allgemeine unternehmerische Grundfunktionen

Berücksichtigt man die oben beschriebene historische Entwicklung der Unternehmer-forschung sowie auch wichtige, in der aktuellen wissenschaftlichen Literatur verwen-dete Konzepte zur Erfassung der unternehmerischen Funktionen, läßt sich zunächst eine Vielzahl verschiedener ökonomischer Einzelaufgaben finden, die man dem Unternehmer zuweist. Diese unterschiedlichen Vorstellungen zum Unternehmertum können nach HÉBERT und LINK grundsätzlich in *statische und dynamische Theorie-konzepte* der Unternehmertätigkeit eingeteilt werden.[2] Konkret handelt es sich dabei um folgende wirtschaftliche *Hauptfunktionen*, die typischerweise Kennzeichen unter-nehmerischen Handelns sind:

A. *Statische Unternehmerfunktionen*:

1. Kapitalgeber / Kapitalist / Kapitalnutzer.

2. Oberaufseher / Kontrolleur.

3. Unternehmenseigentümer / Unternehmensinhaber.

4. Arbeitgeber / Auslaster der Produktionsfaktoren.

5. Empfänger des unternehmerischen Gewinns.

6. Träger religiös begründeter Wertvorstellungen.

B. *Dynamische Unternehmerfunktionen*:

1. Träger der wirtschaftlichen Unsicherheit.

2. Innovator / Durchsetzer neuer Faktorkombinationen / schöpferischer Zerstörer / Erzeuger von Marktungleichgewichten.

3. Vertragsschließender / Gründer von Institutionen.

4. Arbitrageur / Informationsverwerter / Beseitiger von Marktungleichge-wichten.

---

[1] Zu der diesem Kapitel zugrundeliegenden Systematik vgl. *Abbildung 5.*

[2] Vgl. *HÉBERT/LINK*, Entrepreneur (1988), S. 152 f. Allgemein berücksichtigt eine dynamische Betrachtungsweise im Gegensatz zu einer statischen Perspektive ereignisinduzierte bzw. im Zeit-ablauf stattfindende Veränderungen und gelangt dadurch von einer Struktur- zur Prozeßorientie-rung.

5. Wirtschaftlicher Entscheidungsträger.

6. Wirtschaftlicher Führer / Industrie- bzw. Wirtschaftskapitän.

7. Organisator und Koordinator der Produktionsfaktoren.

8. Allokator der ökonomischen Ressourcen auf alternative Verwendungszwecke.

9. Transaktionskostenminimierer.[1]

Bei einem Vergleich beider Gruppen fällt auf, daß im Gegensatz zu den dynamischen gerade die statischen Unternehmerfunktionen vor allem einen eher rechtlich-juristisch geprägten und weniger einer spezifisch ökonomischen Charakter besitzen. Für das moderne betriebswirtschaftliche Verständnis unternehmerischen Handelns kommt ihnen daher bereits aufgrund dieser Gegebenheit eine untergeordnete Bedeutung zu. Zudem gilt, daß in einem statischen Modell des Wirtschaftslebens die Handlungen des Unternehmers im wesentlichen darin bestehen, ökonomische Entscheidungen über die optimale Ressourcenallokation bzw. Faktorkombination zu treffen. Die unternehmerische Tätigkeit entspricht folglich vornehmlich dem Wiederholen bereits bekannter und eingeführter Prozesse und Techniken. In dieser Sichtweise erhält der Unternehmer damit also eine prinzipiell passive und verwaltende Rolle zugewiesen, aufgrund derer eine ausführliche wissenschaftliche Beschäftigung mit ihm nicht zu rechtfertigen ist. Für die weitere Analyse der Unternehmerfunktionen können die statischen Unternehmeraufgaben daher weitgehend vernachlässigt werden. Erst und einzig im Rahmen eines dynamischen Konzeptes, in dem an die Stelle der Strukturorientierung eine prozeßorientierte Perspektive tritt, wird die Figur des Unternehmers für die wirtschaftswirtschaftliche Theorie interessant und gewissermaßen gebrauchsfähig.[2]

Eine Betrachtung der aufgeführten dynamischen Funktionen macht einerseits deutlich, daß diese je nach zugehöriger Perspektive stets nur gewisse Teilaspekte der unternehmerischen Tätigkeit hervorheben. Andererseits werden gleichzeitig zahlreiche Überschneidungen sichtbar. Aus diesen Gegebenheiten läßt sich als Zielrichtung einer wissenschaftlichen Systematisierung der ökonomischen Unternehmerfunktionen daher hauptsächlich die Notwendigkeit einer Verdichtung herleiten, indem die obig dargestellten dynamischen Einzelaufgaben auf möglichst wenige Grundtätigkeiten unternehmerischen Handelns zurückgeführt werden.

---

[1] In Anlehnung an *SCHOPPE ET AL.,* Theorie der Unternehmung (1995), S. 282 f., wobei diese Autoren neben fünf statischen jedoch noch zwölf dynamische Unternehmerfunktionen benennen. Im ursprünglichen Konzept von HÉBERT und LINK – vgl. *HÉBERT/LINK,* Entrepreneur (1988), S. 152 – werden hingegen insgesamt nur zwölf Funktionen, vier statische und acht dynamische Ansätze, unterschieden.

[2] Vgl. *HÉBERT/LINK,* Entrepreneur (1988), S. 153, ausführlich auch *WELZEL,* Unternehmer (1995), S. 281 f.

Im Rahmen einer derartigen Vorgehensweise stößt man dann in der wissenschaftlichen Literatur immer wieder auf *vier allgemeine dynamische Grundfunktionen* des Unternehmers:[1]

    1. *Übernahme von Unsicherheit.*

    2. *Durchsetzung von Innovationen am Markt.*

    3. *Entdecken und Nutzen von Preisarbitragen.*

    4. *Koordination ökonomischer Ressourcen.*

Bevor in einem ergänzenden Schritt einige ausgewählte Konzepte zur Systematisierung dieser vier Grundelemente unternehmerischen Handelns, also *Unsicherheit – Innovation – Arbitrage – Koordination,* vorgestellt werden können, ist es als erstes erforderlich, diese Funktionen zunächst einzeln in Hinblick auf den jeweils zugrundeliegenden Ansatz näher zu erläutern. Dies soll in den folgenden Abschnitten geschehen.

Bei dieser Vorgehensweise ist jedoch zu berücksichtigen, daß diese unternehmerischen Grundfunktionen in der wissenschaftlichen Diskussion nicht selten mit einem ganz bestimmten wirtschaftswissenschaftlichen Forscher verknüpft werden, der sich mit dieser speziellen unternehmerischen Aufgabe in seinen Arbeiten besonders intensiv auseinandergesetzt hat. Vor allem gilt eine derartige Feststellung in Bezug auf die Innovationsaufgabe des Unternehmers, welche in der Öffentlichkeit fast schon untrennbar mit dem Namen SCHUMPETER verbunden ist. Um diese Gegebenheiten angemessen in die Darstellung der Grundtätigkeiten unternehmerischen Handelns einfließen zu lassen, sollen diese vier Unternehmerfunktionen nachfolgend daher stets beispielhaft im Kontext eines geeigneten ökonomischen Ansatzes beschrieben werden, für den die jeweilige spezielle Grundaufgabe im Zentrum des zugehörigen ökonomischen Unternehmerkonzeptes steht. Mit anderen Worten: Wenn beispielsweise im Kapitel 3.3.1.5 der Koordinationsaspekt der Unternehmertätigkeit anhand des Konzeptes von CASSON untersucht wird, darf aus dieser Gegebenheit weder gefolgert werden, daß dieser Autor die wissenschaftlichen Urheberrechte an dieser unternehmerischen Funktion besitzt, noch, daß andere Ökonomen nicht ebenfalls die

---

[1] Vgl. dazu beispielsweise *RIPSAS,* Entrepreneurship (1997), S. 12 f. sowie *SCHALLER,* Entrepreneurship (2001), S. 20.

Koordinationsaufgabe als entscheidendes Element unternehmerischen Handelns ansehen.[1]

3.3.1.2 Der Unternehmer als Träger von Ungewißheit bei FRANK KNIGHT

In seiner erstmals 1921 veröffentlichten Abhandlung zu Risiko, Ungewißheit und Gewinn[2] befaßt sich FRANK H. KNIGHT (1885-1975) unter anderem auch eingehend mit der Bedeutung des Unternehmers für das Wirtschaftsleben.

Als Ausgangspunkt der Überlegungen zu diesem Thema dient seine bekannte Unterscheidung zwischen Risiko und Ungewißheit. Mit diesen Ausführungen bezieht er sich maßgeblich auf Erkenntnisse deutscher Ökonomen des 19. Jahrhunderts, etwa auf die Konzepte MANGOLDTS und THÜNENS zum Unternehmergewinn, wobei die inhaltlichen Wurzeln seines Unternehmerbildes noch weiter bis zu CANTILLON zurückreichen. Insbesondere beruft sich Knight in seiner Darstellung auf die Aussagen MANGOLDTS, der ja unter anderem auch eine Prämie für die Übernahme der nicht versicherbaren unternehmerischen Unsicherheit als wesentlichen Teil des Unternehmerlohns hervorhebt.[3]

Darauf aufbauend wird *Risiko* von KNIGHT definitorisch mit einer Situation gleichgesetzt, in der stets eine Wahrscheinlichkeit für das Eintreten der jeweiligen Erwartungen bekannt ist. Da die zukünftige Entwicklung durch die Existenz solcher Wahrscheinlichkeitsverteilungen sozusagen berechenbar wird, können Risikosituationen grundsätzlich versichert werden. Im Gegensatz dazu besteht *Ungewißheit (true uncertainty)*, wenn keine Eintrittswahrscheinlichkeiten für ein Ereignis vorliegen.

---

[1] Hinsichtlich der Koordinationsfunktion läßt sich etwa den Ausführungen in Kap. 3.2.1.3 entnehmen, daß bereits bei JEAN-BAPTIST SAY diese Tätigkeit als bestimmendes Kennzeichen unternehmerischen Handelns gilt. Ebenso werden die Unternehmerbilder ERICH GUTENBERGS und WILHELM RÖPKES, deren Ansätze im Zusammenhang mit den Systematisierungskonzepten in Kap. 3.3.1.6 vorgestellt werden, entscheidend durch eine solche Koordinationsaufgabe bestimmt.

[2] Vgl. *KNIGHT*, Risk (1971). Häufig wird der von KNIGHT im Original verwendeter Begriff *uncertainty* in der deutschen Übersetzung mit *Unsicherheit* wiedergegeben. In einem entscheidungstheoretisch fundierten Begriffsverständnis gliedert man indes bekanntermaßen nicht in Unsicherheit und Risiko. Vielmehr werden Ungewißheit und Risiko als verschiedene Ausprägungsformen der Unsicherheit unterschieden, die sich dadurch kennzeichnen, daß bei Risiko im Gegensatz zur Unsicherheit stets eine Wahrscheinlichkeitsverteilung gegeben ist. Vgl. z.B. *BITZ*, Entscheidungstheorie (1981), S. 14. Da diese definitorische Vorgehensweise auch dem Ansatz KNIGHTS entspricht, ist es wissenschaftlich korrekter, den Ausdruck uncertainty mit dem deutschen Wort *Ungewißheit* zu übersetzen.

[3] Vgl. *KNIGHT*, Risk (1971), S. 22-31, bezüglich MANGOLDT und THÜNEN vgl. die Darstellung in den Kap. 3.2.1.4 und 3.2.1.5.

Demgemäß lassen sich die möglichen Ergebnisse von Ungewißheitssituationen auch nicht kalkulieren und versichern.[1]

Aus einer solchen nicht berechenbaren Ungewißheit heraus rechtfertigt KNIGHT die Existenz des Unternehmers.[2] In einem ökonomischen Konzept ohne jegliche Ungewißheit würden alle zukünftigen Geschehnisse im Grunde vorhersehbar sein. Als unmittelbare Folge davon käme es gleichzeitig zu gewissermaßen automatisch ablaufenden wirtschaftlichen Prozessen, welche letztlich eine ökonomische Funktion des Unternehmers überflüssig machten. Bei Einbeziehung von Ungewißheit in das ökonomische Modell ändern sich die Gegebenheiten allerdings grundlegend.

- Zunächst kann unter Ungewißheit keine Güterherstellung für die unmittelbare Befriedigung der jetzt nicht mehr kalkulierbaren Verbraucherbedürfnisse stattfinden. Vielmehr müssen die Güter nunmehr für einen anonymen Markt auf der Grundlage einer völlig unpersönlichen und ungewissen Vorhersage möglicher Konsumentenwünsche produziert werden. Einen derartigen Sachverhalt bezeichnet KNIGHT als „*production for a market*". Wichtig ist, daß in diesem Zusammenhang die Verantwortung für die richtige Vorhersage der künftigen Kundenbedürfnisse nicht mehr von den Verbrauchern direkt wahrgenommen wird. Vielmehr überträgt man diese Aufgabe auf die Produzenten. Ergänzend zu dieser Übernahme der marktbezogenen Ungewißheit muß der Güterhersteller allerdings auch eine zweite Form von Ungewißheit, die aus dem Produktionsprozeß selbst entsteht, in seinen Überlegungen berücksichtigen.

- In einem zweiten Schritt verursacht dieses Phänomen der zweifachen, sowohl markt- als auch produktionsbezogenen Ungewißheit dann eine sozialökonomische Entwicklung, die zur Entstehung von Unternehmern als einer Gruppe besonderer Wirtschaftssubjekte führt. KNIGHT erklärt dies aus folgender Überlegung heraus: Im Rahmen einer marktbezogenen Güterherstellung sieht sich jeder Marktteilnehmer, der als Produzent tätig sein möchte, nunmehr zwei Hauptproblemen ausgesetzt, einerseits der Notwendigkeit, die zukünftigen Konsumentenwünsche richtig zu ermitteln, andererseits der Aufgabe, den Herstellungsvorgang der Güter angemessen zu leiten und zu überwachen.

Für KNIGHT unterscheiden sich die einzelnen Marktteilnehmer jedoch erheblich hinsichtlich ihrer individuellen Fähigkeiten. Dies gilt etwa sowohl bezüglich ihrer Fähigkeit, die zukünftige Entwicklung richtig zu beurteilen, als auch bezüglich ihrer wirtschaftlichen Führungsfähigkeiten und ihrem Selbstvertrauen. Demgemäß findet in der Folge eine funktionale Spezialisierung der Marktteilnehmer in Hinblick auf ihre wirtschaftliche Tätigkeit statt. Am Ende dieser Entwicklung entsteht

---

[1] Vgl. *KNIGHT,* Risk (1971), S. 197-232.

[2] Für die nachfolgenden Ausführungen vgl. *KNIGHT,* Risk (1971), S. 241-273.

dann das Unternehmen als geeignete wirtschaftliche Organisationsform sowie das zugehörige industrielle Entlohungssystem.

Beide Strukturen stellen für KNIGHT insofern ein direktes Ergebnis ökonomischer Ungewißheit dar. Da der wirtschaftliche Erfolg eines Herstellers zudem genau von der richtigen Erfüllung der obigen beiden Aufgaben, Umgang mit Ungewißheit und Führungseignung, abhängt, kommt es gleichzeitig auch zu einer Art Selektionsmechanismus bzw. Konzentrationsmechanismus unter den Güterproduzenten, infolge dessen sich der *Unternehmer* bzw. *Geschäftsmann* als neuer ökonomischer Aufgabenträger wie auch als besondere gesellschaftliche Klasse abgrenzt:

„Under the enterprise system, a special social class, the business men, direct economic activity; they are in the strict sense the producers, while the great mass of the population merely furnish them with productive services, placing their persons and their property at the disposal of this class; the entrepreneurs *also* guarantee to those who furnish productive services a fixed remuneration. ... [W]e shall find that in a free society the[se] two [functions] are essentially inseparable. Any degree of effective exercise of judgement, or making decisions, is in a free society coupled with a corresponding degree of uncertainty-bearing, of taking the responsibility for those decisions."[1]

Zusammenfassend können dem Unternehmer im Konzept KNIGHTS folgende Merkmale zugeteilt werden:

- Zentrales Kennzeichen ist die *Untrennbarkeit von Verantwortung und Geschäftsführung*. Insofern bildet diese Doppeleigenschaft gewissermaßen den Hauptbestandteil der unternehmerischen Tätigkeit und somit auch das entscheidende Element wirtschaftlichen Handelns:

  „The essence of enterprise is the specialisation of the function of *responsible direction* of economic life, the neglected feature of which is the inseparability of these *two* elements, *responsibility* and *control*."[2]

- Indem er für den Markt und nicht für seine eigenen Bedürfnisse produziert, wird er gezwungen, die künftigen Wünsche anderer Marktteilnehmer einzuschätzen.

- Durch seine Entscheidungen über die zukünftige Produktion des Unternehmens koordiniert er gleichzeitig auch den Einsatz der Produktionsfaktoren.[3]

---

[1]   *KNIGHT,* Risk (1971), S. 271.

[2]   *KNIGHT,* Risk (1971), S. 271.

[3]   Vgl. dazu die Darstellung bei *RIPSAS,* Entrepreneurship (1997), S. 14.

Die unternehmerische Hauptfunktion sieht KNIGHT in diesem Sinne daher vor allem in der *Verantwortungsübernahme.* Zugleich dient dieses konstitutive Element unternehmerischen Handelns auch zur Abgrenzung des Unternehmers vom „Manager" einerseits sowie dem Kapitalgeber andererseits. Sowohl Unternehmer als auch angestellte Führungskraft zeigen sich für betriebswirtschaftliche Führungsaufgaben im Unternehmen zuständig. Da aber allein der Unternehmer die oberste wirtschaftliche Verantwortung übernimmt, besitzt er zugleich immer auch die höchste Leitungsbefugnis.[1] Analog unterscheidet sich der Unternehmer durch das gleiche Kennzeichen vom Kapitalgeber. Zwar trägt der letztere ebenso das Risiko eines Kapitalverlustes, jedoch ist er im Unterschied zum Unternehmer für das Unternehmen nicht verantwortlich.

Ein derartiges Unternehmerverständnis ermöglicht dann auch das von KNIGHT selbst eher als theoretisches Konstrukt denn als wirkliche Gegebenheit beschriebene Modell des *„reinen" („pure")* Unternehmertums. Dieses zeichnet sich dadurch aus, daß der Unternehmer zum einen keinerlei Eigentum am Geschäft besitzt, indem er alle für dessen Betrieb notwendigen Ressourcen geliehen hat. Zum anderen steuert ein solcher Unternehmer gleichzeitig diesem Geschäft auch nichts weiter bei als allein die Verantwortungsübernahme. Möglich wird dies, wenn er etwa einen Geschäftsführer einstellt und ihm absolute freie Hand bei der Leitung gewährt.[2]

3.3.1.3 Der dynamische Unternehmer als Innovator bei JOSEPH SCHUMPETER

3.3.1.3.1 Modell der wirtschaftlichen Entwicklung

In seinem ökonomischen Gedankengut wird JOSEPH ALOIS SCHUMPETER (1883-1950) als Schüler BÖHM-BAWERKS zunächst maßgeblich von den Ansichten der ÖSTERREICHISCHEN SCHULE der Nationalökonomie geprägt. Darüber hinaus werden seine Überlegungen jedoch auch von der neoklassischen Theorie – insbesondere von dem Werk WALRAS' – beeinflußt, deren gleichgewichtstheoretische Ansätze bereits zu Beginn des 20. Jahrhunderts einen ersten Höhepunkt erreichen. Allerdings sind die Markt-Preis-Gleichgewichtskonzepte der Neoklassik nicht in der Lage, die gerade zu dieser Zeit objektiv sich vollziehende ökonomische Entwicklung zu erklären. Mit seinem erstmals 1911 veröffentlichten Hauptwerk „Theorie der wirtschaftlichen Entwicklung"[3] stellt SCHUMPETER nun eine ökonomische Entwicklungstheorie vor, in

---

[1] Diese Feststellung trifft nach KNIGHT auch für die Führung großer Kapitalgesellschaften zu. Vgl. *KNIGHT*, Risk (1971), S. 291-298.

[2] Vgl. *KNIGHT*, Risk (1971), S. 299 f.

[3] Vgl. *SCHUMPETER*, Theorie (1993).

der er von der Annahme ausgeht, daß sich die Gegenwart systematisch auf die Vergangenheit gründet, so daß diese darüber gleichsam erklärbar wird. Hierbei möchte er die Schwächen einer eher statisch orientierten Grenznutzenlehre durch ein Konzept überwinden, in dessen Mittelpunkt der dynamische Unternehmer als treibende Kraft und damit als Auslöser der tatsächlichen wirtschaftlichen Weiterentwicklung steht.[1]

Auch wenn aus theoriegeschichtlicher Betrachtungsweise das Phänomen der Entwicklung des „kapitalistischen" Wirtschaftssystems bereits im ökonomischen Werk von KARL MARX sowie in der DEUTSCHEN HISTORISCHEN SCHULE einen zentralen Stellenwert einnimmt und die Innovationsfunktion unternehmerischen Handelns schon bei THÜNEN eine wichtige Bedeutung erlangt,[2] gibt es zur Zeit wohl keinen Ökonomen, dessen dynamisches Unternehmermodell eine vergleichbare Beachtung wie das Konzept SCHUMPETERS sowohl in wirtschaftswissenschaftlichen Kreisen als auch in der Politik erfährt.[3]

Den Ausgangspunkt seiner Überlegungen bildet ein stationärer Zustand, in dem sich das Wirtschaftsleben in einer Art Kreislauf in wesentlich gleicher Bahn bewegt.[4] Dabei läßt sich bei gegebenen Verhältnissen ein im Grunde stets gleiches wirtschaftliches Handeln zur größtmöglichen Bedürfnisbefriedigung feststellen. Veränderungen sind in diesem statischen System zwar durch äußere Einwirkung möglich. Allerdings reagieren die wirtschaftenden Personen auf sie in einer erfahrungsgemäß gegebenen Art und Weise, also stets innerhalb der gleichsam vorgegebenen Bahnen des Kreislaufes. In dieser, daher mit den Attributen „ruhend", „passiv" und „von den Umständen bedingt" versehenen *statischen Wirtschaft* gibt es keine endogenen Veränderungen.

Von einem solchen Zustand grenzt SCHUMPETER nun das Phänomen der *wirtschaftlichen Entwicklung* ab. Unter diesen Begriff fallen nur solche Veränderungen, welche die Wirtschaft zum einen *spontan*, d. h. aus sich selbst heraus und ohne äußeren Anstoß, erzeugt, und die zum anderen gleichzeitig auch *diskontinuierlich* auftreten. Im Gegensatz zur statischen Kreislaufbewegung kommt es durch derartige Mechanismen im Rahmen der wirtschaftlichen Entwicklung dann zu einer dynamischen Veränderung der Kreislaufbahn selbst bzw. zu einer Verschiebung des bisherigen Gleichgewichtszentrums.

---

[1] Vgl. *MÜLLER,* Schumpeter (1990), S. 29-31.

[2] Vgl. Kap. 3.2.1.5 und Kap. 3.2.3.3.

[3] Vgl. dazu etwa *WELZEL,* Unternehmer (1995), S. 113.

[4] Für die nachfolgende Darstellung vgl. *SCHUMPETER,* Theorie (1993), S. 75-110.

Zentral für das unternehmerische Verständnis SCHUMPETERS ist nun seine Annahme, daß diese für die wirtschaftliche Entwicklung notwendigen, spontanen und diskontinuierlichen Veränderungen nicht von den Konsumenten ausgehen, sondern ihre Ursache allein in der Sphäre des industriellen und kommerziellen Lebens haben:

> „Wenngleich die ökonomische Betrachtung von der fundamentalen Tatsache ausgeht, daß die Bedarfsbefriedigung die Ratio alles Produzierens ist und der jeweils gegebene Wirtschaftszustand von dieser Seite her verstanden werden muß, so vollziehen sich Neuerungen in der Wirtschaft doch in der Regel nicht so, daß erst neue Bedürfnisse spontan bei den Konsumenten auftreten und durch ihren Druck der Produktionsapparat umorientiert wird – wir leugnen das Vorkommen dieses Nexus nicht, nur bietet er uns kein Problem –, sondern so, daß neue Bedürfnisse den Konsumenten von der Produktionsseite her anerzogen werden, so daß die Initiative bei der letzteren liegt ... .“[1]

Der Wesensinhalt jeder wirtschaftlichen Entwicklung besteht demgemäß aus der (diskontinuierlichen und spontanen) neuartigen Zusammenstellung von Produktionsmitteln. Mit anderen Worten: Sowohl Form als Inhalt der wirtschaftlichen Entwicklung werden mit der *Durchsetzung neuer Kombinationen* gleichgesetzt. Im Zusammenhang mit dieser Definition nennt SCHUMPETER dabei fünf verschiedene *Möglichkeiten der Neukombination*:

1. „Herstellung eines neuen, d. h. dem Konsumentenkreise noch nicht vertrauten Gutes oder einer neuen Qualität eines Gutes.

2. Einführung einer neuen, d. h. dem betreffenden Industriezweig noch nicht praktisch bekannten Produktionsmethode, die keineswegs auf einer wissenschaftlich neuen Entdeckung zu beruhen braucht und auch in einer neuartigen Weise bestehen kann mit einer Ware kommerziell zu verfahren.

3. Erschließung eines neuen Absatzmarktes, d. h. eines Marktes, auf dem der betreffende Industriezweig des betreffenden Landes bisher noch nicht eingeführt war, mag dieser Markt schon vorher existiert haben oder nicht.

4. Eroberung einer neuen Bezugsquelle von Rohstoffen oder Halbfabrikaten, wiederum: gleichgültig, ob diese Bezugsquelle schon vorher existierte – und bloß sei es nicht beachtet wurde sei es für unzugänglich galt – oder ob sie erst geschaffen werden muß.

5. Durchführung einer Neuorganisation, wie Schaffung einer Monopolstellung (z. B. durch Vertrustung) oder Durchbrechen eines Monopols.“[2]

---

[1] *SCHUMPETER*, Theorie (1993), S. 99 f.

[2] *SCHUMPETER*, Theorie (1993), S. 100 f.

Wenn man die Tatsache berücksichtigt, daß jede derartige Neukombination inhaltlich einer *Innovation* entspricht, unterscheidet SCHUMPETER also zwischen folgenden vier Innovationsbegriffen:

1. *Produktinnovation* (Neukombination 1).

2. *Prozeßinnovation* (Neukombination 2).

3. *Marktstrukturinnovation* (Neukombinationen 3 und 4).

4. *Organisatorisch-rechtliche Innovation* (Neukombination5).

Im Vordergrund des Unternehmerkonzeptes dieses Ökonomen stehen also keineswegs nur (technische) Innovationen in Form von Erfindungen. Gerade diesen mißt er für sein Modell der wirtschaftlichen Entwicklung nur eine eher nebensächliche Bedeutung bei.[1]

Da man bei der Durchführung von Neukombinationen im Normalfall nicht auf bisher ungenutzte und überschüssige Produktionsfaktoren zurückgreifen kann, stehen diese zunächst in einer Art *Substitutionskonkurrenz* mit den bisherigen „alten" Kombinationen. Jede erfolgreiche Neukombination bedingt folglich eine Andersverwendung des volkswirtschaftlichen Produktionsmittelvorrates. Für SCHUMPETER löst sich das traditionelle volkswirtschaftliche Problem, welches sich mit dem Vorhandensein der Produktionsfaktoren in hinreichender Menge befaßt, damit als Scheinproblem auf. An seine Stelle tritt nunmehr allerdings das Problem der Verlagerung der Produktionsmittel.

Ein geeignetes Steuerungsinstrument für diesen Vorgang bietet seiner Ansicht nach die finanzielle Sphäre der Wirtschaft mit der Funktion des Geldkredites: Wer neue Kombinationen durchsetzen will, muß nicht unbedingt selbst Eigentümer der hierfür notwendigen Produktionsfaktoren sein. Vielmehr können ihm diese Mittel auch alternativ beispielsweise über einen Kredit zur Verfügung gestellt werden. Bei der Kreditaufnahme konkurriert er nun mit den bisherigen Kreislaufproduzenten. Durch die geeignete Wahl der Bedingungen kann er diese dann am Kapitalmarkt überbieten und ihnen sozusagen dadurch die benötigten Produktionsmittelmengen entreißen.[2]

Die Folgen einer derartigen wirtschaftlichen Substitutionskonkurrenz um die knappen Produktionsfaktoren lassen sich zweiteilen: Auf der einen Seite kommt es also dazu, daß bereits bestehende Kombinationen, dies kann bestimmte Produkte oder Herstel-

---

[1] Vgl. auch *SCHNEIDER*, Unternehmer (2001), S. 11 f.

[2] Wichtiges Bindeglied zwischen denjenigen, die neue Kombinationen durchsetzen wollen und den eigentlichen Besitzern von Produktionsmitteln stellt in diesem Konzept die Bank dar. Der Bankier wird demgemäß bei SCHUMPETER zum „Ephor", also zum Quasi-Oberaufseher, der Volkswirtschaft, der gleichsam in deren Namen die Durchsetzung der Neukombinationen bewilligt.

lungsverfahren, aber auch ganze Unternehmen und Branchen betreffen, nicht mehr genutzt werden und vom Markt verschwinden. Auf der anderen Seite werden diese quasi alten Faktorkombinationen durch innovative Neukombinationen, die neuere oder bessere Produkte, aber auch wirtschaftlichere Herstellungsverfahren zum Ziel haben, ersetzt. Anhand dieser Überlegungen wird verständlich, weshalb ein solcher Prozeß der wirtschaftlichen Entwicklung von JOSEPH SCHUMPETER als *Prozeß der schöpferischen Zerstörung* bezeichnet wird. Nach seiner Auffassung handelt es sich hierbei um einen für das moderne Wirtschaftssystem gleichermaßen elementaren wie auch konstitutiven Vorgang, der vergleichbar einer industriellen Mutation

> „unaufhörlich die Wirtschaftsstruktur *von innen heraus* revolutioniert ... , unaufhörlich die alte Struktur zerstört und unaufhörlich eine neue schafft. Dieser Prozeß der «schöpferischen Zerstörung» ist das für den Kapitalismus wesentliche Faktum. Darin besteht der Kapitalismus und darin muß auch jedes kapitalistische Gebilde leben."[1]

3.3.1.3.2 Unternehmer und Unternehmerfunktion

Demgemäß können in diesem Konzept SCHUMPETERS alle Wirtschaftssubjekte, deren Tätigkeit aus der Durchsetzung neuer Kombinationen besteht und die gleichzeitig aktives Element bei einem derartigen Vorgang sind, als *Unternehmer* definiert werden.[2] Auch bezüglich der *Unternehmerfunktion* gilt in diesem Sinne eine entsprechende Begriffsbildung:

> „Im Erkennen und Durchsetzen neuer Möglichkeiten auf wirtschaftlichem Gebiet liegt das Wesen der Unternehmerfunktion. ... Immer handelt es sich um die Durchsetzung einer anderen als der bisherigen Verwendung nationaler Produktivkräfte, darum, daß dieselben ihren bisherigen Verwendungen entzogen und neuen Kombinationen dienstbar gemacht werden."[3]

Das von SCHUMPETER entwickelte *funktionale* Unternehmerbild läßt sich durch verschiedene charakteristische Besonderheiten näher beschreiben. Nachfolgend sollen die typischen Kennzeichen dieses *SCHUMPETER-Unternehmers* in einer kurzen Auflistung näher erläutert werden:[4]

---

[1] *SCHUMPETER*, Kapitalismus (1972), S. 137 f.

[2] Vgl. dazu und im folgenden *SCHUMPETER*, Theorie (1993), S. 111-117.

[3] *SCHUMPETER*, Unternehmer (1928), S. 483.

[4] Vgl. für diese Darstellung auch *BURMEISTER*, Vorstellungen (1996), S. 25-30, ebenso *WELZEL*, Unternehmer (1995), S. 107-109.

- Die eigentliche spezifische und konstitutive unternehmerische Funktion besteht aus dem *Durchsetzen neuer Produktionsmittelkombinationen*. Wenn ein derartiger SCHUMPETER-Unternehmer in diesem Sinn häufig auch als *Innovator* bezeichnet wird, entspricht dies daher einem sehr weit gefaßten Verständnis von Innovation, welches den üblichen technisch geprägten Innovationsbegriff zwar beinhaltet, ihn jedoch zugleich auch wesentlich überschreitet.[1]

- Zur Ausübung dieser Aufgabe benötigt der Unternehmer lediglich die *Verfügungsgewalt über gewisse Produktionsmittel*. Zwar können Eigentum bzw. Besitz an Kapital die unternehmerische Tätigkeit nicht selten erleichtern. Dennoch bildet diese Eigenschaft seit der Entstehung der Kredit- und Kapitalwirtschaft in Form des Bankensystems keine notwendige Bedingung mehr für unternehmerisches Handeln. Unternehmer- und Kapitalgeberfunktion werden also bei SCHUMPETER klar voneinander getrennt.

- Da Eigentum am Betrieb also kein wesentliches Kennzeichen des Unternehmerbegriffes mehr ist, läßt sich das Tragen des Kapitalrisikos ebenfalls nicht als besonderes unternehmerisches Merkmal ansehen. Auch unter ergänzender Einbeziehung des konstitutiven Charakters der unternehmerischen Innovationsfunktion gilt einerseits, daß alle selbständig und auf eigene Rechnung handelnden Wirtschaftssubjekte, also beispielsweise Fabrikherren, Industrielle oder Kaufleute, nicht mehr unbedingt Unternehmer sein müssen.

- Andererseits ermöglicht diese Sichtweise gleichzeitig auch die Einbeziehung unselbständig beschäftigter Angestellter, insbesondere Direktoren und Vorstandsmitglieder von Aktiengesellschaften, deren Arbeitstätigkeit die Durchsetzung neuer Kombinationen beinhaltet, in den Unternehmerkreis.

- Wegen der bei SCHUMPETER fehlenden funktionalen Bindung zwischen Unternehmertätigkeit und Kapitaleignerschaft kann sein Unternehmer zudem nicht als spezifisches und kennzeichnendes Element des marktwirtschaftlichen bzw. kapitalistischen Systems bezeichnet werden. Grundsätzlich ist die innovative Unternehmerfunktion daher weder an eine bestimmte Wirtschaftsordnung noch an eine besondere historische Epoche gebunden.

- Des weiteren stellt die Durchsetzung von neuen Kombinationen, vergleichbar beispielsweise dem Fassen und Durchsetzen strategischer Entschlüsse seitens eines Feldherrn, keinen Dauerzustand im Sinne einer fortlaufenden Tätigkeit dar. Unternehmersein ist folglich kein Beruf und keine Lebensaufgabe, damit gibt es auch keine Klassenbildung im sozialen Sinn. Vielmehr wird die Kernfunktion

---

[1] Vgl. dazu die Beschreibung der von SCHUMPETER genannten fünf Möglichkeiten neuer Kombinationen im vorhergehenden Kapitel.

unternehmerischen Handelns gewissermaßen stets nur vorübergehend ausgeübt. Ihre Durchführung erfolgt daher immer zusammen mit andersgearteten, vor allem geschäftsführungsbezogenen Tätigkeiten des Unternehmers, die SCHUMPETER in Anlehnung an ALFRED MARSHALL[1] mit dem Begriff „management" gleichsetzt.

Insgesamt wird der *dynamische Unternehmer* im ökonomischen Modell SCHUM-PETERS wegen seiner Funktion, neue Produktionsfaktorkombinationen durchzusetzen, zur treibenden Kraft im Wirtschaftsprozeß und damit gleichzeitig auch zur zentralen Figur für die wirtschaftliche Entwicklung. In Analogie zu seiner Tätigkeit, die ja oben als Prozeß der schöpferischen Zerstörung bezeichnet worden ist, ist er seinem Wesen nach folglich ein *schöpferischer Zerstörer*. Weil in einem stationären Zustand der Wirtschaft hingegen definitionsgemäß solche dynamischen Verschiebungen des Marktgleichgewichts fehlen, gibt es dort demzufolge auch keinen Unternehmer nach diesem Begriffsverständnis.

Der Ansatz SCHUMPETERS zeichnet sich also insbesondere dadurch aus, daß der ökonomische Fortschritt gewissermaßen als Wirkung unternehmerischen Handelns aufgefaßt wird. Die Unternehmertätigkeit bildet hier die primäre Kraft der wirtschaftlichen Entwicklung. Mit einer derartigen Auffassung wird ein wichtiger Unterschied im Innovationsverständnis etwa im Vergleich zum Konzept CARL MENGERS deutlich. Indem MENGER den ökonomischen Fortschritt gleichsam als Ursache der Unternehmertätigkeit ansieht, interpretiert er die Kausalbeziehung genau umgekehrt. Gemeinsam ist beiden jedoch, daß für sie das Tragen von Unsicherheit nicht als charakteristisches Merkmal des Unternehmers gilt.[2]

Zudem ist der Unternehmer im Verständnis SCHUMPETERS in seinem Wirken nicht unbedingt an eine wirtschaftliche Produktionsstätte gebunden, auch wenn er in der Tat dort am häufigsten anzutreffen ist. Insofern stellt er einen grundsätzlichen *Idealtypus* des Menschen dar, welcher, indem er die Umsetzung von Neuerungen betreibt, als entsprechender *Funktionsträger* für den Prozeß der wirtschaftlichen Entwicklung unverzichtbar ist. Die eigentlichen personalen Aspekte des SCHUMPETER-Unternehmers, insbesondere die Frage, welche Personen eine derartige Aufgabe auch tatsächlich übernehmen, sollen im nächsten Abschnitt besprochen werden.[3]

---

[1] Vgl. Kap. 3.2.2.3.

[2] Vgl. *HEBERT/LINK*, Entrepreneur (1988), S. 67.

[3] Aus der Gliederungssystematik dieses Buches heraus wäre es natürlich grundsätzlich möglich, diesen personenbezogenen Teil des Unternehmermodells auch im Rahmen der personalen Analyse in Kap. 3.3.2 gesondert vorzustellen.

3.3.1.3.3 Unternehmer und wirtschaftliche Führerschaft

Das allgemeine Menschenbild SCHUMPETERS ist von der Grundannahme gekennzeichnet, daß die Menschen in der Regel Angst vor dem Neuen haben und daher lie-
ber in den bestehenden Kreisläufen der Wirtschaft verbleiben möchten.[1] In direktem
Gegensatz dazu befindet sich der Unternehmer, der sich in seiner Funktion des schöpferischen Zerstörers über alle bestehenden ökonomischen und sozialen Schranken
hinwegsetzen muß. Diese *Gegensätzlichkeit zwischen normaler wirtschaftlicher
Tätigkeit und unternehmerischer Innovationstätigkeit* läßt sich im wesentlichen mittels nachfolgender dreier Beziehungspaare in *Tabelle 1* verdeutlichen:

Bezugsebene	Wirtschaftlicher Routineprozeß	Durchsetzen neuer Kombinationen
Reale Vorgänge:	Ablauf innerhalb des bestehenden Kreislaufsystems, Gleichgewichtstendenz	Veränderung der Bahn des Ablaufs, spontane und diskontinuierliche Änderung der Daten des Wirtschaftens aus sich selbst (endogen)
Theoretisches Modell:	Statisches Wirtschaftskonzept	Dynamisches Wirtschaftskonzept
Verhaltenstypus der Wirtschaftssubjekte:	Wirt (schlechtweg)	*Unternehmer*

Tabelle 1: Die Rolle des Unternehmers bei SCHUMPETER

Ein Durchbrechen der normalen Routinetätigkeiten im Wirtschaftskreislauf ist für
SCHUMPETER allerdings nur möglich, wenn es dem Unternehmer gelingt, bezüglich
seiner Personen gewissermaßen „*Führerschaft*" zu konstituieren. Mit dieser Auffassung überträgt er damit, in Anlehnung an das Konzept FRIEDRICH VON WIESERS, das
Führerprinzip auf das Wirtschaftsleben:[2]

---

[1] Vgl. hierzu und bezüglich der nachfolgenden Ausführungen *SCHUMPETER*, Unternehmer (1928),
S. 482-485 sowie *SCHUMPETER*, Theorie (1993), S. 117-139, für eine Zusammenfassung etwa
WOLL, Menschenbilder (1994), S. 96-100.

[2] Vgl. Kap. 3.2.3.2.2.

„Während in gewohnten Bahnen dem normalen Wirtschaftssubjekt sein eigenes Licht und seine Erfahrung genügt, so bedarf es Neuem gegenüber einer Führung."[1]

Eine derartige wirtschaftliche Führerfunktion des Unternehmers gründet sich bei SCHUMPETER vor allem auf die Annahme, daß eine Umsetzung der Innovationsaufgabe nur dann erfolgreich sein kann, wenn der Unternehmer in eigener Person die neuen Ideen und Vorstellungen seinen Mitmenschen gegenüber vermittelt. Auf diese Weise wird er gewissermaßen zur Autorität für andere und zur Führungspersönlichkeit:

„Der neuen Möglichkeit und nur der neuen Möglichkeit gegenüber entsteht die spezifische Führeraufgabe, tritt der Führertypus auf. ... Der Führer als solcher „findet" oder „schafft" die neuen Möglichkeiten nicht. Die sind immer vorhanden ... . Die Führerfunktion besteht darin, sie lebendig, real zu machen, durchzusetzen."[2]

In diesem Zusammenhang gibt es für SCHUMPETER zwar viele organisatorisch durchaus fähige Geschäftsleute, aber nur wenige tatsächliche unternehmerische Führer, die seinem Bild eines dynamischen Unternehmers entsprechen:

„Während es im Wesen der Routinearbeit in ausgefahrenen Bahnen liegt, daß ihr die durchschnittliche Intelligenz und Willenskraft der Individuen des betreffenden Volkes und der betreffenden Zeit gewachsen ist, so erfordert die Ueberwindung der eben erwähnten Schwierigkeiten Eigenschaften, die nur ein geringer Prozentsatz der Individuen hat ... ."[3]

Führerschaft als Voraussetzung des eigentlichen unternehmerischen Handelns stellt also eine in der Wirklichkeit des Wirtschaftslebens nur selten vorhandene personengebundene Eigenschaft dar. Einen solchen Wirtschaftsführer sieht er daher als eigenständigen und besonderen Führertypus an, der sich auch durch spezifische Kennzeichen von sonstigen gesellschaftlichen Führern unterscheidet. Im einzelnen beschreibt er ihn folgendermaßen:

„Die speziell ‚unternehmerliche' Art von privater Führerschaft im Wirtschaftsleben ist gefärbt und geformt ... von ihren besonderen Bedingungen. Die Bedeutung der Autorität fehlt nicht ... . Aber sie ist geringer ... . Hingegen ist die Bedeutung jener besonderen Vereinigung von Schärfe und Enge des Gesichtskreises und der Fähigkeit zum Alleingehen um so größer. Und das entscheidet auch über den Typus.

- Ihm fehlt aller äußere Glanz, wie er bei anderen Arten von Führerschaft dadurch gegeben ist, daß gehobene Organstellung die Voraussetzung ihrer Ausübung ist.

- Ihm fehlt aller persönlicher Glanz, wie er bei vielen anderen Arten von Führerschaft gegeben sein muß, bei jenen wo durch „Persönlichkeit" oder Geltung in einem kritischen sozialen Kreis geführt wird.

---

[1] *SCHUMPETER*, Theorie (1993), S. 117 f.

[2] *SCHUMPETER*, Theorie (1993), S. 128.

[3] *SCHUMPETER*, Unternehmer (1928), S. 483.

- Seine Aufgabe ist sehr speziell: wer sie lösen kann, braucht in jeder andern Beziehung weder intelligent noch sonst interessant, kultiviert oder in irgendeinem Sinn „hochstehend" zu sein, kann selbst lächerlich wirken in der sozialen Position, in die ihn sein Erfolg ex post stellt.

- Er ist typisch ... Emporkömmling und traditionslos, daher oft unsicher, anpassend, ängstlich – alles andere als ein Führer – außerhalb seines Bureaus.

- Er ist der Revolutionär der Wirtschaft – und der unfreiwillige Pionier sozialer und politischer Revolution ... ."[1]

Obigen Gedanken, daß es sich bei dem Unternehmer um eine besondere Ausprägungsform wirtschaftlicher Führerschaft handelt, vertieft SCHUMPETER, indem er zwischen verschiedenen *Typen des modernen Unternehmertums* trennt. Als Unterscheidungskriterien dienen ihm hierzu verschiedene weitere Funktionen wirtschaftlicher Tätigkeit:[2]

- *Fabrikherr und Kaufmann*:

  Dieser Unternehmertyp, der eher eine frühkapitalistische Erscheinungsform darstellt, ist gleichzeitig auch Kapitalist. Durch ein derartiges Zusammenfallen von Eigentum und Unternehmerrolle erhält er zugleich eine bestimmte, vor allem bürgerlich geprägte, soziale Klassenstellung, die dem Unternehmer für sich allein fehlt. Zusätzlich übernimmt er in der Regel die Geschäftsführung im laufenden Betrieb, ebenso die technische Leitung, hierfür besitzt er also sowohl technische als auch kommerzielle Kompetenz.

- *Moderner Industriekapitän*:

  Wegen des teilweisen Fehlens akzessorischer Wirtschaftsfunktionen handelt es sich um einen gleichsam „reineren" Unternehmertypus, der hauptsächlich die allgemeine Richtung der Geschäftspolitik bestimmt. Seine unternehmerische Position gründet normalerweise auf dem Eigentum bzw. der Verfügungsgewalt über Aktienmajoritäten, etwa durch persönlichen Einfluß auf die Kapitaleigner, und zeigt sich im Außenverhältnis durch eine entsprechende Stellung als Präsident oder leitender Aufsichtsrat.

- *Direktor*:

  Unter diesem Unternehmertypus faßt SCHUMPETER vor allem jene leitenden Angestellten zusammen, die gewissermaßen durch einen Arbeitsvertrag die Unternehmerfunktion mit übernehmen. Vergleichbar einem öffentlichen Beamten

---

[1] SCHUMPETER, Theorie (1993), S. 130. Die Darstellung in Form einer Auflistung entstammt nicht dem Original, sondern ist zur besseren Übersichtlichkeit nachträglich eingefügt.

[2] Vgl. SCHUMPETER, Unternehmer (1928), S. 484 f.

liegen die Ziele dieser unternehmerischen Zwischenform allerdings vor allem in den Bereichen Berufsleistung, Streben nach Anerkennung durch Fachgenossen und Öffentlichkeit, während gegenüber den Interessen der Kapitaleigner eher Gleichgültigkeit besteht.

- *Gründer (promoter)*:

  Hierbei handelt es sich um den Typ modernen Unternehmertums, dessen Handeln der Idee einer reinen Unternehmerfunktion im Sinne SCHUMPETERS ohne ergänzende wirtschaftliche Begleitfunktion am nächsten kommt. Merkmale dieser Unternehmerform sind demgemäß etwa eine Beschränkung auf das Aufsuchen und Durchsetzen neuer Möglichkeiten sowie das Fehlen dauerhafter Beziehungen zu individuellen Betrieben, nicht zuletzt auch soziale Heimatlosigkeit in Verbindung mit einem oft niedrigen gesellschaftlichen Status.

Nachstehende *Tabelle 2* bietet eine ergänzende Übersicht zu diesen vier Unternehmertypen SCHUMPETERS und verdeutlicht hierbei noch einmal ihre wesentlichen Differenzierungsmerkmale, die sich aus der spezifischen wirtschaftlichen Gesamtfunktion des jeweiligen Typus ableiten lassen:

Unternehmertypen	Ausgeübte wirtschaftliche Funktionen			
Fabrikherr/ Kaufmann	Unternehmer	strategische und operative Geschäftsführung	Kapitalgeber	Technische Leitung
Industriekapitän	Unternehmer	strategische Geschäftsführung	(Kapitalgeber)	ø
Direktor	Unternehmer	operative Geschäftsführung	ø	ø
Gründer (promoter)	Unternehmer	ø	ø	ø

Tabelle 2: Funktionsbezogene Unternehmertypen bei SCHUMPETER

Darüber hinaus charakterisiert SCHUMPETER den Unternehmer auch in Hinblick auf dessen *Motive* und kommt zu dem Ergebnis, daß diese dynamische Unternehmerpersönlichkeit nicht aus rationalem und hedonistischem Einzelegoismus heraus tätig ist, Macht und Geld sind nur Begleiterscheinungen. Anders formuliert: Nicht die eigene Bedürfnisbefriedigung als die allgemeine ratio des Wirtschaftslebens ist Ursache unternehmerischen Handelns. Das Streben nach Gewinn gilt zwar als wichtige Antriebskraft unternehmerischen Handelns, allerdings nicht etwa primär wegen des Gewinns als solchem, sondern dieser dient lediglich als Erfolgsindex, weil andere geeignete Maßstäbe fehlen. Begründet wird ein solcher Sachverhalt mit der Tatsache, daß der Gewinn häufig nicht dem Unternehmer selbst, sondern dem Betrieb bzw. Unternehmen zufällt.[1] Unter einem streng ökonomischen Blickwinkel erscheint der dynamische Unternehmer gar irrational bzw. zumindest von einem anders gearteten Rationalismus. So wird sein Tun im wesentlichen von nichtökonomischen Motiven geleitet, beispielsweise von dem Wunsche, ein eigenes privates Reich zu gründen, des weiteren von dem Siegeswillen im wirtschaftlichen Konkurrenzkampf, dem „Kämpfenwollen einerseits, Erfolghabenwollen des Erfolgs als solchem wegen andererseits"[2], sowie nicht zuletzt auch von der Freude am Tun selbst, also aus einem schöpferischen Gestaltungsdrang heraus bestimmt.

Entsprechend einer derartigen Grundeinstellung entscheidet der SCHUMPETER-Unternehmer auch nicht durch Vergleichen von Chancen und Risiken, ebenso nicht durch Ermitteln von Grenznutzen und Grenzkosten. Als Verächter hedonistischer Gleichgewichte und ohne Angst vor der mit seiner innovativen Tätigkeit einhergehenden Unsicherheit[3] verzichtet er gerade auf eine Analyse aller möglichen Ergebniskombinationen. Seine Erfolge beruhen hingegen auf Entscheidungen, die er gleichsam aus dem „Blick" heraus, ohne momentane Begründung trifft und die sich erst hinterher bewähren. Insofern handelt er eher unbewußt denn bewußt richtig.[4]

Faßt man die obigen Ausführungen SCHUMPETERS zu den personalen Aspekten seines Unternehmerbildes zusammen, zeigt sich bei genauerer Betrachtung, daß diese Aussagen sich nach wie vor im Rahmen eines funktional konzipierten wirtschaftswissenschaftlichen Theoriegebäudes bewegen. Allerdings erweitert er diese Darstellung um zusätzliche idealisierte Annahmen bezüglich der Person seines dynamischen

---

[1] Zur Erinnerung: Auch unselbständige Angestellte können Unternehmer im Sinne SCHUMPETERS sein.

[2] *SCHUMPETER*, Theorie (1993), S. 138.

[3] Anhand dieser Ausführungen wird gleichzeitig deutlich, daß die allgemeine Unsicherheit wirtschaftlichen Handelns für ein derartiges Unternehmermodell keine besondere Bedeutung besitzt. Die Unsicherheitsübernahme stellt für SCHUMPETER demgemäß keine eigenständige unternehmerische Leistung dar und bildet deshalb auch keine gesonderte Unternehmerfunktion in diesem Konzept.

[4] Vgl. dazu im Sinne einer zusammenfassenden Charakterisierung auch *ALBACH*, Schumpeter-Unternehmer (1984), S. 127 f.

Unternehmers, die durchaus als vor allem psychologisch deutbare Persönlichkeitsvorstellungen zu bewerten sind.[1] Auf diese Weise entsteht ein inhaltlich in sich geschlossenes und umfassendes Unternehmerkonzept, welches sowohl einen funktionalen als auch personalen Ansatz besitzt.

Um gleichsam als kurzes Fazit die zentrale Bedeutung des Unternehmers für das ökonomische Modell SCHUMPETERS noch einmal hervorzuheben, eignet sich insbesondere nachfolgendes Zitat von EDUARD MÄRZ:

> „Im Mittelpunkt der Ökonomie und der Gesellschaftslehre von Joseph A. Schumpeter steht der Begriff des Unternehmers. Dieser ist der Demiurg des wirtschaftlichen Fortschritts, die persona dramatis der sozio-ökonomischen Entwicklung, der Träger des gesellschaftlichen Wandels schlechthin."[2]

Aus diesem Konzept des dynamischen Unternehmers ergeben sich allerdings noch einige bedeutsame Folgerungen für SCHUMPETERS schöpferischen Zerstörer und seine Einbindung in die ökonomische Theorie:

- Zum einen läßt sich ein solcher schöpferischer Zerstörer, vergleichbar anderen evolutionstheoretischen Ansätzen, bisher nicht vernünftig in ein mathematisches Modell mit dessen eingeschränkten Möglichkeiten zur Darstellung von Interaktionsstrukturen einbinden. Dadurch kommt es zu Schwierigkeiten, dieses Konzept SCHUMPETERS mit der vor allem mikroökonomisch geprägten gegenwärtigen Hauptrichtung der ökonomischen Theorie zusammenzuführen.

- Zum anderen soll an dieser Stelle noch einmal ausdrücklich darauf hingewiesen werden, daß in SCHUMPETERS Theorie Unternehmertum gewissermaßen aus sich selbst heraus entsteht und seine positive Wirkung entfaltet. Als zusätzliche (unternehmensexterne) Voraussetzung für eine störungsfreie wirtschaftliche Entwicklung fordert er im wesentlichen lediglich ein reibungsloses Zusammenspiel zwischen dem industriellen Produktions- und dem Bankenbereich. Staatliche Eingriffe sind für diesen Prozeß indes nicht nötig und werden dementsprechend überhaupt nicht thematisiert.[3] Oder anders: Unternehmerisches Handeln nach SCHUMPETER benötigt grundsätzlich keine staatliche Hilfestellung.

---

[1] Diese dienen jedoch nach seiner Auffassung hauptsächlich der Illustration der ökonomischen Grundaussagen. Vgl. *SCHUMPETER*, Theorie (1993), Fußnote 24, S. 131 f.

[2] *MÄRZ*, Schumpeter (1983), S. 40.

[3] Vgl. *KIRCHHOFF*, Entrepreneurship (1991), S. 105.

Aufgabe 5:

Weshalb kann man bei dem von SCHUMPETER *entwickelten Unternehmermodell von einem ganzheitlichen Ansatz sprechen?*

3.3.1.4 Der Unternehmer als Entdecker von Arbitrage bei ISRAEL KIRZNER

ISRAEL KIRZNER gilt als einer der aktuell führenden Vertreter der NEOÖSTERREICHI-SCHEN SCHULE. Hierbei wird er im wesentlichen von den Ideen MISES' und HAYEKS beeinflußt. Während er mit LUDWIG VON MISES vor allem dessen Blickwinkel, unternehmerisches Handeln als die entscheidende Triebkraft des gesamten Marktprozesses anzusehen, teilt, übernimmt er von FRIEDRICH VON HAYEK dessen Auffassung, dem Informationszuwachs im Rahmen marktlicher Interaktionen eine besondere Rolle zuzubilligen.[1]

In seinen Überlegungen zum Marktprozeß geht er zunächst davon aus, daß wegen der Unvollkommenheit der Information Märkte sich in der realen Welt im Ungleichgewicht befinden. Gleichzeitig übernimmt er MISES' Konzept des menschlichen Handelns. In dieser Betrachtungsweise, welche bekanntlich Zweck-Mittel-Rahmen und ökonomisches Maximierungsproblem zu einem integrativen Ganzen zusammenfügt,[2] besitzen die einzelnen Wirtschaftssubjekte als gleichsam personales Merkmal den Willen und das Bestreben, selbst neue anzustrebende Ziele wie auch neue verfügbare Mittel herauszufinden. Dieser zentrale Verhaltensbestandteil wird von KIRZNER als *Element der Findigkeit* (im Original „*alertness*"[3]) bezeichnet. Es ermöglicht dem Individuum, aktiv und kreativ anstelle von passiv und mechanisch zu sein. In ihrem Bezug zu menschlichen Entscheidungsprozessen durchaus der Unternehmerrolle zum Gesamtmarkt vergleichbar, läßt sich diese Findigkeit dementsprechend auch als *unternehmerisches Element* menschlichen Handelns charakterisieren.[4] Dagegen bildet die vor allem mathematisch geprägte Kalkulationsaufgabe im Gegenzug für KIRZNER

---

[1]   Vgl. *KIRZNER*, Entrepreneurial Discovery (1997), S. 67.

[2]   Im Gegensatz vor allem zur Neoklassik, in der es ja hauptsächlich darum geht, daß bereits gegebene Ziele mit gegebenen Mitteln möglichst ökonomisch effizient erreicht werden, billigt dieser Ansatz den wirtschaftenden Individuen grundsätzliche freie Entscheidung hinsichtlich der Bestimmung ihrer Ziele und Mittel zu. Mit anderen Worten: Die Individuen sind bei ihren Handlungen nicht an vorher bestehende Ziele und Mittel gebunden, sondern legen ihren Ziel-Mittel-Rahmen, innerhalb dessen sie nach Effizienz streben, weitgehend selbständig fest.

[3]   *KIRZNER*, Competition (1973), S. 35.

[4]   Vgl. *KIRZNER*, Wettbewerb (1978), S. 27-29, ergänzend auch *FALLGATTER*, Unternehmer (2001), S. 1220 f.

das sogenannte *nichtunternehmerische Element* im Rahmen von Entscheidungsprozessen.[1]

Für den Marktprozeß wirkt sich obiges Konzept menschlichen Handelns dahingehend aus, daß die Handlungen der dort tätigen Wirtschaftssubjekte auf primär individuellen, von Person zu Person verschiedenen Entscheidungsprozessen gründen. Indem die Marktteilnehmer die Erfahrungen aus der Vorperiode, vor allem ihre Erkenntnisse zum Entscheidungsverhalten anderer Marktteilnehmer in ihre Pläne einbeziehen, finden allerdings zugleich individuelle Erfahrungs- und Lernprozesse statt. Infolgedessen kommt es zu mehr oder weniger systematischen *Korrekturen der Entscheidungen*: Die wegen der unvollkommenen Information stets mit Fehlern behafteten Pläne der Vorperiode werden wegen des Wissenszuwachses durch jeweils realistischere Pläne für die Folgeperiode ersetzt. Dadurch verbessern sich im Zeitablauf die Marktkenntnisse der einzelnen Marktteilnehmer, vor allem hinsichtlich der anderen am Markt bereitgestellten Gelegenheiten, mit denen man konkurriert. Ihre Pläne passen sich gewissermaßen aneinander an. Das Marktgleichgewicht stellt in diesem Ansatz eines solch *wettbewerblichen Marktprozesses* zugleich die Richtung, aber auch den in unendlicher Ferne liegenden Idealzustand dar, dessen Erreichen das Ende jedes weiteren Wettbewerbs bedeutete.[2]

Unternehmerisches Handeln manifestiert sich bei KIRZNER dann in zweifacher Hinsicht sowohl im Rahmen einer personalen als auch im Rahmen einer funktionalen Betrachtung:

- *Personale Betrachtung*:

  Hier zeigt sich Unternehmertum allgemein in dem bereits beschriebenen *Konzept der unternehmerischen Findigkeit*. Dieses bildet eine bei jedem Menschen zwar grundsätzlich vorhandene, dennoch individuell unterschiedlich stark ausgeprägte und nicht erlernbare Persönlichkeitseigenschaft.[3] Sie ermöglicht es ihren Trägern, bisher gleichsam unbekannte Gewinnmöglichkeiten zu entdecken.

---

[1] Vgl. *KIRZNER*, Unternehmerisches Entdecken (1983), S. 208.

[2] Vgl. *KIRZNER*, Wettbewerb (1978), S. 7-11.

[3] Da dieser personale Ansatz KIRZNERS zum Unternehmertum im wesentlichen nur eine einzige unternehmerische Fähigkeit, nämlich die unternehmerische Findigkeit, umfaßt, ist er wegen der dadurch bedingten Eindimensionalität natürlich nur als idealisierte Darstellung zu verstehen, die sich nicht zur Beschreibung wirklich existenter Unternehmerpersönlichkeiten eignet. Aufgrund einer solchen bewußt fehlenden Einbeziehung realer verhaltenswissenschaftlicher Erkenntnisse durch KIRZNER kann man dessen Konzept der unternehmerischen Findigkeit im speziellen ebenso wie das Rahmenkonzept des menschlichen Handelns im allgemeinen auch als Apriorismus bezeichnen.

- *Funktionale Betrachtung*:

Auch diesbezüglich kann man zwischen dem Unternehmer als *Realtypus* einerseits und dem Unternehmer als *Idealtypus* andererseits trennen. Da sich die ökonomischen Aufgaben des letzteren Begriffs wissenschaftstheoretisch einfacher als tatsächliche Unternehmerpersonen analysieren lassen, konzentriert sich der dynamische Ansatz KIRZNERS dann auf den idealtypischen Unternehmer. Diese imaginäre Figur wird in Gestalt des *reinen Unternehmers* in das Marktprozeßmodell integriert. Er ist ein entdeckender Entscheidungsträger, welcher auch ohne eigene Produktionsmittel tätig sein kann. Insofern werden Unternehmeraufgabe und Kapitaleigentum klar voneinander getrennt. Gleichzeitig können folgende unternehmerische Funktionen unterschieden werden:[1]

1 *Preisarbitrage.*

2 *Aufklärung der Marktteilnehmer.*

3 *Förderung der Bildung eines Marktgleichgewichts.*

4 *Förderung der wirtschaftlichen Entwicklung.*

Zu **1**:

Die *Preisarbitrage* stellt für KIRZNER die *Hauptfunktion* des reinen Unternehmers dar: Durch Nutzung seiner unternehmerischen Findigkeit gelingt es diesem dabei, Preisdifferenzen, welche von anderen Marktteilnehmern zunächst nicht bemerkt worden sind, zu entdecken und mit Gewinn zu verwerten.[2]

„Die Entdeckung einer Gewinngelegenheit bedeutet, *etwas zu entdecken, was ohne Gegenleistung erhältlich ist.*"[3]

Der hierfür ablaufende Entdeckungsprozeß läßt sich im wesentlichen als eine nicht zielgerichtete Suche nach günstigen Gelegenheiten für derartige Gewinne beschreiben. In diesem Zusammenhang unterscheidet KIRZNER zwischen verschiedenen Formen unternehmerischen Handelns:

---

[1] Für die nachfolgenden Ausführungen vgl. KIRZNER, Wettbewerb (1978), S. 21-70 und KIRZNER, Process (1984), S. 52 f.

[2] Im wirtschaftlichen Alltag ist allerdings dieses Entdecken von Preisdifferenzen keineswegs immer so trivial, wie es sich auf den ersten Blick vielleicht ausnehmen mag. Beispielsweise bedarf es dazu auf einem Kapitalmarkt beachtlicher mathematischer Kenntnisse. Weiterführend zu dieser Thematik vgl. z.B. HERING, Arbitragefreiheit (1998), S. 173.

[3] KIRZNER, Wettbewerb (1978), S. 39.

- *Räumlich bedingte Arbitrage (arbitrage activity)*:

  Diese entsteht, wenn für das gleiche Gut zur gleichen Zeit auf getrennten Märkten verschiedene Preise vorhanden sind. Unter derartigen Voraussetzungen kauft der Unternehmer das Gut auf dem einen Regionalmarkt mit dem niedrigeren Marktpreis und verkauft es anschließend teurer auf einem anderen Markt.[1] Für eine solche räumlich bedingte Arbitrage ist es lediglich erforderlich, daß vor der Arbitragehandlung andere Marktteilnehmer nicht über die notwendigen Informationen zu den Preisdifferenzen verfügen. Durch die Arbitrageausübung selbst werden dann diese Wissensdefizite ebenso wie die Preisdifferenzen abgebaut.

- *Zeitlich bedingte Arbitrage*:

  Kennzeichnend für diese zweite Arbitrageform sind Preisunterschiede, die zwischen gleichen oder auch verschiedenen Märkten entlang der Zeitschiene in Erscheinung treten. Im Gegensatz zur räumlichen Arbitrage kann sie nur durchgeführt werden, wenn der Unternehmer bereit ist, die Unsicherheit der Kapitalbindung zu tragen, und gegebenenfalls zusätzlich auch innovative Tätigkeiten vollbringen kann.[2] Demgemäß kennt KIRZNER zwei Unterformen dieser zeitlichen Arbitrage:

  - *Spekulation (speculative activity)*:

    Bei dieser Arbitrageart handelt es sich um die Nutzung von Differenzen zwischen gegenwärtigen und zukünftigen Preisen. Ihrem Charakter nach stellen diese entscheidungsrelevanten Preisdifferenzen also Erwartungen unter Unsicherheit dar. Daher ist es erforderlich, daß der Unternehmer die bei einer spekulativen Handlung sich bildende Unsicherheit bezüglich des eingesetzten Kapitals übernimmt.

  - *Innovation (innovative activity)*:

    Diese entsteht beispielsweise durch Schaffung eines neuen Produktes, aber auch bei Verwendung einer neuen Produktionsmethode oder im Rahmen einer organisationalen Neuerung. Da der mögliche künftige Erfolg einer derartigen Tätigkeit am Markt grundsätzlich unsicher ist, muß der Unternehmer als

---

1 Selbstverständlich müssen die für die Arbitragehandlung zusätzlich anfallenden Kosten, etwa für den Transport oder die Lagerung des Gutes, in die Berechnung eines möglichen Arbitragegewinns ebenfalls einbezogen werden.

2 Dem Grundsatz nach stellt dies auch den Normalfall jeder unternehmerischen Investitionsentscheidung dar. Vgl. *HERING*, Investitionstheorie (2003), S. 258 ff.

Ergänzung zur innovativen Leistung auch hier die zugehörige Unsicherheit zusätzlich tragen.[1]

Zu **2**:

Der Preisarbitrage untergeordnet ist die *Funktion der Aufklärung der Marktteilnehmer*: Gerade im Rahmen der Arbitragetätigkeit des Unternehmers kommt es nach KIRZNER gewissermaßen als Nebeneffekt zu einer verbesserten Markttransparenz, indem mögliche Käufer und Verkäufer miteinander in Kontakt gebracht und dadurch deren Wissensdefizite abgebaut werden.

Zu **3**:

In gleichfalls unmittelbarem Zusammenhang mit dem Arbitragevorgang steht auch eine *marktgleichgewichtsfördernde Funktion* unternehmerischen Handelns: Für KIRZNER stellt der Unternehmer die entscheidende treibende Kraft im gesamten Marktprozeß dar, auf den sich prinzipiell alle Veränderungen der Marktgegebenheiten, wie etwa Gütermengen und -preise, zurückführen lassen. Konkret werden anfängliche Marktungleichgewichte, die sich beispielsweise auf unvollständige Information, Fehlentscheidungen sowie nicht erkannte Gelegenheiten zurückführen lassen, durch die Unternehmertätigkeit, also durch das ständige Entdecken und Ausnutzen von Arbitragegelegenheiten, kontinuierlich vermindert, so daß der Markt immer mehr in Richtung Gleichgewicht strebt.

Allerdings bildet das Marktgleichgewicht in diesem Konzept bekanntlich einen fiktiven Endzustand, nach dessen Eintreten jeder Marktprozeß sein Ende fände. Bei dann vollkommener Information und dem Wegfall von Preisdifferenzen gäbe es auch keine unternehmerische Tätigkeit mehr. In einer sich ständig ändernden Realität wird dieses Marktgleichgewicht daher nie erreicht. Vielmehr sind Konsumwünsche, Verfügbarkeit der Ressourcen und technisches Wissen einem ständigen Wandel ausgesetzt. Dadurch entstehen dauerhaft neue Ungleichgewichte und als Folge davon neue Arbitragemöglichkeiten.[2]

---

[1] Mit diesem Konzept der zeitlichen Preisarbitrage werden also die unternehmerischen Grundfunktionen Unsicherheitsübernahme und Durchsetzung von Innovationen gewissermaßen als Teilaspekte der Arbitragefunktion in das Gesamtmodell eingebaut.

[2] Vgl. KIRZNER, Entrepreneurial Discovery (1997), S. 72, zur grundsätzlichen Kritik an einer den Gleichgewichtszustand voraussetzenden Betriebswirtschaftslehre auch HERING, Unternehmensbewertung (1999), S. 99-103.

Zu **4**:

Die Einbeziehung innovativer Aspekte der Unternehmertätigkeit in die zeitlich bedingte Preisarbitrage führt schließlich dazu, daß KIRZNER als vierte Funktion unternehmerischen Handelns die *Förderung der wirtschaftlichen Entwicklung* benennt. Insbesondere durch das Erkennen und Ergreifen von Möglichkeiten, die bisher unbemerkt geblieben sind, also durch innovative Aktivitäten wie etwa die Erschließung neuer Märkte oder die Entdeckung neuer Ressourcen, schöpft der Unternehmer das Wohlstandspotential aus und sorgt für Wachstum.[1]

Nachfolgende *Abbildung 6* faßt in einer überblicksartigen Darstellung die verschiedenen unternehmerischen Funktionen im Konzept KIRZNERS zusammen, insbesondere werden auch ihre strukturelle Zusammensetzung und ihre gegenseitigen Beziehungen verdeutlicht:

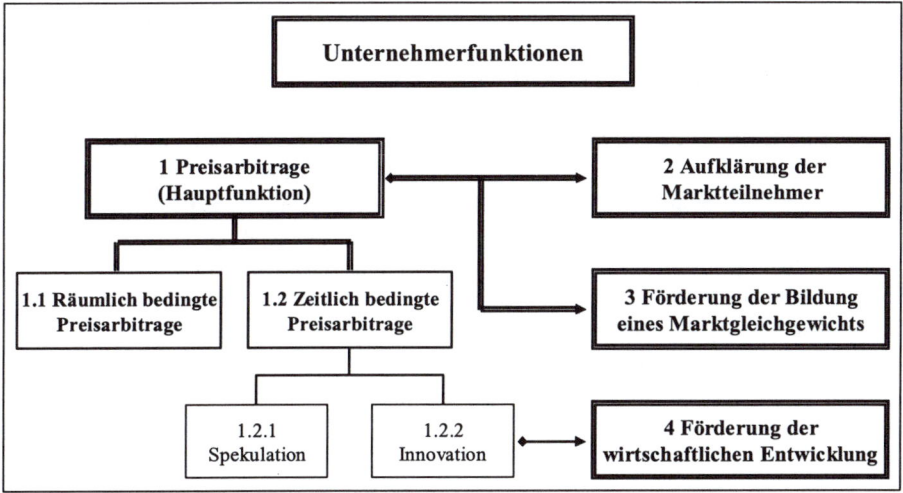

Abbildung 6: Die Unternehmerfunktionen KIRZNERS

---

[1] Vgl. *KIRZNER*, Unternehmer (1988), S. 133.

Insgesamt stellen der findige Unternehmer und seine Arbitragetätigkeit bei ISRAEL KIRZNER eine interessante Bereicherung der funktionalen Konzepte unternehmerischen Handelns aus dem Blickwinkel der NEOÖSTERREICHISCHEN SCHULE dar.[1]

Bemerkenswert ist in dieser Hinsicht vor allem die Integration der Innovationstätigkeit in das Unternehmermodell. KIRZNER erinnert dabei ausdrücklich an die inhaltliche Nähe seines Ansatzes zu SCHUMPETER. Die Gemeinsamkeit bezieht sich insbesondere auf die Tatsache, daß in beiden Konzepten der Unternehmer die entscheidende Rolle im gesamten ökonomischen Prozeß zugewiesen erhält. Des weiteren muß er im Rahmen seines spezifisch unternehmerischen Handelns selbst keine Faktorleistung für den Produktionsprozeß beisteuern. Dennoch lassen sich im unmittelbaren Vergleich zur unternehmerischen Funktion bei SCHUMPETER hauptsächlich zwei nicht uninteressante Unterschiede erkennen:[2]

- Während SCHUMPETER zum einen dem Unternehmer bekanntlich eine Rolle als gleichsam schöpferischer Zerstörer des Marktgleichgewichts zuschreibt, betont KIRZNER in seinem Modell dagegen hauptsächlich die Bedeutung des Unternehmers beim Abbau von Marktungleichgewichten, weist also dem Unternehmer eine eher gleichgewichtsbildende Funktion zu.[3]

- Zum anderen ist der Unternehmer bei KIRZNER lediglich findig in Hinblick auf bereits vorhandene (und bisher unausgenutzte) Arbitragegelegenheiten, insofern eher reaktiv in seiner Tätigkeit. Im Gegensatz dazu kann der SCHUMPETER-Unternehmer durchaus auch Ursprung eigener schöpferischer Ideen sein und die Gewinngelegenheiten dadurch sozusagen selbst erzeugen.[4] Mit anderen Worten: „Der KIRZNERsche Unternehmer ist somit ein lernender, während der SCHUMPETERsche ein innovativer Unternehmer ist!"[5]

---

[1] Für eine zusammenfassende Darstellung des Unternehmerkonzeptes KIRZNERS vgl. beispielsweise *RIPSAS*, Entrepreneurship (1997), S. 37-46, ebenso *WELZEL*, Unternehmer (1995), S. 134-146.

[2] Ausführlich zu dieser Thematik vgl. z.B. *BLASEIO*, Kognos-Prinzip (1986), S. 158-162.

[3] Vgl. *KIRZNER*, Unternehmer (1988), S. 134.

[4] Vgl. *KIRZNER*, Wettbewerb (1978), S. 58-64.

[5] *BLASEIO*, Kognos-Prinzip (1986), S. 159.

3.3.1.5 Der Unternehmer als Koordinator bei MARK CASSON

In seinem Werk „The Entrepreneur – An Economic Theory"[1] unterscheidet CASSON bezüglich seines Unternehmerbildes zunächst zwischen einer *funktionalen* und einer *indikativen* Analysemethode. Während ersterer Ansatz den Unternehmer von allen umweltbedingten, zufälligen und individuellen Umständen abstrahiert und mit Anspruch auf allgemeine Gültigkeit im Rahmen eines systematischen, ökonomischen Theoriegebäudes untersucht, berücksichtigt die indikative Vorgehensweise nach seiner Auffassung dagegen verschiedene real vorhandene Faktoren, beispielsweise persönlichkeitsbezogene und soziokulturelle Merkmale, welche die tatsächliche Unternehmertätigkeit beeinflussen und sie in Abhängigkeit von Raum und Zeit konkretisieren.[2]

(1) *Unternehmerfunktion*:

Für die weitere Darstellung seines Unternehmerbildes beschränkt sich CASSON dann zunächst auf ein funktionales Modell unternehmerischen Handelns. Hierbei sieht er den Unternehmer als

„someone who specializes in taking judgmental decisions about the coordination of scarce resources."[3]

Mit dieser Begriffsbestimmung rückt die *Koordinationsfunktion* der unternehmerischen Tätigkeit ganz klar in den Mittelpunkt seines Konzeptes. Dieses besitzt folgende Merkmale:

- Das *Treffen ökonomischer Entscheidungen* (judgmental decisions) ist das spezifische und konstitutive Element unternehmerischen Tuns und damit die zentrale Unternehmerfunktion. Damit wird der Unternehmer sozusagen zum zentralen Koordinationsträger im Konzept CASSONS.

---

[1] Vgl. hierzu und nachfolgend CASSON, Entrepreneur (1982), für eine einführende Beschreibung dieses Ansatzes auch RIPSAS, Entrepreneurship (1997), S. 16-25, ebenso WELZEL, Unternehmer (1995), 146-155.

[2] Diese von CASSON durchgeführte Trennung in funktionale und indikative Unternehmerforschung darf allerdings nicht mit der in diesem Text getroffenen Unterscheidung zwischen funktionaler und personaler Perspektive gleichgesetzt werden. Denn der indikative Ansatz beinhaltet einerseits zusätzlich auch nicht personenbezogene Einflußfaktoren, andererseits müssen psychologische und soziologische Unternehmermodelle nicht unbedingt in einem direkten Bezug zur konkret beobachtbaren Realität stehen.

[3] CASSON, Entrepreneur (1982), S. 23.

- Solche ökonomischen Entscheidungen beziehen sich dabei auf eine *Koordinationstätigkeit*, welche im volkswirtschaftlichen Sinn zu einer nutzenverbessernden Reallokation der knappen Ressourcen führt. Der unternehmerischen Koordinationsfunktion kommt also neben der einzelwirtschaftlichen stets auch eine gesamtwirtschaftliche Aufgabe zu.

- Unter inhaltlichen Gesichtspunkten lassen sich in diesem Zusammenhang nach CASSON innovative und arbitragierende Koordination unterscheiden:

  - *Innovative Koordination*:

    Ihr Kennzeichen ist eine Entscheidung des Unternehmers zur Allokation knapper Produktionsfaktoren, deren Ziel aus der marktbezogenen Durchsetzung technischer Neuerungen besteht.

  - *Arbitragierende Koordination*:

    Darunter versteht man eine Entscheidung des Unternehmers, welche zum Interessensausgleich zwischen verschiedenen Marktteilnehmern auf räumlich oder zeitlich getrennten Märkten führt.

  Während eine innovative Koordination folglich tendenziell zur Zerstörung von bestehenden Marktgleichgewichten führt, mindert die Arbitrage hingegen räumliche oder zeitliche Angebots- oder Nachfrageunterschiede und wirkt daher eher marktgleichgewichtsfördernd.[1]

- Als rationale Handlungsgrundlage für die Koordinationsaktivitäten dient das Streben des Unternehmers nach eigener Gewinnmaximierung.

- Der bestimmende Einflußfaktor im gesamten Prozeß der Entscheidungsfindung ist der jeweilige *subjektive Informationszustand* des Unternehmers. Diesbezüglich nimmt CASSON eine grundsätzliche Informationsasymmetrie zwischen den Wirtschaftssubjekten an. Nach seiner Auffassung geht der Unternehmer davon aus, einen qualitativen und quantitativen *Informationsvorsprung* gegenüber anderen Marktteilnehmern zu besitzen, indem er sowohl über eine bessere und einzigartige Information als auch über ein Mehr an Informationen verfügt.

---

[1] Bezüglich der innovativen Komponente unternehmerischen Handelns vgl. die Ausführungen zu SCHUMPETER in Kap. 3.3.1.3, bezüglich der arbitragierende Komponente zu KIRZNER in Kap. 3.3.1.4.

- Informationserwerb ist bei CASSON jedoch nicht umsonst, hierbei ergeben sich stets *Transaktionskosten*.[1] Das Erreichen eines subjektiv besseren Informationszustandes resultiert folglich zu nicht unerheblichen Teilen aus den individuell unterschiedlich vorhandenen Möglichkeiten des Unternehmers zur Informationsbeschaffung, etwa durch Kapitaleinsatz oder durch soziale Kontakte zu wichtigen Informationsträgern im Wirtschaftsleben.

- Dieser subjektiv empfundene Informationsvorteil veranlaßt den Unternehmer dann dazu, in das Marktgeschehen einzugreifen und ökonomische Ressourcen effizienter als die anderen Individuen zu koordinieren. Wegen des besonderen Charakters eines solchen Informationsvorsprungs, in der Regel handelt es sich um ein mehr privates und nicht verifizierbares Informationsgut, ist es für den Unternehmer betriebwirtschaftlich meist am sinnvollsten, diese Kenntnisse gleichsam intern zu verwerten. Beispielsweise kann er zu diesem Zweck Produktionsfaktoren erwerben und sie mit Hilfe seiner zusätzlichen Informationen gewinnträchtiger als vorher einsetzen, wobei er den hierdurch geschaffenen Zusatznutzen dann als Gewinn vereinnahmt.[2]

Zusammengefaßt handelt es sich bei dem funktionalen Unternehmerkonzept CASSONS um einen aus der mikroökonomischen Gleichgewichtstheorie stammenden Ansatz, welcher die neoklassische Modellwelt jedoch durch die Einbeziehung ungleich verteilter und unvollkommener Information sowie durch die Annahme von Transaktionskosten verläßt und der neoinstitutionalistischen Theorie zuzurechnen ist: Zum Beispiel bilden gerade das Fehlen von eigenem Kapital und das Problem der Kapitalbeschaffung in diesem Zusammenhang auch für CASSON nicht selten ein durchaus relevantes Hindernis für die unternehmerische Tätigkeit.[3]

(2) *Unternehmerperson*:

Ergänzend zu seinem funktionalen Konzept beschreibt CASSON auch spezifische Persönlichkeitseigenschaften, die sein Koordinator besitzen muß, um die Unternehmerfunktion angemessen umsetzen zu können.[4] Zu einer solchen Unternehmerpersönlichkeit gehören insbesondere:

---

[1] Zur Definition von Transaktionskosten vgl. die Darstellung in Kap. 4.3.2.2.

[2] Alternative Nutzungsmöglichkeiten unter Einbeziehung Dritter, etwa der Verkauf der Informationen am Markt, sind aufgrund der spezifischen Eigenschaften derartiger Informationsgüter schwierig umsetzbar.

[3] Vgl. dazu CASSON, Entrepreneurship (1993), S. 37 f.

[4] Vgl. hierzu und nachfolgend CASSON, Entrepreneur (1982), S. 29 f.

- Selbsterkenntnis.

- Vorstellungskraft.

- Voraussicht.

- Organisatorische Kompetenz.

- Kalkulationsvermögen.

- Delegations- und Kommunikationsfähigkeit.

Eine wichtige Folgerung derartiger persönlichkeitsbezogenen Anforderungen an die Unternehmerfigur ist allerdings die Annahme, daß nur eine beschränkte Zahl von Wirtschaftssubjekten nach CASSON überhaupt in der Lage ist, die von ihm beschriebene unternehmerische Aufgabe zu erfüllen.[1]

3.3.1.6 Konzepte zur Systematisierung unternehmerischer Grundfunktionen

3.3.1.6.1 Verdichtung als Gestaltungsprinzip

Wenn die vorausgegangenen Kapitel zunächst einmal gewisse Einzelaspekte der Unternehmertätigkeit, nämlich *Unsicherheit – Innovation – Arbitrage – Koordination*, in den Vordergrund der Betrachtung gerückt haben, gibt es in der betriebswirtschaftlichen Theorie des Unternehmers allerdings noch eine weitere Perspektive. Diese ist durch eine ganzheitliche Sichtweise gekennzeichnet, in der die verschiedenen dynamischen Grundelemente zu einem integrativen Gesamtkonzept unternehmerischen Handelns verbunden werden. Nachfolgend sollen mehrere derartige Systematisierungsansätze kurz vorgestellt werden.

nach Auffassung und theoretischer Perspektive des Autors kommt es in der Regel zu einer *Verdichtung,* so daß als Resultat dieses Prozesses dann weniger als oben genannte vier ökonomische Hauptaufgaben durch das entsprechende Modell als spezifische unternehmerische Tätigkeit hervorgehoben werden.

Im Ergebnis unterscheiden nicht wenige Systematisierungskonzepte, so etwa die nachstehend zu thematisierenden Ansätze SCHNEIDERS, RÖPKES und anderer Ökonomen lediglich zwischen drei Grundfunktionen unternehmerischen Handelns. Jedoch können, wie das gleichfalls noch zu beschreibende Beispiel GUTENBERGS zeigt, im Rahmen einer individuellen Schwerpunktsetzung durchaus nachvollziehbare Gründe dafür bestehen, daß lediglich eine einzige Grundfunktion im Mittelpunkt des entsprechenden Konzeptes zur Systematisierung der Unternehmerfunktionen steht.

3.3.1.6.2 Die Gliederung unternehmerischer Funktionen bei DIETER SCHNEIDER

In seinem Modell betont SCHNEIDER bewußt die einzelwirtschaftliche Funktion unternehmerischen Handelns. Demgemäß geht er von einer grundsätzlichen Aufteilung der ökonomischen Aufgabe des Unternehmers in folgende drei Hauptfunktionen aus:[1]

- Zeitweise *Übernahme der Einkommensunsicherheiten* anderer Menschen als Institutionen-begründende Funktion:

  Indem der Unternehmer Arbeitsverträge, Festbetragsvergütungen in Finanzierungsverträgen, aber auch Mietverträge zur Nutzung von Produktionsfaktoren abschließt, kommt es zur Bildung von Institutionen in Form von Unternehmen. Durch diese Handlungen vermindert er auf der einen Seite vorübergehend die Einkommensunsicherheiten anderer Wirtschaftssubjekte, also beispielsweise der Arbeitnehmer und der Kapitalgeber, auf der anderen Seite erhöht er dadurch gleichzeitig für sich selbst die Unsicherheit der wirtschaftlichen Zukunft.

- *Erzielen von Spekulations- bzw. Arbitragegewinnen* als Institutionen-erhaltende Funktion im Außenverhältnis des Unternehmens:

  In der Beziehung zu anderen Marktteilnehmern wie auch zu staatlichen Organisationen strebt der Unternehmer danach, Arbitragemöglichkeiten aufzufinden und auszunutzen. Hierbei gilt, daß jede Leistungserstellung mit dem Zweck des

---

[1] Für die folgenden Ausführungen vgl. *SCHNEIDER,* Neubegründung (1988), S. 36-40, ebenso *SCHNEIDER,* Geschichte (2001), S. 509-602.

Absatzes im Grunde als eine Arbitrage bzw. Spekulation über mehrere Produkti-
onsstufen angesehen werden muß.[1]

- *Koordination bis hin zur Durchsetzung von Änderungen in wirtschaftlicher Führerschaft* als Institutionen-erhaltende Funktion im Innenverhältnis:

  Allgemein besteht eine derartige Koordinationsaufgabe gegenüber dem gesamten
  Mitgliederkreis der Institution Unternehmung. Hierzu gehören Mitarbeiter
  genauso wie Geldgeber, also all jene Personen, die durch vertragliche Abstim-
  mung ihrer gegenseitigen Wirtschaftspläne vom Ergebnis des gemeinsamen Handelns abhängige Einkommen beziehen. Nach SCHNEIDER beinhaltet diese Unternehmerfunktion allerdings auch als wesentliche Komponente das Erkennen und
  Durchsetzen von neuen Möglichkeiten und umfaßt damit auch den dynamischen
  Unternehmer im Sinne SCHUMPETERS.

Insgesamt weist also der von SCHNEIDER gewählte Ansatz die Besonderheit auf, daß
die unternehmerische Innovationsaufgabe hier nicht mehr explizit als eigenständige
Funktion in Erscheinung tritt. Im Rahmen seiner *betriebswirtschaftlich geprägten
Analyse* integriert der Autor sie vielmehr in die nach innen gerichtete institutionen-
erhaltende Aufgabe. Da eine derartige Unternehmeraufgabe sich dann berechtigterweise als typische unternehmerische Organisations- bzw. Führungstätigkeit interpretieren läßt, kann die Innovationsfunktion aus diesem Blickwinkel heraus demzufolge
durchaus als Teilaspekt der allgemeinen unternehmerischen Koordinationsfunktion
gesehen und dieser zugeordnet werden. Nachfolgende *Abbildung 7* bietet in diesem
Sinn einen zusammenfassenden Überblick zur Systematisierung der Unternehmerfunktionen in diesem Modell:

---

[1] Im Konzept SCHNEIDERS besitzen die Begriffe Arbitrage und Spekulation weitgehend die gleiche
Bedeutung. Diese Aussage wird aus der in der realen Welt unvermeidlichen Rest-Unsicherheit
wirtschaftlichen Handelns abgeleitet.

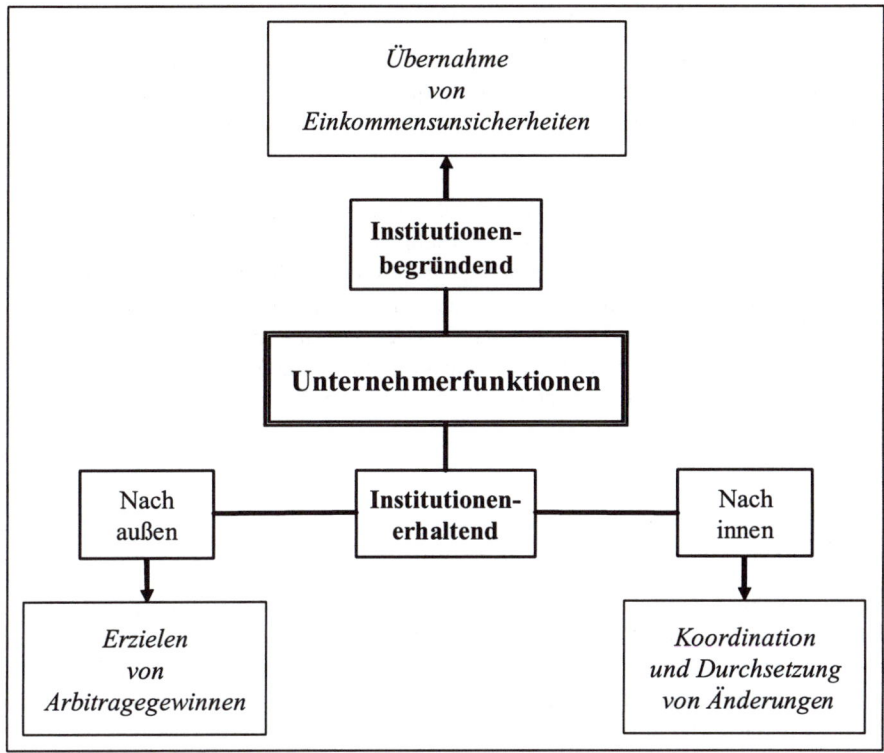

Abbildung 7: Die Unternehmerfunktionen im Konzept DIETER SCHNEIDERS

Diese bewußte Relativierung des innovatorischen Aspektes unternehmerischen Handelns spiegelt sich zudem in der Rangordnung der Unternehmerfunktionen bei DIETER SCHNEIDER wider, in der eindeutig die Unsicherheitsübernahme im Vordergrund steht:[1]

> „Grundlegend ist die Unternehmerfunktion einer Verringerung von Einkommensunsicherheiten. Die Unternehmerfunktion des Erzielens von Arbitragegewinnen bildet eine nachgeordnete Unternehmerfunktion, denn sie setzt die Existenz verschiedener Märkte und damit eine erste Institutionenbildung mittels der Unternehmerfunktion einer Verringerung von Einkommensunsicherheiten voraus. Erst wenn Märkte und ein allgemeines Tauschmittel „Geld" bestehen, das zugleich als Recheneinheit für Arbitragegewinne und -verluste dient, wird Planung über Kombinationen artverschiedener Produktionsfaktoren zu Produkten möglich. Die Unternehmerfunktion des Durchsetzens von Änderungen setzt ihrerseits Planung voraus und kann deshalb der Unternehmerfunktion des Erzielens von Arbitragegewinnen nachgeordnet

---

[1] Vgl. in diesem Sinne *SCHNEIDER*, „Markt oder Unternehmung"-Diskussion (1985), S. 1246.

betrachtet werden. Aus dieser Analyse über die Rangordnung der drei Unternehmerfunktionen folgt, daß die Unternehmerfunktion des Suchens nach Arbitragegewinnen, also das viel geschmähte Profitstreben, Voraussetzung für den dynamischen Aspekt von Hierarchie ist: Das Durchsetzen von Änderungen in einer Organisation durch wirtschaftliche Führerschaft, also jene Eigenschaft, die nach Schumpeter hauptsächlich einen dynamischen Unternehmer auszeichnet.“[1]

Wichtig für den Ansatz SCHNEIDERS ist außerdem seine ausdrückliche Ablehnung der *Planung* als eigenständiger Funktion unternehmerischen Handelns. Dies leitet er zum einen aus der Tatsache ab, daß Planung grundsätzlich für die Durchführung jeder Aufgabe erforderlich ist und daher nichts Unternehmerspezifisches darstellt. Zum anderen weist er auf den Zusammenhang zwischen Planung und dem Bestehen von Institutionen hin, welche erst eine gewisse Vorhersehbarkeit menschlichen Handelns ermöglichen und damit als notwendige Voraussetzung für jede Planungsaktivität dienen.

3.3.1.6.3 Das Unternehmerbild WILHELM RÖPKES

Für WILHELM RÖPKE (1899-1966) ist der Unternehmer eigentlicher Träger des marktwirtschaftlichen Wirtschaftssystems, er stellt gewissermaßen dessen Knotenpunkt und zentrale Schaltstation dar.[2] In diesem Zusammenhang unterscheidet er zwischen drei unternehmerischen Funktionen, die mit einer Ausübung der unternehmerischen Tätigkeit verbunden sind:

- *Abstimmung-* oder *Navigationsfunktion*:

  Diese sieht RÖPKE als eigentlichen Kern unternehmerischen Handelns. Demgemäß vergleicht er den Unternehmer metaphorisch mit einem Kapitän:

  „Das wesentliche, was hier zu sagen ist, können wir auf den Satz bringen, daß der Unternehmer einem Kapitän vergleichbar ist, dessen Hauptaufgabe die ständige Navigation auf dem Meere des Marktes ... ist.“[3]

  In dieser Navigationsfunktion ist einerseits sowohl das Konzept KNIGHTS enthalten, welches die Übernahme der Ungewißheit als kennzeichnendes Merkmal des Unternehmers betont:

  „Eine solche Tätigkeit muß sich ja dauernd in der Sphäre des Ungewissen und Nichtberechenbaren bewegen ... .“[1]

---

[1] *SCHNEIDER,* Neubegründung (1988), S. 40.

[2] Vgl. hierzu und nachfolgend *HOCH,* Röpke – Wort (1964), S. 222-227 sowie *RÖPKE,* Jenseits (1979), S. 377-381.

[3] *RÖPKE,* Jenseits (1979), S. 377 f.

Andererseits umfaßt sie aber auch die unternehmerische Entscheidungsaufgabe, die ja besonders von CASSON in den Vordergrund gestellt wird:

„Unternehmer sein heißt eigentlich fortgesetztes Entscheiden und Handeln nach abgewogenen Wahrscheinlichkeiten, mit der Aussicht, für die richtige Entscheidung unmittelbar belohnt und für die unrichtige unmittelbar bestraft zu werden."[2]

- *Pionier-* oder *Initiativfunktion*:

  Darunter versteht RÖPKE die unternehmerische Eigenschaft, anders als die Menschen im allgemeinen zu handeln, sozusagen „aus dem großen Gleis herauszutreten" und neue Wege zu suchen. Der Unternehmer wird dadurch zum Pionier, Erfinder und Produktionsorganisator, aber auch zum Wirtschaftspropagandisten, der neue Absatzmärkte erschließt. Ein Vergleich dieser Rollen mit den verschiedenen von SCHUMPETER thematisierten Innovationsformen zeigt deutliche Parallelen auf, so daß diese zweite Unternehmerfunktion in etwa dessen Innovationskonzept zurechenbar ist.

- *Führungsfunktion*:

  Mit diesem Begriff wird die Stellung des Unternehmers im Innenverhältnis seines Unternehmens beschrieben, also die innerbetriebliche Koordinations- bzw. Organisationstätigkeit als unternehmerische Aufgabe hervorgehoben.

Von den vier zu Anfang dieses Kapitels ermittelten dynamischen Grundfunktionen des Unternehmers finden sich damit drei im funktionalen Unternehmerbild RÖPKES wieder, nämlich *Koordination*, *Innovation* und *Übernahme von Unsicherheit*, während die unternehmerische *Arbitragefunktion* in diesem Konzept keine Bedeutung erlangt.

Dieses zunächst rein funktionale Unternehmerbild ergänzt WILHELM RÖPKE dann noch durch ein personenbezogenes Verständnis unternehmerischen Handelns. Entscheidendes Kennzeichen in diesem Zusammenhang ist seine Auffassung, daß ohne den Besitz gewisser individueller Eigenschaften eine erfolgreiche Unternehmertätigkeit nicht möglich ist. Da es sich hierbei vor allem um spezifische unternehmerische Persönlichkeitseigenschaften handelt, können diese folglich auch nicht einfach im Rahmen einer „Unternehmerausbildung" erworben werden:

„Da diese spezifische Unternehmertätigkeit nicht nur eine Aufgabe von unermeßlicher Bedeutung, sondern zugleich eine solche von äußerster Schwierigkeit zu lösen sucht, ... bleibt sie eine Navigation, welche die Erfahrung, den Charakter und den sicheren Instinkt des

---

[1] *HOCH,* Röpke – Wort (1964), S. 223.

[2] *HOCH,* Röpke – Wort (1964), S. 223 f.

geschulten Kapitäns voraussetzt. Weder Handbücher noch Schulungskurse noch Statistiker noch elektronische Rechenmaschinen können diese Eigenschaften ersetzen."[1]

3.3.1.6.4 Die betriebswirtschaftliche Unternehmerfunktion bei ERICH GUTENBERG

Eine zu SCHNEIDER eher gegensätzliche Auffassung bezüglich der Unternehmerfunktionen vertritt hingegen GUTENBERG.[2] Dieser Sachverhalt erklärt sich vor allem aus seinem abweichenden betriebswirtschaftlichen Blickfeld heraus. Während SCHNEIDER institutionelle Aspekte der unternehmerischen Tätigkeit in den Vordergrund stellt, verwendet GUTENBERG im wesentlichen eine produktionstheoretisch geprägte Perspektive. Aufgrund eines solchen Ansatzes besteht der eindeutige Mittelpunkt unternehmerischen Handelns für ihn gerade aus der *dispositiven*, gewissermaßen *planerischen Tätigkeit*, die für die Kombination bzw. Koordination der Produktionsfaktoren notwendig ist:

> „Die Person oder Personengruppe, die die Vereinigung der Elementarfaktoren zu einer produktiven Kombination vollzieht, stellt einen vierten produktiven Faktor dar. ... Dieser vierte zusätzliche Faktor sei als Geschäfts- und Betriebsleitung bezeichnet. ... In marktwirtschaftlichen Systemen ist diese kombinative Funktion den „Unternehmern" übertragen. Hält man sich diese Tatsache vor Augen, dann bedeutet es offenbar eine gewisse Verkennung der Unternehmerfunktion im marktwirtschaftlichen System, wenn die Auffassung vertreten wird, die volkswirtschaftliche Aufgabe der Unternehmer bestehe in der Überlassung von Kapital an die einzelnen Unternehmen oder in der Übernahme des allgemeinen Unternehmungsrisikos oder in der Geschäftsführung der Unternehmen. Nicht diese Aufgaben als solche, so wichtig und bedeutsam sie im einzelnen unter betriebs- und volkswirtschaftlichen Gesichtspunkten sein mögen, stellen die besondere Aufgabe der Unternehmer dar, auch nicht die „Durchsetzung neuartiger Kombinationen", wie SCHUMPETER sagt. Die Kombination der elementaren Faktoren ist die betriebswirtschaftliche und volkswirtschaftliche Aufgabe der Unternehmer in marktwirtschaftlichen Systemen."[3]

Mit einer derartigen expliziten Ablehnung sowohl der Unsicherheitsübernahme als auch der Innovationsfunktion als jeweils eigenständiger Komponenten unternehmerischen Handelns im Rahmen einer betriebswirtschaftlichen Betrachtung entwickelt GUTENBERG also ein *eindimensionales Modell zur betriebswirtschaftlichen Unternehmerfunktion*. In diesem wird der Unternehmer mit dem Geschäfts- und Betriebsleiter, wenn dieser zugleich Eigentümer ist, gleichgesetzt. Dies bedeutet: Abgesehen von der rechtlichen eigentumsbezogenen Dimension reduziert sich die spezifische

---

[1] *RÖPKE*, Jenseits (1979), S. 380.

[2] Für die nachfolgende Darstellung vgl. *GUTENBERG*, Betriebswirtschaftslehre (1983), S. 5-8.

[3] *GUTENBERG*, Betriebswirtschaftslehre (1983), S. 5.

(betriebswirtschaftliche) Unternehmeraufgabe damit weitgehend auf eine Planungstätigkeit im Sinne einer *Koordinations*- bzw. *Leitungsfunktion.*

> „[Es muß] genügen, den unternehmerischen Gesamttatbestand, also sowohl die großen Exponenten des Systems, als auch seine mehr im Schatten bleibenden Repräsentanten, begrifflich in die beiden Koordinaten Eigentum und Leitung einzufangen. Diese beiden Koordinaten bilden die betriebswirtschaftlichen Daten jener Klasse, die das kapitalistische System hervorgebracht hat."[1]

Zwar gesteht er dem Unternehmer als „Träger nicht quantifizierbarer, individueller Eigenschaften" einen „rational nicht weiter auflösbaren Rest" zu, dennoch betont er eindeutig die Planungsaufgabe als das entscheidende rationale, betriebswirtschaftliche Element einer unternehmerischen Tätigkeit:

> „Ohne planendes Vorbedenken bleiben alle noch so starken persönlichen Antriebe und alle noch so großen betriebspolitischen Zielsetzungen ohne Wirkung. „Planung" im weiteren Sinne bedeutet, den Betriebs- und Vertriebsprozeß, auch den finanziellen Bereich von den Zufälligkeiten frei zu machen, denen die Entwicklung der wirtschaftlichen und technischen Daten in den innerbetrieblichen und außerbetrieblichen Bereichen ausgesetzt ist. Die moderne betriebswissenschaftliche, betriebswirtschaftliche und absatzwirtschaftliche Forschung hat zur Entwicklung von Methoden geführt, die das bis dahin Unberechenbare weitgehend berechenbar gemacht haben."[2]

Wichtige Konsequenz dieses Konzeptes GUTENBERGS stellt die Auffassung zum Unternehmergewinn dar, der als Vergütung allein für die erfolgreiche Durchführung produktiver Kombinationen akzeptiert wird. Eine Entgeltfunktion für die Übernahme von Risiken, für die Kapitalhergabe oder für außergewöhnliche Leistungen besitzt dieser Unternehmergewinn indes nicht.

Um Mißverständnisse im Unternehmerbild zu vermeiden, ist in diesem Zusammenhang ergänzend noch darauf hinzuweisen, daß GUTENBERG explizit zwischen zwei verschiedenen Unternehmerbegriffen unterscheidet:

- In seiner *betriebswirtschaftlichen Unternehmerdefinition* anhand der Vereinigung von Geschäftsführungsfunktion mit Eigentumsrechten verzichtet er bewußt auf eine personale Komponente. Demgemäß erfordert dieser erste *funktionale Unternehmerbegriff* nach seiner Auffassung auch kein besonderes Maß an Individualität und Persönlichkeit. Vielmehr steht er sowohl dem Außergewöhnlichen als auch dem Durchschnittlichen indifferent gegenüber.

Daher ist für ein solches Verständnis unternehmerischer Tätigkeit, etwa im Gegensatz zu SCHUMPETER, auch nicht die Durchsetzung neuer Kombinationen, sondern allein die Kombination der Produktivfaktoren kennzeichnend. Dieser

---

[1] GUTENBERG, Betriebswirtschaftslehre (1983), S. 499.

[2] GUTENBERG, Betriebswirtschaftslehre (1983), S. 7.

erste Unternehmerbegriff eignet sich deshalb nach GUTENBERG grundsätzlich nicht für die Erklärung konjunktureller Vorgänge; des weiteren ist er gewissermaßen konstitutiv an ein bestimmtes, das kapitalistische Wirtschaftssystem gebunden.

- Im Gegensatz dazu bezieht sich der zweite Unternehmerbegriff bei GUTENBERG auf die *unternehmerische Persönlichkeit*. Die unternehmerische Qualifikation in diesem Sinne ist hierbei vom technischen, kommerziellen oder organisatorischen Niveau der jeweiligen Unternehmerperson abhängig. Entsprechend einer derartigen Auffassung eignet sich gerade dieser zweite *personale Unternehmerbegriff* dann auch besonders für wirtschaftspolitische Zwecke, „wenn er als causa movens (oder als deus ex machina?) aus der Depression in den Aufschwung führen oder das konjunkturelle Tempo beschleunigen soll."[1]

Ein weiterer Unterschied zur betriebswirtschaftlichen Unternehmerdefinition ergibt sich zudem aus der Tatsache, daß für die unternehmerische Persönlichkeit keine feste Beziehung zu einer bestimmten Wirtschaftsordnung vorliegt. Vielmehr gibt es nach GUTENBERG „kein System, das auf entschlossene, weitsehende und intelligente Persönlichkeiten verzichten könne."[2]

Die vor allem in Großbetrieben häufig anzutreffende Gegebenheit, daß die unternehmerische Leitungsfunktion von einer eigenständigen Gruppe damit betrauter Personen, mit anderen Worten den „Managern", ausgeübt wird, während die Eigentümer fast nur noch Kapitalgeber sind, läßt sich durch obiges Konzept einer doppelten Unternehmerdefinition nicht nur angemessen berücksichtigen, sondern bildet darüber hinaus geradezu auch eine Rechtfertigung für eine derartige Trennung in zwei unterschiedliche Unternehmerbegriffe. Hierbei wird dieser Personenkreis der angestellten Führungskräfte als gleichsam unternehmerischer Typ gesehen und allein dem zweiten, durch die persönliche Qualifikation geprägten Unternehmerbegriff zugeordnet.

3.3.1.6.5 Weitere Ansätze zur Systematisierung der Unternehmerfunktionen

Vergleichbar den Modellen SCHNEIDERS und RÖPKES berücksichtigen auch Systematisierungskonzepte diverser anderer Autoren zur Unternehmeraufgabe häufig zumeist drei Grundfunktionen. Ohne Anspruch auf Vollständigkeit und ohne im einzelnen allzu ausführlich Bezug auf die jeweiligen Ansätze zu nehmen, sollen beispielhaft noch zwei derartige Konzepte nachfolgend in Kurzform vorgestellt werden.

---

[1] GUTENBERG, Betriebswirtschaftslehre (1983), S. 498.

[2] GUTENBERG, Betriebswirtschaftslehre (1983), S. 498.

- Unternehmerische Grundfunktionen bei SCHOPPE ET AL.:

  - *Arbitrage.*

  - *Innovation.*

  - *Koordination.*

  Es fehlt also hier die Unsicherheitsübernahme als eigenständige Komponente der Unternehmertätigkeit. Diese wird vielmehr im Sinne einer Risikobewältigungs- aufgabe durch Minimierung der Transaktionskosten aufgefaßt und daher der Koordinationsfunktion unternehmerischen Handelns zugeteilt.[1]

- Dimensionen des Unternehmertums bei STOREY und SYKES:

  - *Unsicherheit.*

  - *Innovation.*

  - *Koordination.*

  In diesem zweiten Ansatz, welcher hauptsächlich in Hinblick auf kleine und mitt- lere Unternehmen ausgerichtet ist, verzichtet man hingegen auf die Arbitrage- funktion des Unternehmers.[2]

Insgesamt macht diese Auflistung weiterer inhaltlich sich unterscheidender Modelle zu den Unternehmerfunktionen deutlich, daß zwar in der Summe zahlreiche durchaus interessante Untersuchungen zu verschiedenen Teilaspekten der ökonomischen Unternehmertheorie vorliegen. Allerdings wird ergänzend auch ersichtlich, daß es bisher kaum gelungen ist, ein sowohl geschlossenes als auch umfassendes funktiona- les Gesamtkonzept unternehmerischen Handelns zu entwickeln, welches sich als geeigneter Struktur- und Ordnungsrahmen für eine Darstellung dieser Thematik anbietet.

Dennoch erscheint die Analyse unternehmerischen Handelns, trotz aller nach wie vor bestehender Forschungsdefizite, mittels der dynamischen Unternehmerfunktionen wohl am besten geeignet, das Abseits des Unternehmers in Teilen einer vor allem neoklassisch geprägten (nicht nur ökonomischen, sondern auch betriebswirtschaftli- chen) Theorie aufzuheben und ihn angemessen in die Wirtschaftswissenschaften zu integrieren.

---

[1] Vgl. *SCHOPPE ET AL.,* Theorie der Unternehmung (1995), S. 285.

[2] Vgl. *STOREY/SYKES,* Uncertainty, Innovation, Management (1996), S. 75-90.

3.3.2 Personale Analyse des Unternehmers

3.3.2.1 Unternehmertum und kapitalistischer Geist bei WERNER SOMBART

3.3.2.1.1 Wertewandel im modernen Kapitalismus

Wie bereits im Kapitel 3.2.3.3 dargestellt, wird der Forschungsansatz der DEUTSCHEN HISTORISCHEN SCHULE auch von WERNER SOMBART (1863-1941) vertreten.[1] Dementsprechend liegt ein Kernpunkt seines wirtschaftswissenschaftlichen Verständnisses in der Verknüpfung von Ökonomie mit zusätzlichen sittlich normativen Aspekten. Eine derartige Wirtschaftsethik bezeichnet SOMBART als Wirtschaftsgesinnung. Sie umfaßt alle Wertvorstellungen, Zwecksetzungen und Maximen der das ökonomische Leben gestaltenden Personen und objektiviert sich in verschiedenen Wirtschaftsprinzipien.[2] Im Verlauf der historischen Entwicklung kommt es dann in Einklang mit dem allgemeinen Wandel der gesellschaftlichen und kulturellen Rahmenbedingungen gleichzeitig auch zu einer Änderung dieser in den wirtschaftenden Menschen herrschenden Gesinnung, welche von SOMBART auch als *Geist* bezeichnet wird.[3]

Hierbei trennt SOMBART in einer historisch strukturierten Betrachtung, die durch eine Bezugnahme auf KARL MARX charakterisiert ist, hauptsächlich zwischen vorkapitalistischer und kapitalistischer Wirtschaft. Beide Wirtschaftssysteme unterscheiden sich nicht nur hinsichtlich ihrer sachlichen Produktionsbedingungen sondern auch hinsichtlich ihrer Wirtschaftsgesinnung. Überhaupt gilt ein allgemeiner gesellschaftlicher Gesinnungswandel bei SOMBART als die treibende Kraft für diesen Übergang vom Vorkapitalismus zum Hochkapitalismus als dem neuen und modernen ökonomischen Grundkonzept in den industrialisierten Staaten:

> „Ich meine die Tatsache, daß der lebendige Mensch mit seinem Wohl und Wehe, mit seinen Bedürfnissen und Anforderungen aus dem Mittelpunkte des Interessenkreises herausgedrängt worden ist, und daß seine Stelle ein paar Abstrakta eingenommen haben: der Erwerb und das Geschäft. Der Mensch hat also, was er bis zum Schlusse der frühkapitalistischen Epoche geblieben war, aufgehört, das Maß aller Dinge zu sein."[4]

---

[1]   Vgl. für eine Kurzeinführung in die Ideenwelt SOMBARTS, dem „enfant terrible" der deutschen Nationalökonomie, etwa *WOLL,* Menschenbilder (1994), S. 80-94, bezüglich einer allgemeinen Auseinandersetzung mit der Unternehmertheorie SOMBARTS etwa *SCHEFOLD,* Max Weber (1992), S. 24-26, betont kritisch-distanziert dazu vor allem *SCHNEIDER,* Geschichte (2001), S. 527-536.

[2]   Vgl. *SOMBART,* Kapitalismus I/1 (1987), S. 13 f.

[3]   Vgl. *SOMBART,* Bourgeois (1913), S. 1-3.

[4]   *SOMBART,* Bourgeois (1913), S. 217.

- Entstehung des *Unternehmergeistes*:

Einerseits zeigt sich dieser Einstellungswandel durch das Auftreten eines Unternehmer- bzw. Unternehmungsgeistes.[1] Dieser gilt gleichsam als Inbegriff aller Persönlichkeitseigenschaften, die zur erfolgreichen Durchführung einer Unternehmung notwendig sind, und läßt sich hauptsächlich als Unendlichkeitsstreben, Machtstreben und Unternehmungsdrang des Menschen deuten:

„Es ist Faustens Geist: der Geist der Unruhe, der Unrast, der nun die Menschen beseelt. ... Dann aber dringt dieser Geist der Eroberung auch in das Wirtschaftsleben ein, und damit tritt der Kapitalismus in die Erscheinung: jenes Wirtschaftssystem, das in wunderbar kunstvoller Weise dem Unendlichkeitsstreben, dem Willen zur Macht, dem Unternehmungsgeiste auch und gerade im Gebiete der Alltagssorge für den Unterhalt ein besonders fruchtbares Feld der Betätigung eröffnet. ... Machtstreben und Erwerbsstreben gehen nun ineinander über: der kapitalistische Unternehmer, denn so nennen wir die neuen Wirtschaftssubjekte, erstrebt die Macht, um zu erwerben, und will erwerben um der Macht willen."[2]

Bei SOMBART werden also das „Streben in die Unendlichkeit" und das Fehlen „natürlicher Begrenzung" gewissermaßen zum charakteristischen Kennzeichen des Unternehmergeistes und damit zum Teil des ethischen Wertesystems im modernen Wirtschaftsmenschen. Geeignete Möglichkeiten zur Verwirklichung dieses Drangs sieht er dabei zum einen in der Expansion eines bereits bestehenden Geschäftes, zum anderen aber auch in der Neubegründung eines Unternehmens.

- Bildung des *Bürgergeistes*:

Andererseits benötigt der Kapitalismus für seine Existenz neben dem Unternehmergeist noch einen weiteren Gesinnungswandel, der sich auf den Bürgergeist bezieht:

„Mit diesem [Unternehmungsgeiste] hat sich ein anderer Geist gepaart, der dem Wirtschaftsleben der neuen Zeit die sichere Ordnung, die rechnerische Exaktheit, die kalte Zweckbestimmtheit gebracht hat ... . Will der Unternehmergeist erobern, erwerben, so will der Bürgergeist ordnen, erhalten. Er drückt sich in einer Reihe von Tugenden aus, ... vornehmlich: Fleiß, Mäßigkeit, Sparsamkeit, Wirtschaftlichkeit, Vertragstreue."[3]

Dieser Wandel bezüglich der bürgerlichen Tugenden bezieht sich nun nicht darauf, daß solche Werte wie „Fleiß, Sparsamkeit, Ehrbarkeit" bzw. „industry, frugality, honesty" nun etwa erstmals für den modernen kapitalistischen Unternehmer als persönliche Tugend relevant werden. Im Gegenteil: In SOMBARTS Verständnis verlieren gerade derartige Wertvorstellungen im hochkapitalistischen

---

1 Beide Begriffe werden von SOMBART im wesentlichen synonym gebraucht.

2 SOMBART, Kapitalismus I/1 (1987), S. 327-329. Vgl. ausführlich zum Unternehmergeist SOMBART, Bourgeois (1913), S. 29-134.

3 SOMBART, Kapitalismus I/1 (1987), S. 329. Vgl. umfassend zum Bürgergeist SOMBART, Bourgeois (1913), S. 135-169.

Wirtschaftsleben ihren Personenbezug. Sie treten gleichsam aus der Sphäre individueller Willensbetätigung heraus und werden zu Sachbestandteilen des Geschäftsmechanismus. *Fleiß, Sparsamkeit, Ehrbarkeit,* die beim vorkapitalistischen Unternehmer noch als Persönlichkeitseigenschaften wirken, wandeln sich in der Moderne zu sozusagen objektiven Prinzipien der Unternehmensführung.[1]

In der Symbiose von Unternehmergeist und Bürgergeist liegt dann nach SOMBART das Wesen der kapitalistischen Wirtschaftsgesinnung:

> „Die aus Unternehmungsgeist und Bürgergeist zu einem einheitlichen Ganzen verwobene Seelenstimmung nennen wir dann den kapitalistischen Geist. Er hat den Kapitalismus geschaffen."[2]

3.3.2.1.2 Unternehmerfunktionen

Sichtbarer Ausdruck und gewissermaßen Personifizierung des kapitalistischen Wirtschaftssystems ist in diesem idealtypischen Konzept der *Unternehmer*. Hierbei definiert SOMBART ihn aus einer eher betriebswirtschaftlich funktionalen Perspektive heraus und unterscheidet zunächst zwischen den folgenden drei Unternehmerfunktionen:

- „organisatorische[:] Da das Werk, das der Unternehmer vollbringt, stets ein Werk ist, bei dem andere Menschen mithelfen, ... so muß der Unternehmer vor allem ein Organisator sein. ...

- händlerische[:] Die Beziehungen, die der Unternehmer mit Menschen eingeht, sind noch anderer Art, als sie mit dem Worte „organisieren" bezeichnet werden. Er hat seine Leute selbst erst anzuwerben; er hat dann unausgesetzt fremde Menschen seinen Zwecken dienstbar zu machen ... : Zu diesem Behufe muß er „verhandeln" ... . Verhandeln heißt ein Ringkampf mit geistigen Waffen. Der Unternehmer muß also auch ein guter Verhandler, Unterhändler, Händler sein ... .

- rechnerisch-haushälterische[:] Sind die vorbenannten Funktionen allem Unternehmertum eigen, so hat der kapitalistische Unternehmer die spezifische Funktion, das Rechnen (Kalkulieren), auszuüben. ... Er muß aber ebenso ein guter Haushalter sein, da nur durch

---

1 Vgl. zum modernen Wesen des Unternehmers SOMBART, Bourgeois (1913), S. 212-240. Erläuternd ist an dieser Stelle noch anzumerken: Das im Rahmen einer solchen Objektivierungshypothese entpersonalisierte Sparsamkeitsprinzip SOMBARTS entspricht im wesentlichen dem ökonomischen Prinzip. In der heutigen betriebswirtschaftlichen Terminologie kann es folglich in etwa mit dem Grundsatz einer rationalen und kostenbewußten Unternehmungsführung, welche unnütze Ressourcenverschwendung zur wirtschaftlichen Zielerreichung vermeidet, gleichgesetzt werden.

2 *SOMBART,* Kapitalismus I/1 (1987), S. 329.

bedachte Sparsamkeit das oberste Ziel der kapitalistischen Unternehmung erreicht wird."[1]

Das Zusammenwirken von Unternehmer- und Bürgergeist im eigentlichen kapitalistischen Geist spiegelt sich im übrigen dann auch in obigen drei Unternehmerfunktionen wider. Während *Organisations-* und *Verhandlungsfunktion* sozusagen als typische Tätigkeiten der Unternehmerseele gelten, wird die *Funktion kaufmännischen Rechnens* von SOMBART hingegen gewissermaßen als Beitrag der Bürgerseele für das unternehmerische Aufgabenspektrum eingestuft.[2]

Man darf jedoch angesichts einer solchen Schwerpunktsetzung in der funktionalen Unternehmeranalyse, in der sicherlich vor allem die Leitungsaspekte unternehmerischen Handelns betont werden, nicht voreilig von einem Unternehmerbild SOMBARTS ausgehen, welches die unternehmerische Tätigkeit, etwa vergleichbar bei SAY, hauptsächlich mit einer Geschäftsführungsaufgabe gleichsetzt. Damit wird man dem Unternehmerverständnis SOMBARTS nicht gerecht. Denn in anderen Passagen seines umfangreichen wissenschaftlichen Werkes[3] erweitert er obigen Unternehmerbegriff dahingehend, daß er zunächst die Bedeutung individueller personenabhängiger Taten für den Entstehungsprozeß des kapitalistischen Wirtschaftssystems herausstellt, wodurch dieses sich von vorkapitalistischen Strukturen, beispielsweise den Zünften, unterscheidet:

> „Anders der Kapitalismus, der in Gestalt von „Unternehmungen" zur Welt gekommen ist: in Gestalt also rationaler, überlegter, weitausschauender Bildungen des menschlichen Geistes. Im Anfang war die ‚schöpferische Tat' des einzelnen; eines ‚wagenden', ‚unternehmenden' Mannes, der beherzt den Entschluß faßt, aus den Gleisen der herkömmlichen Wirtschaftsführung herauszutreten und neue Wege einzuschlagen. ... Die Entstehungsgeschichte des Kapitalismus ist eine Geschichte von Persönlichkeiten."[4]

---

[1] *SOMBART*, Kapitalismus I/1 (1987), S. 322-324. In Hinblick auf die unternehmerische Händlerfunktion des Unternehmers ist zu ergänzen, daß diese von SOMBART als händlerische Tätigkeit bezeichnete Aufgabe durchaus inhaltlich der heutigen Arbitragefunktion unternehmerischen Handelns gleichgesetzt werden kann. Vgl. *SOMBART*, Unternehmer (1909), S. 734-739.

[2] Manche der von SOMBART als bürgerliche Tugenden eingestuften und demzufolge der rechnerisch-haushälterischen Unternehmerfunktion zugeordneten Eigenschaften – insbesondere gilt dies für Fleiß und Vertragstreue – lassen sich mit der gleichen Berechtigung jedoch auch als notwendige Voraussetzungen für eine erfolgreiche Ausübung der organisatorischen und händlerischen Unternehmerfunktionen ansehen.

[3] Allein sein Hauptwerk „Der moderne Kapitalismus" besteht aus den Bänden I-III mit jeweils 2 Halbbänden und umfaßt über 3300 Seiten.

[4] *SOMBART*, Kapitalismus I/2 (1987), S. 836.

In diesem Zusammenhang bereichert er daher seine leitungsorientierte Sichtweise der Unternehmerfunktionen zusätzlich um eine vierte Funktion unternehmerischen Handelns, der *Innovationsaufgabe*:

> „Der kapitalistische Unternehmer bricht mit den alten Überlieferungen, indem er seiner Wirtschaft ganz neue Ziele steckt. Er durchstößt bewußt die Schranken der alten Wirtschaftsweise, er ist ein Zerstörer und Aufbauer in Einem.[1]

Zusammenfassend läßt sich das funktionsbezogene Gesamtkonzept des Unternehmers bei SOMBART als eine Synthese von fünf unterschiedlichen *Grundtypen unternehmerischen Handelns* beschreiben:

1. *Erfinder*:

   Dieser Typus betont die innovative Komponente unternehmerischen Handelns und bezieht sich nicht nur auf technische Neuerungen in Form von Produkten. Vielmehr beinhaltet er auch ökonomisch-organisatorische Innovationen, die sich auf Produktionsverfahren, Transport oder Absatzmärkte beziehen können.

2. *Entdecker*:

   Im Rahmen dieses zweiten Aspektes wird die Leistung des Unternehmers bei der Erschließung neuer Absatzmöglichkeiten wie auch bei der Wahrnehmung neuer Kundenbedürfnisse angesprochen.

3. *Eroberer*:

   Damit möchte SOMBART sowohl die Spielernatur der Unternehmertätigkeit erfassen als auch die Bereitschaft des Unternehmers verdeutlichen, sich mit seiner gesamten Person, einschließlich des persönlichen Vermögens und der bürgerlichen Ehre, vorbehaltlos für den Erfolg seines Geschäftes einzubringen.

4. *Organisator*:

   Der vierte Grundtypus repräsentiert im wesentlichen die Befähigung des Unternehmers, geeignete dritte Personen in leitender Stellung an der Führung seines Unternehmens zu beteiligen und ihnen bisher selbst ausgeübte Unternehmerfunktionen zu übertragen.

5. *Händler*:

   Diesem Begriff werden die unternehmerischen Handlungen im Außenverhältnis, also vor allem die Tätigkeiten auf den Beschaffungs- und Absatzmärkten zuge-

---

[1] SOMBART, Kapitalismus I/2 (1987), S. 837. An dieser Stelle sei ausdrücklich auf die durchaus konzeptionelle Ähnlichkeit der unternehmerischen Innovationstätigkeit SOMBARTS mit der Innovationsrolle des Unternehmers bei SCHUMPETER in Kap. 3.3.1.3.2 hingewiesen.

teilt. Nach SOMBART kommt es gerade dabei auf die Funktion des Verhandelns an, damit am Ende für das Unternehmen günstige Geschäftsabschlüsse und Verträge erreicht werden.[1]

3.3.2.1.3 Unternehmerpersönlichkeit

Darüber hinaus wird dieses funktionale Modell zum kapitalistischen Unternehmertum allerdings zugleich um einen psychologisch und soziologisch konzipierten Zugang zur Unternehmerpersönlichkeit ergänzt. Eine derartige *Unternehmernatur* bzw. *Unternehmerpsyche* läßt sich anhand verschiedener Charaktereigenschaften näher bestimmen. Hierbei handelt es sich im einzelnen um folgende Fähigkeiten:

- *Gescheitheit*:

  Diese Eigenschaft beinhaltet neben einer raschen Auffassungsgabe noch ein ausgeprägtes Urteilsvermögen sowie ein gutes Gedächtnis und einen „Sinn für das Wesentliche", also vor allem analytische Fähigkeiten.

- *Klugheit*:

  Unter diesen Sammelbegriff ordnet SOMBART die Fähigkeit ein, „menschenkundig" und „weltkundig" zu sein. Hierzu gehören etwa Sicherheit bei der Beurteilung und im Umgang mit Menschen, Sicherheit in der Lagebewertung, Vertrautheit mit den Schwächen und Fehlern der Umwelt, nicht zuletzt auch geistige Beweglichkeit und eine gewisse suggestive Kraft.

- *Geistvolles Wesen*:

  Im Rahmen dieses Merkmals werden Ideen- und Einfallsreichtum des Unternehmers wie auch seine vor allem kombinatorische Phantasie[2] erfaßt.

Gemäß SOMBART muß der kapitalistische Unternehmer also eine Reihe von gewissermaßen intellektuellen Merkmalen aufweisen, um die oben dargestellten vier unternehmerischen Grundfunktionen (Organisations-, Verhandlungs-, rechnerisch-haushälterische Tätigkeit und Innovationsaufgabe) in richtiger Weise ausüben zu können. Als Ergänzung zu diesen bereits dargestellten Eigenschaften sind darüber hinaus allerdings noch weitere Persönlichkeitscharakteristika erforderlich, um als Unternehmer erfolgreich zu sein. Dazu gehören vor allem:

---

[1] Vgl. SOMBART, Unternehmer (1909), S. 730-734, ergänzend auch SOMBART, Bourgeois (1913), S. 72-75, 476 (Anmerkung 48a).

[2] Diese unternehmerische Phantasie darf jedoch nicht mit der eher intuitiven Phantasie eines Künstlers verwechselt werden.

- *Tatkraft*:

  Unter diesem Begriff lassen sich mehrere Charakterkennzeichen zusammenfassen, im einzelnen rasche Entschlußfähigkeit, Ausdauer, Stetigkeit in der Ausführung, Fleiß, zielstrebiges Handeln, Wagemut und Kühnheit, Zähigkeit sowie nicht zuletzt auch Rast- und Ruhelosigkeit.

- *Nüchternheit*:

  Für SOMBART liegt eine besondere Qualifikation zum Unternehmer in dem Fehlen vor allem gefühls- und gemütsbezogener seelischer Komponenten, welches er als positive Amoralität bewertet. Zu derartigen, für die unternehmerische Tätigkeit hinderlichen Eigenschaften rechnet er Gutmütigkeit, Sentimentalität, Gewissensskrupel, ebenso auch alle „unpraktischen" Ideale und ähnlichen „Gemütsballast".

- *Tüchtigkeit*:

  In diesem Zusammenhang werden vor allem Persönlichkeitsmerkmale thematisiert, die für die Geschäftsbeziehungen im Innen- wie auch Außenverhältnis des Unternehmens bedeutsam sind, etwa geschäftliche Ehrlichkeit und Zuverlässigkeit als vertrauensbildende Eigenschaften, weiterhin Pflichttreue und Ordnungssinn.[1]

„Einer reichen Ausstattung mit den Gaben des ‚Intellekts' muß entsprechen eine Fülle von ‚Lebenskraft', ‚Lebensenergien' oder wie wir sonst diese Veranlagung nennen wollen, von der wir nur soviel wissen, daß sie die notwendige Voraussetzung allen ‚unternehmerhaften' Gebarens ist: daß sie die Lust an der Unternehmung, die Tatenlust schafft und dann für die Durchführung des Unternehmens sorgt, indem sie die nötige Tatenkraft dem Menschen zur Verfügung stellt. Es muß etwas Forderndes in dem Wesen sein, etwas, das hinaustreibt, das die träge Ruhe auf der Ofenbank zur Qual werden läßt. Und etwas Starkknochiges – mit dem Beil Zugehauenes – etwas Starknerviges. Wir haben deutlich das Bild eines Menschen vor Augen, den wir „unternehmend" nennen. Alle jene Unternehmereigenschaften, die wir kennengelernt haben als notwendige Bedingungen eines Erfolges: die Entschlossenheit, die Stetigkeit, die Ausdauer, die Rastlosigkeit, die Zielstrebigkeit, die Zähigkeit, der Wagemut, die Kühnheit: alle wurzeln sie in einer starken Lebenskraft, in einer überdurchschnittlichen Lebendigkeit oder ‚Vitalität'[.]"[2]

Als Unternehmernaturen im Sinne SOMBARTS können folglich allgemein gelten

„Menschen mit einer ausgesprochen intellektuell voluntaristischen Begabung, die, wenn sie als Begründer kapitalistischer Wirtschaft auftreten, einen starken Sinn für die materiellen Werte ... besitzen: „praktisch-tatkräftig" sind, wie wir ganz landläufig sagen können: allem

---

[1] Ausführlich zur Unternehmernatur vgl. SOMBART, Unternehmer (1909), S. 740-749, auch SOMBART, Bourgeois (1913), S. 256-259.

[2] SOMBART, Bourgeois (1913), S. 257 f.

beschaulichen Wesen sowohl des Homo religiosus, wie des Künstlers ebenso abhold wie aller handwerklichen Selbstgenügsamkeit und genießerischen Bequemlichkeit."[1]

Während das von SOMBART vorgestellte Persönlichkeitsprofil des kapitalistischen Unternehmers damit insgesamt am ehesten Gemeinsamkeiten mit jenen Charaktereigenschaften besitzt, die insbesondere für die Ausübung einer Feldherrn- oder staatsmännischen Tätigkeit erforderlich sind, gibt es hingegen kaum Parallelen zu Künstlern, Ästheten, Genießern, aber auch wenig Nähe zu Handwerkern, Gelehrten, Ethikern und ähnlichen Berufsbildern.

Die Frage, inwieweit das kapitalistische Wesen und folglich auch die persönliche Eignung zum Unternehmer alles in allem schlechthin „erwerbbar" im Sinne von anerziehbar ist oder ob die Entwicklung unternehmerischer Fähigkeiten grundsätzlich einer bereits vorhandenen individuellen Disposition bedarf, läßt SOMBART weitgehend offen. Allerdings hält er es für nicht unwahrscheinlich, daß zur Herausbildung eines Unternehmers gewisse „natürliche" Vorbedingungen in Form eines geeigneten sozialen Umfeldes oder auch in Form der persönlichen Veranlagung notwendig sind. In diesem Zusammenhang unterscheidet er zwischen *Tugenden, Talenten* und *Fertigkeiten*, wobei alle drei Komponenten notwendige Voraussetzungen der erfolgreichen unternehmerischen Tätigkeit darstellen:

- *Tugenden*:

  Diese umfassen von obig beschriebenen charakterlichen Eigenschaften des Unternehmers jene Merkmale, die im Rahmen der Erziehung als sittliche Normen erworben werden.

- *Talente*:

  Im Gegensatz dazu bezieht sich der zweite Aspekt auf die Persönlichkeitskomponenten, welche dem Unternehmer angeboren sind, mit anderen Worten auf die besondere unternehmerische Veranlagung.

- *Techniken*:

  Sie beinhalten vor allem die Fertigkeiten zur Bewältigung des unternehmerischen Geschäftes. Anders als die Tugenden werden sie durch eine betriebswirtschaftlich ausgerichtete Ausbildung vermittelt.[2]

---

[1] *SOMBART*, Kapitalismus I/2 (1987), S. 838-839.

[2] Vgl. *SOMBART*, Bourgeois (1913), S. 358 f.

Auf jeden Fall ist die erfolgreiche kapitalistische Unternehmerpersönlichkeit für SOMBART insgesamt das Ergebnis eines gewissen Ausleseprozesses und daher ein besonderer Typus sicherlich psychologischer, eventuell auch biologisch-anthropologischer Veranlagung.

3.3.2.1.4 Unternehmertypologie

An diese Hypothese einer besonderen Unternehmerpersönlichkeit anknüpfend, entwickelt SOMBART zudem, entsprechend dem damaligen Zeitgeist, für die Beschreibung seines kapitalistischen Unternehmers noch eine umfassende *Typologie* unternehmerischen Handelns. Dabei gründet seine Typeneinteilung zunächst auf Erkenntnissen aus einer historischen Analyse der wirtschaftlichen Entwicklung Europas seit dem Mittelalter. Auf diese Weise gelangt er zu einer ersten Differenzierung der unternehmerischen Tätigkeit nach zeitlichen Gesichtspunkten. Diese primäre Trennung in *früh-* und *hochkapitalistische Unternehmertypen* wird allerdings in einer ergänzenden sekundären Gliederungsebene durch weitere Unterscheidungsmerkmale erweitert:

1. *Frühkapitalistische Unternehmertypen:*

   In einem ersten Schritt befaßt SOMBART sich mit den gesellschaftlichen *Ursachen,* die zur Entstehung der Unternehmerschaft im Frühkapitalismus geführt haben. Unter Verwendung des Kriteriums *Verschiedenheit der unternehmerischen Mittel* trennt er in diesem Zusammenhang zwischen zwei Grundformen des frühkapitalistischen Unternehmers:

   - *Eroberervariante:*

     Derartige Unternehmer zeichnen sich vor allem dadurch aus, daß sie für ihre unternehmerische Tätigkeit hauptsächlich Machtmittel einsetzen, die ihnen per se aufgrund ihrer bevorzugten Stellung im Staat zur Verfügung stehen. Zu dieser Kategorie gehören daher *Feudalherren* (Fürsten, adelige Grundherrn) und *Bürokraten* (Staatsleiter, hohe Staatsbeamte), aber auch *Freibeuter*[1] (organisierte und staatlich geförderte Seeraubunternehmungen, bei denen militärische Eigenschaften unmittelbar zum wirtschaftlichen Erwerbszweck dienen).

   - *Händlervariante:*

     Unternehmer, welche diesem Typus zurechenbar sind, stammen in der Regel aus Bürgerkreisen und sind häufig ehemalige *Kaufleute* und *Handwerker* (im Sinne des französischen „Fabricant"). Als einen dritten, von Kaufleuten und

---

[1] Man denke beispielsweise an SIR FRANCIS DRAKE.

Handwerkern unabhängigen Untertypus führt SOMBART in diesem Zusammenhang noch die *Spekulanten* auf.[1] Da den Händlervarianten des Unternehmers die äußeren Machtmittel der Eroberer zumeist fehlen, müssen sie anstelle dieser Machtinstrumente vielmehr Überredungs- aber auch Verführungskünste im Rahmen ihres unternehmerischen Handelns nutzen.

Gleichzeitig werden hinsichtlich eines zweiten Merkmals, des *Anteils einer bestimmten Bevölkerungsgruppe*, gewisse abgrenzbare Personenkreise identifiziert. Eine Zugehörigkeit zu diesen gesellschaftlichen Gruppen bedeutet für SOMBART, daß sich hier im Verlauf der geschichtlichen Entwicklung eine besondere Eignung für die berufliche Tätigkeit des kapitalistischen Unternehmers gezeigt hat:

- *Ketzer*:

Dieser Gruppe sind alle nicht zur Staatskirche gehörenden Bevölkerungsteile, also die sogenannten „Andersgläubigen", zurechenbar.

- *Fremde*:

Unter diese Kategorie fallen die Einwanderer, insbesondere die religionsverfolgten Christen.[2]

- *Juden*:

Von SOMBART wird ihnen eine Sonderstellung zugewiesen. Zum einen werden sie als besonderes Volk bezeichnet, dessen Angehörige besonders häufig mit wichtigen unternehmerischen Persönlichkeitseigenschaften, etwa händlerischen und rechnerischen Fähigkeiten und den bereits beschriebenen bürgerlichen Tugenden (Fleiß, Mäßigkeit, Sparsamkeit etc.) ausgestattet sind.[3] Zum anderen leitet SOMBART ihren Einfluß auf die Herausbildung des modernen kapitalistischen Wirtschaftssystems noch zusätzlich aus besonderen sozialen

---

[1] Als Spekulanten gelten bei SOMBART die Gründer und Leiter sogenannter Spekulationsunternehmen. Diese sind dadurch gekennzeichnet, daß ein „Projektemacher" bei verschiedenen Kapitalgebern zunächst die nötigen Geldmittel auftreibt, um seine Geschäftsidee in die Wirklichkeit umzusetzen. Im Anschluß daran kommt es zur Unternehmensgründung. In einer anderen, moderneren Formulierung: Spekulationsunternehmen sind alle Unternehmensgründungen, deren Finanzierung hauptsächlich auf der Basis fremden Eigenkapitals stattfindet.

[2] Ein bekanntes Beispiel dafür sind die französischen Hugenotten, die im 17. Jahrhundert in Brandenburg-Preußen eine neue Heimat fanden.

[3] Diesbezüglich können etwa die Familien OPPENHEIMER und WERTHEIMER in Wien, etwas später und im internationalen Rahmen die Familie ROTHSCHILD genannt werden. Ein weiteres Beispiel ist ALBERT BALLIN, dem die HAPAG vor dem 1. Weltkrieg ihren Aufschwung verdankte, auch wenn sich diese erfolgreiche „unternehmerische Persönlichkeit" nicht mehr der frühkapitalistischen Epoche zurechnen läßt.

Einflußfaktoren ab, beispielsweise ihrer räumlichen Verbreitung, ihrer Fremd-
heit, ihrer eingeschränkten sozialen Rechte sowie ihrer Betätigung im Bank-
gewerbe.[1]

2. *Hochkapitalistische Unternehmertypen:*

In einem zweiten Schritt beschreibt SOMBART drei gesellschaftliche Entwicklungstendenzen, die sich sowohl auf die nach außen sichtbare Stellung des modernen Unternehmers im Hochkapitalismus als auch auf dessen Typus auswirken:

▪ *Trennung zwischen Kapitalbesitz und eigentlicher unternehmerischer Tätigkeit*:

In Verbindung mit dem Trend von der Einzelunternehmung zur Kapital- und
Personengesellschaft als Rechtsform wird der bisherige Eigentümer-Unter-
nehmer immer häufiger durch einen angestellten Unternehmensleiter abgelöst.

▪ *Funktionale Spezialisierung des Unternehmers*:

Unter dieser Tendenz versteht SOMBART eine Entwicklung, in der wichtige
Nebenfunktionen unternehmerischen Handelns, beispielsweise Aufsichtsfüh-
rung, kaufmännische Organisation und Kalkulation, Weiterentwicklung der
Technik an geeignete Spezialisten übertragen werden, so daß der Unternehmer
sich selbst um so besser dem Kern unternehmerischer Tätigkeit, etwa der
Verhandlungs- und Innovationsaufgabe, zuwenden kann.

▪ *Funktionale Integration*:

Gleichsam gegenläufig zur Spezialisierung kommt es zur Entstehung universell funktionierender Großunternehmer, die gleichzeitig sowohl eine bankmä-
ßige als auch eine industrielle organisatorische Tätigkeit ausüben, etwa durch
eine mehrfache Vertretung desselben Unternehmers in verschiedenen Auf-
sichtsräten.

Als Folge dieser Entwicklung kommt es dann im Hochkapitalismus zur Herausbildung verschiedener neuer Unternehmertypen. Hierbei werden von SOMBART
drei Haupttypen unterschieden:

---

[1] Vgl. für eine Übersicht zur frühkapitalistischen Unternehmertypologie *SOMBART*, Kapitalismus I/2
(1987), S. 839-841, für eine detaillierte Beschreibung der einzelnen Typen S. 842 ff., ergänzend
zu den Untertypen der Eroberer- und Händlervarianten auch *SOMBART*, Bourgeois (1913), S. 90-
130.

■ *Fachmann* (oder *Captain of Industry*):

Dieser repräsentiert den branchen-gebundenen Unternehmer, insbesondere den sogenannten Erfinder-Unternehmer. Im Mittelpunkt seines unternehmerischen Bemühens stehen daher vor allem der Erfolg seines Produktes sowie die Organisation der Produktion. Das ihm zuordenbare strategische Verhalten auf den Absatzmärkten läßt sich am ehesten mit dem Prinzip der *Leistungskonkurrenz* umschreiben, d. h. im Wettbewerb um den Kunden ist es sein hauptsächliches Ziel, Anbieter der qualitativ besten oder auch billigsten Güter zu sein.

■ *Kaufmann* (oder *Business Man*):

Bei diesem Unternehmertypus bilden dagegen die Kundenbedürfnisse den Ausgangspunkt der Tätigkeit; im Idealfall schafft er in einem ersten Schritt zuerst die Bedürfnisse, bevor er dann die entsprechenden Produkte zur Bedürfnisbefriedigung überhaupt herstellt. Dementsprechend ist die von ihm bevorzugte Unternehmensstrategie durch das Prinzip der *Suggestionskonkurrenz* charakterisierbar, indem hauptsächlich auf Reklame bzw. Werbung als Instrument zur Gewinnung der Kunden vertraut wird.

■ *Finanzmann* (oder *Corporation Financier*):

Im Gegensatz zum Fachmann oder Kaufmann zeichnet sich diese dritte Grundform unternehmerischen Handelns dadurch aus, daß ihr Hauptaugenmerk auf Tätigkeiten an den Kapitalmärkten ausgerichtet ist, beispielsweise auf Maßnahmen zur Kapitalbeschaffung und Kapitalzusammenführung. Die unternehmerischen Ziele liegen insbesondere auf den Gebieten Konzernbildung, Fusion und Gründung. Als wichtigstes strategisches Instrument dient dem Finanzmann hierbei die *Gewaltkonkurrenz*, also das Ausschalten von Wettbewerbern durch den Einsatz wirtschaftlicher Machtmittel.

Zusätzlich zu diesen drei Haupttypen des hochkapitalistischen Unternehmers sind nach SOMBART indes auch Mischformen denkbar, vor allem zwischen Fachmann und Kaufmann einerseits sowie zwischen Kaufmann und Finanzmann andererseits. Darüber hinaus zeichnet sich die Reihenfolge Fachmann – Kaufmann – Finanzmann durch eine abnehmende Konkretisierung der Unternehmertätigkeit im Sinne eines Bezuges zu den hergestellten Gütern aus.[1]

Eine zusammenfassende Übersicht der von SOMBART beschriebenen unterschiedlichen Unternehmertypen kann der nachfolgenden *Abbildung 8* entnommen werden:

---

[1] Vgl. *SOMBART*, Kapitalismus III/1 (1987), S. 14-41, zu den Formen des Konkurrenzverhaltens *SOMBART*, Kapitalismus III/2 (1987), S. 557-562.

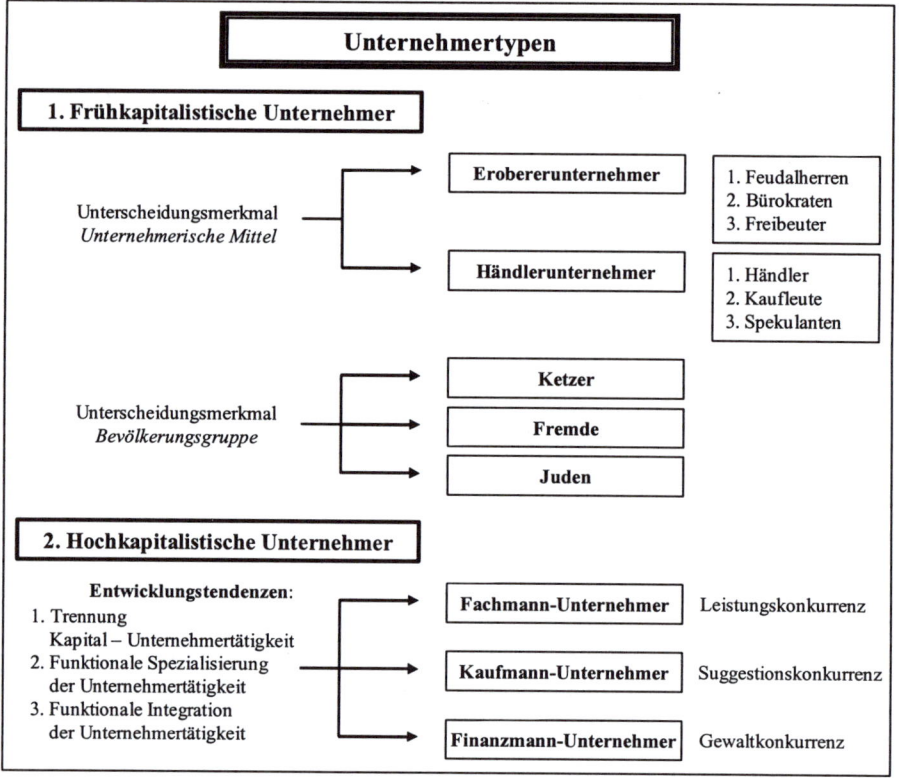

Abbildung 8: Unternehmertypologie nach SOMBART

Insgesamt stellt der Unternehmer für SOMBART, entsprechend der ihm zugewiesenen Unternehmerfunktionen, insbesondere unter Berücksichtigung der ihm zukommenden kreativ gestaltenden Innovationsaufgabe, letztlich die einzige treibende Kraft in der modernen Wirtschaft dar:

> „Ohne ihn geschieht nichts. Er ist darum aber auch die einzige ‚produktive', das heißt schaffende, schöpferische Kraft, was sich unmittelbar aus seinen Funktionen ergibt. Alle übrigen Produktionsfaktoren: Arbeit und Kapital befinden sich ihm gegenüber im Verhältnis der Abhängigkeit, werden durch seine schöpferische Tat erst zum Leben erweckt. Auch alle technischen Erfindungen werden erst durch ihn lebendig."[1]

---

[1] *SOMBART,* Kapitalismus III/1 (1987), S. 12.

Mit einer derartigen Auffassung rückt SOMBART die unternehmerische Tätigkeit dadurch in den absoluten Mittelpunkt wirtschaftlichen Handelns. Hauptsächlich im Gegensatz zur Neoklassik betont er vor allem eine an die Person des Unternehmers geknüpfte individualistische Sichtweise und interpretiert diese Unternehmerpersönlichkeit sowohl als konstitutives Merkmal als auch als entscheidender Erfolgsfaktor des modernen kapitalistischen Wirtschaftssystems.

Aufgabe 6:

Stellen Sie die zentrale Gemeinsamkeit, aber auch den maßgeblichen Unterschied zwischen SCHUMPETER und SOMBART in Hinblick auf deren jeweiliges Unternehmerkonzept dar!

3.3.2.2 Religionssoziologische Analyse des Unternehmers bei MAX WEBER

Zusammen in der JÜNGEREN HISTORISCHEN SCHULE aufgewachsen, läßt sich MAX WEBER (1864-1920) als Mitstreiter und Weggefährte, etwa durch die gemeinsame Mitherausgeberschaft der Zeitschrift „Archiv für Sozialwissenschaft und Sozialpolitik", gleichzeitig aber auch als Konkurrent SOMBARTS bezeichnen. Gemeinsam ist WEBER und SOMBART ein intensives Interesse an der Entstehung von Form und Geist des Kapitalismus, den sie als spezifisches Ergebnis der europäischen Entwicklungsgeschichte ansehen. Einig sind sich beide jedoch auch in der Bedeutung des Unternehmers, den sie als unentbehrlich für die moderne kapitalistische Wirtschaftsordnung einstufen.[1]

Als eigenständige Leistung WEBERS auf dem Gebiet der Unternehmerforschung läßt sich zunächst seine Analyse der zunehmenden Bürokratisierungstendenzen, sowohl des politischen als auch wirtschaftlichen Bereichs, und ihrer Folgen hervorheben. In engen Zusammenhang damit steht auch seine These der grundsätzlichen Ineffizienz bürokratischer Strukturen, welche mit der Notwendigkeit einer gewissermaßen *charismatischen Führung*[2] solcher (Unternehmens-)Organisationen einhergeht:[3]

---

[1] Ausführlich zur Biographie und den ökonomischen Leitbildern WEBERS etwa *ROTH*, Wirkungsgeschichte von »Protestantische Ethik« (1992), S. 43-68.

[2] In diesem Zusammenhang lassen sich durchaus gewisse Parallelen zwischen einerseits dem charismatischen Führer WEBERS und andererseits dem dynamischen Unternehmer SCHUMPETERS aus Kap. 3.3.1.3.3, der ebenfalls Führerschaft konstituiert, finden. Vgl. für diese Auffassung auch *SCHNEIDER*, Unternehmer (2001), S. 12.

[3] Vgl. *SCHEFOLD*, Max Weber (1992), S. 18, ausführlich zur charismatischen Herrschaft vgl. *WEBER*, Wirtschaft und Gesellschaft (1976), S. 140-148.

„Leicht ist nämlich festzustellen, daß ... [die] Leistungsfähigkeit [der Bürokratie] auf dem Gebiet des öffentlichen, staatlich-politischen Betriebes ganz ebenso wie innerhalb der Privatwirtschaft feste innere Grenzen hat. Der leitende Geist: der ,Unternehmer' hier, der ,Politiker' dort, ist etwas anderes als ein ,Beamter'. Nicht notwendig der Form, wohl aber der Sache nach. ... Wenn ein leitender Mann dem Geist seiner Leistung nach ein „Beamter" ist, sei es auch ein noch so tüchtiger: ein Mann also, der nach Reglement und Befehl pflichtgemäß und ehrenhaft seine Arbeit abzuleisten gewohnt ist, dann ist er weder an der Spitze eines Privatwirtschaftsbetriebes, noch an der Spitze eines Staates zu brauchen. Der Unterschied liegt nur zum Teil in der Art der erwarteten Leistung. Selbständigkeit des Entschlusses, organisatorische Fähigkeit kraft eigener Ideen wird im einzelnen massenhaft, sehr oft aber auch im großen von ,Beamten' ebenso erwartet wie von ,Leitern'. ... Der Unterschied liegt in der Art der Verantwortung des einen und des anderen [.] ... Kampf um eigene Macht und die aus dieser Macht folgende Eigenverantwortung für seine Sache ist das Lebenselement des Politikers wie des Unternehmers."[1]

In der Öffentlichkeit wie auch in der Wissenschaft hat jedoch ein anderes Werk zum Thema Kapitalismus und Unternehmertum eine besondere wie auch langandauernde Wirkung entfaltet. Es handelt sich hierbei um den in seiner Erstfassung 1905 veröffentlichten Aufsatz „Die protestantische Ethik und der Geist des Kapitalismus".[2] In diesem postuliert WEBER eine Beziehung zwischen der Entfaltung von Handel und Industrie einerseits und dem religiösen Wertesystem des *Protestantismus* andererseits:

„Ein Blick in die Berufsstatistik eines konfessionell gemischten Landes pflegt mit auffallender Häufigkeit eine Erscheinung zu zeigen ... : den ganz vorwiegend protestantischen Charakter des Kapitalbesitzes und Unternehmertums sowohl, wie der oberen gelernten Schichten der Arbeiterschaft, namentlich aber des höheren technisch und kaufmännisch vorgebildeten Personals der modernen Unternehmungen." [3]

Da keine der sonstigen wissenschaftlichen Aussagen WEBERS so kontrovers diskutiert und auch ebenso gründlich mißverstanden worden ist, sollen die wichtigsten Kernpunkte dieses Werkes zunächst kurz vorgestellt werden:[4]

1. Die calvinistischen Glaubenslehren sehen ein aktives, der unermüdlichen Arbeit gewidmetes Leben als die von Gott befohlene und zugleich vor irdischer Versuchung schützende Lebensführung an. Der aus dieser Arbeit stammende Ertrag gilt dabei als Zeichen göttlicher Gnade und darf nicht vergeudet werden. Neben die Arbeit tritt damit aber auch die Sparsamkeit als weiteres verhaltensbestimmendes Element. Signifikant neu im Calvinismus ist in diesem Zusammenhang die Über-

---

[1] *WEBER*, Wirtschaft und Gesellschaft (1976), S. 836 f.

[2] Vgl. *WEBER*, Protestantische Ethik (1975), S. 27-277.

[3] *WEBER*, Protestantische Ethik (1975), S. 29. Zu beachten ist jedoch, daß dieser Aussage WEBERS der empirische Erkenntnisstand Ende des 19. Jahrhunderts zugrunde liegt.

[4] Für die folgende Darstellung vgl. *KAUFHOLD*, Protestantische Ethik (1992), S. 77-83.

tragung einer solch asketischen Lebensführung, die ja bereits vorher als Modell einer rationalen Lebensführung vom christlichen Mönchtum entwickelt worden ist, aus den Klöstern in die weltliche Gesellschaft hinein mit dem Anspruch, durch die Reformation müsse nun jeder Christ gleichsam ein Mönch sein.

2. Eine derartige, durch die Gebote der *innerweltlichen Askese* geprägte protestantische Lebensführung entspricht nach WEBER nunmehr aus zweierlei Gründen den gesellschaftlichen Anforderungen des Kapitalismus. Denn zu dessen Merkmalen gehört einerseits die Entwicklung des modernen *Fachmenschentums*, welches für seine Realisation Menschen bedarf, die in ihren Berufen als Lebenszweck voll aufgehen. Andererseits geht die Herausbildung des kapitalistischen Wirtschaftssystems zusätzlich auch mit der Notwendigkeit zur Entstehung einer angemessenen materiellen Basis an Geldkapital einher. Dessen Bildung kommt der *asketische Sparzwang* des Puritanismus im besonderen Maße entgegen.

3. Bei Umsetzung der innerweltlichen Askese entsteht zudem eine Lebensführung, die auch den Forderungen des Kapitalismus an diese entspricht. Konkret bildet sich eine eigentümliche, vor allem dem rationalen Denken und Handeln verpflichtete Ethik mit Elementen wie Mittel-Zweck-Denken, Rechenhaftigkeit, Berechenbarkeit des Handelns und als Folge davon Redlichkeit, Betonung ordnender und regulierenden Strukturen sowie Gewinnorientierung heraus. Für WEBER stellt dieser protestantische *Rationalismus* nun den eigentlichen Geist des modernen Kapitalismus dar. Gleichzeitig läßt er sich als zentraler Bestandteil der modernen Lebensführung interpretieren. Insofern entspricht auch die Ethik des neuzeitlichen Bürgertums, welches wichtigster Träger der kapitalistischen Institutionen, insbesondere der Unternehmen, ist, einem durch ökonomische Rationalität gekennzeichneten Lebenskonzept mit Werten wie Ordnung, Fleiß und Sparsamkeit.

4. Als wohl wichtigste Folge eines derartigen spezifischen Ethos des asketischen Protestantismus wie auch des modernen Kapitalismus entwickelt sich dann eine neue Berufsauffassung. Im Gegensatz zu den früheren traditionalistisch gebundenen und dadurch statisch wirkenden Berufsvorstellungen ist diese kapitalistische *Berufsidee* nunmehr *dynamisch* ausgerichtet. Hierbei entbehrt sie der Zufriedenheit mit dem bisher Erreichten und strebt prinzipiell nach der Wahrnehmung aller sich bietenden Erwerbschancen:

„Ein spezifisch *bürgerliches Berufsethos* war entstanden. Mit dem Bewußtsein, in Gottes voller Gnade zu stehen und von ihm sichtbar gesegnet zu werden, vermochte der bürgerliche Unternehmer, wenn er sich innerhalb der Schranken formaler Korrektheit hielt, sein sittlicher Wandel untadelig und der Gebrauch, den er von seinem Reichtum machte, kein anstößiger war, seinen Erwerbsinteressen zu folgen und *sollte* dies tun."[1]

---

[1] *WEBER,* Protestantische Ethik (1975), S. 184.

Die Durchsetzung eines solchen Berufsgedankens in der Gesellschaft führt folglich zu einer weiteren Förderung des Kapitalismus.

5. Im Laufe der Entwicklung kommt es dann allerdings zu einem Verlust obiger, zunächst primär religiös motivierter Ethik des modernen Kapitalismus, also zu ihrer *Säkularisierung.* Zum einen bezieht sich diese Feststellung auf das ursprüngliche Verbot, genießerisch mit dem Reichtum umzugehen. Zum anderen wird auch die Berufsauffassung säkularisiert. Die Norm, einen Beruf zu haben, ihm zu dienen und nur für ihn zu leben, wird in diesem Sinne zu einem aus sich selbst heraus verstandenen und verständlichen Grundpfeiler der bürgerlichen Gesellschaft:

„Der Puritaner wollte Berufsmensch sein, - wir müssen es sein."[1]

Der Beitrag, den dieses Werk WEBERS insgesamt sowohl für das Verständnis des modernen Unternehmers als auch des modernen Wirtschaftssystems bietet, besteht also vornehmlich aus der historisch fundierten Erkenntnis, daß es die sozialökonomisch bedeutsame Leistung des asketischen Protestantismus gewesen ist, eine für unternehmerisches Handeln grundsätzlich angemessene Rechtfertigungsnormen entwickelt zu haben. Dadurch muß der Unternehmer in seinem Reichtumserwerb nicht länger eine Verletzung ethischer Normen sehen. Mit anderen Worten: Der puritanische Unternehmer glaubt als erster nicht mehr daran, daß eine Anhäufung von Reichtum von Gott bestenfalls geduldet werde oder er dafür gar zu büßen habe.[2] Auch braucht er, etwa im Gegensatz zu gläubigen Katholiken, weder theoretische noch praktische Kompromisse zwischen religiöser Norm und geschäftlicher Notwendigkeit zu schließen. Vielmehr kann er sein Geschäft mit dem Glauben führen, sein unternehmerischer Erfolg sei ein Maßstab für seinen persönlichen Wert vor Gott und den Menschen.[3] Allerdings weist bereits WEBER auf die Säkularisierungstendenzen in der modernen Gesellschaft hin, welche nicht nur zu einer Verselbständigung dieser Ethik, sondern auch letztlich zu einer Auflösung der konfessionell bedingten Unterschiede bezüglich der Einstellung zur unternehmerischen Tätigkeit führen.

Der besondere internationale Erfolg, der WEBER mit diesem religionssoziologischen Ansatz des Unternehmers beschieden ist, gründet im wesentlichen auf der engen gegenseitigen Verbindung von Unternehmergeist, Arbeitsethik und politischer bzw. ökonomischer Rationalität. Ein derartiges Verständnis unternehmerischen Handelns zeigt insofern vor allem Wesensmerkmale eines anglophilen ebenso wie eines freihändlerisch wirtschaftlichen Weltbildes. Demgemäß hat WEBER mit dieser Betonung protestantischer Ethik, die ja hauptsächlich neben einer norddeutschen eine englische

---

[1] *WEBER,* Protestantische Ethik (1975), S. 188.

[2] Vgl. *MATTHÄUS* 19, 24.

[3] Vgl. *FISCHOFF,* Kontroverse (1972), S. 356 f.

und amerikanische Geschichte darstellt, besonders Anklang bei einem Publikum gefunden, für das der Puritanismus nach wie vor einen zentralen Aspekt des amerikanischen Gründungsmythos bildet und das an den historischen Zusammenhang zwischen Protestantismus, politischer Freiheit und Weltmacht glaubt.[1] Abschließend sei noch erwähnt, daß das Argument religiöser Ethik auch den besonderen wirtschaftlichen Erfolg und die Geschäftstüchtigkeit der Chinesen zu erklären vermag, da zwischen Protestantismus und Konfuzianismus diesbezüglich durchaus Parallelen bestehen.[2]

3.3.2.3 Die Unternehmerpersönlichkeit als empirisches Forschungsobjekt

3.3.2.3.1 Unternehmerischer Realtypus

Bei SOMBART wie auch bei WEBER erfolgt die persönlichkeits- und gesellschaftsorientierte Analyse des Unternehmers aus einer vorwiegend theoretisch-deduktiven Sichtweise heraus, in der hauptsächlich ein unternehmerischer Idealtypus beschrieben wird.[3] Dieser Blickwinkel geht einerseits stets mit einem klar erkennbaren funktionalen Bezug zur unternehmerischen Aufgabe für das Wirtschaftsleben einher. Andererseits ist er zudem in ein sozialwissenschaftliches Gesamtkonzept zum Unternehmertum eingebettet, welches den Einfluß gesellschaftlicher, wirtschaftlicher sowie institutioneller Rahmenbedingungen auf die Entwicklung unternehmerischen Handelns darzustellen versucht.

Verschiedene neuere personale Ansätze zur Unternehmerforschung richten hingegen ihr analytisches Hauptaugenmerk vorwiegend auf einen *unternehmerischen Realtypus*, den sie anhand empirischer Untersuchungen herleiten und beschreiben wollen. In diesem Zusammenhang befassen sich derartige, vor allem psychologisch und didaktisch geprägte Konzepte häufig mit der Suche nach personenbezogenen Erfolgs-

---

1 Vgl. *ROTH,* Wirkungsgeschichte von »Protestantische Ethik« (1992), S. 47-65.

2 Vgl. *ROLLBERG,* Strategische Unternehmensführung (1996), S. 202.

3 Idealtypen vermitteln kein genaues Abbild der Realität, sondern dienen eher dazu, wesentliche Merkmale abstrahierend zusammenzufassen. Vgl. *KIESER,* Weber (1999), S. 56. Daher ergibt es keinen Sinn, die in einem derartigen Kontext gewonnenen Unternehmerkonzepte etwa anhand eines empirisch-verhaltenswissenschaftlich orientierten Ansatzes überprüfen und bewerten zu wollen. Diese Vorgehensweise würde sowohl den Absichten der Autoren als auch ihrem wissenschaftlichen Verständnis entgegenlaufen.

faktoren unternehmerischen Handelns, also mit der Frage: Welche Persönlichkeitsmerkmale benötigt bzw. besitzt ein ökonomisch erfolgreicher Unternehmer?[1]

Bevor diese Frage beantwortet werden kann, ist es erforderlich, sich zunächst einmal kurz mit dem Begriff *Persönlichkeit* selbst zu befassen: Grundsätzlich läßt er sich als allgemeines theoretisches Konstrukt ansehen, welches sowohl zur Verhaltensbeschreibung als auch zur Verhaltenserklärung benutzt wird. In den Sozialwissenschaften wird dieser Begriff leider ausgesprochen uneinheitlich verwendet. Es existieren zahlreiche, auch hinsichtlich ihres Wissenschaftsverständnisses sich grundlegend unterscheidende Persönlichkeitstheorien, die demgemäß Dutzende verschiedener Persönlichkeitsdefinitionen bedingen.[2]

Hier, im Rahmen dieses Textes, soll unter Persönlichkeit vor allem die „Summe der Eigenschaften, die dem einzelnen seine charakteristische, unverwechselbare Individualität verleiht"[3], verstanden werden. Persönlichkeit bezieht sich also auf die individuelle Wesensart in der psychischen Struktur des Menschen. In diesem Sinne besitzt sie folglich eine gewisse statische Komponente. Moderne wissenschaftliche Ansätze heben allerdings hierbei auch dynamische und prozeßorientierte Aspekte hervor.

Darüber hinaus zeigt eine derartige Persönlichkeitsdefinition zudem deutlich, daß es *„die"* *spezifische Unternehmerpersönlichkeit* als Realtypus nicht gibt. Empirische Forschungsarbeiten können verschiedene, bei Unternehmern besonders häufig auftretende Persönlichkeitsfaktoren identifizieren, gegebenenfalls auch statistische Zusammenhänge zwischen einzelnen dieser Eigenschaften und „unternehmerischem Erfolg" herausarbeiten. Weitergehende Aussagen zur sogenannten Unternehmerpersönlichkeit sind jedoch aus methodischen Gründen seitens der Empirie (zumindest zur Zeit) nicht zu erwarten.[4]

---

[1] Vgl. allgemein in diesem Kontext auch die Ausführungen zum Gründungs- bzw. Unternehmenserfolg in Kap. 2.3.2.

[2] Vgl. z. B. *HÄCKER*, Persönlichkeit (1988), S. 530-535, ebenso *PAULUS*, Persönlichkeit (1992), S. 249-252.

[3] *PETERS*, Wörterbuch (1990), S. 404.

[4] Ausführlich dazu vgl. die Darstellung in Kap. 3.3.2.3.4.

3.3.2.3.2 Ein multifaktorielles Modell des Unternehmererfolgs

Möchte man die Beziehung zwischen Unternehmererfolg und unternehmerischer Persönlichkeitsstruktur konzeptionell untersuchen, wird man schnell feststellen, daß neben den Persönlichkeitseigenschaften noch zahlreiche andere, nicht psychologische Komponenten vorhanden sind, welche den unternehmerischen Erfolg maßgeblich beeinflussen. Mögliche Wirkungen der Persönlichkeitsmerkmale von Unternehmern auf diesen Erfolg können daher grundsätzlich nicht isoliert untersucht werden. Vielmehr stehen ihre Effekte stets in Beziehung mit anderen Einflußfaktoren, insbesondere den Umweltbedingungen. Um diesem Sachverhalt angemessen Rechnung zu tragen, ist es daher erforderlich, entsprechende mehrdimensionale Modelle zu erstellen.

Nachfolgende *Abbildung 9* zeigt ein solches von RAUCH und FRESE entwickeltes *multifaktorielles Modell*, welches diese konzeptionellen Anforderungen zu berücksichtigen sucht. Hier werden die persönlichkeitsbedingten Einflüsse noch durch Humankapital (konkretisiert in den Elementen Ausbildung, technisches und betriebswirtschaftlichen Können, Erfahrung), unternehmerische Ziele und Strategie sowie durch die Wechselwirkungen mit der Umwelt als weiteren wichtigen Einflußfaktoren des unternehmerischen Erfolges ergänzt. Zu den verschiedenen Persönlichkeitseigenschaften, die man in diesem Zusammenhang für eine Unternehmertätigkeit als bedeutsam ansieht, gehören im einzelnen:

- *Risikobereitschaft*:

  Während in der Öffentlichkeit noch häufig die Meinung besteht, daß Unternehmer Menschen sind, die extra viel Risiko auf sich nehmen, widersprechen die empirischen Forschungsergebnisse diesem Klischee. Wirtschaftlich erfolgreiche Unternehmer schätzen eher das Risiko ihrer Entscheidungen besonders sorgfältig ab und wählen dann meist ein mittleres Niveau. Ein zu geringes Risiko wird nicht als Herausforderung empfunden, ein zu hohes Risiko wegen der zu geringen Erfolgsaussichten vermieden.

- *Leistungsmotivation*:

  Darunter versteht man das Bedürfnis, die eigenen Ziele und Aufgaben durch hervorragende Leistungen zu erreichen. Leistungsmotivierte Personen setzen sich ihren Fähigkeiten entsprechende Ziele, die als Herausforderung begriffen werden; nach Zielsetzung werden diese Ziele beharrlich verfolgt, Rückmeldungen gesucht und Leistungsverbesserungen angestrebt. Empirische Untersuchungen legen einen positiven Zusammenhang zwischen Leistungsmotivation und Unternehmenserfolg nahe.

- *Kontrollüberzeugung*:

  Grundsätzlich werden in diesem psychologischen Ansatz internale und externale Kontrollüberzeugung unterschieden. Während Menschen mit einer vorwiegend externalen Kontrollüberzeugung das Erreichte auf äußere Gegebenheiten oder den Zufall zurückführen, gehen Menschen mit einer ausgeprägten internalen Kontroll-überzeugung dagegen davon aus, ihr Erfolg gründe sich auf eigene Leistung und Fähigkeit; sie glauben daran, ihr Schicksal gewissermaßen selbst in die Hand nehmen zu können. In der persönlichkeitsbezogenen Unternehmerforschung spre-chen die empirischen Befunde für eine positive Beziehung zwischen internaler Kontrollüberzeugung und erfolgreicher Unternehmertätigkeit.[1]

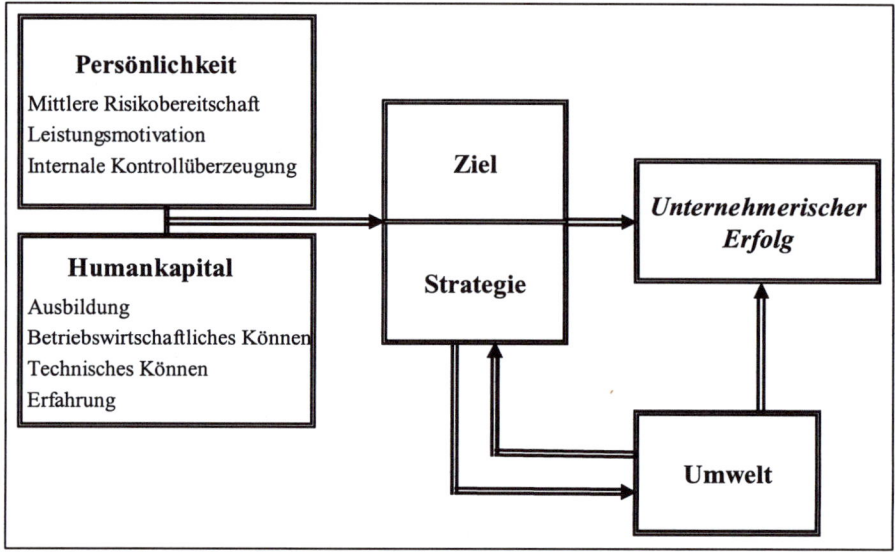

Abbildung 9: Einflußfaktoren des unternehmerischen Erfolges[2]

Ein Vergleich dieses Konzeptes mit den von SOMBART beschriebenen drei Kompo-nenten unternehmerischen Erfolges zeigt gewisse Parallelen.[3] So können die Merk-male *Tugenden* und *Talente*, die der erfolgreiche SOMBART-Unternehmer aufweist, durchaus mit dem modernen Konstrukt der *Persönlichkeit*, wie es im Ansatz RAUCHS

---

[1] Vgl. *RAUCH/FRESE*, Psychologie Unternehmertum (1998), S.12-29.

[2] In Anlehnung an *RAUCH/FRESE*, Psychologie Unternehmertum (1998), S. 28.

[3] Vgl. Kap. 3.3.2.1.3.

und FRESES Verwendung findet, gleichgesetzt werden, wobei die Talente mit den angeborenen Bestandteilen, die Tugenden hingegen mit den erworbenen Bestandteilen der Unternehmerpersönlichkeit korrespondieren. Analog entspricht die unternehmerische *Technik* SOMBARTS dem *Humankapitalfaktor* in der obigen Darstellung, also insbesondere dem erlernten und durch Erfahrung angeeigneten unternehmerischen Wissen.

Darüber hinaus macht das Modell von RAUCH und FRESE noch einmal auf den wichtigen Gesichtspunkt aufmerksam, daß sich mögliche Wirkungen der Persönlichkeitseigenschaften von Unternehmern auf den Unternehmererfolg grundsätzlich nicht isoliert untersuchen lassen. Vielmehr stehen ihre Effekte stets in Beziehung zu anderen Einflußfaktoren, insbesondere den Umweltbedingungen. Selbstverständlich sind jederzeit noch weitere Bestimmungsgrößen, beispielsweise organisationsbezogene Elemente, vorstellbar, die eine Wechselwirkung entfalten können.

3.3.2.3.3 Empirische Aspekte der „Unternehmerpersönlichkeit"

Ein Überblick über die wissenschaftliche Literatur zu den Persönlichkeitseigenschaften von Unternehmern zeigt zunächst, daß in diesem Zusammenhang hauptsächlich psychologische Merkmale von Unternehmensgründern untersucht werden. Diese Gegebenheit läßt sich vor allem aus der Annahme herleiten, der Persönlichkeit des Unternehmers komme gerade in der Gründungsphase eines Unternehmens eine besondere Bedeutung zu.[1] Denn in dieser Situation wird die Entscheidung getroffen, Unternehmer zu werden und möglicherweise einen bisherigen Arbeitsplatz aufzugeben.[2] Für im Prinzip alle empirische Studien auf diesem Gebiet gilt außerdem, daß im Rahmen derartiger Untersuchungen nicht die Gesamtpersönlichkeit des Unternehmers im Blickfeld der Betrachtung steht. Vielmehr sind vor allem jene Persönlichkeitsmerkmale von Interesse, bezüglich derer man eine Beziehung zum Unternehmererfolg vermutet. Daher beschäftigen sich psychologische Untersuchungen zum Unternehmertum stets nur mit einem begrenzten Teil der Gesamtpersönlichkeit.

Wenn auf den nächsten Seiten verschiedene, die Unternehmertätigkeit sowohl begünstigende als auch behindernde psychologische Einflußgrößen vorgestellt werden, ist dabei stets zu berücksichtigen, daß weder das Fehlen eines förderlichen noch das Vorliegen eines hemmenden Faktors einen erkennbaren Einfluß auf den möglichen

---

[1] Es sei noch einmal daran erinnert, daß hierbei, wenn auch mit einem recht mäßigen Ergebnis, immer wieder personenbezogene Merkmale des Unternehmensgründers als Bestimmungsfaktoren für den Gründungserfolg thematisiert werden. Vgl. hierzu Kap. 2.3.2 sowie z.B. *PREISENDÖRFER,* Erfolgsfaktoren (2002), S. 61-63.

[2] Vgl. *RAUCH/FRESE,* Psychologie Unternehmertum (1998), S.15. Zur Beziehung Unternehmer und Unternehmensgründer vgl. auch Kap. 3.4.2.1.

Erfolg einer unternehmerischen Tätigkeit besitzen muß. Auf keinen Fall läßt sich anhand solcher Darstellungen eine persönlichkeitsbezogene Eignung zum Unternehmer feststellen oder verneinen. Angesichts der Vielzahl einzelner Persönlichkeitskomponenten kann man sich zum einen gut bildhaft vergegenwärtigen, daß beispielsweise die geringere Ausprägung einer Eigenschaft jederzeit durch vorhandene andere Persönlichkeitselemente in ihrer Wirkung kompensiert wird. Zum anderen, wie ja bereits im oben dargestellten Modell von RAUCH und FRESE deutlich geworden ist, gibt es grundsätzlich überhaupt keine deterministische Beziehung zwischen Unternehmerpersönlichkeit und unternehmerischem Erfolg. Insofern können auch die empirischen Forschungsergebnisse zur unternehmerischen Persönlichkeitsstruktur allgemein nur sehr *unbestimmte und unverbindliche Aussagen* bieten.

Wesentliche Komponenten eines unternehmerischen Persönlichkeitsprofils, welches aufgrund quantitativer Forschungsergebnisse in der Regel mit erfolgreicher unternehmerischer Tätigkeit in Verbindung gebracht wird, sollen nachfolgend kurz vorgestellt werden:[1]

- *Autonomie*:

  Zu diesem Merkmal erfolgreicher Unternehmer gehören die Aspekte hohes *Selbstwertgefühl* und *Selbstvertrauen* in die eigene Leistungsfähigkeit sowie eine *internale Kontrollüberzeugung*.

- *Innovationsbereitschaft*:

  Auch bezüglich dieses Faktors besteht ein positiver Zusammenhang mit dem Unternehmenserfolg.

- *Risikobereitschaft*:

  Einerseits erscheint unternehmerisches Handeln ohne jegliches Risiko kaum denkbar, andererseits wirkt sich aber auch eine allzu große Risikobereitschaft weniger günstig aus. Daher spricht man eher einer *mittleren Risikobereitschaft*, welche nicht selten synonym auch als *kalkuliertes Risiko* bezeichnet wird, eine besondere Eignung für die Unternehmertätigkeit zu.

---

[1] Selbstverständlich besitzen Persönlichkeitseigenschaften niemals eine ausschließliche Bindung an eine gewisse Tätigkeit. Deshalb können für unternehmerisches Handeln vorteilhafte Merkmale immer auch für die Ausübung völlig anderer Berufe günstig sein. Manchen Eigenschaften, wie etwa Leistungsorientierung und emotionaler Stabilität, wird man sogar prinzipiell einen positiven Einfluß auf den allgemeinen beruflichen Werdegang ihres Trägers zuschreiben dürfen.

- *Proaktive Orientierung*:

  Diese Persönlichkeitseigenschaft bezieht sich darauf, daß erfolgreiche Unternehmer gewissermaßen aus sich selbst heraus aktiv sind, also Eigeninitiative entwikkeln und nicht erst auf die Aufforderung anderer warten, bevor sie handeln. In direkter Verbindung dazu stehen zudem eine vor allem *langfristige Orientierung* bei der Ziel-Mittel-Festsetzung, die einen Belohnungsaufschub ermöglicht, des weiteren eine überdurchschnittliche Bereitschaft zur *Verantwortungsübernahme* sowie die *Fähigkeit, aus Fehlern zu lernen*.

- *Aggressive Konkurrenz*:

  Mit diesem Begriff verbindet man die Bereitschaft des Unternehmers, sich im Wettbewerb durchzusetzen, sozusagen die Konkurrenz aus dem Markt zu werfen. Unter psychologischen Gesichtspunkten werden diesbezüglich Zusammenhänge zu einer starken Ausprägung der beiden Persönlichkeitskomponenten *Machiavellismus* (im Sinne eines durch keine moralischen Bedenken gehemmten Erfolgsstrebens) und *Dominanzbedürfnis* angenommen.

- *Leistungsorientierung*:

  Eine hohe *Leistungsmotivation*, verbunden mit großem *Ehrgeiz*, sowie eine überdurchschnittliche *Identifikation* mit der eigenen Tätigkeit bei gleichzeitig geringer *Freizeitorientierung* gelten ebenfalls als zentrale Kennzeichen erfolgreicher unternehmerischer Persönlichkeiten.

- *Soziale Orientierung*:

  Aufgrund der tätigkeitsbedingt zahlreichen sozialen Beziehungen von Unternehmern sowohl außerbetrieblich, im Beschaffungs- und Absatzbereich, als auch innerbetrieblich, ist eine *extrovertierte Persönlichkeitsstruktur*, die häufige soziale Kontakte bevorzugt, günstig für den Erfolg.

- *Emotionale Stabilität*:

  Da jedes unternehmerische Handeln nicht selten auch mit Schwierigkeiten, Streßsituationen und partiellen Rückschlägen einhergeht, kommt dieser Eigenschaft eine nicht geringe Bedeutung zu. Im einzelnen zeichnet sich eine emotional stabile Persönlichkeit etwa durch folgende Einzelkomponenten aus: Geringe Rigidität, Optimismus, geringe Streßanfälligkeit, wenig Angst vor Fehlern sowie eine hohe Handlungsorientierung gerade nach Mißerfolgen.[1]

---

[1] Vgl. GÖBEL, Zusammenhänge (1998), S. 100-104.

Eine weitere und umfassende Auflistung verschiedener Persönlichkeitsmerkmale, deren Besitz für den Unternehmer als vorteilhaft gilt, findet sich beispielsweise bei TIMMONS.[1] Dieser Autor unterscheidet dabei grundsätzlich zwischen gewissen Kennzeichen einerseits, welche ein Unternehmer sich, zumindest in Teilen, selbst aneignen kann und weiteren Persönlichkeitsfaktoren andererseits, die aufgrund ihres Charakters eher den angeborenen und frühkindlich erworbenen Fähigkeiten zugerechnet werden.

Zunächst sollen nun die Haupteigenschaften beschrieben werden, welche nach Ansicht TIMMONS auch noch im Erwachsenenalter, etwa im Rahmen der unternehmerischen Tätigkeit, erlernbar bzw. verbesserungsfähig sind:

- *Hingabe und Entschlossenheit* (commitment and determination).

- *Führerschaft* (leadership).

- *Besessenheit hinsichtlich günstiger Gelegenheiten* (opportunity obsession).

- *Toleranz gegenüber Risiko, Mehrdeutigkeit und Ungewißheit* (tolerance of risk, ambiguity, and uncertainty).

- *Schöpferische Gestaltungsfähigkeit, Selbstvertrauen und Anpassungsfähigkeit* (creativity, self-reliance, and ability to adapt).

- *Streben, sich hervorzuheben* (motivation to excel).

Ähnlich positiv auf den Erfolg einer Unternehmertätigkeit wirken sich nach der Auffassung TIMMONS aber auch folgende, allerdings weniger erlernbare Persönlichkeitseigenschaften aus:

- *Tatkraft, emotionales Wohlbefinden und emotionale Beständigkeit* (energy, health, and emotional stability).

- *Kreativität und Innovationsfähigkeit* (creativity and innovativeness).[2]

- *Intelligenz und konzeptionelle Fähigkeiten* (intelligence).

- *Fähigkeit, andere zu begeistern, bzw. Charisma* (capacity to inspire).

- *Ethische Wertvorstellungen* (values).

---

[1] Vgl. hierzu und nachfolgend *TIMMONS*, New Venture (1999), S. 220-226. Dort findet sich auch eine ausführliche Erläuterung dieser einzelnen Persönlichkeitsfaktoren, auf die im Rahmen dieses Kapitels verzichtet werden muß.

[2] Die doppelte Auflistung von creativity begründet TIMMONS damit, daß die psychologische Forschung sich nicht ganz darüber einig ist, inwieweit diese Persönlichkeitseigenschaft angeboren bzw. erworben ist.

Gleichsam als Kontrast zu obigen, das Unternehmertum begünstigenden Faktoren werden zudem noch verschiedene Persönlichkeitseigenschaften aufgeführt, deren Vorhandensein sich dagegen eher als ein *Hemmnis* für eine unternehmerische Tätigkeit erweisen kann. Zu dieser Kategorie gehören:

- *Gefühl der Unverwundbarkeit* (invulnerability).
- *Übersteigertes Wettbewerbsstreben* (being macho, adrenaline junky).
- *Ablehnung gesellschaftlicher oder staatlicher Autorität* (being antiauthoritarian).
- *Neigung zu Spontanhandlungen* (impulsivity).
- *Externale Kontrollüberzeugung* (outer control).
- *Perfektionismus* (perfectionist).
- *Gefühl der Allwissendheit* (know it all).
- *Übersteigertes Unabhängigkeitsstreben* (counterdependency).

Bezüglich obiger Darstellung ist zudem noch darauf hinzuweisen, daß TIMMONS seine Aussagen zunächst einmal auf die Personengruppe der Unternehmensgründer beschränkt. Allerdings sieht er in verschiedenen Passagen seiner Ausführungen ausdrücklich auch eine Relevanz dieser Persönlichkeitsmerkmale für eine allgemeine Unternehmertätigkeit als gegeben an. Im übrigen zeigt ein Vergleich der von ihm aufgelisteten Eigenschaften mit den zuvor beschriebenen generellen unternehmerischen Persönlichkeitskennzeichen, daß beide Auflistungen inhaltlich durchaus ähnlich gestaltet sind und zahlreiche gemeinsame Elemente besitzen. Insgesamt kann man daher hinsichtlich der psychologischen und persönlichkeitsbezogenen Forschungsergebnisse eine weitgehende Übereinstimmung zwischen Unternehmer und Unternehmensgründer annehmen.

Eine andere wichtige Erkenntnis der empirischen Forschung bezieht sich auf die Frage, inwieweit sozial-biographische Daten, dazu gehören beispielsweise Bildungsniveau, Zahl der vorher ausgeübten Tätigkeiten und Beruf der Eltern, Einfluß auf die Unternehmertätigkeit einer Person besitzen. In diesem Zusammenhang weisen Untersuchungen klar darauf hin, daß zwischen derartigen Faktoren, welche die soziale Stellung des Unternehmers ebenso wie seine berufliche Ausgangsposition bestimmen, und dem unternehmerischen Erfolg kein Zusammenhang feststellbar ist.[1]

---

[1] Vgl. *MCCLELLAND*, Characteristics (1987), S. 228 f.

3.3.2.3.4 Grundprobleme der empirischen Forschung

Letztlich sind die vielfältigen Interaktionen von Persönlichkeitsaspekten mit weiteren Erfolgsfaktoren unternehmerischen Handelns dann auch eine der maßgeblichen Ursachen dafür, weshalb die empirische Literatur zur erfolgreichen Unternehmerpersönlichkeit bisher nicht in der Lage gewesen ist, ein angemessen konturiertes und einigermaßen einheitliches Bild über die Eigenschaften erfolgreicher Unternehmer herauszuarbeiten. Fast jeder Autor bietet ein eigenständiges Konzept mit spezifischen personenbezogenen Merkmalen, wobei das zugrundeliegende psychologische Persönlichkeitsmodell aber nicht immer ersichtlich wird. Daher läßt sich auch häufig nicht erkennen, ob die verschiedenen Begriffsbezeichnungen auf tatsächlich verschiedene Inhalte zurückzuführen sind oder ob sie lediglich differierende Formulierungen für gleiche Aussagen darstellen. Umgekehrt bleibt ebenfalls offen, inwieweit gleiche Bezeichnungen sich dann auf gleiche Inhalte beziehen oder inhaltlich unterschiedliche Sachverhalte beschreiben.

Im Hinblick auf die Definition des Unternehmererfolges besteht eine ähnliche Situation. Denn auch bezüglich des unternehmerischen Erfolges läßt sich in der wissenschaftlichen Literatur kein allgemein anerkanntes und universell verwendetes, sozusagen standardisiertes, inhaltliches Konzept erkennen.[1] Dies führt dann dazu, daß, analog der Situation bei den Persönlichkeitsaspekten, eine Vergleichbarkeit der Ergebnisse verschiedener Autoren kaum mehr möglich ist.

Ein dritter, ebenfalls noch kaum gelöster Problemkreis der meisten empirischen Studien zu den Motiven und Persönlichkeitsmerkmalen erfolgreicher Unternehmer bezieht sich auf die Frage nach Ursache und Wirkung in der Beziehung zwischen Persönlichkeit und Unternehmertätigkeit. Zwar ist es der psychologischen Forschung bisher gelungen, einige gemeinsame Eigenschaften zu beschreiben, die sich bei fast allen unternehmerisch handelnden Personen finden lassen. Allerdings konvergieren diese spezifischen Persönlichkeitskennzeichen ziemlich deutlich mit den Funktionen, welche von den Wirtschaftswissenschaften den Unternehmern als deren Aufgabe zugewiesen werden.[2] Bezüglich der auf diese Weise empirisch ermittelten Ergebnisse bleibt daher offen: Verhalten sich die Unternehmer entweder derartig, weil dies aus ökonomischen Gründen für ihre Unternehmertätigkeit notwendig ist, oder entscheidet

---

[1] Wie bereits die Ausführungen in Kap. 2.3.2 hinsichtlich des Gründungserfolges gezeigt haben, gestaltet sich eine brauchbare Operationalisierung von Erfolg prinzipiell schwierig. Diese Aussage gilt selbstverständlich auch im Zusammenhang mit dem personenbezogenen unternehmerischen Erfolgsbegriff: Verwendet man als Erfolgsmaßstab etwa nur wirtschaftliche Größen und, wenn ja, welche, oder berücksichtigt man auch die Erreichung nichtökonomischer Ziele?

[2] Vgl. hierzu etwa den Zusammenhang zwischen dem Merkmal extrovertierte Persönlichkeitseigenschaft und der Notwendigkeit, im Rahmen der unternehmerischen Tätigkeit soziale Kontakte einzugehen.

man sich dafür, Unternehmer zu sein, weil man bereits vorher diese beschriebenen Merkmale selbst besitzt?[1]

Als vierter Kritikpunkt an den bisherigen Studien läßt sich noch die Tatsache aufführen, daß in der Regel allein erfolgreiche Unternehmer bzw. Unternehmensgründer als Untersuchungsobjekt dienen. Diese Vorgehensweise kann beispielsweise allzu schnell zu der Annahme verführen, daß die in diesem Zusammenhang ermittelten personenbezogenen Eigenschaften als charakteristische Kennzeichen oder gar als notwendige Voraussetzungen gerade einer erfolgreichen Unternehmertätigkeit angesehen werden. Eine derartige Schlußfolgerung ist jedoch keineswegs zwingend. Ohne einen Vergleich mit sozusagen erfolglosen Unternehmern kann man nicht ausschließen, daß die empirisch gefundenen Merkmale lediglich allgemeine Unternehmereigenschaften darstellen, die jeder Unternehmer besitzt und die daher in keinem Zusammenhang mit dem unternehmerischen Erfolg stehen.[2]

Schließlich gibt es – auch im Bereich der Eigentümerunternehmen – nicht wenige Unternehmensgründungen, bei denen mehrere Personen mit gegebenenfalls sich gegenseitig ergänzenden Persönlichkeitseigenschaften die Entscheidungen der Unternehmensführung maßgeblich beeinflussen. In derartigen Situationen wird man kaum noch von einem bestimmenden Einfluß einer ganz bestimmten „Unternehmerpersönlichkeit" bezüglich des Unternehmenserfolges sprechen können.[3]

Zusammenfassend bleibt daher nur festzuhalten, daß die empirische Forschungsliteratur zu den Persönlichkeitskennzeichen unternehmerisch tätiger Individuen insgesamt zur Zeit nur wenig befriedigende Ergebnisse vorweisen kann. In diesem Sinne sind aktuell weder typische Persönlichkeitsstrukturen des erfolgreichen Unternehmers noch eine für unternehmerisches Handeln unabdingbare Persönlichkeitseigenschaft empirisch nachgewiesen.

Aufgabe 7:

Benennen Sie kurz die wichtigsten Persönlichkeitsmerkmale, die im Rahmen der empirischen Forschung zur Unternehmerpersönlichkeit als charakteristisch für erfolgreiches unternehmerisches Handeln angesehen werden! Wie beurteilen Sie die wissenschaftliche Aussagekraft dieser Erkenntnisse?

---

[1] Vgl. *BRANDSTÄTTER*, Entrepreneur (1997), S. 172 f., ebenso *NERDINGER*, Perspektiven (1998), S. 9.

[2] Dazu vgl. auch *KLANDT*, Person (1980), S. 335.

[3] Pointierter formuliert bedeutet dies, daß allein die Fähigkeit eines Unternehmers, die Geschäftsführung seines Unternehmens geeigneten Führungskräften anzuvertrauen, unter gewissen Umständen bereits eine hinreichende „Persönlichkeitseigenschaft" für den wirtschaftlichen Erfolg dieses Unternehmens darstellt.

3.3.3 Unternehmertypologien

3.3.3.1 Definitorisches und typologische Arten

Bereits im Rahmen der Darstellung des Unternehmerbildes von SCHUMPETER wie auch von SOMBART ist jeweils eine *Unternehmertypologie* vorgestellt worden. Unter dem Begriff Typologie versteht man hierbei eine Systematik, welche verschiedene Grundformen des Unternehmers beschreiben und anhand gewisser Merkmale voneinander trennen möchte. Insofern könnte man eine Typologie berechtigterweise auch als ein personenbezogenes *Systematisierungskonzept* bezeichnen. In der Regel lassen sich derartige Typologien hierbei als idealtypische und abstrahierte Unternehmerbilder verstehen, deren Aufgabe darin besteht, den jeweiligen unternehmerischen Gesamtansatz zu ergänzen oder zu erweitern.[1]

Je nachdem, welchem Wissenschaftsgebiet man die Kriterien, die zur Differenzierung der verschiedenen Typen herangezogen werden, zuordnet, lassen sich verschiedene *typologische Arten* trennen. In Hinblick auf die Unternehmerforschung und ihre bereits im Kapitel 3.1 beschriebenen beiden Hauptrichtungen wissenschaftlicher Perspektive entstehen daher auf der einen Seite im Rahmen einer Nutzung funktionsorientierter bzw. tätigkeitsbezogener Merkmale zunächst vorwiegend *ökonomische Typologien*. Ein Beispiel hierfür ist die Unternehmertypologie SCHUMPETERS aus Kapitel 3.3.1.3.3. Auf der anderen Seite bedingt eine Verwendung personenorientierter, also persönlichkeits- oder gesellschaftsbezogener Unterscheidungskennzeichen die Bildung sozialwissenschaftlicher, konkret *psychologischer* oder *soziologischer Typologien*. Zusätzlich gibt es aber auch gewisse *Mischformen*, die durch eine gleichzeitige Anwendung von Differenzierungskriterien verschiedener wissenschaftlicher Grundrichtungen zustande kommen. Als geeignetes Beispiel für diese Form bietet sich die im Kapitel 3.3.2.1.4 und *Abbildung 8* dargestellte Typologie von SOMBART an, bei der sowohl funktionale als auch gesellschaftsbezogene Unterscheidungsmerkmale angewendet werden. In den nachfolgenden Abschnitten werden noch einige weitere, in der entsprechenden wissenschaftlichen Literatur auffindbare Systematisierungskonzepte bzw. Typologien des Unternehmers vorgestellt.

Nicht selten, wie noch einige nachfolgende Beispiele zeigen werden, versuchen manche Autoren in diesem Zusammenhang, ihre Unternehmertypen anhand zweier unterschiedlicher Hauptdimensionen, die ebenso in jeweils zwei verschiedenen Ausprägungsstärken auftreten, zu kennzeichnen. Auf diese Weise entsteht die allseits bekannte und gewissermaßen bereits klassische Vierfeldermatrix als Darstellungsform. Insbesondere wenn es sich um persönlichkeitsbezogene Typologien handelt,

---

[1] Damit gehören solche Konzepte ebenfalls in die Kategorie der deduktiven, nicht empirischen Modelle.

muß sich der Betrachter hierbei allerdings stets vergegenwärtigen, daß derartige Schemata in Abhängig von den jeweils ausgewählten Merkmalen eine gewisse Beliebigkeit besitzen. In der Regel wollen sie pointiert ein spezielles idealisiertes Konzept des Verfassers aufzeigen. Sie sind weder für die Beschreibung realer Unternehmerpersonen gedacht, noch eignen sie sich dazu.

3.3.3.2 Ökonomische Typologien

3.3.3.2.1 Unternehmertypus und Innovationsprozeß

Transaktionskostentheoretische Überlegungen sowie ein Bezug sowohl zu den verschiedenen Phasen im Innovationsprozeß[1] als auch zum neoösterreichischen Unternehmerkonzept KIRZNERS bilden die wissenschaftliche Grundlage dieser rein ökonomischen Unternehmertypologie.[2] Im einzelnen unterscheiden die Autoren dabei zwischen folgenden Formen unternehmerischer Tätigkeit:

1. *Politischer Koordinator*:

   Als sogenannter *politischer Unternehmer*, der keinen direkten materiellen Vermögenszuwachs anstrebt, sondern vielmehr aus politischen Überlegungen (Stimmengewinn etc.) heraus handelt, läßt er sich nicht den Unternehmertypen im engeren Sinn zurechnen. Dennoch erfüllt er eine gesamtwirtschaftlich bedeutsame Aufgabe, indem er die ordnungspolitische Infrastruktur für die wirtschaftlichen Aktivitäten maßgeblich mitgestaltet und dadurch erst die notwendigen Frei- und Entscheidungsräume für individuelles unternehmerisches Handeln zur Verfügung stellt.

2. *Informationskoordinator*:

   Die Tätigkeiten dieses Unternehmertypus liegen vorwiegend auf der abstrakt-konzeptionellen Ebene. In diesem Zusammenhang entwickelt er durch Zusammenführung zahlreicher Wissensfragmente *neue Produktideen* und *neue technische Standards bzw. Normen*. Aber auch *institutionelle Innovationen*, die organisatorische Änderungen in der Unternehmensstruktur zur Folge haben, werden durch ihn geschaffen. Unternehmensgründungen selbst führt er jedoch nicht durch. Insgesamt nimmt er vorwiegend die Rolle eines „Erfinders" oder „geistigen Vaters" ein. Daher entspricht sein Aufgabenbereich vor allem der *Inventionsphase* im

---

[1] Im Rahmen dieses Konzeptes wird der Innovationsprozeß in die drei Phasen Invention – Transformation – Diffusion gegliedert. Zum Begriff Innovation vgl. Kap. 3.3.1.3.1.

[2] Vgl. hierzu und nachfolgend *PICOT/LAUB/SCHNEIDER*, Unternehmensgründungen (1989), S. 28-45.

Innovationsprozeß, die sich ja durchaus vergleichbar als Suche nach alternativen Problemlösungspotentialen definieren läßt.

3. *Ressourcenkoordinator*:

Im Gegensatz zum vorherigen Unternehmertyp nutzt der Ressourcenkoordinator dagegen vor allem die konkrete unternehmensbezogene Ebene als Handlungsfeld. In seiner Funktion als Organisator der Ideenabwicklung strebt er hierbei hauptsächlich danach, eine optimale transaktionskostensenkende Koordination der Ressourcen, welche für die Gründung und Entwicklung eines Unternehmens benötigt werden, zu erreichen. Sein unternehmerischer Schwerpunkt wird demgemäß eher als *inputorientiert* bezeichnet. In Hinblick auf die verschiedenen Phasen des Innovationsprozesses kann seine Tätigkeit in etwa mit der *Transformationsphase*, in der es zur Vorbereitung und Erstellung tatsächlicher innovativer Produkte kommt, gleichgesetzt werden.

4. *Marktkoordinator*:

Diese vierte Form unternehmerischen Handelns läßt sich insbesondere mit dem *Arbitrageur* im Sinne KIRZNERS vergleichen.[1] Folglich besteht das Ziel des Marktkoordinators vor allem darin, durch Ausnutzung eines Informationsvorsprungs Koordinationslücken zwischen Anbietern und Nachfragern am Markt zu beseitigen. Als Ergebnis davon sinken zunächst die Transaktionskosten, und es entstehen zudem neue Arbitragemöglichkeiten, die seitens des Unternehmers wahrgenommen werden können. Alles in allem führt eine derartige marktkoordinierende Funktion gerade im Zusammenhang mit Innovationen zur Marktöffnung und fördert auf diese Weise die Diffusion neuartiger Produkte. Demgemäß entspricht diese Tätigkeit der *Diffusionsphase*, also jener Phase im Innovationsprozeß, in der Markteinführung und Marktdurchdringung bis hin zur Marktsättigung stattfinden.

Ergänzend muß noch darauf hingewiesen werden, daß PICOT, LAUB und SCHNEIDER ihre Unternehmertypologie vorwiegend als theoretisches ökonomisches Konzept zur transaktionskosten- und innovationsbezogenen Analyse des Gründungsprozesses von Unternehmen ansehen. Demgemäß stehen diese vier Unternehmertypen jeweils idealtypisch für eine spezifische, zum Teil phasenabhängige Funktion unternehmerischen Handelns. In der Realität ist es daher durchaus vorstellbar, daß eine tatsächliche Unternehmerperson mehrere dieser Unternehmerrollen gleichzeitig oder nachein-

---

[1] Vgl. dazu Kap. 3.3.1.4.

ander repräsentiert.[1] Die nachfolgende *Abbildung 10* faßt die charakteristischen Elemente dieses Konzepts noch einmal zusammen:

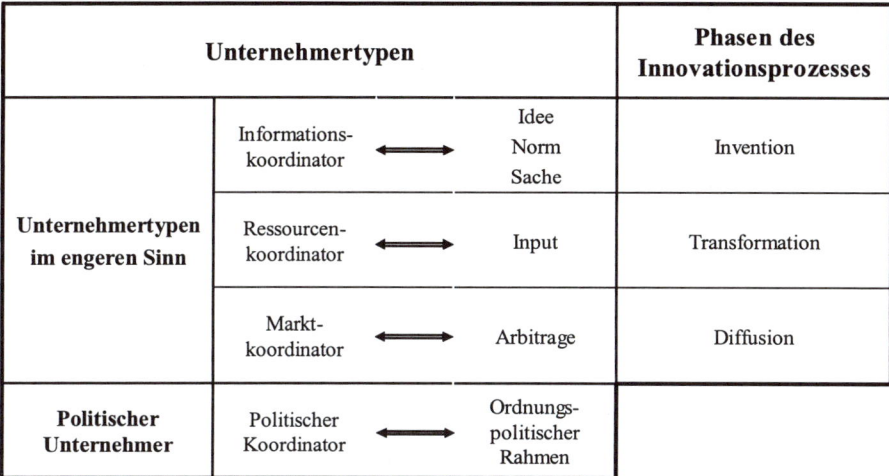

Unternehmertypen			Phasen des Innovationsprozesses
Unternehmertypen im engeren Sinn	Informations-koordinator ⟷	Idee Norm Sache	Invention
	Ressourcen-koordinator ⟷	Input	Transformation
	Markt-koordinator ⟷	Arbitrage	Diffusion
Politischer Unternehmer	Politischer Koordinator ⟷	Ordnungs-politischer Rahmen	

Abbildung 10: Unternehmertypen nach PICOT, LAUB und SCHNEIDER

3.3.3.2.2 Kriterien zur Unterscheidung verschiedener Unternehmensgründer

Ökonomische Typologien sind nicht nur für Unternehmer im allgemeinen, sondern auch für Unternehmensgründer im Besonderen denkbar. In diesem Zusammenhang gibt es zwar prinzipiell eine Vielzahl verschiedener Gesichtspunkte, anhand derer sich das Handeln von Unternehmensgründern *tätigkeitsbezogen* durch weitgehend objektivierbare Merkmale unterscheiden und in einzelne Kategorien von Gründertypen unterteilen läßt. Faßt man diese Kriterien zusammen, so gelangt man allerdings im wesentlichen zu vier Hauptbestimmungsgrößen, die nachfolgend vorgestellt und näher erläutert werden sollen:[2]

---

[1] Im Grundsatz gilt eine derartige Aussage für alle rein ökonomischen, d. h. funktional konzipierten Unternehmertypologien. Denn bei dieser Gruppe geht es eigentlich immer darum, mittels des jeweiligen Typus eine spezifische *Unternehmerrolle* bzw. *Unternehmerfunktion* näher zu beschreiben.

[2] Vgl. für die folgenden Aussagen *BIRD*, Behavior (1989), S. 23-29.

- *Ziele des Unternehmers*:

  Diesbezüglich können grundsätzlich geldliche von nicht-geldlichen Zielen unterschieden werden:

  - *Geldliche Ziele*:

    In der Regel ist mit der Unternehmertätigkeit das Streben verknüpft, aus diesen Aktivitäten ein für einen angemessenen *Lebensunterhalt* notwendiges Einkommen zu beziehen, gewissermaßen als Ersatz für eine Angestelltenentlohnung. Sollten die persönlichen Einkünfte allerdings bereits hinreichend sein, kann allerdings dieses in seiner Höhe begrenzte Motiv nach Einkommensersatz durch ein eher unbegrenztes allgemeines *Gewinstreben* als Ziel unternehmerischen Handelns ersetzt werden. Weniger häufig sind primär *steuerliche* oder *haftungsrechtliche Gesichtspunkte* als geldliche Beweggründe für eine unternehmerische Tätigkeit anzutreffen.[1]

  - *Nicht-geldliche Ziele*:

    Dazu gehören vor allem individuelle Wertvorstellungen, etwa die Motive, ein Unternehmen aufzubauen oder gesellschaftliche Veränderungen zu verursachen.

- *Gründungsprozeß*:

  Dieser Gesichtspunkt läßt sich insbesondere mittels zweier Eigenschaften näher kennzeichnen:

  - *Zeitliche Dimension der Unternehmensgründung*:

    Der „Einstieg" in die Unternehmertätigkeit kann entweder *schnell* und risikoreich oder alternativ eher *langsam* unter Nutzung einer Übergangsphase, in welcher die vorherige berufliche Tätigkeit parallel fortgeführt wird, erfolgen.

  - *Herkunft der Geschäftsidee*:

    Auf der einen Seite gibt es zunächst die Möglichkeit, daß dieses Konzept allein auf den Vorstellungen und Visionen des Gründers beruht. Auf der anderen Seite, beispielsweise beim Kauf eines Unternehmens, *erwirbt* der Käufer damit zugleich stets eine Geschäftsstrategie, die er anschließend nach seinen eigenen Vorstellungen abändert. Eine weitere Möglichkeit, sich eine Geschäftsidee anzueignen, liegt im sogenannten „*Franchising*". Als vierte

---

[1]   So kann die Unternehmereigenschaft Vorteile beim Vorsteuerabzug bedingen. Ebenso ist es möglich, durch Gründung eines Unternehmens ein geplantes Vorhaben in einer haftungsbeschränkten Rechtsform durchzuführen.

Alternative ist noch eine sozusagen *organisationsinterne* Entstehung innerhalb einer bereits vorhandenen Unternehmensstruktur denkbar. In diesem Fall handelt es sich um einen nicht-selbständigen Mitarbeiter, der dennoch in seiner Position innovativ-unternehmerisch tätig ist.

- *Industrielles und technisches Umfeld*:

  In diesem Zusammenhang kommt hauptsächlich zwei Faktoren eine Bedeutung zu:

  - *Wirtschaftszweig*:

    Branchenbezogene Einflüsse wirken sich nicht nur auf die Organisationsstruktur (und auch -kultur) einer Unternehmensgründung aus, sondern erfordern nicht selten auch spezifische Gründer- bzw. Unternehmertypen, welche beispielsweise einen beruflichen Hintergrund im Ingenieurswesen, künstlerische Kreativität oder eine gewisse Gründungserfahrung aufweisen.

  - *Technischer Einfluß*:

    Sogenannte Spitzentechnik-Unternehmen, welche sich auf schnell ändernde technische Bedingungen durch entsprechende Maßnahmen einstellen müssen, erfordern dementsprechend vorwiegend andere unternehmerische Kompetenzen als Unternehmen in einem weniger dynamischen Umfeld.

- *Eigentumsverhältnisse*:

  Diese letzte, den Gründertyp mitbestimmende Merkmalsgruppe bezieht sich vor allem auf die Eigentumsrechte am Unternehmen. Je nach rechtlicher Gestaltung des Unternehmens, etwa Einzelunternehmen oder Gesellschaft, muß der Unternehmer unterschiedliche ökonomische Unternehmerfunktionen übernehmen und repräsentiert somit auch unterschiedliche ökonomische Unternehmertypen.

Die Mehrzahl dieser Kriterien, im einzelnen handelt es sich hierbei um *Unternehmerziele, Umfeld* sowie *Eigentumsverhältnisse*, bezieht sich selbstverständlich nicht nur auf den Unternehmensgründer allein, sondern weist ebenso für die allgemeine unternehmerische Tätigkeit Gültigkeit auf. Derartige Kennzeichen sind deshalb jederzeit auch im Rahmen einer generellen Unternehmertypologie anwendbar.

3.3.3.3 Mischtypologien

3.3.3.3.1 Eine funktional-personale Unternehmertypologie

In diesem Ansatz faßt HANS JOBST PLEITNER die Gesamtheit der unternehmerischen Tätigkeiten zu zwei Hauptdimensionen, zum einen den dynamisch-innovativen Bereich, zum anderen den administrativ-ausführenden Bereich, zusammen.[1] Je nach dem Ausprägungsgrad der persönlichen Fähigkeiten des Unternehmers in diesen beiden Handlungsfeldern entstehen hierdurch vier verschiedene funktional-personale Grundtypen unternehmerischen Handelns:

1. *Organisator*:

   Ein derartiger Unternehmertyp verfügt nach PLEITNER vor allem über analytische, ordnende und führungsbetonte Fähigkeiten, so daß er deswegen hauptsächlich seine Stärken auf dem Gebiet administrativ-ausführender Tätigkeiten besitzt. Verknüpft man diese Charakteristik zudem noch mit dem Lebenszykluskonzept eines Unternehmens, eignet sich das „Verwaltungsgenie" Organisator-Unternehmer vor allem dafür, ein Unternehmen in dessen Wachstums- und Reifephase zu leiten.

2. *Allrounder*:

   Wie der Name bereits andeutet, besitzt der Allrounder Kompetenzen sowohl hinsichtlich dynamisch-innovativer als auch bezüglich administrativ-ausführender Aspekte unternehmerischen Handelns. Insofern gilt er als vielseitig und universell.

3. *Routinier*:

   Im Gegensatz dazu zeigt dieser Typus in keinem der beiden Hauptbereiche besondere Stärken. Seine unternehmerischen Aufgaben bewältigt er vielmehr durch seine gewissermaßen professionelle Versiertheit.

---

[1]   Vgl. hierzu und nachfolgend *PLEITNER*, Unternehmerpersönlichkeit (1996), S. 539 f. Im wesentlichen handelt es sich bei diesem Modell um eine Übernahme des Konzeptes, welches von der sogenannten STRATOS- (Strategic Orientation of Small and Medium Sized Enterprises) Forschungsgruppe in den 80er Jahren aufgestellt worden ist.

4. *Pionier*:

Aufgrund seines schöpferischen Potentials und seiner Kreativität ist der Pionier-Unternehmer Sinnbild für innovatives unternehmerisches Handeln. Bei gleichzeitiger Berücksichtigung seiner eher unterdurchschnittlichen administrativen Fähigkeiten liegt sein ideales Betätigungsfeld demgemäß insbesondere in der Gründungsphase eines Unternehmens, zumal man für diese Frühphase üblicherweise eine geringere Notwendigkeit für organisatorisch-administrative Unternehmerfunktionen annimmt.

Nachstehende *Abbildung 11* gibt in einer schematischen Darstellung noch einmal eine Übersicht dieser funktional-personalen Grundtypen[1] von Unternehmern wieder:

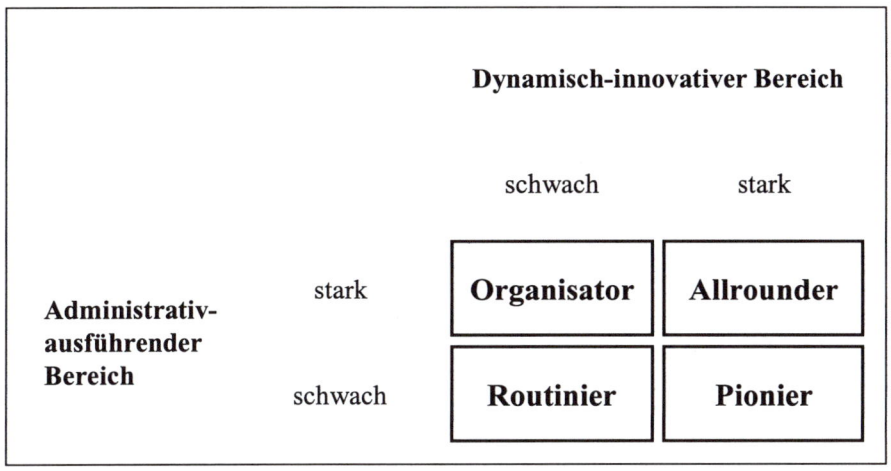

Abbildung 11: Funktional-personale Unternehmertypen nach PLEITNER

---

[1] Die Klassifikation dieser Typologie als Mischform ergibt sich aus der Tatsache, daß einerseits zwar die Unterscheidungskriterien der verschiedenen Typen aus der funktionalen Unternehmerforschung stammen, andererseits jedoch für die konkrete Zuordnung auch persönlichkeitsbezogene Fähigkeiten und Eigenschaften des Unternehmers herangezogen werden.

3.3.3.3.2 „Promoter" und „Trustee" als unternehmerische Gegenpole

STEVENSON und SAHLMAN entwickeln ein Konzept, in welchem sich die beiden Typen *„Promoter-Entrepreneur"* (Gründer) und *„Trustee-Administrator"* (Verwalter) gewissermaßen als gegensätzliche Grundformen gegenüberstehen.[1] Damit bilden sie zugleich die idealtypischen Endpunkte eines Kontinuums verschiedener, in der Realität mit größerer Wahrscheinlichkeit auffindbarer *Zwischenformen* unternehmerischen Verhaltens. In diesem Zusammenhang unterscheiden die Autoren zwischen sechs verschiedenen Dimensionen, anhand derer sie den Unterschied zwischen einem unternehmerisch gründungsbezogenen Handeln einerseits und einem eher verwaltungsmäßig orientierten Tun andererseits verdeutlichen:

- *Strategische Orientierung (strategic orientation):*

   Während der „Promoter" sich vor allem neuen ökonomischen Chancen zuwendet und insofern maßgeblich von den sich ändernden Umweltbedingungen beeinflußt wird, zielt die Unternehmensstrategie des „Trustee" dagegen eher darauf ab, bereits Bestehendes zu koordinieren. Demgemäß richtet sich sein Hauptaugenmerk auf Erfordernisse der Unternehmensorganisation.

- *Bindung an günstige Gelegenheiten (commitment to opportunity):*

   Diesbezüglich läßt sich das Handeln des „Promoters" als ausgesprochen aktionsbezogen beschreiben, wobei es zumeist lediglich zu einer kurzfristigen Bindung an die neue wirtschaftliche Chance kommt. Ein derartiges Verhalten erweist sich zwar als günstig für die Bewältigung rasch wechselnder äußerer Rahmenbedingungen, kann allerdings bei der Bewahrung der Unternehmensstrukturen zu Problemen führen. Im Gegensatz dazu agiert der „Trustee" eher bedächtig, jedoch entstehen dabei in der Regel längerfristige Beziehungen zu den neuen Geschäftsfeldern.

- *Bindung an Ressourcen (commitment of resources):*

   Auf der einen Seite ist der „Promoter-Entrepreneur" vor allem dadurch gekennzeichnet, daß er gewissermaßen viele seiner Tätigkeiten mit nur geringen eigenen Ressourcen, manchmal sogar allein mit dem Vertrauen in die günstige wirtschaftliche Chance in Angriff nimmt. Deshalb wird er nicht selten auch als eine eher provisorisch ausgerichtete Person oder auch als Spekulant beschrieben. Auf der anderen Seite strebt der „Trustee-Administrator" hauptsächlich danach, die von ihm verwalteten Ressourcen ökonomisch sinnvoll in Hinblick auf eindeutig wahrgenommene Gelegenheiten einzusetzen.

---

[1]   Vgl. hierzu und nachfolgend *STEVENSON/SAHLMAN, Importance* (1986), S. 18-24, in Ergänzung auch *FALLGATTER, Unternehmer* (2001), S. 1225.

- *Kontrolle der Ressourcen (control of resources)*:

  In Hinblick auf diese Verhaltensdimension zeigt es sich, daß der „Promoter" die Gesamtkosten, Belastung und Verantwortung, welche der Einsatz eigener Ressourcen und eigenen Personals mit sich bringt, eher als abschreckend empfindet und daher vorübergehende Lösungsmöglichkeiten, etwa durch Anmietung der jeweils benötigten Produktionsfaktoren, bevorzugt. Der typische „Trustee" hingegen besitzt eine positive Beziehung zur Höhe der von ihm eingesetzten Vermögenswerte, wie auch zur Zahl der bei ihm beschäftigten Personen und betrachtet diese Faktoren als wichtige Statusmerkmale seiner unternehmerischen Tätigkeit.

- *Organisationsstruktur (management structure)*:

  Gerade wegen seiner strategischen Ausrichtung, die sich vor allem an neuen ökonomischen Chancen orientiert, neigt der „Promoter" dazu, persönliche Kontakte zu wichtigen Geschäftspartnern und Mitarbeitern in den Vordergrund zu stellen. Insofern kommt es vorzugsweise zur Bildung flacher Unternehmenshierarchien und informell gestalteter Netzwerkstrukturen. Auf der Gegenseite zeichnet sich der „Trustee" – nicht zuletzt auch aufgrund seiner Tendenz, möglichst viele eigene Ressourcen an Personal- und Sachmitteln zu verwalten – eher durch das Bestreben aus, klare Zuständigkeiten und Verantwortungsstrukturen zu schaffen. Als Folge davon entstehen vor allem formalisierte Unternehmenshierarchien.

- *Vergütungsgrundsätze (compensation – reward policy)*:

  Hinsichtlich dieses Merkmals richten sich einerseits gründertypische Entlohnungssysteme hauptsächlich am Gesamterfolg der Gründermannschaft bzw. der Wertschöpfung des gesamten Unternehmens aus. Verwaltungsorientierte Unternehmensführungen bevorzugen andererseits eine individuelle Vergütung nach den jeweiligen Verantwortlichkeiten sowie nach traditionellen, vor allem kurzfristigen Kennziffern des unternehmerischen Erfolges. Im Gegensatz zu „Promoter"-Organisationen gibt es hier in der Regel auch eine Obergrenze der möglichen Entlohnung.

Die wesentlichen Unterscheidungskriterien der beiden „Gegentypen" unternehmerischer Tätigkeit werden in nachfolgender *Abbildung 12* noch einmal in einer Übersichtsdarstellung vorgestellt:

Promoter	*Dimension*	Trustee
Wahrnehmung neuer und günstiger Gelegenheiten	*Strategische Orientierung*	Kontrolle der bestehenden Ressourcen
Revolutionär, mit kurzer Zeitperspektive	*Bindung an günstigen Gelegenheiten*	Evolutionär, kontrolliert, mit langer Zeitperspektive
Mehrstufig, mit minimaler Bindung auf jeder Stufe	*Bindung an Ressourcen*	Einstufig, mit vollständiger Bindung an die Entscheidung
Vorübergehende Anmietung der benötigten (Human)Ressourcen	*Kontrolle der Ressourcen*	Eigentümer und Arbeitgeber der benötigten (Human)Ressourcen
Flache Hierarchien mit mehrfachen informellen Netzwerken	*Organisationsstruktur*	Formalisierte Hierarchien
Wertschöpfungs- und teambezogen, in der Höhe unbegrenzt	*Vergütungsgrundsätze*	Ressourcen- und auf kurzfristige Kennziffern bezogen, in der Höhe begrenzt

Über dem Tabellenkopf: **Unternehmerisch- und gründungsorientiert** ◄······································ ·····································► **Verwaltungsorientiert**

Abbildung 12: Unternehmerische Gegenpole nach STEVENSON und SAHLMAN

3.3.3.4 Psychologisch-soziologische Typologien

Stellvertretend für diese dritte Gruppe soll eine Typologie mittelständischen Unternehmertums nach PLEITNER vorgestellt werden. Hierbei beschäftigt sich der Autor vorwiegend mit Unternehmen, bei denen Eigentumsrecht und Geschäftsführung in einer einzigen Person vereinigt sind. Eine solche Unternehmensstruktur, die nach GUTENBERG auch als *Unternehmer-Unternehmen* bzw. *Eigentümer-Unternehmen*[1] bezeichnet wird, bildet bekanntermaßen ein charakteristisches Merkmal des mittel-

---

[1] Vgl. GUTENBERG, Unternehmensführung (1962), S. 12.

ständischen Unternehmertums.[1] Hinsichtlich eines derartigen *mittelständischen Unternehmers* können dann nach PLEITNER folgende vier persönlichkeitsbezogene Grundtypen unterschieden werden:[2]

1. *Möchte-gern-Unternehmer (Typ 1)*:

   Dieser Typus stellt mehr oder weniger einen Widerspruch in sich selbst dar. Einerseits mit hochgesteckten unternehmerischen Zielen versehen, mangelt es ihm jedoch andererseits an Horizont und Bildung, so daß sein Persönlichkeitsprofil eher „eng" ausfällt. Deswegen besteht für derartige Unternehmercharaktere stets die große Gefahr eines unternehmerischen Mißerfolges.

2. *Echter Unternehmer (Typ 2)*:

   Im Gegensatz dazu handelt es sich hier um jene Unternehmer, die nicht nur anspruchvolle Ziele bezüglich ihrer Tätigkeit, sondern auch die notwendigen persönlichen Mittel und Voraussetzungen zur Umsetzung derartiger Ziele besitzen.[3] PLEITNER sieht in ihnen eine gelungene Kombination zwischen rationalem „Manager" und intuitivem Unternehmer.

3. *Unternehmer wider Willen (Typ 3)*:

   Kennzeichnend für diesen Typ ist die Tatsache, daß seine Entscheidung, selbständiger Unternehmer zu werden, vornehmlich aus dem Wunsch heraus entstanden ist, unabhängig zu sein und sich einen angemessenen Lebensstandard zu ermöglichen. Da er mit seiner unternehmerischen Tätigkeit jedoch keineswegs weltbewegende Innovationen durchsetzen möchte, besteht insofern zwischen seinen persönlichen Mitteln und seiner Rolle durchaus Übereinstimmung. Als klassischer Vertreter des ursprünglichen Handwerkers wie auch des traditionellen mittelständischen Unternehmers verkörpert er nach PLEITNER gewissermaßen das Gegenteil echten Unternehmertums.

4. *Inputbegrenzender Unternehmer (Typ 4)*:

   Obwohl solche Typen im Grunde die für einen echten Unternehmer erforderlichen persönlichen Voraussetzungen aufweisen, beschränken sie ihre unternehmerischen Aktivitäten mit Absicht auf einen engen Bereich, um sich noch genügend außergeschäftliche Freiräume zu bewahren. Dadurch entziehen sie sich sozusagen

---

[1] Vgl. Kap. 2.1.1.

[2] Vgl. hierzu und nachfolgend *PLEITNER*, Beobachtungen (1984), S. 514 f.

[3] Das Persönlichkeitsprofil eines „echten Unternehmers" setzt sich nach PLEITNER dabei aus folgenden idealtypischen Merkmalen zusammen: Intuition, Dynamik, Initiative, Risikobereitschaft, Entscheidungsfreude, Mut, Hingabe, finanzielle Umsicht, psychische Belastbarkeit, Kreativität. Vgl. *PLEITNER*, Beobachtungen (1984), S. 516.

der echten Unternehmertätigkeit. Für PLEITNER stellen sie Unternehmer mit einer „modernen" Werthaltung dar.

Abbildung 13 führt diese Unternehmertypen in Form einer Vierfeldermatrix zusammen. In diesem Zusammenhang bezieht sich die horizontale Achse des Schemas auf die tatsächlich *vorhandene Persönlichkeitsstruktur* des Unternehmers als Dimension, während die vertikale Achse dagegen die Dimension *persönliche Zielsetzungen* des Unternehmers widerspiegelt:

	Persönlichkeitstypus: „Eng"	Persönlichkeitstypus: „Breit"
Status: „Unternehmer"	**Möchte-gern- Unternehmer** (Typ 1)	**Echter Unternehmer** (Typ 2)
Status: „selbständiger Geschäftsmann"	**Unternehmer wider Willen** (Typ 3)	**Inputbegrenzender Unternehmer** (Typ 4)

Abbildung 13: Mittelständische Unternehmertypen nach PLEITNER[1]

---

[1] In Anlehnung an *PLEITNER*, Beobachtungen (1984), S. 514.

3.4 Weitere Aspekte der Unternehmertätigkeit

3.4.1 Definitorisches zum Unternehmer

Vorangehende Abschnitte haben sich ausführlich mit dem Unternehmer aus verschiedenen Blickwinkeln auseinandergesetzt. Die grundsätzliche Frage, was man sich unter diesem Begriff überhaupt vorstellen kann, ist hierbei zunächst ausgeklammert worden. Unter Einbeziehung der bisher erarbeiteten Erkenntnisse soll dieser Sachverhalt nunmehr näher untersucht und, wenn möglich, einer definitorischen Klärung zugeführt werden.

Betrachtet man die wissenschaftliche Literatur zum *Unternehmertum*, zeigt es sich, daß jeder Autor im Grunde ein eigenes, gleichsam persönliches Verständnis des Unternehmerbegriffs verwendet. Nachfolgende zwei Beispiele unterschiedlicher Definitionen verdeutlichen diese Aussage:

> „Unternehmer [nennen wir] die Wirtschaftssubjekte, deren Funktion die Durchsetzung neuer Kombinationen ist und die dabei das aktive Element sind."[1]

> „Vereinigen sich Eigentum am Betrieb und Geschäftsführungsfunktion in einer Person, dann werden diese Personen als „Unternehmer" bezeichnet."[2]

In diesem Sinne ist es ist folglich kaum möglich, anhand der einschlägigen ökonomischen Literatur von einem allgemein anerkannten Unternehmerbegriff zu sprechen. Wenn man verschiedene Konzepte, die sich mit dieser Thematik befassen, dennoch analysiert und auf darin getroffene Aussagen hin überprüft, zeigt es sich allerdings, daß in zahlreichen Ansätzen zum Unternehmertum im Prinzip immer wieder ähnliche Bestandteile verwendet werden.

Die *Abbildung 14* bietet eine überblicksartige Zusammenschau immer wiederkehrender inhaltlicher Elemente im Rahmen verschiedener wirtschaftswissenschaftlicher Unternehmerdefinitionen. Da die meisten dieser Elemente in den vorherigen Kapiteln ausführlich besprochen worden sind, erübrigt sich an dieser Stelle ihre weitere Erläuterung. Lediglich der *Bezug zum ökonomischen Umfeld* bzw. *Wirtschaftssystem* ist bisher noch nicht explizit dargestellt worden. Unter diesem Stichwort ist darauf hinzuweisen, daß die unternehmerische Tätigkeit stets in einer Wechselbeziehung sowohl zur engeren als auch zur weiteren wirtschaftlichen Umgebung zu sehen ist

---

1   *SCHUMPETER*, Theorie (1993), S. 111. Vgl. dazu auch Kap. 3.3.1.3.2.

2   *GUTENBERG*, Betriebswirtschaftslehre (1983), S. 487. Vgl. auch Kap. 3.3.1.6.4. An dieser Stelle sei ergänzend an die von GUTENBERG getroffene Unterscheidung erinnert, in der er zwischen der oben zitierten betriebswirtschaftlichen Definition und einem eigenständigen zweiten Unternehmerbegriff, der sich auf den unternehmerischen Typus bzw. die unternehmerische Persönlichkeit bezieht, trennt.

und von dieser nicht unwesentlich beeinflußt wird. Diesem Umfeld können dabei beispielsweise die Strukturen des Kapitalsmarktes und des Bankwesens, die Beziehungen zu Investoren, Geschäftspartnern und Kunden, aber auch der volkswirtschaftliche Rahmen zugerechnet werden:

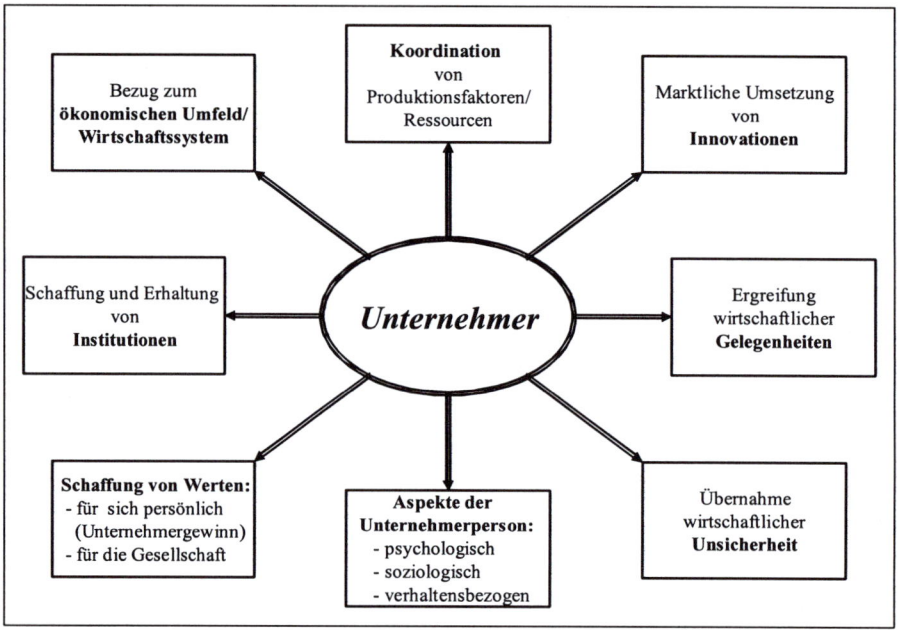

Abbildung 14: Elemente in Unternehmerdefinitionen[1]

Bei Betrachtung der bisherigen Ergebnisse lassen sich, gewissermaßen in Anlehnung an die anfänglich beschriebenen Perspektiven der Unternehmerforschung[2] und konzeptionell vor allem der Vorgehensweise GUTENBERGS ähnlich, daher zwei Hauptgruppen von Unternehmerdefinitionen voneinander trennen. Auf der einen Seite finden sich ökonomisch geprägte funktionale Interpretationen von Unternehmertum. Auf der anderen Seite gibt es dagegen personenbezogen gestaltete, definitorische Annäherungsversuche an den Unternehmerbegriff:

---

[1] Vgl. beispielsweise *HISRICH/PETERS*, Entrepreneurship (1998), S. 9 f., weiterhin *STEARNS/HILLS*, Entrepreneurship (1996), S. 1 f.

[2] Vgl. Kap. 3.1.

- *Funktionale Unternehmerdefinition*:

  Im Rahmen einer derartigen Begriffsbildung kann der Unternehmer einfach als die *Person* angesehen werden, *die Unternehmerfunktionen ausübt*. Eine solche zunächst tautologisch anmutende Definition des Unternehmers, die ihn lediglich zum Träger von Unternehmerfunktionen ernennt, bedarf dann zwar im Anwendungsfall einer näheren Bestimmung, insofern ist sie auch auf der Metaebene angesiedelt. Durch eine entsprechende Konkretisierung der spezifischen Unternehmerfunktionen läßt sich dieser definitorische Rahmen jedoch bei Bedarf relativ einfach der jeweiligen wirtschaftswissenschaftlichen Lehrmeinung bzw. Forschungsrichtung anpassen. Daher ist diese Begriffsbildung im ökonomischen Bereich gewissermaßen universell einsetzbar und gültig.

  Unter Berücksichtigung der Ergebnisse, die im Zusammenhang mit der funktionalen Analyse unternehmerischer Tätigkeit bereits festgestellt worden sind,[1] ist es dann möglich, je nach Charakter der zugeordneten Funktionen zwischen einerseits *statisch-funktionalen* und andererseits *dynamisch-funktionalen* Definitionen von Unternehmertum zu differenzieren. Nimmt man in einem zweiten Schritt noch zusätzlich Bezug auf die ökonomische Perspektive und trennt eine einzelwirtschaftliche von einer gesamtwirtschaftlichen Betrachtungsweise, können zudem noch *betriebswirtschaftlich-funktionale* von *volkswirtschaftlich-funktionalen* Unternehmerbegriffen unterschieden werden. Auf diese Weise ergeben sich insgesamt vier Untergruppen funktionaler Unternehmerdefinitionen.

- *Personale Unternehmerdefinition*:

  Analog zur funktionalen Unternehmerdefinition gibt es in Abhängigkeit vom jeweiligen wissenschaftlichen Zugang auch hier grundsätzlich verschiedene definitorische Annäherungsmöglichkeiten an den Unternehmer, etwa aus *psychologischer* oder *soziologischer Perspektive*, und demgemäß grundsätzlich verschiedene Ansätze zur Bestimmung des Unternehmerbegriffs.

Abbildung 15 zeigt in einer zusammenfassenden Darstellung diese verschiedenen Blickwinkel auf, anhand derer eine wissenschaftliche Unternehmerdefinition üblicherweise stattfindet:

---

[1] Vgl. vor allem Kap. 3.3.1.1.

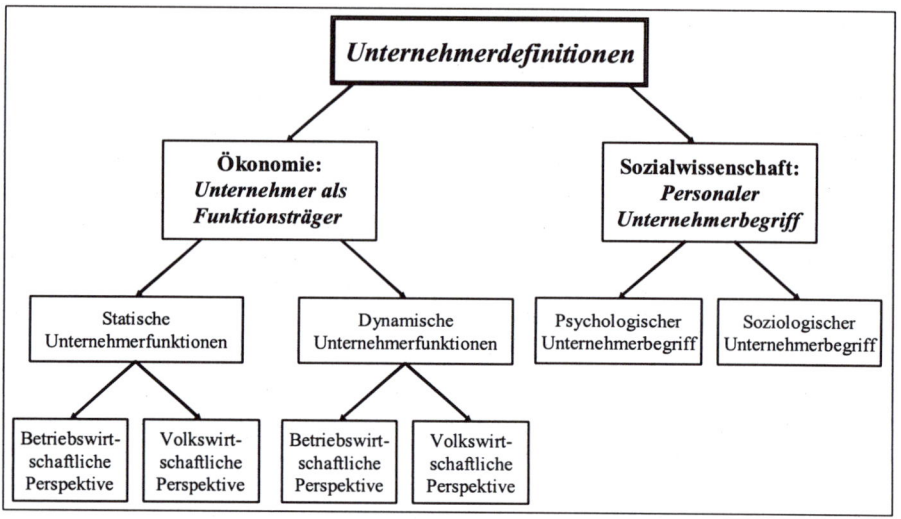

Abbildung 15: Möglichkeiten zur Unternehmerdefinition

Aufgrund der bisherigen Ausführungen dürfte inzwischen ziemlich klar erkennbar sein, daß das Phänomen Unternehmertum weder durch eine alleinige funktionale Sichtweise noch durch einen rein personenbezogenen Ansatz wirklich angemessen dargestellt werden kann. Vielmehr bildet es ein zusammengehörendes, ganzheitliches Modell, welches beide Konzepte beinhaltet. Allerdings steht im Rahmen einer ökonomischen Betrachtung in erster Linie das unternehmerische Tun im Mittelpunkt der Analyse. Der Unternehmer wird daher vorrangig aus seinem wirtschaftlichen Handeln heraus definiert. Personale Gesichtspunkte dienen hierbei in der Regel zur Ergänzung und Vertiefung des ökonomischen Konzeptes.

An dieser Stelle bietet es sich an, noch einmal die Rolle des Unternehmers für das moderne wirtschaftliche Leben anzusprechen. Seine prinzipielle *Unabdingbarkeit für die ökonomische Entwicklung*, wie bereits in der Einführung zu diesem Kapitel zum Ausdruck gekommen, darf mittlerweile wohl allgemein als unbestritten gelten. Unter Bezugnahme auf die verschiedenen wissenschaftlichen Ansätze, welche insbesondere im Kontext der funktionalen Analyse der Unternehmertätigkeit beschrieben worden sind, läßt sich eine derartige Aussage nunmehr auch wissenschaftlich begründen. Dies gilt vor allem hinsichtlich der mit seiner Bedeutung einhergehenden, herausgehobenen Position des Unternehmers aus dem Kreis der übrigen Wirtschaftssubjekte sowie hinsichtlich seines entscheidenden Beitrages zum Prozeß der wirtschaftlichen Entwicklung.

3.4.2 Begriffliche Gemeinsamkeiten und Unterschiede

3.4.2.1 Unternehmer – Unternehmensgründer

Die Bezeichnungen *Unternehmer* und *Unternehmensgründer* erscheinen auf den ersten Blick als zwei Begriffe, denen man wohl einen gewissen inhaltlichen Zusammenhang zugesteht. Im wesentlichen faßt man sie jedoch als mehr oder weniger eigenständige Ausdrücke für durchaus verschiedene Sachverhalte auf. Bei einer näheren Untersuchung zeigt es sich allerdings, daß sich diese zunächst eher gefühlsmäßig behaupteten Unterschiede zwischen beiden definitorischen Konzepten gerade im Rahmen einer ökonomischen Perspektive geringer als ursprünglich erwartet darstellen. Im Gegenteil, je intensiver die Analyse, desto klarer ersichtlich werden die Gemeinsamkeiten von Unternehmer und Unternehmensgründer. Diese Aussage trifft sowohl für eine funktionale Sichtweise als auch für einen personalen Blickwinkel zu:

- *Funktional*:

  Betrachtet man beispielsweise die vier dynamischen Grundfunktionen unternehmerischen Handelns aus Kapitel 3.3.1.1, so wird deutlich, daß hinsichtlich der *Übernahme von Unsicherheit*, der *Durchsetzung von Innovationen* am Markt sowie der *Entdeckung und Nutzung von Preisarbitragen* ziemlich offenkundig eine weitgehende inhaltliche Übereinstimmung zwischen Unternehmer und Gründer besteht. Bezüglich der *Koordination ökonomischer Ressourcen* ließen sich zunächst einige Unterschiede in der konkreten Unternehmertätigkeit benennen. Diese Differenzen beziehen sich indes lediglich auf die Koordinationsobjekte und –partner, während die eigentliche Koordinationsaufgabe an sich ebenfalls gleich ist. Funktional-ökonomisch ist daher davon auszugehen, daß sich Unternehmer und Unternehmensgründer in ihrer ökonomischen Tätigkeit nicht voneinander trennen lassen. Der Gründer kann sogar als besonders „*reines*" *Konzept* des Unternehmers begriffen werden, da er sein Unternehmen zumeist in der Form des sogenannten Eigentümer-Unternehmens selbst leitet und im Gegensatz zur großen Kapitalgesellschaft dadurch keine Unternehmerfunktion in Form der Geschäftsführungstätigkeit an angestellte Manager abgibt.

- *Personal*:

  Für diesen Themenbereich ist bereits im Kapitel 3.3.2.3 dargelegt worden, daß die Ergebnisse der psychologischen und persönlichkeitsbezogenen Unternehmerforschung keine wirklich wichtigen inhaltlichen Unterschiede zwischen Unternehmer und Gründer erkennen lassen. Natürlich ist es plausibel, anzunehmen, in verschiedenen Phasen der Unternehmensentwicklung müßten verschiedene Eigenschaften des Unternehmers in differentem Ausmaß gefragt sein. Insofern könnte man durchaus ein idealtypisches Unternehmerbild in Abhängigkeit von der Unternehmensphase entwerfen und damit (auf allerdings zunächst deduktivem Weg) gewisse phasenspezifisch besonders wichtige Persönlichkeitskennzeichen bestimmen.[1] Aber auch eine solche Vorgehensweise würde nichts an dem grundlegenden Sachverhalt ändern. Denn auch in Hinblick auf einen personenorientierten Untersuchungsansatz ist eine weitgehende Übereinstimmung zwischen Unternehmer und Unternehmensgründer feststellbar.

Insgesamt sind daher beide Wirtschaftssubjekte weder in einem ökonomisch-funktionalen noch in einem personenorientierten Ansatz sinnvoll voneinander abgrenzbar. Ein derartiger Sachverhalt rechtfertigt es daher, die beiden Begriffe Unternehmer und Unternehmensgründer im Rahmen dieses Kapitels[2] zum Unternehmertum weitgehend synonym zu verwenden. Wenn also in den vorangegangenen Abschnitten hauptsächlich die Person des Unternehmers thematisiert worden ist, können die dabei getroffenen Aussagen jederzeit und ohne inhaltliche Bedenken auf die Person des Unternehmensgründers übertragen werden.

3.4.2.2 Unternehmer – Entrepreneur

Ein gewisses definitorisches Durch- und Nebeneinander ist in der jüngeren Zeit in der deutschsprachigen Gründungsforschung allerdings dadurch entstanden, daß nicht wenige Autoren sich in ihren Publikationen den Begriffen *„Entrepreneur"* bzw. *„Entrepreneurship"* zugewandt haben und diese nicht selten als inhaltliche Konkretisierung oder Ergänzung für Unternehmer bzw. Unternehmertum verwenden.

Bevor die verschiedenen Argumentationen für eine Aufnahme dieser Ausdrücke in den hiesigen wissenschaftlichen Wortschatz näher analysiert und auf ihre Berechtigung hin untersucht werden können, ist es jedoch zweckmäßig, sich die Nutzung der beiden Begriffe in der englischsprachigen wissenschaftlichen Literatur vor Augen zu führen. Bedauerlicherweise ist es gerade im angelsächsischen Wissenschaftsbereich nicht immer klar und durchaus kontextabhängig verschieden, welche genauen begrifflichen Inhalte jeweils mit Entrepreneur verknüpft sind. Im üblichen ökonomischen Sprachgebrauch bezeichnet dieses Wort zunächst einmal einen Unternehmer, nicht mehr und nicht weniger.[3] Eine etwas andere Situation stellt sich jedoch im Bereich der wirtschaftswissenschaftlichen Gründungsforschung dar. Hier wird Entrepreneur zumeist als Beschreibung eines Unternehmensgründers verwendet. Es kann also festgehalten werden, daß in der englischen Fachterminologie Entrepreneur für

---

[1] Ausführlicheres zu diesem Problemfeld vgl. *PLEITNER*, Unternehmerpersönlichkeit (1996), S. 534.

[2] Diese Gleichsetzung gilt indes nicht unbedingt für andere Gebiete der Gründungsökonomie.

[3] Entrepreneurship läßt sich in diesem Sinne dann mit Unternehmertum übersetzen.

zwei (unter einem bestimmten Blickwinkel allerdings gleichsetzbare) Begriffe stehen kann, nämlich sowohl für Unternehmer als auch für Gründer.

Die Übertragung in die deutsche Wissenschaftsterminologie ist nun abermals durch voneinander abweichende Begriffsverständnisse gekennzeichnet:

- Ein Teil der Literatur spricht vom Entrepreneur und meint dabei im wesentlichen den Unternehmensgründer. Eine solche Vorgehensweise, die einen durchaus exakten Ausdruck wie Unternehmensgründer durch einen begrifflich eindeutig weniger genau bestimmten Ausdruck wie Entrepreneur zu ersetzen versucht, kann allerdings leicht zu Mißverständnissen führen. In Hinblick auf das Ziel, im wissenschaftlichen Sprachgebrauch eine möglichst trennscharfe und allgemeinverständliche Terminologie zu entwickeln, stiftet eine solche Vorgehensweise daher wenig Sinn.

- Eine zweite Gruppe von Autoren betrachtet den Entrepreneur hingegen als gleichsam selbständigen Begriff, dem eigene Merkmale zugewiesen werden. Dadurch unterscheidet er sich in dieser Perspektive inhaltlich sowohl vom Unternehmer als auch vom Unternehmensgründer und tritt als neue und dritte Wortschöpfung neben diese bestehenden Ausdrücke. Begründet wird eine derartige Sichtweise damit, daß nach Auffassung dieser Wissenschaftler das deutsche Wort Unternehmer allzusehr die eigentumsrechtliche Stellung und geschäftsführende Funktion dieser Person im Sinn eines eher statischen Unternehmerverständnisses betone. Durch den Ausdruck Entrepreneur möchten sie vielmehr die innovativen, handlungsorientierten und dynamischen Aspekte unternehmerischen Tuns hervorheben. Gegen eine solche Vorgehensweise lassen sich allerdings folgende Einwände finden:

  - Gerade in der deutschsprachigen ökonomischen Literatur zum Unternehmer, man erinnere sich beispielsweise an die vorgestellten Arbeiten SCHUMPETERS und SOMBARTS, sind stets *in besonderem Maße* die dynamischen und innovationsbezogenen Elemente unternehmerischen Handelns in den Vordergrund gestellt und genau mit diesem Begriff *Unternehmer* umschrieben worden.[1] Erst in der englischsprachigen Übersetzung von SCHUMPETERS „Theorie der wirtschaftlichen Entwicklung" wird aus dem deutschen „*Unternehmer*" der englische „*Entrepreneur*". Insofern ist es nicht nachvollziehbar, ausgerechnet die-

---

[1] Auch sprachlich sei an die gemeinsame Wortfamilie von beispielsweise „Unternehmer" und „unternehmend" erinnert, außerdem an die Umkehrung „unterlassend".

sen SCHUMPETER-Unternehmer in der Rückübersetzung plötzlich unterdrücken zu wollen.[1]

- Aber auch in Hinblick auf ein neues „globalisiertes" wissenschaftliches Begriffsverständnis ist es nicht günstig, wenn in der hiesigen Wissenschaftsterminologie unter Entrepreneur ein anderes Konzept als die international übliche Bezeichnung für den Unternehmer oder Unternehmensgründer verstanden wird.[2]

- Vergegenwärtigt man sich zudem den im vorherigen Kapitel aufgezeigten Tatbestand, daß ökonomisch-funktional bereits Unternehmer und Unternehmensgründer nicht sinnvoll voneinander trennbar sind, führt das Hinzufügen eines weiteren, dritten Ausdrucks eher dazu, diese Abgrenzungsproblematik zu vergrößern denn zu bereinigen.

Aus diesen drei Gründen vermag auch der zweite Lösungsvorschlag, Entrepreneur und Entrepreneurship als zusätzliches und eigenständiges Konzept in die wirtschaftswissenschaftliche Begriffswelt einzubringen, sachlich nicht zu überzeugen.

Alles in allem läßt sich folglich keine angemessene Rechtfertigung dafür finden, den Begriff Entrepreneur in die deutschsprachige ökonomisch-wissenschaftliche Literatur einzuführen. Um ein definitorisches Durch- und Nebeneinander zu verhindern, werden daher in den folgenden Kapiteln der Unternehmer weiterhin als Unternehmer und der Unternehmensgründer, wenn er vom Unternehmer abgegrenzt werden soll, weiterhin als Unternehmensgründer bezeichnet.

---

[1] Aus diesem Grund muß deshalb auch jeder Versuch – sei er explizit oder implizit (vgl. dazu z.B. *MALEK/IBACH*, Entrepreneurship (2004), S. 105 ff.) – gerade SCHUMPETERS Werk als Rechtfertigung für die Verwendung des Begriffs „Entrepreneur" im deutschsprachigen Schrifttum heranziehen zu wollen, als wissenschaftlich verfehlt bezeichnet werden.

[2] Es ergibt sich dann eine Parallele zum schillernden Begriff „Controlling", der in der angelsächsischen Welt eine andere Bedeutung besitzt als in den Lehrbüchern deutscher Betriebswirte. Vgl. *HERING*, Begriff (2001), S. 3 f.

3.4.3 CASSONS Markt für Unternehmertum

3.4.3.1 Grundkonzept

Hinter dem Begriff *Markt für Unternehmertum* verbirgt sich mehr oder weniger die Fragestellung, welche Faktoren überhaupt die Zahl der Unternehmer in einer Volkswirtschaft in welche Richtung beeinflussen können.[1] Als möglicher Ansatz für ihre Beantwortung soll im folgenden Abschnitt ein makroökonomisches Konzept von MARK CASSON vorgestellt werden. Hierbei handelt es sich um eine Erweiterung des im Kapitel 3.3.1.5 vorgestellten Modells unternehmerischer Tätigkeit, welches Unternehmerangebot und Unternehmernachfrage, mit dem Unternehmergewinn als Steuerungsinstrument, in einen gesamtwirtschaftlichen Zusammenhang stellt.[2]

(1) Bestimmungsgrößen der Nachfrage:

Unter *Nachfrage nach Unternehmertum* versteht der Autor in diesem Ansatz die Anzahl der Unternehmerpersonen, welche gesamtwirtschaftlich benötigt wird, während das *Angebot an Unternehmertum* die Verfügbarkeit geeigneter Kandidaten widerspiegelt.

Nach CASSON hängt die in seinen Augen sehr subjektive Nachfrage hierbei primär (und positiv korreliert) von folgenden *Einflußfaktoren* ab:

- Gesellschaftlich *wahrgenommener Bedarf* an wirtschaftlichen Problemlösungen.

- Zahl der *selbstbeschäftigten Unternehmer*, d. h. der Wirtschaftssubjekte, die für sich selbst eine Unternehmertätigkeit beanspruchen.

Diese primären Einflußfaktoren werden ihrerseits durch verschiedene sekundäre Bestimmungsgründe verändert:

- Tatsächlich zugrundeliegende ökonomische Probleme, beispielsweise die Notwendigkeit für einen wirtschaftlichen Strukturwandel.

- Ausmaß der ökonomischen Normen in einer Gesellschaft: Je höher das Niveau dieser Normen, etwa in Hinblick auf eine effiziente Gestaltung der Güterproduk-

---

[1] Wenn man, wie aktuell in Deutschland, von einem volkswirtschaftlich unerwünschten Defizit an unternehmerisch handelnden Personen ausgeht, ist diesem Themenbereich zusätzlich noch die ergänzende Fragestellung zurechenbar, wie sich geeignete Wirtschaftsindividuen, die in der Lage sind, unternehmerische Entscheidungen zu treffen, hierfür überhaupt gewinnen lassen.

[2] Vgl. hierzu und nachfolgend vor allem CASSON, Entrepreneurship (1993), S. 45-47, auch CASSON, Entrepreneur (1982), S. 327-346, ergänzend RIPSAS, Entrepreneurship (1997), S. 26-28.

tion, ist, desto mehr werden entsprechende Leistungsnormen betont und desto
eher werden auch negative Abweichungen davon als wirtschaftliche Probleme
angesehen.

(2) Bestimmungsgrößen des Angebotes:

Im Gegensatz dazu wird das Angebot an Unternehmertum hauptsächlich durch die
Kriterien der Berufsstruktur festgelegt. Dies bedeutet, daß bei einer fest gegebenen
Zahl von grundsätzlich geeigneten unternehmerischen Talenten[1] die Zahl der wirklich
unternehmerisch „arbeitenden" Personen zunächst maßgeblich von den Entloh-
nungsmöglichkeiten beeinflußt wird, einerseits für die Unternehmertätigkeit, aber
auch andererseits für alternative berufliche Tätigkeiten. Die Höhe dieser Entlohnung
läßt sich dabei nicht nur anhand der rein finanziellen Gewinnmöglichkeiten für
Unternehmer ermitteln, sondern beinhaltet in nicht unerheblichem Ausmaß stets auch
nichtgeldliche Bestandteile. Hierzu gehören:

- Höhe des Sozialprestiges der verschiedenen Berufsbilder.

- Ethisch-moralische Einflußfaktoren: So behindert etwa eine negative Werteposi-
  tion zum unternehmerischen Gewinnstreben in der Gesellschaft gerade die individuelle Bereitschaft, Unternehmer zu werden.[2]

Neben der Entlohnung besitzen allerdings noch zusätzliche berufliche und soziale
Faktoren Einfluß auf das Unternehmerangebot:

- *Bildung*:

  Da ein gewisses Mindestniveau an Bildung zur Ausübung der unternehmerischen
  Aufgaben unabdingbar ist, wirkt für CASSON ein entsprechender gesellschaftlicher
  Bildungsstand eher angebotserhöhend. Diese Aussage gilt nach seiner Auffassung
  jedoch nicht unbedingt für einen weiteren Anstieg des allgemeinen Bildungsni-
  veaus. Während eine solche Bildungszunahme auf der einen Seite mit einer
  Zunahme der individuellen Fähigkeiten zur unternehmerischen Entscheidungsfindung einhergeht, eröffnet sie auf der anderen Seite zugleich auch immer wissenschaftliche und künstlerische Karrieremöglichkeiten als Alternativen.

---

[1] Insbesondere sei noch einmal auf die Annahme CASSONS, daß nur ein kleiner Kreis aller Wirt-
     schaftssubjekte die für eine unternehmerische Tätigkeit notwendigen persönlichen Eigenschaften
     aufweist, hingewiesen.

[2] Vgl. zu diesem Punkt auch die Darstellung WEBERS bezüglich der unternehmerfreundlichen reli-
     giösen Wertvorstellungen des Calvinismus in Kap. 3.3.2.2.

- *Spezialisierung*:

  Eine gesellschaftliche Tendenz zur frühen Spezialisierung in der Erziehung und Ausbildung fördert die Bereitschaft, sich für das Berufsbild eines eng definierten Spezialisten zu entscheiden, und verringert dadurch die Bereitschaft, unternehmerisch tätig zu sein.

- *Kulturelle Werte*:

  Hier sieht CASSON Unterschiede zwischen verschiedenen Kulturen, die sich positiv auf das Unternehmerangebot auswirken. Beispiele dafür sind die Bereitschaft einer Gesellschaft, Einkommensunterschiede gleichsam als sozialen Preis für ein effizientes marktwirtschaftliches Wirtschaftssystem hinzunehmen, sowie eine positive Grundeinstellung zum Wettbewerb.

3.4.3.2 Graphisches Marktmodell

Nachdem im vorhergehenden Abschnitt die Bestimmungsfaktoren sowohl für das Angebot an als auch die Nachfrage nach Unternehmertum herausgearbeitet worden sind, wird es nun in einem zweiten Schritt möglich, durch das Zusammentreffen von Angebot und Nachfrage einen *Markt für Unternehmertum* festzulegen und zu beschreiben. Nachfolgend soll ein solches unternehmerbezogenes Marktmodell im Rahmen einer graphischen Analyse näher untersucht werden.

Allgemein ist ein derartiger Markt für Unternehmertum dadurch gekennzeichnet, daß sich in einer **langfristigen Betrachtung**[1] die *Zahl der aktiven Unternehmer N* einem *Gleichgewichtszustand E* zwischen *Angebot S* und *Nachfrage D* annähert, der im wesentlichen durch die erwartete *Entlohnung der Unternehmertätigkeit W*, also dem Unternehmergewinn, näher bestimmt wird. Nachstehende Darstellung (*Abbildung 16*) verdeutlicht diese Zusammenhänge graphisch:

---

[1] Bereits die Darstellung der Einflußfaktoren des Unternehmermarktes zeigt deutlich, daß diese aufgrund ihres Charakters kaum kurzfristig beeinflußbar sind.

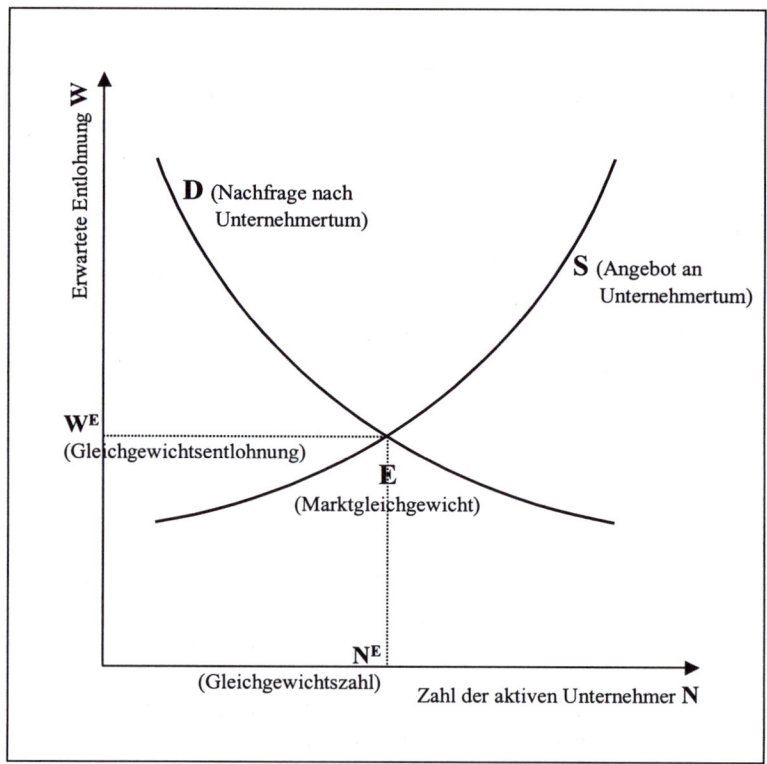

Abbildung 16: Markt für Unternehmer(tum) im Gleichgewicht

Wenn man nun die im vorhergehenden Abschnitt eingehend erläuterten weiteren Bestimmungselemente von Unternehmernachfrage und -angebot in dieses Gleichgewichtsmodell einbezieht, lassen sich im Rahmen einer komparativ-statischen Analyse verschiedene mögliche Entwicklungsprozesse auf dem Markt für Unternehmertum darstellen.

Nachfolgend soll dieser Vorgang beispielhaft für je einen Einflußfaktor auf Nachfrage und Angebot kurz erläutert werden:

- *Wirkung* eines exogen bedingten wirtschaftlichen *Strukturwandels*:

  Wie bereits bei den Einflußfaktoren für die Nachfrage nach Unternehmertum beschrieben, erhöht sich als Folge einer derartigen strukturellen Änderung zunächst der Bedarf an unternehmerisch tätigen Wirtschaftssubjekten in den industriellen Wachstumsbranchen, gleichzeitig kommt es dort zu einem Anstieg der Gewinnmöglichkeiten für Unternehmer. Diese Veränderungen bewirken eine Zunahme der in diesen Wirtschaftssegmenten tätigen Unternehmerpersonen.

In der graphischen Darstellung von *Abbildung 17* kann diese Entwicklung durch eine Rechtsverschiebung der Nachfragekurve von D^0 nach D^1 nachvollzogen werden. Dies führt zugleich zu einer Verschiebung des Marktgleichgewichts vom ursprünglichen Gleichgewichtspunkt E^0 zu einem neuen Gleichgewicht E^1 mit $W^{E1} > W^{E0}$ und $N^{E1} > N^{E0}$.

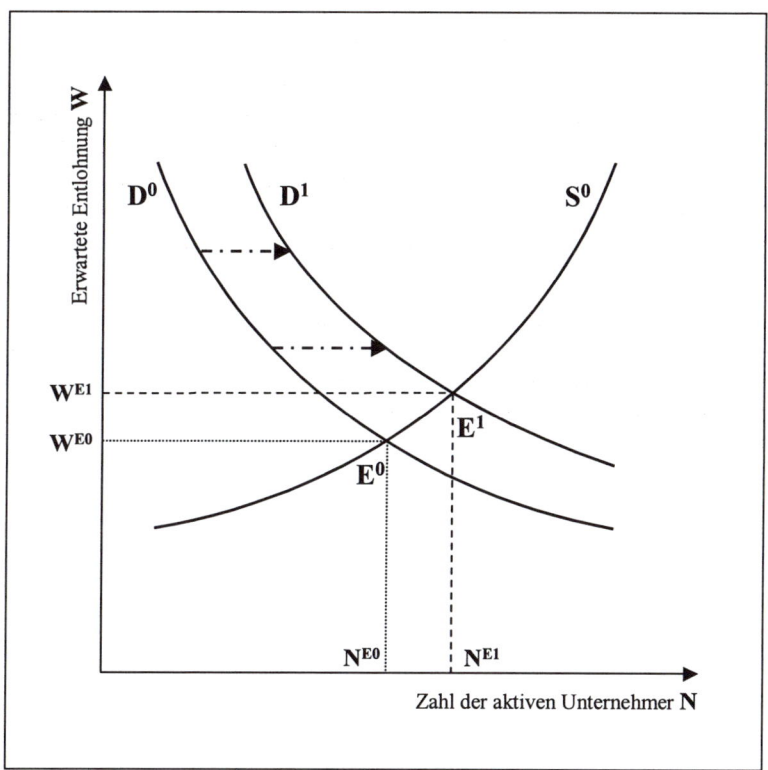

Abbildung 17: Strukturwandel und Markt für Unternehmer(tum)

Da jedoch das Angebot geeigneter Unternehmer begrenzt ist, bedeutet dies zugleich, daß auch Wirtschaftssubjekte, welche für die unternehmerische Koordinationsaufgabe weniger passende persönliche Voraussetzungen besitzen, unternehmerisch tätig werden. Mit anderen Worten: Die durchschnittliche Qualität der Unternehmer in den Wachstumsbranchen sinkt tendenziell. Solange die dortigen

Neuunternehmer eine angemessene Selbsteinschätzung hinsichtlich ihrer eigenen unternehmerischen Fähigkeiten besitzen, muß eine solche Situation nicht unbedingt negativ bewertet werden.

Allerdings besteht durchaus die Gefahr, daß zahlreichen Neuunternehmern in Überschätzung ihres unternehmerischen Entscheidungsvermögens doch durchaus schwerwiegende Fehler unterlaufen. Wenn es dann infolgedessen zu einem allgemeinen wirtschaftlichen Vertrauensverlust kommen sollte, sind negative Auswirkungen auf die gesamte Volkswirtschaft im Sinne einer Rezession durchaus vorstellbar.[1]

- *Wirkung* einer *Verbesserung der Allgemeinbildung* in der Bevölkerung:

  Ein solcher Sachverhalt führt im Konzept CASSONS dazu, daß sich die mögliche Produktivität der Individuen für spezielle Berufe reduziert, und bedingt dadurch eine Zunahme des Angebots an Unternehmertum. Einerseits bewirkt dies eine Erhöhung der Gesamtzahl der unternehmerisch tätigen Wirtschaftssubjekte. Andererseits kommt es gleichzeitig aufgrund des nunmehr verstärkten Wettbewerbs zwischen den Unternehmern zu einer Senkung der erwarteten Unternehmerentlohnung.

  Graphisch läßt sich eine derartige Entwicklung durch eine Rechtsverschiebung der Angebotskurve von S^0 nach S^1, wie in *Abbildung 18* gezeigt, beschreiben. Bei unveränderter Unternehmernachfrage kommt es auch hier zur entsprechenden Verlagerung des Gleichgewichts von E^0 nach E^1 mit jetzt $W^{E1} < W^{E0}$ und $N^{E1} > N^{E0}$.

---

[1] Als Beispiele für eine derartige Entwicklung lassen sich sowohl der „Gründerkrach" im Deutschen Kaiserreich – diesbezüglich vgl. z.B. die umfassende Darstellung bei *BLUME*, Gründungszeit (1914), S. 14 ff. – als auch in jüngerer Zeit der Zusammenbruch des „Neuen Marktes" anführen.

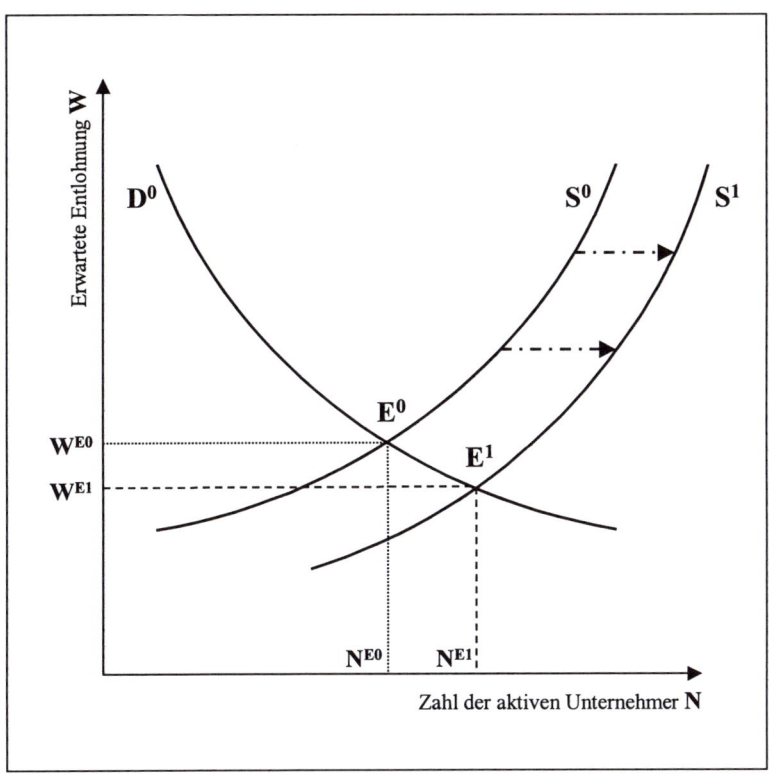

Abbildung 18: Bessere Allgemeinbildung und Markt für Unternehmertum

Die besondere ökonomische Relevanz des Marktkonzeptes zum Unternehmertum von CASSON für die Gründungsforschung wird sichtbar, sobald man sich über die Tatsache im klaren ist, daß eine Zunahme der Zahl der aktiven Unternehmer in diesem Modell letztlich nichts anderem als einem vermehrten Auftreten von Unternehmensgründern entspricht. Unter dieser Perspektive ergeben sich hieraus durchaus interessante Aspekte für eine Beurteilung des quantitativen ebenso wie des qualitativen Gründungsgeschehens einer Wirtschaft. In diesem Sinne bietet der Ansatz MARK CASSONS folglich einen vielversprechenden theoretischen Orientierungsrahmen beispielsweise gerade in Hinblick auf die in der Öffentlichkeit immer wieder thematisierte Gründungsförderung.

4   Betriebswirtschaftliche Gründungslehre

4.1   Besonderheiten in der Führung junger Unternehmen

4.1.1 Allgemeine Gründungsplanung

4.1.1.1 Besondere Merkmale von Unternehmensgründungen

Die bisherigen Ausführungen im Kapitel 2.1.3 zum Gründungsprozeß eines Unternehmens haben verdeutlicht, daß es sich dabei um einen langandauernden, meist mehrjährigen Vorgang handelt.[1] Über die grundsätzliche Notwendigkeit und Sinnhaftigkeit einer systematischen Planung für Unternehmen – unabhängig von ihrem Alter, ihrer Größe oder ihrem Geschäftsfeld – muß an dieser Stelle nicht diskutiert werden. Hier sei auf die einschlägige Planungsliteratur der allgemeinen Betriebswirtschaftslehre verwiesen. Ebenso steht die explizite Übertragbarkeit eines solch generellen Planungserfordernisses auf den Bereich Unternehmensgründungen und junge Unternehmen außer Frage.[2] Mittlerweile liegen zu diesem Themengebiet auch verschiedene sowohl deutsche als auch internationale, zumeist empirische Studien vor, welche eine sorgfältige Unternehmensplanung als maßgeblichen Einflußfaktor für eine erfolgreiche Unternehmensgründung, insbesondere eine geringere Insolvenzwahrscheinlichkeit, ansehen.[3]

Wenn man sich allerdings mit der Frage beschäftigen möchte, durch welche Eigenheiten sich die Gründungsplanung von der allgemeinen betriebswirtschaftlichen Unternehmensplanung möglicherweise unterscheidet, erscheint es durchaus zweckmäßig, sich an dieser Stelle zuerst mit den strukturellen Besonderheiten neu gegründeter Wirtschaftseinheiten kurz zu beschäftigen. Im einzelnen lassen sich Unternehmensgründungen von den herkömmlichen Großunternehmen als den klassischen

---

[1]   Eine solche Feststellung gilt natürlich nur für die in diesem Buch betrachteten Aufbaugründungen. Vgl. dazu Kap. 2.1.2.

[2]   Vgl. z.B. *JUNGBAUER-GANS/PREISENDÖRFER*, Vorbereitung und Planung (1991), S. 995.

[3]   Zu diesem Sachverhalt, aber auch zur prinzipiellen sowie gründungsspezifischen Problematik im Zusammenhang mit der Erfolgsfaktorenforschung sei auch auf die Ausführungen in Kap. 2.3.2 verwiesen. Für eine Übersichtsdarstellung deutscher Forschungsergebnisse vgl. etwa *MELLEWIGT/ WITT*, Vorgründungsprozeß (2002), S. 88-91, für den Bereich internationaler Resultate z.B. *LYLES ET AL.*, Formalized Planning (1993), S. 44-48, gleichfalls *RISSEEUW/MASUREL*, Role of Planning (1993), S. 321, weiterhin *SCHWENK/SHRADER*, Formal Strategic Planning (1993), S. 58-61.

Bezugsobjekten einer betriebswirtschaftlichen Betrachtung vor allem durch folgende drei planungsrelevante Sachverhalte differenzieren:[1]

- *Unternehmensform.*
- *Größendimension.*
- *Altersdimension.*

Diese verschiedenen Themenbereiche gründungsspezifischer Charakteristika bei der Unternehmensplanung sollen nachfolgend einzeln vorgestellt und näher beschrieben werden.

(1) Unternehmensform:

Häufig (zumindest in der Anfangszeit) handelt es sich bei Neugründungen um sogenannte *Eigentümerunternehmen*, eine gelegentlich auch als Unternehmer-Unternehmen[2] bezeichnete Unternehmensform. Diese ist konstitutiv dadurch charakterisiert, daß Eigentümerfunktion und Geschäftsführungsfunktion[3] typischerweise zusammenfallen. Beide werden außerdem von der Person des Unternehmensgründers wahrgenommen.

- Einerseits führt dieses Merkmal in der Regel zu einer inhaltlichen Kongruenz zwischen Unternehmerzielen und Unternehmenszielen. Interessenskonflikte zwischen Geschäftsführung und Eigentümern, wie sie gerade in Großunternehmen vorkommen können und denen die jüngere ökonomische Forschung – etwa im Rahmen von Prinzipal-Agenten-Beziehungen – große Aufmerksamkeit schenkt, sind daher bei Unternehmensgründungen normalerweise ohne betriebswirtschaftliche Bedeutung.

- Andererseits kann man in diesem Zusammenhang auch von einer zeitlichen Unbefristetheit des Engagements, welches der Gründer in sein Unternehmen getätigt hat, ausgehen. Während angestellte Führungskräfte unter Umständen kurzfristige Erfolge in den Vordergrund ihrer Bemühungen stellen, zeichnen sich Eigentümer

---

[1] Vgl. zu der nachfolgenden Darstellung der planungsbezogenen Merkmale von Unternehmensgründungen insbesondere auch KLANDT, Unternehmensplan (1999), S. 47-58, ergänzend bezüglich der Umstände, welche sich vornehmlich auf die Zugehörigkeit von Unternehmensgründungen zur Gruppe der Klein- und Mittelunternehmen zurückführen lassen, die Ausführungen in Kap. 2.1.1.

[2] Vgl. GUTENBERG, Unternehmensführung (1962), S. 12, ebenso GUTENBERG, Betriebswirtschaftslehre (1983), S. 497.

[3] Ausführlich zu den verschiedenen Unternehmerfunktionen vgl. Kap. 3.3.1.1.

eher durch eine betont langfristige Perspektive bei der Ausrichtung ihrer Unternehmensplanung aus.

(2) Größendimension:

Bei einer derartigen Strukturanalyse wird man, in Rückgriff auf die Festlegungen und Ergebnisse aus Kapitel 2.1, sich weiterhin auch daran erinnern müssen, daß Unternehmensgründungen im engeren Sinn in der Anfangszeit ihrer wirtschaftlichen Existenz normalerweise zugleich auch *Klein- und Mittelunternehmen* darstellen. Dieser als Größendimension zu bezeichnender Gesichtspunkt der Zugehörigkeit von Neugründungen zur Gruppe mittelständischer Unternehmen bedingt ebenfalls gewisse typische Gestaltungsmerkmale, die sich auf die Gründungsplanung auswirken:

- *Überschaubarkeit*:

  Die Tatsache, daß Unternehmensgründungen bei anfänglich geringer Größe für den geschäftsführenden Eigentümer zumeist noch leicht überschaubar sind, macht es diesem grundsätzlich möglich, sich über alle wesentlichen Teilbereiche seines Unternehmens eigenhändig und umfassend zu informieren:

  - Zum einen fördert dieser Umstand im Zusammenwirken mit einer eher geringen Zahl von Hierarchiestufen nicht nur die *Einheitlichkeit* auf der Formalebene der Planungsprozesse und aller damit im Zusammenhang stehenden Folgehandlungen, sondern stets betont er auch die *integrative Komponente* auf der Realebene bei der tatsächlichen Umsetzung der betrieblichen Aktivitäten innerhalb des Unternehmens.

  - Zum anderen bedingt die Übersichtlichkeit kleiner Unternehmensgründungen für die Geschäftsführung gleichzeitig auch deren besondere *Nähe zu den Beschaffungs- bzw. Absatzmärkten*. Insbesondere gilt diese Feststellung, wenn eine derartige Gegebenheit noch durch diverse persönliche Kontakte zwischen dem Unternehmensgründer auf der einen und Kunden oder Lieferanten auf der anderen Seite ergänzt werden kann.

  - Drittens unterstützt eine solche Transparenz der gesamten Unternehmensorganisation in Verbindung mit kurzen Entscheidungswegen und den nur gering ausdifferenzierten Führungsstrukturen zudem auch die *Flexibilität* in den Entscheidungsvorgängen.

- *Persönliche und informelle Beziehungen*:

  Eine im Normalfall enge persönliche Beziehung zwischen dem Unternehmensgründer und seinen Mitarbeitern, die für Unternehmensgründungen genauso wie
  für andere Klein- und Mittelunternehmen charakteristisch ist und die zudem durch
  eine gering formalisierte Organisationsstruktur ergänzt wird, hat häufig eine
  höhere Leistungsmotivation der jeweiligen Mitarbeiter sowie auch eine stärkere
  Identifikation dieses Personenkreises mit dem neu gegründeten Unternehmen zur
  Folge.

- *Knappe Ressourcen*:

  Jede Gründungsplanung muß schließlich auch den Aspekt der Ressourcenbegrenzung berücksichtigen. Eine solche Aussage bezieht sich dabei nicht nur auf finanzielle Aspekte,[1] sondern betrifft im Grunde alle Funktionsbereiche des Unternehmens, vor allem auch den Personalbereich. Nicht vorhandene Ressourcen gerade
  auf diesem Gebiet können zu einer Funktionshäufung und -überlastung auf der
  Leitungsebene führen und insbesondere eine notwendige strategische Führung des
  Unternehmens hemmen.[2] Da neu gegründeten Unternehmen normalerweise keine
  eigenständigen Spezialisten für die Unternehmensplanung zur Verfügung stehen,
  wird man in diesem Zusammenhang zudem eher von einer verringerten allgemeinen Planungskompetenz im Vergleich zu Großunternehmen auszugehen haben.[3]

  Zusätzlich und in Ergänzung zu einem derartigen sachlichen Aspekt umfaßt die
  Begrenztheit junger Unternehmen darüber hinaus stets noch einen zeitlichen
  Aspekt der Knappheit, der hauptsächlich in den ersten Phasen des Gründungsprozesses, bis etwa zum Eintreffen erster Markterfolge während der Amortisationsphase,[4] von erheblichem Belang ist.

  Diese sachlichen und zeitlichen Ressourcenbeschränkungen von Unternehmens-
  gründungen wirken sich insbesondere auf den Bereich der strategischen Planung
  aus. Sie führen dazu, daß anders als bei größeren Unternehmen nur sehr wenige
  Wirkgrößen des planerischen Entscheidungsfeldes instrumentelle Faktoren darstellen, die von den neu gegründeten Unternehmen selbst aktiv gestaltet werden.
  Vielmehr bestehen gerade für Unternehmensgründungen oftmals nur geringe
  Möglichkeiten, hier Einfluß zu nehmen. Daher müssen zahlreiche Elemente des
  Entscheidungsfeldes als autonome Faktoren der strategischen Unternehmensplanung eingestuft werden. Insbesondere bei Unternehmen mit Produkten, welche
  aufgrund ihres innovativen Charakters eigentlich neue Marktstrukturen benötigen,

---

[1] Weiterführend zu dieser Thematik vgl. Kap. 4.2.1.3.

[2] Hierfür vgl. auch *D'AMBOISE/MULDOWNEY*, Theorie (1986), S. 18.

[3] Zu diesem Sachverhalt vgl. auch *SHRADER/MULFORD/BLACKBURN*, Planning (1989), S. 59.

[4] Diesbezüglich vgl. Kap. 2.1.3 und *Abbildung 2*.

um von den potentiellen Kunden wahrgenommen und akzeptiert zu werden, kann dies Probleme hervorrufen.

- *Risikoproblem*:

  In enger inhaltlicher Beziehung zu den eingeschränkten Ressourcen steht auch das erhöhte Risiko von Unternehmensgründungen bezüglich ihrer Geschäftstätigkeit. Dieser besondere Risikoaspekt beruht dabei auf folgenden Umständen: Während größere und etablierte Unternehmen in der Regel ein breites und zumindest teilweise diversifiziertes Sortiment an Produkten bzw. Dienstleistungen sowohl aus unterschiedlichen Produktlebenszyklen als auch für verschiedene Kundengruppen oder verschiedene Absatzmärkte anbieten können, ist es dagegen ein gängiges Kennzeichen vieler Neugründungen, nur als Einproduktunternehmen am Markt aufzutreten. Insofern besitzen neu gegründete Unternehmen häufig kaum Möglichkeiten, einen Risikoausgleich mittels Diversifikation durchzuführen.

(3) Altersdimension:

Bereits die Einstufung einer Unternehmensgründung als „junges Unternehmen" weist auf den Umstand hin, daß ein derartiges Unternehmen typischerweise noch nicht lange am Markt existiert:[1] Diese charakteristische Ausprägung der *Altersdimension* hat dann nachstehende Problembereiche zur Folge:

- Bedeutung gewinnt ein solcher Sachverhalt auf der einen Seite durch die Tatsache, daß man gerade bei neu gegründeten Unternehmen grundsätzlich nur *sehr eingeschränkt* auf *vergangenheitsbezogene Informationen*, die Planungsrelevanz besitzen, zurückgreifen kann. Nicht wenige der überhaupt verfügbaren Vergangenheitsdaten beziehen sich außerdem noch auf einmalige Sonderereignisse im Rahmen des Gründungsprozesses und eignen sich insofern kaum für eine prognostische Transformation in die Zukunft. Auch wird das für die Bewertung zur Verfügung stehende Datenmaterial nicht selten noch weiter dadurch eingeschränkt, daß Unternehmensgründungen häufig keine eigenständige Planungsrechnung durchführen.

  Allerdings lassen sich die fehlenden Vergangenheitsdaten von Gründungen des öfteren durch Vergleichsgrößen ähnlicher Unternehmen, zum Teil auch durch Branchengrößen, ersetzen. Da es sich bei neu gegründeten Unternehmen, wie bereits beschrieben, häufig um Einproduktunternehmen handelt, stehen einer solchen Ermittlung eines entsprechenden Vergleichsunternehmens oder der Zuordnung zu einer bestimmten Branche, anders als etwa bei diversifizierten und multidivisionalen Großunternehmen, zunächst einmal keine sachlichen Systematisie-

---

[1] Vgl. hierfür insbesondere auch *Abbildung 3*.

rungshindernisse entgegen. Besonders in Hinblick auf innovative Unternehmensgründungen muß man jedoch berücksichtigen, daß die Chance, wirklich geeignete Vergleichsunternehmen oder aussagekräftige Branchenwerte zu finden, um so geringer ist, je innovativer sich das Geschäftskonzept darstellt.

In derartigen Situationen, die durch sowohl fehlende unternehmensspezifische Planungsdaten aus der Vergangenheit als auch durch ebenfalls fehlende Vergleichsobjekte charakterisiert sind, bietet sich als inhaltliche Basis für eine sinnvolle Gründungsplanung hauptsächlich folgende Vorgehensweise an: Entweder greift man auf personenbezogene Aspekte zum jeweiligen Gründer bzw. zur maßgeblichen Gründungsmannschaft – also im wesentlichen auf biographische Sachverhalte und spezifische berufliche Kompetenzen – zurück, oder man orientiert sich vor allem an der Gründungsidee bzw. an dem aus ihr entwickelten Gründungs- und Unternehmenskonzept.[1]

- Neben dem Mangel an Vergangenheitsdaten zeigt sich der Altersaspekt des weiteren auch darin, daß neu gegründete im Gegensatz zu etablierten Unternehmen typischerweise noch keine festgefügten Unternehmensstrukturen, sowohl in Hinblick auf innerbetriebliche Gegebenheiten als auch hinsichtlich der Beziehung zur Unternehmensumwelt aufweisen. Dieser Tatbestand zieht einen erheblichen Gestaltungsbedarf nach sich, der sich im positiven Sinn dann auch als planerischer Gestaltungsfreiraum interpretieren läßt.

- Die Altersdimension als planungsrelevantes Strukturmerkmal von Unternehmensgründungen bezieht sich indes nicht nur auf das jeweilige Unternehmen selbst, sondern üblicherweise auch auf den Wirtschaftszweig, in dem das neu gegründete Unternehmen tätig ist. In diesem Zusammenhang kann man nämlich davon ausgehen, daß Unternehmensgründungen vor allem in denjenigen Branchen gehäuft stattfinden, die als junge und dynamische Wirtschaftszweige bezeichnet werden. Derartige Branchen, die fast kontinuierlich diversen Veränderungsprozessen ausgesetzt sind, sind dabei durch verschiedene Eigenheiten geprägt:

  - *Technologische Unsicherheit*:

    Dazu gehört zunächst einmal eine grundsätzliche technologische Unsicherheit. Denn gerade bei der Einführung neuer Produkte ist es anfänglich oftmals unklar, welche der verschiedenen am Markt angebotenen Produkttechnologien künftig im Vordergrund stehen werden.

---

[1] Weiterführend vgl. die Ausführungen zum Geschäftsplan in Kap. 4.1.2.

- *Strategische Unsicherheit*:

  Darüber hinaus wird eine solche technologische Unsicherheitskomponente in der Regel noch durch eine strategische Unsicherheitssituation ergänzt. Diese gründet einerseits auf die Vielfalt und Unterschiedlichkeit der in einem derartigen Wirtschaftszweig zunächst nebeneinander bestehenden unternehmerischen Geschäftskonzepte. Andererseits liegt eine zweite Ursache für diese Unsicherheit auch in den allgemeinen Informationsdefiziten bezüglich der tatsächlichen Branchenverhältnisse. Nicht selten sind zuverlässige Daten beispielsweise zu Branchenumsatz, Marktanteilen der verschiedenen Wettbewerber etc. kaum verfügbar.

- *Intensiver Wettbewerb*:

  Als drittes Merkmal dynamischer Wirtschaftszweige läßt sich schließlich die Tatsache benennen, daß wegen gering ausgeprägter Markteintrittsbarrieren und wegen des Fehlens fester Wettbewerbsregeln und -strukturen es Konkurrenzunternehmen – typischerweise handelt es sich ebenfalls häufig um Neugründungen – besonders leicht fällt, in junge Branchen einzutreten.[1]

Aufgrund solcher Eigenheiten zeichnen sich solche Branchen deshalb durch erhebliche strategische Freiräume sowie ein gleichzeitiges Nebeneinander beträchtlicher Chancen und Risiken bei der Gründungsplanung aus.

Alles in allem führt die Altersdimension von Unternehmensgründungen daher zu einer weiteren Betonung der besonderen Risiko- und Ungewißheitsproblematik, die bereits im Kontext der Ressourcenbegrenzung als kennzeichnendes Merkmal der Gründungsplanung beschrieben worden ist und die vor allem bei innovativen Unternehmensgründungen durch das Problem der ungewissen Marktakzeptanz als einem dritten wichtigen Risikofaktor noch zusätzlich verstärkt wird. Als Konsequenz einer derartigen hervorgehobenen Relevanz des Risiko-Chancen-Kalküls gerade für die Führung neu gegründeter Unternehmen empfiehlt sich deshalb seine systematische Thematisierung im Rahmen der Gründungsplanung, etwa durch eine eigenständige Chancen- und Risikosteuerung des Unternehmens.[2]

Faßt man die in diesem Abschnitt vorgestellten Spezifika der Gründungsplanung zusammen, wird man wohl insgesamt davon auszugehen haben, daß die strukturellen Eigenheiten von Unternehmensgründungen die Durchführung einer betriebswirtschaftlich sinnvollen und verwertbaren Unternehmensplanung, wie sie von den eta-

---

[1] Bezüglich einer ausführlichen Darstellung zu diesem Sachverhalt vgl. vor allem *PORTER*, Wettbewerbsstrategie (1999), S.279 f.

[2] Umfassend zu gründungsspezifischen Risikoproblemen und Ansätzen zum Umgang mit diesem Bereich vgl. *PINKWART*, Risikogestaltung (2002), S. 59-75.

blierten Großunternehmen her bekannt ist, eher erschweren denn fördern. In diesem Sinne erweist sich die Gründungsplanung, unabhängig davon, ob es sich um eine strategische oder operative Planung bzw. eine Planung für verschiedene betriebliche Teilbereiche wie Finanzierung und Marketing handelt, als eines der zentralen Problemfelder, die bei der Gründung eines neuen Unternehmens auftreten.[1]

Nachstehende *Abbildung 19* bietet dann noch eine entsprechende Übersichtsdarstellung der wesentlichen Sachverhalte, aufgrund derer sich die Gründungsplanung von der allgemeinen Unternehmensplanung unterscheidet:

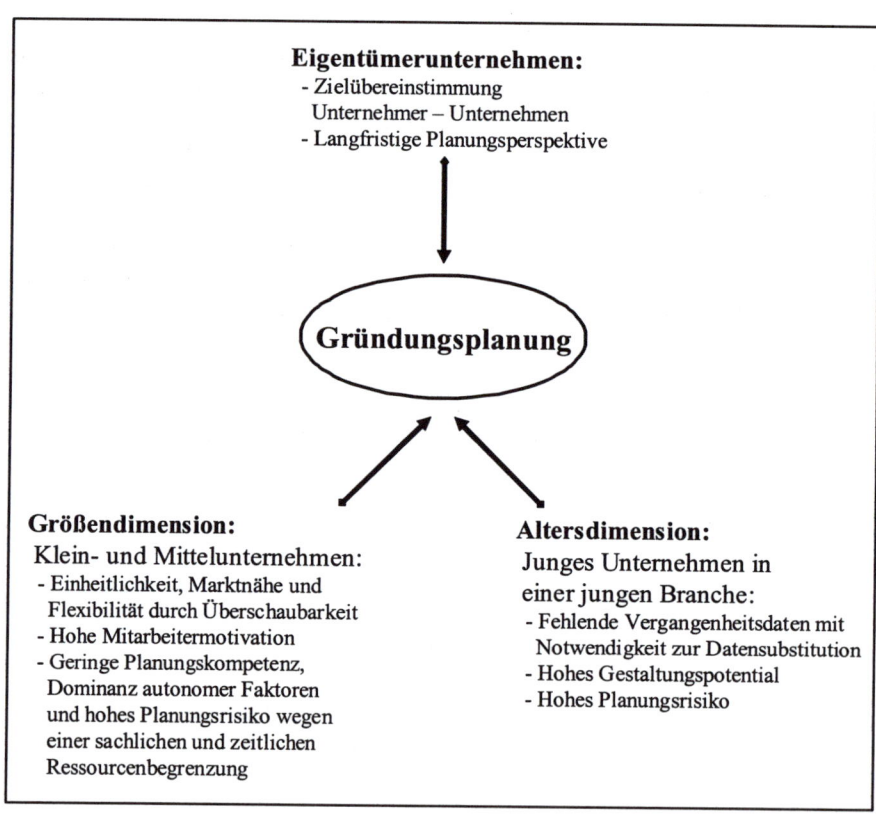

Abbildung 19: Besonderheiten der Gründungsplanung

---

[1] Vgl. *DODGE/ROBBINS*, Life Cycle Model (1992), S. 35.

Aufgabe 8:

Warum ist es bei der Gründungsplanung sinnvoll, zwischen den altersbezogenen und den größenbezogenen Besonderheiten von Unternehmensgründungen zu trennen?

4.1.1.2 Zum Planungsprozeß

Allgemein läßt sich das im Kapitel 2.1.3 vorgestellte Phasenmodell der Unternehmensgründung auch auf den Bereich der Gründungsplanung übertragen. Demzufolge kann man den Prozeß der Gründungsplanung in verschiedene, voneinander abgrenzbare Abschnitte unterteilen und diese den bereits bekannten Gründungsphasen eines Unternehmens zuordnen:[1]

- *Vorgründungsphase*:

  Unter einem planungsbezogenen Blickwinkel beginnt jede Unternehmensgründung mit der *Gründungs-* bzw. *Geschäftsidee*, also der grundsätzlichen Festlegung des künftigen Unternehmenskonzeptes. Üblich ist in diesem Kontext eine Differenzierung nach dem Umstand, ob es sich um eine eher zufällig oder eine eher systematisch entstandene Gründungsidee handelt:

  - *Ideeninduzierte Unternehmensgründung*:

    Häufig entwickelt sich eine Gründungsidee mehr oder weniger per Zufall, beispielsweise als Nebenprodukt aus einer anderen beruflichen Tätigkeit, und bildet dadurch den eindeutigen Anfangspunkt wie auch den eigentlichen Auslöser für den gesamten Gründungsprozeß.

  - *Konzeptinduzierte Unternehmensgründung*:

    Manchmal gibt es jedoch auch Situationen, in denen die Entscheidung zur Unternehmensgründung primär aus dem Wunsch des Gründers nach beruflicher Selbständigkeit heraus getroffen wird, also eher personale Gegebenheiten für die Unternehmensgründung verantwortlich sind. In diesen Fällen wird die Geschäftsidee dann erst in einem zweiten Schritt im Rahmen eines gezielten und systematischen Suchvorgangs entwickelt.

---

[1] In Hinblick auf die nachfolgenden Ausführungen zum Phasenkonzept der Gründungsplanung vgl. vor allem *KAISER/GLÄSER*, Entwicklungsphasen (1999), S. 22-41, weiterhin auch *KLANDT*, Unternehmensplan (1999), S. 58-61.

Der Ideenfindung nachgeschaltet, aber nach wie vor zur Vorgründungsphase gehörend, schließt sich ein Prozeß der konzeptionellen Konkretisierung an, in dem die in ersten Analysen auf ihre generelle Erfolgsaussicht hin überprüfte Gründungsidee zu einem ausführlicheren und detaillierteren Gründungskonzept ausgestaltet wird. Wenn sich der Gründungsvorgang dabei auf eine Unternehmensgründung im engeren Sinn, also eine selbständige Aufbaugründung bezieht und das zugehörige Ziel folglich die Schaffung einer vollständig neuen Wirtschaftseinheit darstellt,[1] muß man in einer gleichsam ganzheitlichen Vorgehensweise die gesamten betrieblichen Funktionsbereiche, aber auch zusätzlich gründungsspezifische Gesichtspunkte, wie die geplante Rechtsform oder den vorgesehenen Standort des Unternehmens, in diesem Planungsansatz berücksichtigen.[2]

Gerade einem solchen Planungsprozeß, noch im Vorfeld der eigentlichen Unternehmensgründung, kommt eine entscheidende Bedeutung für die spätere Unternehmensentwicklung zu. Da hier die grundlegenden Weichenstellungen für die Struktur des späteren Unternehmens stattfinden, sind viele der in diesem Zusammenhang getroffenen Festlegungen in späteren Phasen kaum mehr behebbar und können demgemäß zu erheblichen Problemen führen.[3]

Wichtig erscheint noch der ergänzende Hinweis, daß die Erarbeitung eines derartigen allgemeinen Gründungskonzeptes nicht mit der Erstellung eines (im Kontext der betriebswirtschaftlichen Gründungsliteratur besonders häufig thematisierten) Geschäftsplans verwechselt werden darf. Letzterer stellt eine mehr oder weniger eigenständige Planungsleistung dar, die wegen ihrer Bedeutung, aber auch ihrer speziellen Struktur und Zielsetzung einer gesonderten Analyse im nachfolgenden Kapitel 4.1.2 bedarf.

• *Gründungsphase*:

Wenn sich das Ende der Vorgründungsphase also in der Regel durch das Vorliegen eines umfassenden Unternehmenskonzeptes charakterisieren läßt, ist die nachfolgende eigentliche Gründungsphase dann vor allem durch die Errichtung des Unternehmens in der juristischen und realwirtschaftlichen Ebene gekennzeichnet.[4] In Hinblick auf die Gründungsplanung bedeutet diese Feststellung nicht nur, daß in diesem Zeitraum der vorab erarbeitete Unternehmensentwurf gleichsam in die Tat umgesetzt bzw. aufgrund neu hinzugekommener Einflüsse einer entsprechenden Modifikation unterzogen wird. Vielmehr beinhaltet die Gründungsphase insbesondere auch die bewußte und endgültige Entscheidung des Unternehmensgründers zur Geschäftsaufnahme. Nach einer solchen Festlegung ist

---

[1] Diesbezüglich vgl. Kap. 2.1.2 und *Abbildung 1*.

[2] Vgl. z.B. GRIES/MAY-STROBL/PAULINI, Bedeutung der Beratung (1997), S. 9.

[3] Vgl. hierzu HUNSDIEK/MAY-STROBL, Entwicklungslinien (1986), S. 63-67.

[4] Vgl. ergänzend Kap. 2.1.3.

sowohl ein Verzicht auf die Unternehmensgründung insgesamt als auch eine wesentliche Abänderung der bisher geplanten Unternehmensstruktur nur unter erheblichen, vor allem finanziellen Einbußen möglich.[1]

Ausdrücklich sei darauf hingewiesen, daß diese Entscheidung keineswegs mit dem juristischen *Gründungsakt* zusammenfallen braucht. Maßgeblich sind allein betriebswirtschaftliche Aspekte. Sollten beispielsweise noch vor der förmlichen Gründung erste Verträge über die Errichtung der Produktionskapazitäten abgeschlossen oder erste Kontakte zu potentiellen Kunden geknüpft sein, würden tiefergehende Änderungen in der Gründungsplanung zu erheblichen Zusatzkosten sowie Zeitverlusten führen, eventuell sogar die Durchführbarkeit des gesamten Gründungsvorhabens in Frage stellen.

- *Frühentwicklungsphase* und *nachfolgende Phasen* im Gründungsprozeß:

  Der Beginn der tatsächlichen Produktion sowie die Markteinführung des Produktes führen dazu, daß in dieser ersten, der eigentlichen wirtschaftlichen Gründung nachgeschalteten Phase – genauso wie in den sich daran noch anschließenden, weiteren Stadien des Gründungsprozesses – sich die ersten Ergebnisse der anfänglichen Gründungsplanung zeigen. Mit anderen Worten: Der mögliche Markterfolg oder gegebenenfalls auch -mißerfolg des jungen Unternehmens legt die Qualität der bisherigen Entscheidungen im Rahmen der Gründungsplanung offen und bedingt erste Ergänzungs- bzw. Korrekturplanungen. Von der herkömmlichen strategischen Unternehmensplanung sowie der herkömmlichen operativen Planung lassen sich die Planungsaktivitäten in diesen Phasen vor allem durch die Einbeziehung der im vorausgehenden Abschnitt eingehend erläuterten strukturellen Besonderheiten von Unternehmensgründungen in den Planungsprozeß differenzieren.[2]

Unabhängig von der jeweiligen Phase sollte der Planungsprozeß im Rahmen einer Unternehmensgründung grundsätzlich mehrere zentrale Anforderungen erfüllen, damit man von einer ordnungsgemäßen Gründungsplanung sprechen kann. Im einzelnen handelt es sich dabei um folgende fünf Gesichtspunkte:[3]

- *Zeitaspekt*:

  In diesem Zusammenhang kommt es darauf an, sowohl durch die Festlegung eines angemessenen zeitlichen Planungshorizontes als auch durch eine angemessene zeitliche Differenzierung dieses Betrachtungszeitraums ein geeignetes planerisches Abbild der künftigen Unternehmensentwicklung zu entwerfen. Da aufgrund

---

[1] Zu diesem Sachverhalt vgl. auch *SZYPERSKI/NATHUSIUS,* Unternehmensgründung (1999), S. 33 f.

[2] Weiterführend vgl. z.B. *BHIDÉ,* Start-up Strategies (1999), S. 123-128.

[3] Vgl. für die nachstehende Auflistung vor allem *SCHEFCZYK,* Finanzieren (2000), S. 167.

der prinzipiellen Prognoseunsicherheit derartige Bestimmungen stets willkürbehaftet sind, lassen sich allgemeingültige Empfehlungen nicht geben. Dennoch erscheinen einige Tendenzaussagen möglich. Auf der einen Seite ist es sicherlich wenig zweckmäßig, für weit in der Zukunft liegende Perioden detailliert zu planen, wenn man über keine verläßlichen Prognosedaten zu diesen Zeiträumen verfügt. Auf der anderen Seite erlauben längere Planungsperioden eine genauere Erfassung zeitlich vertikaler Interdependenzen.[1]

- *Informationsaspekt*:

  Wie alle betriebswirtschaftlichen Sachverhalte unter Unsicherheit wird auch die Qualität der Gründungsplanung maßgeblich durch den jeweiligen Informationszustand der Person, welche die Planung erstellt, beeinflußt. Diesbezüglich wird man ein um so wirklichkeitsnäheres Planungsergebnis erhalten können, je verläßlicher und je aussagefähiger sich die für die Planung genutzte Datengrundlage darstellt. In diesem Sinn sowie auch, um die Ernsthaftigkeit der Planung bei Bedarf gegebenenfalls gegenüber Dritten zu kommunizieren, empfiehlt es sich deshalb, bevorzugt allgemein anerkannte und überprüfbare Informationsmaterialien im Planungsprozeß zu berücksichtigen. Zugleich sollte stets auch eine gewisse Transparenz dadurch sichergestellt sein, daß die jeweils verwendeten informationsbezogenen Grundlagen der Planung offengelegt werden, soweit es sich nicht um Geschäftsgeheimnisse handelt.

- *Inhaltsaspekt*:

  Hinsichtlich dieses Arguments ist es wichtig, alle relevanten Teilgebiete des Unternehmens in der Gründungsplanung möglichst vollständig und umfassend einzubeziehen. Hierzu gehören hauptsächlich die Bereiche Unternehmensstrategie/Markt/Wettbewerb, Liquidität/Finanzierung, Produktentwicklung/Produktion, Personal/Ressourcen, Unternehmensorganisation/Unternehmensstruktur, Standort/Rechtsform.

- *Integrativer Aspekt*:

  Um dem Idealziel einer ganzheitlichen und in sich geschlossenen Planung nahezukommen, wird man der Integration der einzelnen, die jeweiligen Funktionsbereiche des Unternehmens betreffenden Teilpläne in den Gründungsgesamtplan eine besondere Aufmerksamkeit schenken müssen. Schwierigkeiten können sich in diesem Kontext vor allem dadurch ergeben, daß eine umfassende planerische Berücksichtigung der zahlreichen Interdependenzen zwischen diesen Teilplänen

---

[1] Hierzu vgl. auch HERING, Investitionstheorie (2003), S. 14 f.

kaum möglich erscheint. Dem Erfordernis der Planungsintegrität[1] kann allerdings auch auf heuristischem Wege annähernd entsprochen werden.[2]

- *Formaler Aspekt*:

  Dieser Gesichtspunkt erfährt immer dann einen Bedeutungszuwachs, sobald die Gründungsplanung auch außenstehenden Personen gegenüber erläutert werden soll. Ein wichtiges Beispiel hierfür stellt beispielsweise ihre Präsentation im Rahmen eines Geschäftsplans dar.[3] Im einzelnen fallen unter diesen Aspekt etwa Themen wie Verständlichkeit, Aussagekraft und Strukturiertheit der Planungsaussagen in Text, Tabellen oder Abbildungen.

Insgesamt geht es bei der Gründungsplanung – dies gilt sowohl für den zeitlichen als auch den inhaltlichen sowie den integrativen Aspekt – im wesentlichen darum, einen Unternehmensplan zu erstellen, welcher einerseits möglichst umfassend die künftige Entwicklung zu beschreiben versucht, andererseits jedoch wegen der prinzipiellen Prognoseunsicherheit, die bekanntlich durch spezifische Merkmale neu gegründeter Unternehmen noch zusätzlich verstärkt wird, auf eine allzu detaillierte Scheingenauigkeit verzichtet. Hier einen geeigneten *Mittelweg zwischen Detailgetreue und Scheingenauigkeit* zu finden, kann als eine der zentralen Aufgaben und Herausforderungen einer betriebswirtschaftlich gelungenen Gründungsplanung angesehen werden.

Konkrete Aussagen zur detaillierten inhaltlichen Ausgestaltung der Gründungsplanung in den einzelnen Funktionsbereichen eines Unternehmens, beispielsweise in der Finanz- oder Marketingplanung, erscheinen an dieser Stelle jedoch kaum sinnvoll, da sich vor allem in Abhängigkeit von der jeweiligen Branche die Anforderungen an die in diesen Wirtschaftszweigen tätigen Unternehmen und damit auch die Anforderung an die Planungsinhalte grundsätzlich unterscheiden.[4] Auch auf die explizite Darstellung verschiedener, teils strategischer und teils operativer Planungs- sowie Controllingtechniken, wie dies in manchen Lehrbüchern zur Unternehmensgründung üblich ist, kann hier verzichtet werden. Indem sich derartige Methoden im wesentlichen unverändert von dem Bereich der allgemeinen und unspezifischen Unternehmensplanung auch auf die Gründungsplanung übertragen lassen, sei diesbezüglich auf die einschlägige betriebswirtschaftliche Fachliteratur zu diesem Gebiet der Unternehmensführung und Planung hingewiesen.

---

1   Vgl. *KOCH*, Integrierte Unternehmensplanung (1982), S. 9-13.

2   Ausführlich zu diesem Sachverhalt vgl. *ROLLBERG*, Unternehmensplanung (2001), S. 197-202.

3   Vgl. dazu Kap. 4.1.2.1.

4   Vgl. diesbezüglich beispielsweise *SCHWENK/SHRADER*, Formal Strategic Planning (1993), S. 61, ergänzend etwa *BUHMANN/KOCH/STEFFENSEN*, Risiken und Strategien (2002), S. 163, ebenso *RISSEEUW/MASUREL*, Role of Planning (1993), S. 321.

Eine zusammenfassende Übersicht zu den wesentlichen Aufgaben der Gründungsplanung und zu ihrer Einbettung in die einzelnen Phasen des Gründungsprozesses
bietet nachfolgende *Abbildung 20*:

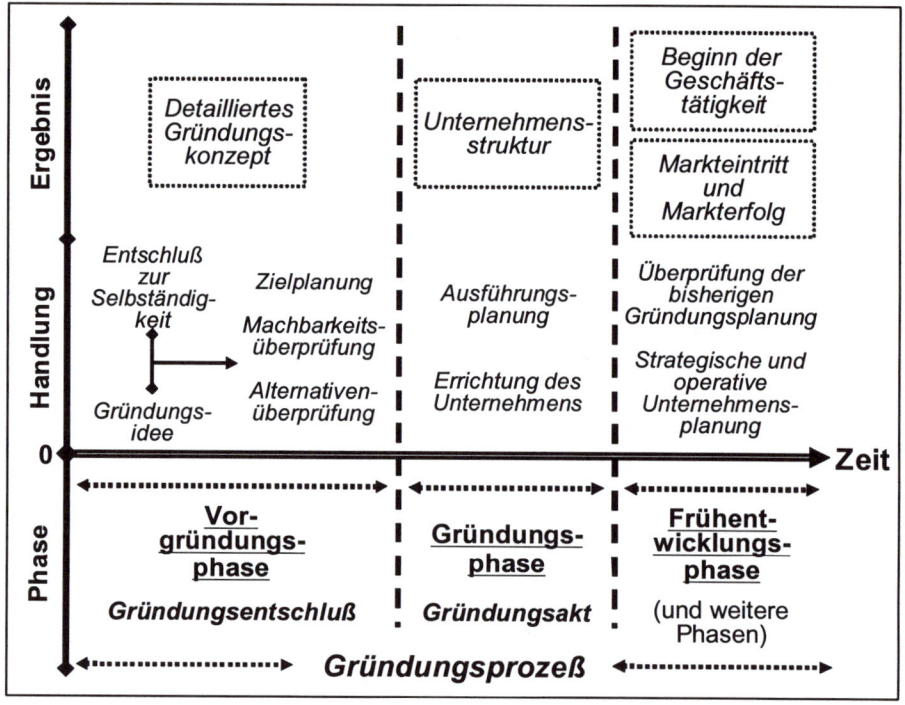

Abbildung 20: Phasenbezug der Gründungsplanung[1]

---

[1] Zur Grundstruktur der Abbildung vgl. ebenso *KLANDT,* Unternehmensplan (1999), S. 60.

4.1.2 Geschäftsplan

4.1.2.1 Begriff und Aufgaben

Vereinfacht dargestellt, besteht ein *Geschäftsplan* aus einer Präsentation, welche das gesamte Unternehmenskonzept in schriftlicher Form zusammenfaßt.[1] In diesem Zusammenhang kann es sich sowohl um ein bereits tatsächlich gegründetes Unternehmen als auch lediglich um die Planungen zu einer Unternehmensgründung handeln. Als synonym gebrauchte Bezeichnungen finden sich in Teilen der betriebswirtschaftlichen Gründungsliteratur dafür die Begriffe *Gründungsplan*, *Geschäftskonzept*, *Unternehmensplan* oder in direkter Übernahme der angloamerikanischen Ausdrucksweise *„Business Plan"*.[2]

In Hinblick auf die Funktionen eines Geschäftsplans kann man dem Grundsatz nach zwischen einem unternehmensinternen und einem unternehmensexternen Aufgabenbereich unterscheiden:[3]

- *Unternehmensintern*:

  Diesbezüglich läßt sich der Geschäftsplan für ein bereits bestehendes oder erst noch zu gründendes Unternehmen hauptsächlich als *strategisches Planungsinstrument* auffassen. Im Rahmen dieser Funktion als zentrales Planungsdokument[4] für das jeweilige Unternehmen kommen ihm dann folgende Einzelaufgaben zu:

  - *Orientierungsfunktion*:

    Zunächst einmal wirkt er als wichtiges Orientierungsmittel bei der gesamten Gründungsplanung, welches einen tiefergehenden Einblick in den Planungsprozeß einer Unternehmensgründung ermöglicht. Als entsprechende Richtschnur hilft er dem Gründer, nicht nur die mit der Unternehmensgründung verbundenen unternehmerischen Ziele zu bestimmen, sondern zugleich auch die zugehörigen Realisationsstrategien kritisch zu reflektieren sowie unter Umständen mögliche Problembereiche oder Inkonsistenzen aufzudecken und denkbare Alternativen zu prüfen. Unabhängig von der jeweiligen konkreten Gründungssituation fördert die Erstellung eines Geschäftsplans zudem eine

---

[1] Vgl. etwa *ARKEBAUER*, Guide to Writing (1995), S. 2.

[2] Vgl. *KLANDT*, Unternehmensplan (1999), S. 84.

[3] Vgl. zu dieser Thematik insbesondere *KLANDT*, Unternehmensplan (1999), S. 87-92, ergänzend auch *KUẞMAUL*, Betriebswirtschaftslehre (1999), S. 416-418, gleichermaßen *RIPSAS*, Entrepreneurship (1997), S. 123, weiterhin *SCHEFCZYK*, Finanzieren (2000), S. 168-170.

[4] Für diese Auffassung vgl. z.B. *DAVIS*, Role of Venture Capital (1986), S. 115 f.

systematisch-analytische Auseinandersetzung der beteiligten Personen mit dem Gründungsvorhaben und dem Unternehmenskonzept.

- *Steuerungsfunktion*:

  In einem zweiten Schritt kann man jeden Geschäftsplan, sofern er zu diesem Zeitpunkt bereits vorliegt, als Steuerungsmittel für die tatsächliche Umsetzung der Gründungsplanung vor allem in der eigentlichen Gründungs- aber auch in der Frühentwicklungsphase[1] nutzen.

- *Kontrollfunktion*:

  Eine dritte Aufgabe besteht dann hauptsächlich darin, bereits während des Gründungsprozesses als Hilfsmittel zur Planungskontrolle zu dienen. So läßt sich der jeweilige Stand der Planungsrealisation mit den Vorgaben des Geschäftsplans im Sinn einer Soll-Ist-Übereinstimmung vergleichen. Aufgrund der generellen Ressourcenbegrenzung und der hieraus resultierenden geringen Handlungsspielräume neu gegründeter Unternehmen wird man allerdings bei Abweichungen eher gezwungen sein, entsprechende Korrekturen an den Planungszielen des Unternehmens vorzunehmen, als irgendwelche Zusatzaktivitäten einzuleiten, die eine Anpassung der realen Unternehmensentwicklung an die anfänglichen, sich als unrealistisch erweisenden Vorgaben bewirken könnten.

- *Unternehmensextern*:

  Grundsätzlich besitzt der für eine Unternehmensgründung erstellte Geschäftsplan im Außenverhältnis die wichtige Funktion eines zentralen *Kommunikationsinstrumentes*:

- *Vertrauensbildung*:

  Aus einem zunächst eher allgemein gehaltenen Blickwinkel heraus besteht der Zweck einer solchen schriftlichen Präsentation gegenüber außenstehenden Personen vor allem darin, die Gründungsidee sowie das darauf beruhende Unternehmenskonzept diesem Adressatenkreis zu vermitteln. In diesem Sinn dient jeder Geschäftsplan gleichsam als „Visitenkarte" und soll vertrauensbildend auf externe Zielgruppen wie mögliche Lieferanten und Kunden, Medien sowie potentielle strategische Kooperationspartner wirken.

---

[1] Vgl. zu diesen Phasen des Gründungsprozesses Kap. 2.1.3.

▪ *Kapitalbeschaffung*:

Eine besondere Bedeutung erfährt der Geschäftsplan aus der Tatsache, daß ein Erwerb von zusätzlichem Eigen- und Fremdkapital in der Regel ohne die Vorlage eines derartigen schriftlichen Unternehmenskonzeptes bei den potentiellen Kapitalgebern kaum mehr möglich ist.[1] Diese Feststellung gilt insbesondere für den Bereich der Beteiligungsfinanzierung mit *Risikokapital*.[2] In diesem Zusammenhang stellt der Geschäftsplan bekanntlich das entscheidende anfängliche Selektionskriterium dar, aufgrund dessen die Risikokapitalgesellschaften eine Vorauswahl treffen, welche der bei ihnen anfragenden Unternehmensgründungen für sie überhaupt als potentielle Investitionsobjektive in Frage kommen und demzufolge einer ausführlichen Anschlußanalyse zu unterziehen sind.

Denn zum einen belegt er die Existenz einer Geschäftsidee, die grundsätzlich dazu geeignet sein sollte, im Falle eines Markterfolges hinreichende finanzielle Rückflüsse ins Unternehmens zu erwirtschaften und somit die Gewinnansprüche des Eigenkapitalgebers zu befriedigen. Zum anderen weist er den kapitalnachfragenden Unternehmer zugleich als Person aus, welche aufgrund ihrer betriebswirtschaftlichen Kenntnisse und Fähigkeiten auch in der Lage sein sollte, dieses allgemeine Gewinnpotential der Geschäftsidee zu realisieren. Darüber hinaus erhöht ein Geschäftsplan jedoch prinzipiell auch die Chancen des Unternehmensgründers, im Bereich der Fremdkapitalfinanzierung eine entsprechende *Kreditzusage* durch Banken und sonstigen kreditvergebenden Institutionen zu erhalten.[3]

Trotz der obigen Aufzählung der verschiedenen, sowohl unternehmensexternen als auch unternehmensinternen Vorteile, welche die Ausarbeitung eines Geschäftsplans normalerweise mit sich bringt, muß ergänzend darauf hingewiesen werden, daß man aus dieser Auflistung keineswegs den Schluß ziehen darf, eine Unternehmensgründung ohne Geschäftsplan könne grundsätzlich nicht „erfolgreich" sein.[4] Des weiteren läßt sich selbstverständlich auch kein Zusammenhang zwischen dem Erstellen eines inhaltlich gelungenen und den Leser überzeugenden Geschäftsplans einerseits und

---

[1] Vgl. z.B. NATHUSIUS, Finanzierungsinstrumente (2003), S. 164, gleichfalls TIMMONS, New Venture (1999), S. 369.

[2] Weiterführend zu diesem Themengebiet vgl. Kap. 4.2.2.

[3] Vgl. dazu vor allem auch BURNS, Business Plan (1996), S. 186 f., dergleichen FÜSER, Rating (2001), S. 201. Die Existenz des Geschäftsplans gehört also – vergleichbar der Einhaltung bilanzieller Liquiditätsgrade bei etablierten Unternehmen – zu den notwendigen Bedingungen einer Kreditgewährung, wenngleich sich die Notwendigkeit theoretisch nicht zwingend begründen läßt. Es handelt sich also um einen im Wirtschaftsleben herausgebildeten Standard.

[4] Beispielsweise besitzen lediglich ca. ein Fünftel aller Gewerbeneuanmeldungen zu diesem Zeitpunkt bereits eine Gründungsplanung in schriftlicher Form. Vgl. diesbezüglich BRÜDERL/PREISENDÖRFER/ZIEGLER, Erfolg neugegründeter Betriebe (1996), S. 163.

dem späteren finanziellen Ertrag des Gründungsvorhabens andererseits finden. Mit anderen Worten: Ein beeindruckender Geschäftsplan garantiert genausowenig automatisch einen Gründungserfolg, wie auf der Gegenseite ein hinsichtlich Umfang und Detaillierungsgrad mehr als dürftiges schriftliches Gründungskonzept das Entstehen eines erfolgreich wachsenden Unternehmens prinzipiell ausschließt.[1]

Aufgabe 9:

Weshalb läßt sich der bekannte Spruch „Der Weg ist das Ziel" auch bei der Beschreibung der verschiedenen Funktionen, die ein Geschäftsplan erfüllen soll, trefflich zitieren?

4.1.2.2 Inhaltliche Gestaltung

4.1.2.2.1 Konzeptionelle Grundstruktur

Konkrete Empfehlungen zum inhaltlichen Aufbau eines Geschäftsplans gehen immer mit einer gewissen Problematik einher. Diese beruht zum einen auf der Tatsache, daß je nach Branche, Größe und Art der Unternehmensgründung unterschiedliche Themenbereiche eine unterschiedliche Bedeutung für die Gründungsplanung besitzen und demzufolge einer jeweils ihrer Eigenart entsprechenden Darstellung bedürfen.

Zum anderen kommt aber auch dem maßgeblichen Zweck, der mit der Erarbeitung eines Geschäftsplans verbunden ist, eine wichtige Rolle zu. Es erscheint naheliegend, daß ein lediglich unternehmensintern als Element der strategischen Planung entwickeltes Unternehmenskonzept erhebliche gestalterische Freiräume bietet. Allerdings ist es ebenso offenkundig, weshalb bei der Erstellung eines für einen unternehmensexternen Adressatenkreis bestimmten Geschäftsplans insbesondere den Belegmaterialien für die jeweils getroffenen Aussagen sowie gegebenenfalls weiteren Dokumentationsunterlagen eine besondere Aufmerksamkeit zu schenken ist. Vor allem bei Geschäftsplänen, die als Mittel zur Eigenkapitalbeschaffung verwendet werden sollen, kann man zudem davon ausgehen, daß gerade Risikokapitalgesellschaften ganz bestimmte Erwartungen an die Inhalte und Struktur der ihnen vorgelegten Unternehmenspräsentationen besitzen. Deshalb beziehen sich nachstehende Ausführungen hauptsächlich auf die inhaltliche Gestaltung eines Geschäftsplans, dessen Aufgabe vornehmlich in der Beschaffung dieser besonderen Form von Beteiligungskapital besteht.

---

[1]   Zu dieser Thematik vgl. z.B. TIMMONS, New Venture (1999), S. 369.

Entsprechend der im vorherigen Kapitel gegebenen Begriffsdefinition des Geschäftsplans sollte ein solches Dokument im Idealfall eine sowohl übersichtliche und das Interesse des jeweiligen Lesers weckende als auch zugleich umfassende und detailgetreue Wiedergabe des vollständigen Gründungskonzeptes liefern. Zu diesem Zweck besteht ein Geschäftsplan üblicherweise aus drei, inhaltlich aufeinander abzustimmenden Bausteinen der Präsentation:

1. Eine *textliche Beschreibung* als jeweilige Grundlage für alle wichtigen Planungsbereiche des Gründungsvorhabens, wie beispielsweise für die Gründungsidee, die Wettbewerbsstrategie oder auch die Finanzplanung,[1] wobei diese Beschreibung alle relevanten Teilaspekte des entsprechenden Bereiches einschließt.

2. Eine *quantitative Darstellung* wesentlicher betriebswirtschaftlicher Aspekte insbesondere im Rahmen des finanziellen Gründungskonzeptes, die gewissermaßen die verbalen Aussagen untermauert und ergänzt.

3. Ein *Anhang*, der die notwendigen Belegmaterialien für die gegebenen, sowohl textlichen als auch quantitativen Aussagen enthält.[2]

Unter einem konzeptionellen Blickwinkel kommt es bei der Gestaltung des Geschäftsplans insbesondere darauf an, daß sich die Belange aller für das Gelingen einer Unternehmensgründung entscheidenden Zielgruppen in diesem Dokument wiederfinden. Diese Adressaten lassen sich dabei folgenden Bereichen zuordnen:[3]

- *Marktbezug*, welcher neben den möglicherweise bereits vorhandenen Kunden auch alle potentiellen Abnehmer der von dem Unternehmen angebotenen Produkte oder Dienstleistungen umfaßt.

- *Finanzbezug* zur Beschreibung der Gruppe der Investoren, deren Kapital überhaupt erst die mittel- und langfristige Durchführung der Unternehmensgründung ermöglichen kann.

- *Produktbezug*, der die Interessen des Unternehmensgründers und Innovationsträgers, gegebenenfalls auch noch des Erfinders der Neuerung, repräsentiert.

---

[1] Ausführlich vgl. Kap. 4.1.2.2.2.

[2] Vgl. *KLANDT*, Unternehmensplan (1999), S. 85.

[3] Bezüglich der Ausführungen zu dieser Thematik vgl. *RICH/GUMPERT*, Write (1999), S. 177-179.

In diesem Kontext besteht ein gängiger Mangel zahlreicher Geschäftspläne aus dem Umstand, daß die Autoren bei der Erstellung solcher Gründungskonzepte das bereits bestehende oder künftige Unternehmen mehr oder weniger ausschließlich aus ihrer eigenen „produktorientierten" Perspektive als Unternehmensgründer abhandeln. Gleichzeitig vernachlässigen sie die anderen zentralen konzeptionellen Bestandteile, die jeder Neugründung erst ihr wirtschaftliches Überleben auf Dauer ermöglichen, nämlich den Absatzmarkt genauso wie den finanziellen Bereich.

Eine derartige Vorgehensweise kann etwa bei jungen und innovativen Unternehmensgründungen aus dem technischen Bereich dazu führen, daß auf der einen Seite die technischen Neuheiten des geplanten Produktes typischerweise ausführlich und detailliert beschrieben sind, während auf der anderen Seite Marktorientierung und finanzielle Aspekte der Unternehmensgründung im Geschäftsplan weitgehend vernachlässigt werden. Beispielsweise findet man kaum einen Hinweis darauf, warum und weshalb dieses neue Produkt für die Kunden in Hinblick auf ihre relevanten Bedürfnisse denn auch tatsächlich interessant sein sollte. Ebenso beschränken sich gerade die für potentielle Kapitalgeber letztlich entscheidenden Ausführungen zu den zukünftigen finanziellen Erfolgserwartungen des Unternehmens in solchen Fällen oftmals auf wenige, inhaltlich eher triviale und daher nur selten plausibel und überzeugend wirkende Pauschalannahmen, wie z.B. auf die nicht näher begründete Prognose eines …%-igen jährlichen Gewinnwachstums.

Faßt man die bisherigen Erkenntnisse zur inhaltlichen Gestaltung eines Geschäftsplans zusammen, zeigt es sich also, daß ein Gründer neben der eigenen, zumeist eher produktbezogenen Sichtweise auf jeden Fall auch die Belange der anderen beiden zentralen Zielgruppen Kunden und Investoren im inhaltlichen Aufbau seines Geschäftsplans angemessen berücksichtigen sollte. Dieser konstitutive *Dreiklang aus Markt-, Finanz- und Produktbezug* läßt sich daher als entscheidendes konzeptionelles Merkmal eines gelungenen Geschäftsplans ansehen und wird durch die Übersichtsdarstellung in *Abbildung 21* noch einmal graphisch hervorgehoben:

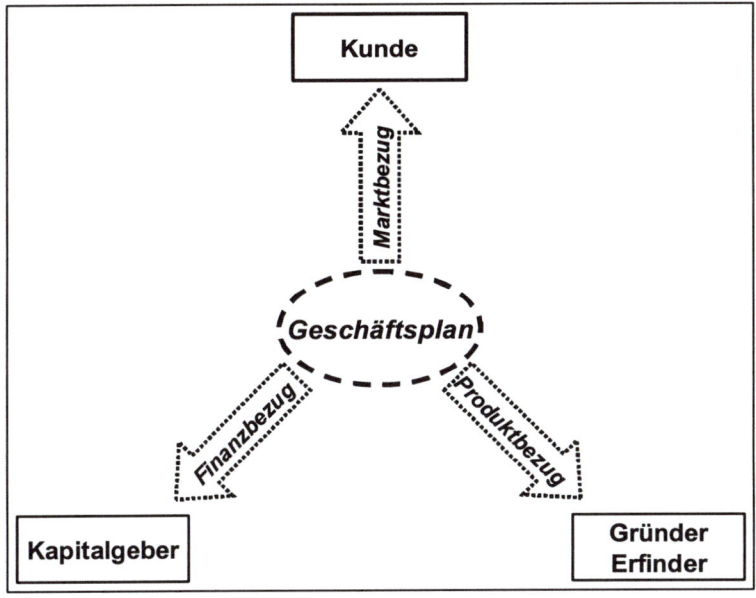

Abbildung 21: Konzeptioneller Dreiklang eines Geschäftsplans

4.1.2.2.2 Wichtige Planungsthemen

Um den im vorhergehenden Kapitel gerade erläuterten, unterschiedlichen Bezugspunkten eines Geschäftsplans gerecht werden zu können, empfiehlt es sich im Normalfall, daß folgende vier übergeordnete *Zentralbereiche* den inhaltlichen Schwerpunkt und das Kernstück eines Geschäftsplans bilden:[1]

(1) Thematische Hauptgebiete eines Geschäftsplans:

- *Grundlagen des Unternehmens*:

  Zu diesem Themenkomplex zählen einerseits Angaben zur Qualifikation des Gründers und der sonstigen Führungsmannschaft des Unternehmens. Bereits im Kapitel 4.1.1.1 ist darauf hingewiesen worden, daß außenstehende Personen den für Gründungen typischen Mangel an geeignetem quantitativem Informationsmaterial aus der Unternehmensvergangenheit oftmals durch eine verstärkte Hinwendung zu derartigen personenbezogenen und biographischen Daten ausgleichen

---

[1] Hierzu und für die nachstehenden Ausführungen vgl. *SCHEFCZYK,* Finanzieren (2000), S. 170-192.

wollen. Aufgrund eines derartigen Umstandes erfährt dieser Teil des Geschäftsplans einen besonderen gründungsspezifischen Bedeutungszuwachs, den er bei
der Beurteilung eines etablierten Unternehmens so nicht besitzt. Andererseits
gehört auch die ausführliche Beschreibung der Geschäftsidee sowie der geplanten
Produkte bzw. Dienstleistungen zu diesem Bereich. Insbesondere hinsichtlich des
letzteren Sachverhaltes sollte die Darstellung neben dem Produkt- auch den
Marktbezug generell nicht vernachlässigen.

- *Externe Aspekte*:

  Das zweite Kerngebiet eines Geschäftsplans steht dann ganz überwiegend unter
  einem (absatz)marktbezogenen Blickwinkel. Insofern liegt der Fokus der
  Betrachtung hauptsächlich auf den Beziehungen zu den künftig erwarteten Kunden des Unternehmens. Deshalb steht eine eingehende Markt- und Wettbewerbsanalyse im Vordergrund der Darstellung, die in einem zweiten Schritt anschließend noch durch eine Beschreibung der ins Auge gefaßten strategischen Wettbe-
  werbs- und Marketingstrategie ergänzt wird. Zu den wichtigen Teilaspekten, die
  in diesem Zusammenhang eigentlich immer abzuhandeln sind, rechnen im Prinzip
  alle vier klassischen Instrumente des Marketing, also Produktpolitik mit Betonung
  des möglichen Produktnutzens für den Kunden, Fragen der Preisgestaltung, des
  Vertriebs und der Kommunikationspolitik.

- *Interne Aspekte*:

  Im dritten zentralen Planungsbereich werden sowohl die Ressourcen des Unternehmens vorgestellt – hierzu gehören beispielsweise die Kapazitäten im For-
  schungs- und Entwicklungsbereich sowie in der Produktion einschließlich etwaiger Lizenzen und Patente – als auch die Einzelheiten des geplanten Geschäfts-
  prinzips, die Organisationsstrukturen und sonstige relevante Merkmale des Unternehmens – wie Standortwahl, Personalfragen etc. – näher erläutert. Darüber hinaus enthält dieser Teil des Geschäftsplans charakteristischerweise noch eine
  Umsatz- und Kostenplanung. Diesbezügliche Mängel, aber auch eine fehlende
  Transparenz der hier getroffenen Annahmen sowie eine ungenaue oder unvollständige Darstellungsweise führen in der Regel zu einem deutlichen Verlust an
  Glaubwürdigkeit, der sich stark negativ auf die Beurteilung des gesamten
  Geschäftsplans durch externe Adressaten auswirkt.

- *Finanzierung*:

  Zum einen beinhaltet dieses vierte Schwerpunktgebiet eines Geschäftsplans einen Abschnitt, der sich ausführlich mit der Planung der künftigen Investitionsvorhaben sowie unter Einbeziehung der Ergebnisse vor allem aus der Umsatz- und Kostenplanung auch mit der Planung des entsprechenden Kapitalbedarfs befaßt. Zum anderen wird eine derartige Investitions- und Kapitalbedarfsplanung noch durch eine längerfristige Finanzierungsplanung ergänzt. Hierbei gilt zu berücksichtigen, daß dieser Teilbereich des Geschäftsplans für den Leserkreis möglicher Kapitalgeber ein wesentliches, wenn nicht sogar das zentrale Element im Gründungsmodell repräsentiert. Insofern sollte gerade bei der konzeptionellen Gestaltung dieses Themenkomplexes den Interessen dieser speziellen Zielgruppe eine besondere Aufmerksamkeit geschenkt und der im vorherigen Kapitel eingehend besprochene Finanzbezug in den Vordergrund der Betrachtung gerückt werden.[1] Für eine umfassende Darstellung dieses Bereiches einschließlich der damit einhergehenden gründungsspezifischen Besonderheiten kann dabei auf die Ausführungen von Kapitel 4.2 verwiesen werden.

Nachstehende *Abbildung 22* faßt die bisherigen Aussagen zu den wichtigen Planungsthemen, mit denen sich ein Geschäftsplan insbesondere in Hinblick auf seine Funktion als Instrument zur Kapitalbeschaffung vornehmlich befassen sollte, noch einmal zusammen. Mittels der zusätzlich eingefügten, teils einseitig und teils doppelseitig ausgerichteten Verbindungspfeile werden zudem wesentliche Abhängigkeiten, die zwischen verschiedenen Planungsgebieten in der Regel bestehen, aufgezeigt:

---

[1] Um die Vorteilhaftigkeit eines Engagements für potentielle Finanziers aufzuzeigen, sind Kenntnisse der investitionsrechnerischen Entscheidungskalküle unabdingbar. Vgl. hierzu grundlegend *HERING*, Investitionstheorie (2003).

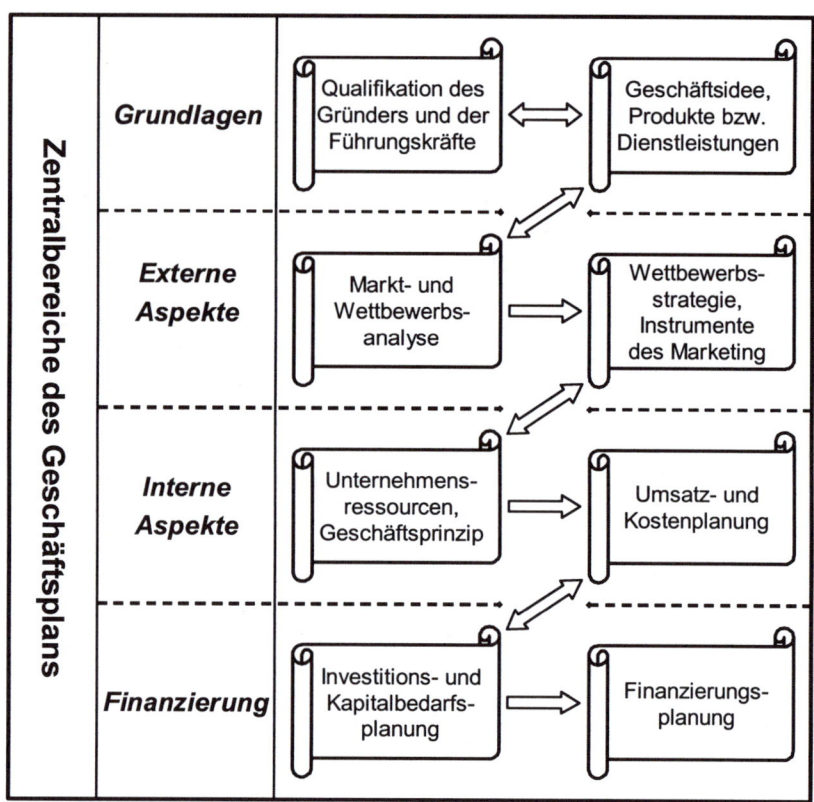

Abbildung 22: Zentrale Planungsinhalte eines Geschäftsplans[1]

So ist es beispielsweise offenkundig, daß bei innovativen und technikorientierten Unternehmensgründungen die Gründungsidee wie auch die zugehörige Produktdefinition eines Unternehmens normalerweise in einer untrennbaren Wechselbeziehung zur beruflichen Biographie und Qualifikation des jeweiligen Gründers oder der gesamten Gründungsmannschaft stehen. Ein vergleichbares gegenseitiges Abhängigkeitsverhältnis existiert jedoch auch zwischen dem konkreten Produkt- bzw. Dienstleistungsdesign und den im Rahmen einer Marktanalyse festgestellten belangvollen Kundenbedürfnissen. Sachlich genauso nachvollziehbar ist ebenfalls die Tatsache, daß die Ergebnisse einer solchen Markt- und Wettbewerbsanalyse eine notwendige Ausgangsbasis für jede betriebswirtschaftlich sinnvolle Strategieentwicklung darstellen. Ähnliche Feststellungen können auch für die anderen graphischen Verknüpfungen zwischen den einzelnen Teilbereichen des Geschäftsplans getroffen werden.

---

[1] In Anlehnung an *SCHEFCZYK*, Finanzieren (2000), S. 171.

Ebenso lassen sich grundsätzlich noch weitere inhaltliche Planungszusammenhänge – wie etwa die Beziehung der Umsatz- und Kostenplanung zu den gewählten Marketinginstrumenten oder die Abhängigkeit der Finanzierungsplanung von den vorhergesagten Umsätzen und Kosten des Unternehmens – auf deren Einfügung in *Abbildung 22* vor allem aus Gründen der Übersichtlichkeit verzichtet worden ist, vorstellen.

(2) Standardaufbau eines Geschäftsplans:

Hinsichtlich der konkreten inhaltlichen Gliederungsstruktur sowie hinsichtlich der einzelnen betriebswirtschaftlichen Teilbereiche des Unternehmens, die im Geschäftsplan auf jeden Fall zu berücksichtigen oder üblicherweise enthalten sind, kann man mittlerweile von einer weitgehenden Übereinstimmung der maßgeblichen betriebswirtschaftlichen Gründungsliteratur sprechen. Insofern erscheint es durchaus berechtigt, diesbezüglich von einem allgemeinen *Standardmodell* eines Geschäftsplans auszugehen. Ein derartiger in seinem Aufbau und seiner Struktur normierter „Mustergeschäftsplan", welcher auch in Deutschland im wesentlich den Vorlagen aus der angelsächsischen Literatur entspricht, besteht in der Regel dann aus nachfolgenden inhaltlichen Haupt- und Unterbestandteilen:[1]

- *Zusammenfassung*:

  Jeder Geschäftsplan beginnt grundsätzlich mit einer kurzen und prägnanten Zusammenfassung („*executive summary*"), die sich vor allem auf die Gründungsidee und das geplante Unternehmen bezieht und als der mit Abstand wichtigste Teil des gesamten Dokuments zu gelten hat. Diese Einschätzung beruht nicht nur darauf, daß eine solch anfängliche Zusammenfassung den Gesamteindruck, welchen der Leser bezüglich der Unternehmensgründung erhält, maßgeblich beeinflußt. Vielmehr besteht ihre Aufgabe gerade gegenüber potentiellen Kapitalgebern vornehmlich darin, diesen eine Entscheidungshilfe bezüglich der Frage zu geben, ob eine ausführliche und zeitlich aufwendige Analyse des Geschäftsplans in allen Einzelheiten überhaupt sinnvoll ist.[2] Mit anderen Worten: Bereits die alleinige Zusammenfassung des Geschäftsplans wird von diesem Adressatenkreis als erster Filter genutzt, um die für eine weitere Zusammenarbeit möglicherweise geeigneten Gründungsvorhaben herauszufinden. Ist (schon) diese Zusammenfassung „verunglückt", wird der mögliche Investor den Rest des Geschäftsplans wahrscheinlich gar nicht mehr lesen.

---

[1] Vgl. beispielsweise *V. HODENBERG*, Businessplan (2000), S. 83-96, gleichfalls *KUßMAUL*, Betriebswirtschaftslehre (1999), S. 420-423, weiterhin *KUßMAUL*, Business-Plan (2002), S. 106-122, dergleichen *LEINING*, Unternehmenskonzept (1999), S. 43-51, ebenso *RIPSAS*, Business Plan (1997), S. 7, gleichermaßen *STIFTUNG KMU SCHWEIZ*, Ratgeber Business-Plan (1997), S. 8-69.

[2] Vgl. hierzu *KUßMAUL*, Betriebswirtschaftslehre (1999), S. 420 sowie *SCHEFCZYK*, Finanzieren (2000), S. 172.

- *Einzelbereiche des Unternehmens*:

An die Zusammenfassung schließt sich der eigentliche inhaltliche Hauptteil des Geschäftsplans an. Üblicherweise enthält er eine ausführliche Beschreibung des Unternehmens im Hinblick auf nachstehende Planungsgesichtspunkte bzw. betriebliche Funktionsbereiche:

- Unternehmenskonzept und Unternehmensführung.

- Produkt und Dienstleistung.

- Markt- und Konkurrenzsituation.

- Wettbewerbsstrategie, Marketing.

- Produktion.

- Finanzplanung.

- Zeithorizont der (erwarteten) Unternehmensentwicklung.

- Diverse fakultative oder einzelfallspezifische Bereiche wie z.B. Beschaffung und Einkauf, Risikoanalyse und Risikopolitik, Unternehmenskontrolle, öffentliches Engagement etc.

Man erkennt, daß diese verschiedenen Einzelbereiche des Unternehmens, deren Thematisierung im Geschäftsplan von den einschlägigen Literaturquellen empfohlen wird, unter einem inhaltlichen Blickwinkel mit den zuvor vorgestellten zentralen Planungsbereichen eines Geschäftsplans im wesentlichen übereinstimmen. Hinsichtlich ihrer Anordnung im Geschäftsplan gilt dabei die Feststellung, daß eine verbindliche Gliederungsstruktur bei der Abhandlung dieser verschiedenen planerischen Teilaspekte grundsätzlich nicht besteht. Vielmehr kann die Reihenfolge in Abhängigkeit von dem jeweiligen Unternehmen sowie dem jeweiligen Erstellungszweck durchaus variieren; auch ist der Verzicht auf manche der aufgelisteten Themen ebenfalls denkbar.

- *Anhang*:

Den Abschluß eines jeden Geschäftsplans bildet prinzipiell der Anhang. Er enthält – normalerweise zur Belegung von vorher getroffenen Aussagen – etwa die Lebensläufe der geschäftsführenden Personen, technische Daten und Zeichnungen der Produkte, wichtige Details zu Patenten, Lizenzen und sonstigen Rechten, ein Organigramm des Unternehmens sowie vorhandene Marktanalysen und ähnliches mehr.

4.1.2.3 Problembereiche bei der Beurteilung

Seinem Wesen als zentrales Planungsdokument und Prognoseforum für die künftige Unternehmensentwicklung gemäß läßt sich der Geschäftsplan gleichsam als niedergeschriebene unternehmerische Vision der Zukunft, die durch gewisse betriebswirtschaftliche Daten fundiert und ergänzt wird, charakterisieren.[1] Eine derartige Formulierung weist bereits auf die wichtige Tatsache hin, daß jeder Geschäftsplan grundsätzlich nur die persönlichen Zukunftserwartungen seines Erstellers, also in der Regel die des Unternehmensgründers, widerspiegelt. Diese Feststellung erhält insbesondere dann eine wichtige Bedeutung, wenn ein solcher Geschäftsplan vornehmlich für einen unternehmensexternen Adressatenkreis, etwa eine Risikokapitalgesellschaft oder ein Kreditinstitut, erstellt worden ist. In diesem Zusammenhang können hauptsächlich zwei Problemkreise – Subjektivität und Qualitätsunsicherheit – auftreten. Diese werden im folgendem einzeln beschrieben:

(1) Aspekt der Subjektivität:

Bekanntlich bestimmen die seitens des Erstellers getroffenen Planungsannahmen zur künftigen Entwicklung sowohl des betrachteten Unternehmens selbst als auch der Unternehmensumwelt – hierzu gehören vor allem die Entwicklungstendenzen in den jeweiligen Branchen, aber auch allgemeinwirtschaftliche und gesamtgesellschaftliche Vorgänge wie etwa Konjunktur, politische und rechtliche Rahmenbedingungen etc. – die inhaltliche Aussage eines derartigen Geschäftsplanes in zentralen Teilen. Es ist für außenstehende Leser in der Regel sehr schwierig, die in diesen Annahmen stets implizit enthaltenen subjektiven Wahrscheinlichkeitsurteile sowie die persönlichen Meinungen und Hoffnungen des Autors hinsichtlich ihrer Wirkung auf das Planungsergebnis zu identifizieren und gegebenenfalls durch die für den jeweiligen Leser als maßgeblich erkannten Größen und Urteile zu ersetzen.[2]

Beispielsweise sei folgendes angenommen:

Auf der einen Seite geht der Gründer als Geschäftsplanautor bei seiner Vorhersage der Umsatzentwicklung für sein Unternehmen davon aus, daß diesbezüglich in den nächsten Jahren im gesamten Wirtschaftszweig eine durchschnittliche jährliche Steigerung um 10% stattfinden werde. Auf der anderen Seite vertritt der einschlägige Branchenexperte einer Risikokapitalgesellschaft, dem dieser Gründungsplan zur Analyse vorgelegt wird, genau hinsichtlich die-

---

[1] Vgl. hierzu *RIPSAS*, Business Plan (1997), S. 1.

[2] In diesem Zusammenhang läßt sich ein Geschäftsplan als um so besser bezeichnen, je transparenter und plausibler sich die in ihm getroffenen Planungsannahmen außenstehenden Personen gegenüber zeigen.

ses Sachverhaltes die Auffassung, das branchendurchschnittliche Umsatz-
wachstum werde lediglich 5% pro Jahr in der nächsten Zeit betragen.

Diese Divergenz in den subjektiven Zukunftserwartungen müßte nun eigentlich zur Folge haben, daß für alle Berechnungen und quantitativen Angaben im
Geschäftsplan, die inhaltlich auf dieser 10%-igen Wachstumsannahme beruhen, seitens der Risikokapitalgesellschaft eine entsprechende Nachkalkulation
auf der Basis der nunmehr relevanten 5%-igen Wachstumsschätzung durchzuführen ist. Konkret kann dieser Umstand beispielsweise die Umsatz- und
Gewinnprognose für die Unternehmensgründung betreffen.

Die Notwendigkeit einer derartigen Modifikation der Geschäftsplandaten ist wohl
unter einem theoretischen Blickwinkel zunächst einmal offenkundig und unbestritten.
In der betrieblichen Praxis werden Nachberechnungen dieser Art jedoch aus folgenden Gründen kaum durchgeführt werden:

- Nur in eher seltenen Situationen sind gerade solche Annahmen, wie eine 10%-ige
  branchenbezogene Wachstumsprognose, im Geschäftsplan explizit offengelegt
  und damit für einen Außenstehenden dem Grundsatz nach überhaupt erkennbar.

- Aber selbst wenn dies der Fall sein sollte, weiß der Leser in der Regel nicht um
  ihren wirklichen Einfluß auf das Planungsergebnis des Geschäftsplanautors. Ohne
  Kenntnis der genauen Stellung einer derartigen Annahme im jeweiligen Prognose-
  bzw. Planungsmodell des Verfassers wird jede nachträgliche Korrektur der
  eigentlich interessierenden Planungsinhalte – z.B. der vorherzusagenden Gewinnentwicklung für das neu gegründete Unternehmen – dadurch gewissermaßen
  beliebig.

- Als dritter Umstand ist zudem der Zeitaspekt einer solchen Geschäftsplanmodifi-
  kation zu berücksichtigen. Angesichts der Komplexität und des damit unvermeidlich einhergehenden enormen Zeitbedarfs[1] wird man in der betriebswirtschaftlichen Praxis normalerweise nicht die notwendigen Personalressourcen hierfür
  bereitstellen können.

- Ergänzend kommt noch hinzu, daß wegen der grundsätzlich mangelhaften Voraussicht der zukünftigen Entwicklung es prinzipiell keine sichere Zukunftspla-
  nung geben kann. Bei der Beschreibung der planungsrelevanten Besonderheiten
  von Unternehmensgründungen[2] ist ja in diesem Kontext die außergewöhnliche
  Risiko- und Ungewißheitsproblematik, die vor allem auf die größen- und alters-

---

[1] Üblicherweise werden sich die Divergenzen in der Zukunftseinschätzung zwischen Autor und
     Leser des Geschäftsplans nicht nur, wie in diesem Beispiel, auf eine einzige Schätzgröße
     beschränken, sondern stets mehrere Annahmen betreffen.

[2] Vgl. Kap. 4.1.1.1.

spezifischen Eigenheiten neu gegründeter Unternehmen zurückzuführen ist, eingehend vorgestellt worden. Der Bereich der zukünftig möglichen Unternehmensentwicklungen läßt sich allerdings bei einem derartigen Nebeneinander von sowohl Chancen als auch entsprechenden Risiken planerisch kaum sinnvoll eingrenzen. In diesem Zusammenhang muß man sich dann berechtigterweise fragen, ob eine derartige Vorgehensweise, wie die oben thematisierte Nachkalkulation mit den eigenen Erwartungsgrößen, nicht eher als Schaffung einer Scheingenauigkeit denn als sinnvolle Lösung der Subjektivitätsproblematik zu werten ist.

(2) Aspekt der Qualitätsunsicherheit:

Wie im Kapitel 4.1.2.1 bereits erläutert, dient der Geschäftsplan einem unternehmensexternen Personenkreis als zentrale Informationsquelle bei der Beurteilung und gegebenenfalls betriebswirtschaftlichen Bewertung einer Unternehmensgründung. Allgemein verstärkt jeder Rückgriff auf eine Informationsquelle, deren Sender divergierende Interessen in Hinblick auf das Untersuchungsergebnis besitzen und deren Informationsinhalte für den Empfänger nicht überprüfbar sind, grundsätzlich die subjektive (Qualitäts-)Unsicherheit des Empfängers bezüglich des Analyseobjektes.[1] Genau eine solche Situation liegt nun bei der Begutachtung eines Geschäftsplanes normalerweise vor. Nachstehend soll diese These eingehend begründet werden:

Konkurrierende Interessen sind beispielsweise immer dann gegeben, wenn der Geschäftsplan als Kommunikationsinstrument gegenüber (Eigen-)Kapitalgebern eingesetzt werden soll. Gerade bei einer Beteiligungsfinanzierung mit Risikokapital[2] geht es in den Verhandlungen zwischen Unternehmensgründer und Risikokapitalgesellschaft typischerweise auch immer um den Preis, der für die Überlassung anteiliger Eigentumsrechte an dem Unternehmen von der Gesellschaft an den Gründungsunternehmer zu zahlen ist. Mit anderen Worten: Es handelt sich in diesen Fällen stets um charakteristische Käufer/Verkäufer-Beziehungen.

In diesem Zusammenhang ist es unmittelbar einleuchtend, daß der Verkäufer eines neu gegründeten Unternehmens aufgrund seiner Rolle als dessen Unternehmensgründer und Alteigentümer generell einen umfassenderen Informationsstand zu dieser Gründung als jeder mögliche Kaufinteressent besitzt.[3] Hinsichtlich der inhaltlichen Darstellung im Geschäftsplan betrifft dieser Sachverhalt vor allem die Angaben zu unternehmensinternen Sachverhalten, etwa zur Qualität der Geschäftsführung oder zum Potential im Forschungs- und Entwicklungsbereich. Hierbei gilt der Grundsatz:

---

[1] Vgl. hierzu die Darstellung in Kap. 4.2.3.1.2.

[2] Zu dieser Thematik vgl. ausführlich Kap. 4.2.2.2.2.

[3] Zu diesem Sachverhalt vgl. Kap. 4.2.1.4 und 4.2.3.2.1, ergänzend *VINCENTI,* Wirkungen (2002), S. 60 f.

Je spezifischer der inhaltliche Bezug eines Wissenstatbestandes ausgeprägt ist, desto eher handelt es sich um eine ihrem Wesen nach nicht-verifizierbare Information, deren Wahrheitsgehalt der Empfänger nach Erhalt eben nicht angemessen beurteilen kann.[1]

Natürlich gelten derartige Bemerkungen im allgemeinen Sinn stets auch für den Verkauf jedes, also auch eines etablierten Unternehmens. Zwei Faktoren können jedoch die Ungleichverteilung der Information zugunsten des bisherigen Eigentümers gerade bei neu gegründeten Unternehmen verstärken:

- _Größenaspekt_:

    Zum einen handelt es sich hierbei um die typischen Kennzeichen von Klein- und Mittelunternehmen.[2] Insbesondere die Vereinigung der Geschäftsführungsfunktion mit der Eigentümereigenschaft in der Person des Unternehmers sichert diesem in Unternehmer-Unternehmen einen grundsätzlichen Informationsvorsprung. Aber auch die charakteristische Dominanz informeller Strukturen und persönlicher Kontakte erschwert einem außenstehenden Betrachter einen sicheren Einblick in ein solches Unternehmen.[3]

- _Innovationsaspekt_:

    Zum anderen kann man auch davon ausgehen, daß das Informationsgefälle zwischen dem Unternehmensgründer als dem Verfasser des Geschäftsplans und einem externen Leser besonders dann in Erscheinung tritt, wenn sich dieser Geschäftsplan auf eine innovative Unternehmensgründung bezieht. Insbesondere das Feld der sogenannten _„jungen Technologieunternehmen"_ ist in diesem Zusammenhang von Interesse. Diese Unternehmen unterscheiden sich von anderen Gründungen allgemein durch einen relativ hohen Einfluß von Forschungs- und Entwicklungsarbeiten bzw. technischen Neuerungen auf ihre Unternehmenstätigkeit. Des weiteren sind sie nicht selten auch dadurch gekennzeichnet, daß dem Gründer und Ersteigentümer gerade in den Schlüsselbereichen Technik sowie Forschung- und Entwicklung eine wichtige Rolle als Ressourcenträger zukommt.[4] Für außenstehende Adressaten des Geschäftsplans, also vorwiegend potentielle Beteiligungskäufer, wird es daher in Fällen, in denen zusätzlich auf gewissen Gebieten noch eine Innovationsführerschaft des neu gegründeten Unternehmens vorliegt, kaum möglich sein, die Angaben des bisherigen Eigentümers vor allem zu den technischen Chancen und Risiken seines Unternehmens zu über-

---

[1] Vgl. hierfür auch JOST, Aufdeckung von Informationen (2002), S.83.

[2] Vgl. dazu insbesondere die Darstellung in Kap. 4.1.1.1.

[3] Ausführlich zu derartigen Problemen im Umgang mit Klein- und Mittelunternehmen vgl. z.B. BEHRINGER, Unternehmensbewertung (1999), S. 159-175.

[4] Weitergehend vgl. KULICKE ET AL., Chancen und Risiken (1993), S. 14-26.

prüfen, beispielsweise durch eine fachlich kompetente Einschätzung von neutraler Seite. Anders ausgedrückt: Gerade für innovative Projekte können glaubwürdige oder verifizierbare Informationen nicht oder nur sehr schwer beschafft werden.[1]

Insgesamt besteht also ein deutliches Informationsgefälle zwischen dem Gründer als Autor des Geschäftsplans auf der einen und der unternehmensexternen Personengruppe, für die dieser Geschäftsplan bestimmt ist, auf der anderen Seite. Genau dieses Informationsgefälle bzw. diese Informationsasymmetrie führt nun dazu, daß die Leser von solchen Geschäftsplänen häufig die „wirkliche" Qualität[2] der den jeweiligen Angaben im Geschäftsplan zugrundeliegenden Unternehmensgründungen nicht angemessen einschätzen können. Hinsichtlich der Probleme und Konsequenzen, die sich aus dem Vorliegen einer solchen Qualitätsunsicherheit ergeben können und die in der ökonomischen Literatur vor allem unter dem Stichwort *adverse Selektion* (bzw. manchmal auch als Zitronenprinzip[3]) thematisiert werden, sei weitgehend auf die Ausführungen zur neoinstitutionalistischen Interpretation der Risikokapitalfinanzierung in Kapitel 4.2.3.2.3 verwiesen.

Eng in Verbindung mit dem Charakter des Geschäftsplans als einer nicht in allen inhaltlichen Punkten verifizierbaren Informationsquelle steht auch das Problem allzu optimistischer Planungsaussagen in manchen Geschäftsplänen. Eine solche Übertreibung der Erfolgsaussichten verringert jedoch, sobald sie offensichtlich wird, stets die allgemeine Glaubwürdigkeit der Aussagen einem außenstehenden Adressatenkreis gegenüber und kann sich deshalb, ganz im Gegensatz zur eigentlichen Absicht des Autors, eher negativ auf die verschiedenen unternehmensexternen Geschäftsplanfunktionen[4] auswirken. Erkennen läßt sich ein derartiger übertriebener Zweckoptimismus in einem Geschäftsplan vor allem durch den Umstand, daß er häufig mit einem anderen Phänomen einhergeht. Dieses bezieht sich auf folgende Beobachtung:[5]

Gerade bei besonders innovativen Geschäftsideen zeigt sich nämlich immer wieder eine weitgehende inhaltliche Gleichheit der zugehörigen Geschäftspläne verschiedener Unternehmen. In diesem Zusammenhang muß betont werden, daß eine solche Standardisierung sich nicht nur auf die formale Gestaltung und auch die konzeptionellen Vorgaben hinsichtlich der auf alle Fälle im jedem Geschäftsplan jeweils zu

---

1   Für eine vergleichbare Auffassung vgl. *GERKE ET AL.*, Probleme mittelständischer Unternehmen (1995), S. 17.

2   Qualität definiert sich in diesem Kontext aus dem zukünftigen Erfolgspotential des Unternehmens, insbesondere aus den (für den Eigentümer) zu erwartenden finanziellen Einnahmen.

3   Hinsichtlich der Gleichsetzung beider Begriffe vgl. etwa *RICHTER/FURUBOTN*, Neue Institutionenökonomik (1999), S. 236.

4   Vgl. dazu Kap. 4.1.2.1.

5   Für die nachfolgenden Ausführungen zu dieser Thematik vgl. vor allem *SAHLMAN*, Business Plans (1999), S. 170-176.

thematisierenden zentralen Planungsbereiche des Gründungsprojektes bezieht. Dagegen bestehen eigentlich keine prinzipiellen Bedenken. Vielmehr betrifft diese Feststellung der Gleichheit durchaus auch konkrete inhaltliche Aussagen innerhalb der einzelnen Kerngebiete zu spezifischen Sachverhalten, von denen man seitens der entsprechenden Ersteller annimmt, sie würden die Beurteilung durch einen externen Gutachter günstig beeinflussen. Als Ursache dieser Entwicklung können die zahllosen vor allem im Netz und auf dem angloamerikanischen Markt angebotenen, mittlerweile allerdings auch in größerer Zahl in Deutschland verfügbaren Geschäftsplananleitungen gelten.

Beispielsweise weisen derartige Praxisratgeber oftmals darauf hin, daß Risikokapitalgesellschaften in der Regel keine Investitionen in Unternehmensneugründungen tätigen, deren zukünftige Umsatzerwartungen nicht eine gewisse Mindestgröße erreichen. Wenn diese Werke etwa konkret davon sprechen, ein solcher Kapitalgeber würde nach spätestens fünf Jahren jährliche Einnahmen des Unternehmens aus seiner Geschäftätigkeit in Höhe von mindestens x Millionen Euro fordern, weisen nicht wenige der von diversen Unternehmensgründern eingereichten Geschäftsplänen dann genau eine Umsatzplanung auf, in der nach fünf Jahren Markttätigkeit auch tatsächlich von einem jährlichen Geschäftsumsatz von x Millionen Euro plus 10% ausgegangen wird. Letztendlich führt diese Vorgehensweise dann dazu, daß die Unternehmensplanung nicht an den eigentlichen planungsrelevanten Sachverhalten und Informationsgrundlagen ausgerichtet ist, sondern zunächst die zu prognostizierenden Planungsergebnisse in Hinblick auf ihre Zweckangemessenheit bestimmt und erst in einem zweiten Schritt die zugehörigen Einzeldaten der Planung passend festlegt werden.

Wohl ist jeglicher Planungsprozeß gerade bei Unternehmensgründungen aufgrund deren spezifischer Merkmale durch eine besondere Ungewißheit und damit natürlich auch durch besondere Freiheitsgrade bezüglich der Annahmen zur zukünftigen Entwicklung gekennzeichnet.[1] Dennoch gibt es verschiedene *Geschäftsplanphrasen*, deren unreflektierte und unzureichend begründete Verwendung bei einem erfahrenen Leser gewissermaßen bereits als Anhaltspunkt für eine derartige konzeptionell mangelhafte Durchführung des Planungsprozesses angesehen werden kann. Es erscheint beinahe überflüssig, noch zu betonen, daß eine solche Erkenntnis natürlich nicht zur Erhöhung der Glaubwürdigkeit des Geschäftsplans beiträgt und daher seiner Verwendung einem unternehmensexternen Adressatenkreis gegenüber eher abträglich sein wird:

---

[1] Vgl. umfassend Kap. 4.1.1.1.

Formulierung im Geschäftsplan:	Mögliche inhaltliche Bedeutung:
Wir planen zurückhaltend und vorsichtig ...	Wir kennen eine Anleitung zum Schreiben eines Geschäftsplans, die darauf hinweist, eine für Risikokapitalgeber interessante Unternehmensgründung benötige in fünf Jahren 50 Millionen € Umsatz/Jahr. Um dieses Wunschergebnis zu erreichen, haben wir die Planungszahlen für die nächsten Jahre entsprechend angepaßt ...
Wir sind ein Unternehmen mit niedrigen Herstellungskosten ...	Zwar haben wir bisher noch nichts hergestellt, aber wir sind zuversichtlich, daß wir in der Lage sein werden, ...
Wir benötigen lediglich einen 10%-igen Marktanteil ...	Genauso wie alle anderen 50 Mitkonkurrenten in der Branche, die durch Risikokapital gefördert werden, ...
Wir gehen von einer 10%-Gewinnspanne aus ...	Wir haben die Annahmen aus dem Mustergeschäftsplan, den wir im Netz fanden, unverändert übernommen ...
Potentielle Kunden besitzen einen hohen Bedarf nach unserem Produkt ...	Der Umstand, daß sie für diesen Artikel bezahlen müssen, ist in den Marktanalysen noch nicht angeschnitten worden. Zudem sind alle unsere gegenwärtigen Kunden Verwandte ...

Tabelle 3: Übersetzungsvorschläge für diverse Geschäftsplanaussagen[1]

Tabelle 3 bietet gleichsam „zur Warnung" einen beispielhaften (und nicht immer ganz wörtlich) zu nehmenden Überblick einiger, in diesem Zusammenhang gängiger Geschäftsplanphrasen sowie eine gleichzeitige inhaltliche Interpretation, wie ihre Nutzung aus der Perspektive eines geübten und erfahrenen Geschäftsplanlesers möglicherweise wirken kann.

---

[1] Nach SAHLMAN, Business Plans (1999), S. 176.

4.2 Finanzierung von Unternehmensgründungen

4.2.1 Merkmale der Gründungsfinanzierung

4.2.1.1 Konzeptionelle Perspektiven

Die Finanzierung von Unternehmensgründungen unterscheidet sich von der herkömmlicher, etablierter Unternehmen durch einige wesentliche Merkmale, welche sich im wesentlichen auf die strukturellen Besonderheiten des Gründungsprozesses zurückführen lassen.

(1) Zeitliche Perspektive:

Im Rahmen einer *zeitlichen Betrachtungsweise* bezieht sich die Bezeichnung Gründungsfinanzierung zunächst auf die gesamten Finanzierungsmaßnahmen und -vorgänge, die während der frühen Lebensphasen im Gründungsprozeß eines Unternehmens anfallen.

Anders als bei der im Kapitel 2.1.3 vorgestellten allgemeinen Phaseneinteilung des Gründungsprozesses können in Hinblick auf die Finanzierung jedoch zunächst einmal drei übergeordnete Finanzierungszeiträume voneinander unterschieden werden, nämlich die Frühphasen-, Expansions- und Spätphasenfinanzierung:[1]

- Konkret beinhaltet der Begriff der *Frühphasenfinanzierung* dabei alle Finanzierungsgegebenheiten in der *Vorgründungsphase*, aber auch der eigentlichen *Gründungsphase* sowie der *Frühentwicklungsphase* eines Unternehmens.

- Davon abzugrenzen ist die Finanzierung der beiden späteren Gründungsperioden im unternehmensbezogenen Lebenszyklus – *Amortisations-* und *Expansionsphase* – im Rahmen der sogenannten *Expansionsfinanzierung*. Als geeigneter Zeitpunkt des Übergangs zwischen beiden Finanzierungszeiträumen wird üblicherweise das Erreichen der Gewinnschwelle durch das Unternehmen gewählt.

- Die *Spätphasenfinanzierung* hingegen umfaßt eine Reihe von besonderen Finanzierungsanlässen in späteren Lebensabschnitten des dann in der Regel bereits etablierten Unternehmens. Beispielsweise handelt es sich um die Vorbereitung eines Börsengangs, den Verkauf des Unternehmens an einen industriellen Investor oder die Ablösung von Altgesellschaftern. Als weitere Ursachen einer Spätphasenfi-

---

[1] Gelegentlich findet man auch die aus dem Englischen entnommenen Bezeichnungen *„Early Stage"*, *„Expansion Stage"* und *„Late Stage Financing"* als synonym verwendete Begriffe.

nanzierung gelten auch Restrukturierungsmaßnahmen und die Übernahme des Unternehmens durch bisher angestellte Geschäftsführungsmitglieder.[1] Da derartige Gegebenheiten sowohl zeitlich als auch sachlich nicht mehr zum Bereich der Gründungsfinanzierung im eigentlichen Sinn gehören, soll auf eine spezielle Darstellung dieser besonderen Finanzierungsformen im weiteren Verlauf dieses Buches verzichtet werden.

(2) Inhaltliche Perspektive:

Ergänzend zu diesem zeitlichen Blickwinkel lassen sich jedoch stets auch *inhaltliche* Gesichtspunkte beschreiben, durch welche sich die Finanzierung einer Unternehmensgründung von einer „normalen" Unternehmensfinanzierung unterscheidet. Derartige Sachdifferenzen betreffen im wesentlichen drei Themenbereiche:[2]

- *Finanzierungsbedarf.*

- *Finanzierungsquellen.*

- *Finanzierungsrisiko.*

Dementsprechend sollen diese Aspekte gründungsspezifischer Besonderheiten in den nachfolgenden Abschnitten jeweils einzeln vorgestellt und näher erläutert werden.

4.2.1.2 Gründungsspezifischer Finanzierungsbedarf

(1) Abhängigkeit von der Branche:

Einerseits variiert der tatsächliche Kapitalbedarf einer Unternehmensgründung gerade in Abhängigkeit von dem *Wirtschaftszweig*, in dem das neue Unternehmen sich betätigen möchte. Insbesondere innovative Neugründungen in forschungs- und technikorientierten Branchen stehen hierbei in der Regel vor wesentlichen größeren Problemen bei der Kapitalbeschaffung als etwa Unternehmen im Dienstleistungssektor.[3] Aber auch absatzmarktbezogene Charakteristika der jeweiligen Branche – etwa stabile Marktpositionen der Konkurrenten, eine starke Erklärungsbedürftigkeit des Pro-

---

1   Vgl. etwa *HEITZER*, Finanzierung (2000), S. 10-16.

2   Vgl. auch *HERING/VINCENTI*, Gründungsfinanzierung (2003), S. 221-224.

3   Vgl. *BAIER/PLESCHAK*, Junge Technologieunternehmen (1996), S. 101.

duktes, eine geforderte Mindestgröße des Vertriebssystems sowie eventuell notwendige Schulungsmaßnahmen für das Vertriebspersonal – erhöhen den Kapitalbedarf.[1]

(2) Abhängigkeit von der Entwicklungsphase:

Darüber hinaus lassen sich jedoch andererseits branchenunabhängig immer auch verschiedene Besonderheiten im Finanzierungsbedarf von Unternehmensgründungen beschreiben, die in direkter Beziehung zu der jeweiligen *Gründungsphase* stehen:[2]

- Bereich der *Frühphasenfinanzierung*:

  - Finanzierung der *Vorgründungsphase*:[3]

    Während dieses Zeitraums entwickelt sich der Kapitalbedarf vor allem aus der Notwendigkeit heraus, ein detailliertes Geschäftskonzept auf der Grundlage der entsprechenden Unternehmensidee konkretisieren zu müssen. In diesem Zusammenhang werden Ausgaben beispielsweise für technische Studien sowie für die Erfassung der Marktsituation oder die Anbahnung erster möglicher Kundenkontakte erforderlich. Aber auch die Finanzierung von Aktivitäten aus dem Forschungs- und Entwicklungsbereich, die bis zur Erstellung eines vollständigen Produktmusters reichen können, gehören dazu.[4] Alles in allem kann der gesamte Finanzierungsbedarf in dieser Phase noch als relativ gering bezeichnet werden.[5]

  - Finanzierung der *Gründungsphase*:[6]

    Diese Periode der eigentlichen Unternehmensgründung und des juristischen Gründungsaktes ist in Hinblick auf den Kapitalbedarf nicht nur von den Ausgaben für einmalige *gründungsspezifische* Tätigkeiten – wie etwa Einbringung des Grund- oder Stammkapitals ins Unternehmen, Erarbeitung des Gesellschaftsvertrags, notarielle Beurkundungen und Eintragung ins Handelsregister, Beratungshonorare etc. – geprägt. Vielmehr müssen erhebliche Finanzmittel

---

[1] Ausführlich vgl. z.B. KULICKE ET AL., Chancen und Risiken (1993), S. 111.

[2] Hinsichtlich der allgemeinen Phaseneinteilung des Gründungsprozesses vgl. Kap. 2.1.3, bezüglich der nachfolgenden Ausführungen zum phasenbezogenen Finanzierungsbedarf vor allem BALTZER, Bedeutung (2000), S. 53-59, weiterhin HEITZER, Finanzierung (2000), S. 12-14, gleichermaßen SCHÄFER, Unternehmensfinanzen (2002), S. 256-258, in einer tabellarischen Übersichtsdarstellung auch SAHLMAN, Venture-capital Organizations (1990), S. 479.

[3] Manchmal auch als „Seed Financing" bezeichnet.

[4] Vgl. SAHLMAN, Venture-capital Organizations (1990), S. 479.

[5] Vgl. z.B. RÄBEL, Venture Capital (1986), S. 107.

[6] Zum Teil auch in der Literatur unter dem Begriff „Start Up Financing" thematisiert.

zu dieser Zeit auch für die Errichtung des Unternehmens als selbständiger wirtschaftlicher Einheit aufgewendet werden. Dazu zählt z.B. die Finanzierung der Betriebsräumlichkeiten, der Geräteausstattung sowie von Rohstoffen, also des gesamten betriebsnotwendigen Anlage- und Umlaufvermögens. Weiteres Kapital wird durch die Einstellung erster Mitarbeiter, gegebenenfalls auch durch die technische (Weiter)entwicklung der geplanten Produkte oder ihre begrenzte Einführung auf ausgewählten Teilmärkten beansprucht. Durch solche notwendigen Ausgaben erhöht sich der Finanzierungsbedarf in der Gründungsphase im Vergleich zum Vorgründungszeitraum in der Regel deutlich.

- ▪ Finanzierung der *Frühentwicklungsphase*:[1]

  Die Entwicklung des Kapitalbedarfs während dieser dritten Periode des Gründungsprozesses wird zum einen maßgeblich durch die Ausgaben für den Produktionsbeginn und die Markteinführung, damit im wesentlichen durch die Kosten für Personal und Betriebsmittel sowie durch die Vertriebskosten, bestimmt. Zum anderen kommt es während dieses Zeitraums aber auch erstmals zu (idealerweise im Zeitverlauf kontinuierlich steigenden) Einnahmen aus der Geschäftstätigkeit des Unternehmens. Allerdings benötigen gerade technikorientierte Unternehmensgründungen oftmals mehrere Jahre, bis aus der Entwicklung und anschließenden erfolgreichen Vermarktung ihrer innovativen Produkte tatsächlich nennenswerte Finanzrückflüsse entstehen können.

- ● Bereich der *Expansionsfinanzierung*:

- ▪ Finanzierung der *Amortisationsphase*:[2]

  Wohl erreicht die Differenz zwischen den kumulierten Einzahlungen und den kumulierten Auszahlungen im Leistungsbereich des Unternehmens in dieser Periode definitionsgemäß erstmals positive Werte,[3] so daß eine verzinste Rückgewinnung der bisherigen investierten Finanzmittel stattfindet. Die ersten Markterfolge des Unternehmens erlauben häufig zugleich eine Ausweitung der Produktion sowie auch eine fortschreitende Marktdurchdringung, wodurch sich neuer Finanzierungsbedarf entwickelt.

---

[1] Angelehnt an die angelsächsische Terminologie gelegentlich auch als *„First Stage Financing"* beschrieben.

[2] Eine weitgehend inhaltsgleiche Bezeichnung dafür ist *„Second Stage Financing"*.

[3] Als Kumulierungskalkül dient die Kapitalwertmethode. Vgl. ausführlich z.B. *HERING*, Investitionstheorie (2003), S. 37-42.

- Finanzierung der *Expansionsphase*:[1]

  Dieser letzte noch dem Gründungsprozeß zurechenbare Zeitraum im Lebenszyklus eines Unternehmens ist typischerweise sowohl durch eine Erweiterung
  des Produktsortiments als auch durch die Gewinnung weiterer Absatzmärkte
  gekennzeichnet. Die damit einhergehenden Ausgaben für die Durchführung
  der zugehörigen Investitionsmaßnahmen wie auch die Ausgaben für die
  Erschließung der entsprechenden Märkte führen daher dazu, daß sich der
  Kapitalbedarf des jungen Unternehmens gerade in dieser Phase der Unternehmensentwicklung, die dem eigentlichen Gründungsvorgang bereits nachgela-
  gert ist, als sehr hoch charakterisieren läßt.[2] Insbesondere gilt diese Aussage
  für am Markt erfolgreiche und daher schnell wachsende Gründungen.

Faßt man die bisherigen Ausführungen dieses Abschnittes zusammen, zeigen sich
demzufolge hauptsächlich drei Kennzeichen, die als allgemeine Hauptmerkmale des
gründungsbezogenen Finanzierungsbedarfs gelten können:

- Insgesamt *steigt* im Verlauf der zeitlichen Entwicklung eines neu gegründeten
  Unternehmens der absolute *Kapitalbedarf* von der Vorgründungs- bis zur Expansionsphase wegen des kontinuierlichen Unternehmenswachstums idealtypisch
  ständig *an*.[3]

- Gleichzeitig kommt es zu einer erheblichen zeitlichen, nicht selten mehrjährigen
  Diskrepanz zwischen den vielfältigen, anfänglich zu tätigenden Auszahlungen
  und den wesentlich später, zumeist erst in der Frühentwicklungsphase einsetzen-
  den Einzahlungen aus dem Absatz der Produkte.[4]

- Zudem besteht eine *Diskontinuität* im Kapitalbedarf, welche vor allem darauf
  zurückführen ist, daß insbesondere gründungsspezifische Ausgaben typischer-

---

[1] Mit einer analogen Bedeutung findet man öfters auch den Begriff „*Third Stage Financing*".

[2] Hierzu vgl. vor allem ALBACH ET AL., Risikokapital (1983), S. 38.

[3] Für diese Auffassung auch GRICHNIK/KRASCHON, Finanzierungs- und risikotheoretische Probleme
     (2002), S. B12.

[4] Aus einem solchen zeitlichen Auseinanderfallen von Ein- und Auszahlungsüberschüssen resultiert
     zum einen der Bedarf nach diese Diskrepanz ausgleichenden Finanzierungsmaßnahmen sowie
     zum anderen das Erfordernis, die Investitions- und Finanzierungsmaßnahmen möglichst optimal
     im Sinne des Wirtschaftlichkeitsprinzips aufeinander abzustimmen. Weiterführend dazu vgl.
     HERING, Investitionstheorie (2003), S. 3, 35.

weise in einmaligen, nicht teilbaren Beträgen anfallen und so Kapitalbedarfsspitzen herbeiführen.[1]

4.2.1.3 Gründungsspezifische Finanzierungsquellen

4.2.1.3.1 Eingeschränkte Innenfinanzierung

Um die für eine Unternehmensgründung wichtigen Finanzierungsquellen gegeneinander abzugrenzen und zu ordnen, orientiert man sich auch in der speziellen Literatur zur Gründungsfinanzierung – genauso wie in der allgemeinen betriebswirtschaftlichen Finanzierungstheorie – an den beiden Charakteristika Herkunft der Finanzmittel sowie Rechtsstellung der Kapitalgeber als den in diesem Kontext relevanten Differenzierungskriterien.[2]

In Hinblick auf die *Mittelherkunft* als entscheidendes Systematisierungsmerkmal lassen sich aus einem allgemeinen finanzwirtschaftlichen Blickwinkel bekanntlich die Verfahren der *Innenfinanzierung* von den Verfahren der *Außenfinanzierung* trennen.[3] Zwar sind im Grundsatz alle diese Finanzierungsarten auch im Zusammenhang mit Unternehmensgründungen vorstellbar. Dennoch ist die Gründungs- und Frühphasenfinanzierung gleichsam konstitutiv durch eine *geringe Bedeutung der Innenfinanzierung* als eine wichtige Besonderheit gekennzeichnet. Dieser Sachverhalt kann auf folgende Umstände zurückgeführt werden:

*   Weil in allen drei Frühphasen – Vorgründungs-, Gründungs- und Frühentwicklungsphase – einer Unternehmensgründung entweder noch gar keine Einnahmen aus der regulären Geschäftätigkeit anfallen oder diese definitionsgemäß noch zu keinem Überschuß führen,[4] bestehen in diesen Perioden grundsätzlich kaum Möglichkeiten zur *Selbstfinanzierung* durch einbehaltene Gewinne. Aber auch eine Finanzierung aus *Abschreibungen* oder *Rückstellungen* sowie durch *Kapitalfreisetzung* ist in diesem Zeitraum ohne Bedeutung. Ohne zu versteuernde und auszuschüttende Gewinne bleiben Abschreibungen (die gleichwohl bilanziell vorgenommen werden) nämlich ohne Finanzierungswirkung. Überflüssige Vermögens-

---

1   Vgl. diesbezüglich z.B. *KAUFMANN/KOKALJ*, Risikokapitalmärkte (1996), S. 6.

2   Vgl. etwa *HÖLSCHER*, Finanzierung (2002), S. 208.

3   Für ausführliche inhaltliche Erläuterungen zu diesem Themenbereich vgl. etwa *BITZ*, Finanzdienstleistungen (2002), S. 6-9, ebenso *FRANKE/HAX*, Finanzwirtschaft (1999), S. 14 f., gleichermaßen *PERRIDON/STEINER*, Finanzwirtschaft (2003), S. 355-357, weiterhin *SCHÄFER*, Unternehmensfinanzen (2002), S. 21-24, desgleichen *SCHMIDT/TERBERGER*, Investitions- und Finanzierungstheorie (1997), S. 19 f.

4   Vgl. Kap. 2.1.3.

gegenstände, die veräußert werden könnten, besitzen bei einer Neugründung normalerweise ebenfalls keine Relevanz. Insbesondere junge und innovative Unternehmen aus dem Hochtechnikbereich sind von einem eingeschränkten Selbstfinanzierungspotential betroffen, da hier die Zeitspanne von der Unternehmensgründung bis zu den ersten Geschäftserfolgen sich typischerweise als besonders
lang darstellt.[1]

- Eine ähnliche Situation besteht auch in den späten Gründungsperioden – Amorti-
  sations- und Expansionsphase. Zwar sind während dieser Zeiträume vor allem
  durch das Überschreiten der Gewinnschwelle prinzipiell Möglichkeiten zur Innenfinanzierung gegeben, im Normalfall sollten diese Mittel jedoch nicht ausreichen,
  den Kapitalbedarf für das weitere Wachstum und die Expansion des Unternehmens hinreichend zu decken. Diese Feststellung gilt insbesondere für diejenigen
  Unternehmen, die bereits in frühen Jahren nach ihrer Gründung eine deutlich
  positive Gewinnentwicklung aufweisen. Denn in der Regel handelt es sich dabei
  um die gleichen Unternehmen, die auch ein überdurchschnittliches und intensives
  Wachstum zeigen.[2]

Daher fällt die Innenfinanzierung sowohl bei den innovativen Unternehmensgründungen aus den zukunftsträchtigen Branchen der Spitzentechnik als auch bei den
wirtschaftlich erfolgreichen und dementsprechend intensiv wachsenden jungen
Unternehmen als relevantes Instrument zur Beschaffung des benötigten Kapitals
weitgehend aus. Weitere Ausführungen zu den gründungsspezifischen Finanzierungsquellen können daher dieses Finanzierungsinstrument weitgehend vernachlässigen und sich auf den Bereich der Außenfinanzierung beschränken, dem nach einem
solchen „Ausfall der Innenfinanzierung" gerade bei Unternehmensgründungen folglich eine besondere Bedeutung zukommt.[3]

---

[1] Vgl. beispielsweise *BAIER/PLESCHAK*, Junge Technologieunternehmen (1996), S. 104, ebenfalls
  KAUFMANN/KOKALJ, Risikokapitalmärkte (1996), S. 6, desgleichen *WEIMERSKIRCH*, Finanzierungsdesign (1998), S. 6.

[2] Vgl. *BRETTEL/JAUGEY/ROST*, Business Angels (2000), S. 63 f.

[3] Für diese Auffassung vgl. auch *DRUKARCZYK*, Finanzierung junger Unternehmen (2002), S. 72 f.

4.2.1.3.2 Eingeschränkte Fremdfinanzierung

Wie bereits im vorherigen Kapitel kurz erwähnt, bildet die *Rechtsstellung der Kapitalgeber* ein zweites wichtiges Kennzeichen, um die verschiedenen Finanzierungsformen eines Unternehmens systematisch zu strukturieren. Bekanntlich kann man hinsichtlich dieses Kriteriums die Verfahren zur Kapitalbeschaffung in Maßnahmen der *Eigenfinanzierung* und Maßnahmen der *Fremdfinanzierung* unterteilen. Ohne auf die allgemeinen Merkmale dieser beiden Finanzierungsarten im einzelnen einzugehen – hierfür sei auf die einschlägigen finanzwirtschaftlichen Lehrbücher verwiesen[1] – läßt sich für den Bereich der Außenfinanzierung zunächst einmal bemerken, daß der *klassische Bankkredit* als Maßnahme zur Deckung des Kapitalbedarfs bei neu gegründeten Unternehmen einen wesentlich geringeren Stellenwert als bei etablierten Unternehmen einnimmt. Diese geringe Bedeutung der besonders für den Mittelstand traditionellen Fremdfinanzierungsform rechtfertigt sich durch drei Gegebenheiten:

* *Mangel an Sicherheiten für die Kapitalgeber*:

  Aufgrund des überdurchschnittlichen *Finanzierungsrisikos* von Unternehmensgründungen[2] werden Banken diesen Unternehmen einen Kredit in der Regel nur gegen angemessene *Sicherheiten* gewähren.[3] Allerdings stehen gerade neu gegründeten Unternehmen solche Sicherheiten häufig nur in sehr eingeschränktem Umfang zur Verfügung. Ergänzend ist in diesem Zusammenhang zu berücksichtigen, daß insbesondere bei innovativen und technikorientierten Unternehmensgründungen sich sehr viele Investitionen auf Vermögensgegenstände beziehen, die für eine sehr unternehmensspezifische Technologie genutzt werden. Für derartige Vermögenswerte, die folglich außerhalb des Unternehmens selten verwendbar sind, lassen sich kaum und, wenn überhaupt, nur mit hohen Abschlägen auf die Anschaffungskosten und Buchwerte interessierte Abnehmer finden.[4] Aber auch bei Gründungen in typischen Dienstleistungsbranchen bewirkt der hohe Anteil „investiver Aufwendungen" einen niedrigen Bestand an verwertbaren Kreditsicherheiten.[5]

---

[1] Hierzu vgl. beispielsweise *BITZ*, Finanzdienstleistungen (2002), S. 10, weiterhin *MATSCHKE*, Finanzierung (1991), S. 16-22, gleichfalls *PERRIDON/STEINER*, Finanzwirtschaft (2003), S. 353 f., ebenso *SCHMIDT/TERBERGER*, Investitions- und Finanzierungstheorie (1997), S. 20-23.

[2] Vgl. dazu die Ausführungen in Kap. 4.2.1.4.

[3] Weitergehend zu den Voraussetzungen der Kreditfinanzierung vgl. z.B. *ROLLBERG*, Finanzierung (2000), S. 506-508.

[4] Zu diesem Umstand vgl. etwa *HARTMANN-WENDELS*, Venture Capital (1987), S. 23, ebenso *KAUFMANN/KOKALJ*, Risikokapitalmärkte (1996), S. 6.

[5] Hierfür vgl. *KULICKE*, Finanzierungsbedarf (2000), S. 86. Beispielsweise führen Investitionen in Mitarbeiterschulungen nicht zu aktivierbaren und beleihbaren Vermögensgegenständen.

- *Eingeschränkte Fähigkeit zur Zinszahlung*:

  Die Alternative, das erhöhte Risiko junger Unternehmen durch eine risikoad-äquate Gestaltung, also durch eine Erhöhung der *Kreditzinsen* zu berücksichtigen, läßt sich allerdings ebenfalls nur sehr eingeschränkt realisieren. Denn eine derartige Zinsbelastung würde vor allem in den frühen Gründungsphasen, die sowieso stets durch negative Periodenergebnisse und Auszahlungsüberschüsse gekennzeichnet sind, zusätzliche Liquiditätsprobleme bereiten und das bereits prinzipiell hohe Insolvenzrisiko[1] abermals erhöhen.

- *Noch fehlendes Vertrauensverhältnis zum Kreditinstitut*:

  Hinzu kommt, daß das für die Vergabe von Krediten häufig entscheidende persönliche *Vertrauensverhältnis* zwischen dem potentiellen Kreditnehmer einerseits und der kapitalgebenden Bank andererseits in der Regel auf der Basis einer jahrelang erfolgreichen Zusammenarbeit beruht.[2] Gerade Unternehmensgründungen besitzen jedoch in der Anfangszeit ihrer wirtschaftlichen Existenz im Normalfall eben keine solchen langfristigen Geschäftsbeziehungen, weder zu Banken noch zu anderen Partnern.

Alles in allem wird man angesichts dieser Problembereiche die klassische Kreditfinanzierung durch Bankdarlehen deshalb als ein für die frühen Entwicklungsphasen eines Unternehmens nur bedingt geeignetes Finanzierungsinstrument ansehen dürfen.

Als wichtige Alternative im Bereich der Außen- und Fremdfinanzierung bieten sich jedoch *öffentliche Fördermittel* an, welche neu gegründete Unternehmen zumindest teilweise mit dem benötigten Kapital versorgen können. In diesem Zusammenhang lassen sich unterschiedliche Hauptarten staatlicher Förderung unterscheiden:[3]

- *Darlehensprogramme der öffentlichen Hand*:

  Hierbei handelt es sich um die häufigste und auch in der Öffentlichkeit geläufigste Form der staatlichen Gründungsförderung, die deren Klassifizierung als Fremdfinanzierungsinstrument rechtfertigt. Oftmals in Form eines *personenbezogenen Fördermittels* konzipiert, werden solche Kredite an den Unternehmensgründer von diesem für eine Einlage ins Unternehmen verwendet und bewirken demzufolge eine entsprechende Steigerung der Eigenkapitalausstattung der geförderten

---

[1] Vgl. Kap. 2.3.1.1.

[2] Diesbezüglich vgl. etwa *BAIER/PLESCHAK*, Junge Technologieunternehmen (1996), S. 107, dergleichen *BHIDÉ*, Bootstrap Finance (1999), S. 235.

[3] Vgl. *SCHEFCZYK*, Finanzieren (2000), S. 182-184, bezüglich eines allgemeinen Überblicks zu den verschiedenen finanziellen Förderprogrammen z.B. *LINK*, Förderprogramme (2002), S. 231-253.

Unternehmensgründung.[1] Eine andere alternative Ausgestaltung als direkte *unternehmensbezogene* Fördermaßnahme führt hingegen zu einer Erhöhung des Fremdkapitalanteils in diesem Unternehmen. Im Vergleich zu den nur eingeschränkt nutzbaren Bankkrediten besitzen derartige staatliche Darlehensprogramme hauptsächlich folgende charakteristischen Vorteile:

- Niedrige Zinsen unterhalb des üblichen Marktzinses.

- Anfänglich Zins- und Tilgungsfreiheit.

- Lange Laufzeiten.

- Geringe Anforderungen bezüglich angemessener Sicherheiten.

- Möglichkeiten zur Haftungsfreistellung.

Man erkennt also, daß solche öffentlich geförderten Kredite die oben beschriebenen typischen Schwierigkeiten, die mit der Aufnahme traditioneller Bankkredite für Unternehmensgründungen einhergehen, doch einigermaßen umgehen. Vor allem vermeiden sie in den Frühphasen des Gründungsprozesses, in denen noch keine Umsätze aus der Geschäftstätigkeit vorliegen, eine Liquiditätsbelastung des Unternehmens und können dadurch sowohl die Überlebenswahrscheinlichkeit am Markt erhöhen als auch wachstumsfördernd wirken.[2]

Der wesentliche Nachteil dieser besonderen Finanzierungsform liegt allerdings in dem Umstand, daß staatliche Darlehen grundsätzlich durch Förderhöchstgrenzen gekennzeichnet sind. Insofern läßt sich der Kapitalbedarf junger Unternehmen, insbesondere wenn sie ein starkes Wachstumspotential aufweisen, auf diesem Wege nur zu einem gewissen Anteil befriedigen.[3] Weitere Probleme bestehen zudem aus den mit der Gewährung derartiger öffentlicher Förderungsmaßnahmen in der Regel einhergehenden bürokratischen Hemmnissen bei der Antragsstellung sowie zum Teil auch aus einer gewissen Zweckbindung mancher Fördermittel.[4]

- *Weitere finanzielle Hilfen im Rahmen der öffentlichen Gründungsförderung:*[5]

  Zu dieser Finanzierungsform gehört zum einen die *Zuschußförderung der öffentlichen Hand*, in deren Rahmen das förderungswürdige Unternehmen direkte staatliche Zuschüsse erhält, für die keine Rückzahlungsverpflichtung besteht. Zum

---

[1] Allerdings zieht jeder persönliche Kredit stets auch eine persönliche Haftung des Kreditnehmers nach sich.

[2] Vgl. beispielsweise *ALMUS/PRANTL*, Öffentliche Gründungsförderung (2002), S. 183.

[3] Vgl. diesbezüglich vor allem *BAIER/PLESCHAK*, Junge Technologieunternehmen (1996), S. 108 f.

[4] Vgl. etwa *ALBACH/KÖSTER*, Risikokapital (1997), S. 2.

[5] Für einen Überblick vgl. z.B. *SCHEFCZYK/PANKOTSCH*, Betriebswirtschaftslehre (2003), S. 234-251.

anderen können aber auch *staatliche Bürgschaften* zur Absicherung eines Bankkredits sowie *Kapitalbeteiligungen* öffentlicher bzw. halböffentlicher Beteiligungsgesellschaften an Unternehmensgründungen diesem Bereich zugerechnet werden.

Vor allem in Hinblick auf die staatlichen Zuschüsse und auch die Beteiligungen handelt es sich finanzierungstheoretisch eigentlich nicht mehr um Fremdkapital, sondern eher um eigenkapitalähnliche oder –gleiche Mittel. Zusätzlich zu den bereits im Zusammenhang mit den zinsbegünstigten öffentlichen Darlehen beschriebenen Nachteilen staatlicher Gründungsförderung wird vor allem die Nutzung der Zuschußprogramme häufig dadurch erschwert, daß die Vergabe solcher Finanzhilfen an gewisse, politisch als förderungswürdig eingestufte Bedingungen, wie beispielsweise die Ansiedlung in ganz bestimmten Regionen sowie die Zugehörigkeit zu bestimmten Wirtschaftszweigen, gebunden ist. Wegen den permanenten Änderungen bei allen finanziellen Förderprogrammen ist eine professionelle Beratung äußerst sinnvoll, sobald derartige Hilfen in Anspruch genommen werden sollen.[1]

4.2.1.3.3 Dominanz der Eigenfinanzierung

Betrachtet man die Ergebnisse aus den beiden vorherigen Kapiteln, kann im Rahmen eines vorläufigen Zwischenfazits festgehalten werden: Neben den unzureichenden Möglichkeiten der Innenfinanzierung erweist sich auch die Beschaffung von Fremdkapital im Bereich der Außenfinanzierung – vor allem wenn dies mittels einer herkömmlichen Kreditvergabe stattfinden soll – als ein gerade für Unternehmensgründungen generell problembehafteter Finanzierungsweg. Somit verbleiben als relevante Kapitalquellen für Unternehmensgründungen hauptsächlich die verschiedenen Alternativen, die im Bereich der Außenfinanzierung mit Eigenkapital bestehen, übrig. Hierbei handelt es sich auf der einen Seite um die Eigenmittel des Gründers sowie auf der anderen Seite vor allem um die Beteiligungsfinanzierung mit Risikokapital „fremder" Investoren:

- *Eigenfinanzierung* durch den *Gründer* oder sein *persönliches Umfeld*:

  In der Regel bilden die vom Unternehmensgründer selbst bereitgestellten Mittel – hierzu gehören neben Geldmitteln häufig auch Sacheinlagen sowie Patente, Lizenzen etc. – die zuerst verfügbaren Finanzquellen bei der Durchführung einer Unternehmensgründung und kommen deshalb vor allem in der Vorgründungs und der eigentlichen Gründungsphase zum Einsatz. Häufig werden diese Eigenmittel des Gründers noch durch zusätzliches Eigenkapital aus seinem persönlichen

---

[1] Hierzu vgl. auch die Ausführungen in Kap. 4.3.1.

Umfeld, also aus der Familie, dem Freundeskreis, aber auch aus dem Kreis der künftigen Mitarbeiter ergänzt.

* *Beteiligungsfinanzierung* mit Risikokapital:

  Oftmals sind die eigenen Ersparnisse des Unternehmensgründers und die Kapitaleinlagen aus seinem persönlichen Umfeld allerdings schon während der Gründungsphase eines Unternehmens als Kapitalbeschaffungsmöglichkeiten ausgeschöpft.[1] Diese Feststellung gilt insbesondere für kapitalintensive Unternehmensgründungen in technikorientierten Branchen, bei denen hohen Ausgaben für Entwicklung und Produktionsbeginn keine oder allenfalls nur sehr spärliche Einnahmen gegenüberstehen. Wenn man die bereits beschriebenen Möglichkeiten der öffentlichen Gründungsförderung aus der weiteren Betrachtung ausklammert, bietet sich gerade in derartigen Fällen als wichtigstes Instrument zur Kapitalbeschaffung eine Eigenfinanzierung mit *Beteiligungskapital* in Form des sogenannten *Risikokapitals* an. Da diese speziell für neu gegründete und junge Unternehmen konzipierte Finanzierungsform aufgrund ihrer Bedeutung in einem eigenständigen Abschnitt[2] noch detailliert vorzustellen ist, kann hier auf eine ausführliche Erläuterung verzichtet werden.

  Lediglich ein Sachverhalt sei an dieser Stelle erwähnt, nämlich der Zusammenhang zwischen der jeweiligen Phase im Gründungsprozeß des Unternehmens einerseits und der Art des hierfür normalerweise verfügbaren Risikokapitals andererseits. So liegt der Schwerpunkt in den Frühphasen des Gründungsprozesses hauptsächlich im Bereich der *direkten Beteiligungsfinanzierung* mit nicht institutionalisiertem, informellem Risikokapital durch *Privatinvestoren*. Das klassische, formelle Risikokapital hingegen, welches charakteristischerweise durch institutionell organisierte *Risikokapitalgesellschaften* vergeben wird und deshalb einer *indirekten Beteiligungsfinanzierung* unter Zwischenschaltung eines Finanzintermediärs entspricht, besitzt eher in den späteren Gründungsphasen, etwa im Rahmen der Expansionsfinanzierung eines Unternehmens, Relevanz.[3]

---

1 Für diese Auffassung vgl. z.B. *BRETTEL/JAUGEY/ROST,* Business Angels (2000), S. 62, desgleichen auch *SCHEFCZYK,* Finanzieren (2000), S. 186, weiterhin *WEIMERSKIRCH,* Finanzierungsdesign (1998), S. 22.

2 Vgl. Kap. 4.2.2.

3 Für eine eingehende Beschreibung dieser Begriffe vgl. Kap. 4.2.2.1.3.

4.2.1.3.4 Phasenabhängige Nutzung der Finanzierungsquellen

Betrachtet man die bisher getroffenen Feststellungen zu den gründungsspezifischen Finanzierungsquellen, zeigt es sich, daß gewisse Finanzierungsinstrumente in ganz bestimmten Phasen des Gründungsprozesses eines Unternehmens eine hervorgehobene Bedeutung besitzen, während sie dagegen in anderen Perioden der Unternehmensentwicklung einen nur geringen Stellenwert aufweisen. In diesem Sinn lassen sich folgende tendenzielle Aussagen zum phasenbezogenen Gebrauch einzelner Finanzierungsmittel abgeben:[1]

*   Vorgründungsphase:

    Als Kapitalquelle eignet sich in dieser Phase allein die Außenfinanzierung, insbesondere mittels Eigenkapitalzufuhr durch persönliche Ersparnisse des Unternehmensgründers und Finanzmittel aus seinem privaten Umfeld.

*   Gründungsphase:

    Vergleichbar der Situation bei der Finanzierung in der vorausgegangen Entwicklungsphase erscheint in diesem Zeitraum in der Regel noch keine Innenfinanzierung möglich. Da die persönlichen Ressourcen des Unternehmensgründers während dieser Periode allmählich zur Neige gehen, kommt der öffentlichen Gründungsförderung eine besondere Rolle zu. Gegebenenfalls können auch schon Instrumente der Beteiligungsfinanzierung, hauptsächlich in Form direkten Risikokapitals, eingesetzt werden.

*   Frühentwicklungsphase:

    Aufgrund der Markteinführung des Produktes wird es erstmals möglich, daß zumindest ein Teil der benötigten Finanzmittel durch Kapitalquellen im Rahmen der Selbst- und Innenfinanzierung zur Verfügung steht, wenn auch zusätzliche Maßnahmen der Außenfinanzierung nach wie vor erforderlich sind. In diesem Zusammenhang bietet sich neben staatlichen Fördermitteln vor allem der Gebrauch direkten, von Privatinvestoren zur Verfügung gestellten Beteiligungskapitals an. Die persönlichen finanziellen Ressourcen des Unternehmensgründers und seines Umfeldes dürften jedoch während dieser Phase nicht selten bereits aufgezehrt sein; ebenso sollten klassische Kreditinstrumente wegen der bekannten Charakteristika von Unternehmensgründungen nur in sehr eingeschränktem Ausmaß nutzbar sein.

---

[1]   Da es sich bei nachstehender Auflistung um eine stark idealisierende und typisierende Darstellung handelt, werden sich in der Realität einer Unternehmensgründung stets mehr oder minder bedeutsame Abweichungen von dieser Finanzierungssystematik ergeben.

- Amortisationsphase:

  Erst ab diesem Zeitpunkt in der Unternehmensentwicklung kann die Selbstfinanzierung als ein zentraler Finanzierungsfaktor für das Unternehmen angesehen werden. Gleichzeitig verschwinden allmählich die strukturellen Hemmnisse, die in den früheren Phasen des Gründungsprozesses einer Finanzierung mit Bankdarlehen entgegengestanden haben, so daß sich dieses Mittel zur Kapitalbeschaffung ebenfalls verstärkt einsetzen läßt. Während auf der einen Seite die Relevanz der direkten Beteiligungsfinanzierung eher rückläufig ist, gewinnt auf der anderen Seite die indirekte Beteiligung über Risikokapitalgesellschaften als Finanzintermediäre an Bedeutung. Die staatliche Gründungsförderung besitzt nur noch geringen Stellenwert.

- Expansionsphase:

  Von der vorhergehenden Periode unterscheidet sich dieser Zeitraum strukturell im wesentlichen durch einen zusätzlichen, wachstumsbedingten Kapitalbedarf, der häufig weder durch das Selbstfinanzierungspotential des Unternehmens noch durch eine traditionelle Kreditaufnahme hinreichend gedeckt werden kann. Deshalb tritt in dieser Phase des Gründungsprozesses neben diese beiden Instrumente der Kapitalbeschaffung oftmals noch die Beteiligungsfinanzierung mit formellem Risikokapital als drittes wichtiges Finanzierungsmittel. In manchen Fällen kann man bereits zu diesem Zeitpunkt auch einen Börsengang, der dem jungen Unternehmen einen direkten Zugang zum organisierten Kapitalmarkt gestattet, als zusätzliche Finanzierungsalternative in Erwägung ziehen.

Einen graphischen Überblick zum phasenbezogenen Stellenwert der verschiedenen Finanzierungsinstrumente – und insofern auch eine Zusammenfassung der wesentlichen Aussagen dieses Kapitels – bietet dann nachstehende *Abbildung 23*. Wenn man bei ihrer Betrachtung ein kurzes Resümee zu diesem Aspekt der Gründungsfinanzierung ziehen möchte, zeichnet sich dieses Fazit wohl am besten durch zwei Feststellungen aus: Sowohl Innen- als auch Fremdfinanzierung weisen über weite Strecken des Gründungsprozesses wirklich nur eine sehr untergeordnete Relevanz auf. Im Gegensatz dazu kommt der Außen- und Eigenfinanzierung durch Einlagen des Unternehmensgründers sowie im Rahmen einer Risikokapitalfinanzierung eine bei weitem größere Bedeutung zu:

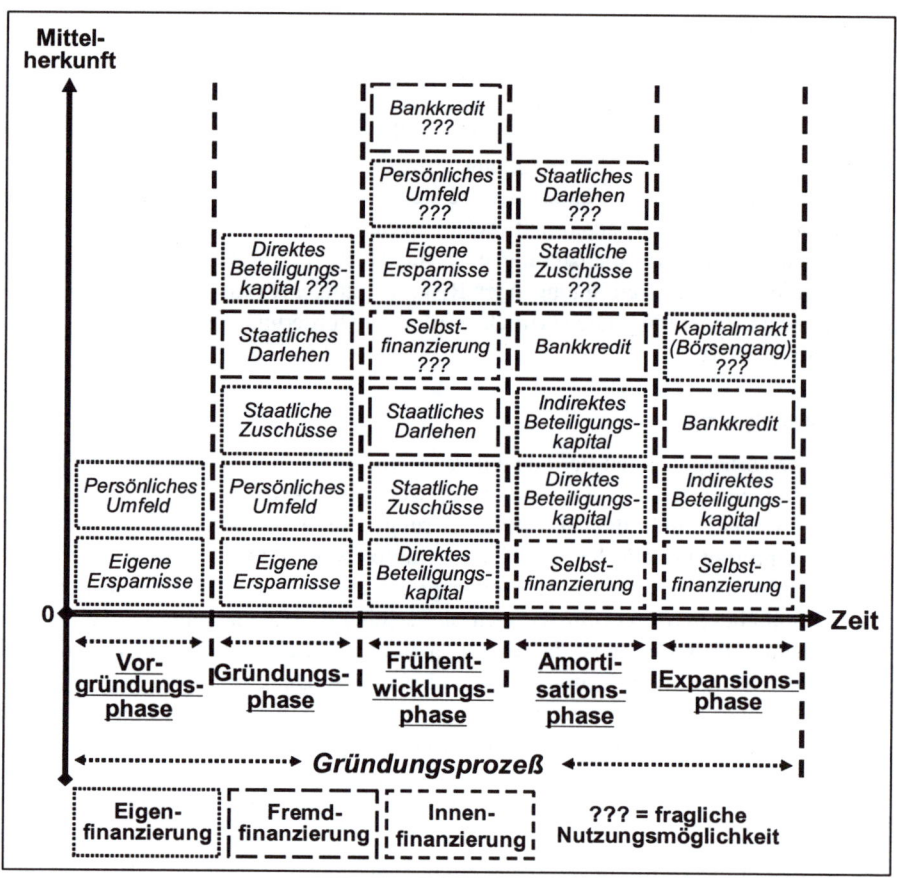

Abbildung 23: Gebräuchliche Finanzierungsmittel in den Gründungsphasen[1]

---

[1] In konzeptioneller Anlehnung an DAFERNER, Eigenkapitalausstattung (2000), S. 111 sowie HÖL-
SCHER, Finanzierung (2002), S. 226.

4.2.1.3.5 Ergänzende Aspekte

Um einen angemessenen Einblick in die gründungsspezifischen Finanzierungsinstrumente zu gewährleisten, erscheint es sinnvoll, die bisher in diesem Zusammenhang gegebene Darstellung noch durch einige ergänzende Ausführungen zu vervollständigen:

(1) Hybride Finanzierung:

Neben den gewissermaßen „reinen" Idealtypen *Eigen-* und *Fremdkapital*, auf die sich die bisherige Systematisierung nach der Rechtsstellung der Kapitalgeber beschränkt hat, existieren bekanntlich noch diverse Mischformen, welche Kennzeichen beider Finanzierungsinstrumente aufweisen. Aus diesem Grund werden solche gemischten Finanzierungsarten zumeist auch mit dem Begriff *Hybridkapital* beschrieben. Es kann nun nicht überraschen, daß sich hybride Finanzierungsformen gerade im Bereich der Gründungsfinanzierung – vor allem angesichts der bei der klassischen Kreditvergabe auftretenden Probleme – einer besonderen Beliebtheit erfreuen. Ausdruck dieses besonderen Stellenwertes ist zudem die Tatsache, daß manche Autoren der Gründungsliteratur ihnen durch die in Anlehnung an den angelsächsischen Sprachgebrauch gewählte Bezeichnung *„Mezzanine-Kapital"* in jüngerer Zeit sogar gelegentlich eine eigenständige Begrifflichkeit zuweisen möchten.

Hierbei sind den Möglichkeiten der Mischung eigenkapital- und fremdkapitaltypischer Elemente bei der konkreten Ausgestaltung derartiger hybrider Finanzierungsbeziehungen prinzipiell kaum Grenzen gesetzt. Ziel dieser Konstruktionen ist es, mittels einer möglichst zweckmäßigen Kombination der beiden idealtypischen Finanzierungsarten die jeweils gewünschten Vorteile hervorzuheben und zugleich die normalerweise damit einhergehenden und als unerwünscht empfundenen Konsequenzen weitgehend zu eliminieren.[1] Lediglich der Gesichtspunkt der *Nachrangigkeit* im Insolvenzfall gegenüber herkömmlichem Fremdkapital läßt sich üblicherweise als gemeinsame Grundeigenschaft aller gängigen hybriden Finanzierungsformen aufführen. Derartige Gestaltungsspielräume führen jedoch zugleich auch dazu, daß es *die* klar abgrenzbaren spezifischen Eigenschaften und Kennzeichen von Hybridkapital nicht gibt. Demzufolge existiert auch keine einheitliche ökonomische Charakterisierung. Vielmehr sind die betriebswirtschaftlichen Vor- und Nachteile, die mit der Nutzung eines solchen Finanzierungsinstrumentes einhergehen, situationsbezogen von der jeweiligen Betonung eigenkapitaltypischer und fremdkapitaltypischer Merkmale abhängig.

---

[1] Vgl. *GRICHNIK/SCHWÄRZEL*, Konzeption der Gründungsfinanzierung (2002), S. A9.

Als typische Standardformen von Hybridkapital gelten beispielsweise *Options-* und *Wandelanleihen.* Da Unternehmen nur in Ausnahmefällen in Form einer Aktiengesellschaft gegründet werden, beziehen sich solche Options- und Wandelrechte im Bereich der Gründungsfinanzierung allerdings nicht, wie normalerweise üblich, auf Aktien, sondern räumen den jeweiligen Kapitalgebern auf privatrechtlicher Ebene entsprechende Ansprüche gegenüber dem Alteigentümer und Unternehmensgründer ein. Zumeist handelt es sich dabei um das Recht, zu einem zukünftigen Zeitpunkt Anteile des neu gegründeten Unternehmens zu einem vereinbarten Preis zu erwerben.[1] Darüber hinaus können im Rahmen eines erweiterten Blickwinkels den hybriden Finanzierungsinstrumenten noch Genußrechte, aber auch Vorzugsaktien und stille Beteiligungen sowie nachrangige und andere besondere Darlehensformen hinzugerechnet werden.[2]

(2) Finanzierung aus eigener Kraft:

Wenn man die jeweiligen Abhandlungen zu den gründungsspezifischen Finanzierungsquellen in manchen Teilen der einschlägigen Gründungsliteratur betrachtet, ist man nicht selten geneigt, nur dann von einer betriebswirtschaftlich wirklich gelungenen Gründungsfinanzierung sprechen zu wollen, wenn diese auch unter Inanspruchnahme von Risikokapital durchgeführt worden ist – entweder in Form einer direkten Beteiligung oder indirekt unter Einschaltung einer Risikokapitalgesellschaft.[3]

Eine derartige Betrachtung übersieht jedoch die Tatsache, daß im wirtschaftlichen Alltag nach wie vor die überwiegende Zahl der Unternehmensgründungen, insbesondere im Dienstleistungssektor, ohne eine derartige Beteiligungsfinanzierung stattfindet. Mit anderen Worten: Die Mehrheit aller neu gegründeten und jungen Unternehmen, klammert man einmal bestimmte kapitalintensive Gründungen in gewissen Branchen der Hochtechnik aus der weiteren Betrachtung aus, muß und kann bei der Finanzierung ihrer Gründungsaktivitäten auch ohne „fremdes" Risikokapital auskommen. Wie die betriebswirtschaftliche Realität und viele Beispiele erfolgreicher Unternehmensgründungen hierbei belegen, ist es für ein junges Unternehmen nach wie vor möglich, im Rahmen einer sozusagen traditionellen „*Finanzierung aus eigener Kraft*", welche vorwiegend auf der Nutzung herkömmlicher Finanzierungsquellen

---

[1]   Gelegentlich findet man in der Literatur für solche hybride Finanzierungsinstrumente die aus dem englischen Sprachgebrauch übernommene Bezeichnung „*equity kicker*".

[2]   Allgemein zum Themenkreis Hybridkapital vgl. etwa *SCHÄFER,* Unternehmensfinanzen (2002), S. 219-251, speziell für den Bereich Gründungsfinanzierung z.B. *HEITZER,* Finanzierung (2000), S. 26-30.

[3]   Eine Erklärung für diese Gegebenheit mag vielleicht auch auf dem Umstand beruhen, daß die klare Mehrheit der Literaturquellen zur Gründungsfinanzierung ihre inhaltlichen Schwerpunkte – aus wissenschaftlich durchaus nachvollziehbaren Gründen – zumeist explizit in den Bereich Risikokapitalfinanzierung legt.

wie Eigenkapital des Gründers und Bankkredite beruht, erfolgreich am Markt zu bestehen.[1]

4.2.1.4 Gründungsspezifisches Finanzierungsrisiko

Bereits im Zusammenhang mit der Betrachtung gründungsbezogener Besonderheiten im Planungsprozeß ist das besonders ausgeprägte allgemeine Planungsrisiko von Unternehmensgründungen eingehend beschrieben worden.[2] Eine solche Feststellung läßt sich selbstverständlich auch auf das Gebiet der Gründungsfinanzierung übertragen: Im Vergleich zur Finanzierung von etablierten Unternehmen, deren Gegebenheiten bekanntlich im Mittelpunkt herkömmlicher finanzwirtschaftlicher Analysen stehen, geht gerade die Finanzierung neu gegründeter und junger Unternehmen mit einem deutlich *höheren Finanzierungsrisiko* einher.

Für diesen Sachverhalt zeigen sich im wesentlichen mehrere voneinander weitgehend unabhängige Problemkreise als Ursachen verantwortlich, die man in Analogie zur Systematisierung des Planungsrisikos erneut in die folgenden zwei Hauptgruppen unterteilen kann:

- Größenbedingte Einflußfaktoren.

- Gründungsbedingte bzw. altersbedingte Einflußfaktoren.

Nachstehend werden diese Bestimmungselemente des gründungsspezifischen Finanzierungsrisikos einzeln vorgestellt und jeweils eingehend erläutert:

(1) Größenbedingte Einflußfaktoren:

Wie schon mehrfach angesprochen, gehören Unternehmensgründungen in der Regel zur Gruppe der Klein- und Mittelunternehmen. Derartige mittelständische Unternehmen zeichnen sich allerdings vor allem in Deutschland durch folgende finanzierungsrelevante Merkmale aus:

---

[1] Vgl. zu diesem Aspekt auch *BHIDÉ*, Bootstrap Finance (1999), S. 223-237.

[2] Vgl. die Darstellung in Kap. 4.1.1.1.

- Zumeist weisen sie sowohl im Vergleich zu Großunternehmen als auch im Vergleich zu ausländischen Unternehmen gleicher Größe eine niedrigere *Eigenkapitalquote* und damit einen höheren Verschuldungsgrad auf.[1] In diesem Zusammenhang spricht man gelegentlich von der *Eigenkapitallücke* des Mittelstandes.

- Ergänzt wird dieser eine Größenaspekt des Finanzierungsrisikos durch einen weiteren charakteristischen Gesichtspunkt. Dieser bezieht sich auf den Umstand, daß Klein- und Mittelunternehmen für die Inanspruchnahme eines Kredites vor allem aus Bonitätsgründen normalerweise einen *höheren Zinssatz* als Großunternehmen entrichten müssen und zudem nur in Ausnahmefällen auf einen *Zugang* zum organisierten *Kapitalmarkt* zurückgreifen können.

- Des weiteren zeichnen sich mittelständische Unternehmen bekanntlich noch durch eine im Gegensatz zu größeren Wirtschaftseinheiten oftmals nur unzureichende *Produkt-* bzw. *Absatzmarktdiversifikation* aus.

Alles in allem besitzen also Klein- und Mittelunternehmen – und damit auch die überwiegende Mehrheit aller Unternehmensgründungen – vor allem wegen ihrer auch den finanziellen Bereich betreffenden Ressourcenbeschränkung ein tendenziell erhöhtes Insolvenzrisiko.

(2) Gründungs- bzw. altersbedingte Einflußfaktoren:

Insbesondere nachfolgende drei Merkmale, welche als typische Kennzeichen für die frühen Perioden im Lebenszyklus eines Unternehmens gelten können, führen zu einer weiteren Erhöhung des gründungsspezifischen Finanzierungsrisikos:

- *Fehlende Selbstfinanzierungsmöglichkeiten:*

  Weder in der Vorgründungs- noch in der eigentlichen Gründungsphase stehen den zahlreichen gründungsbezogenen Ausgaben überhaupt irgendwelche Einnahmen aus der normalen Geschäftstätigkeit gegenüber. Aber auch in der Frühentwicklungsphase kann man noch nicht davon ausgehen, daß das Potential zur Selbstfinanzierung schon dem etablierter Unternehmen nahekommt. Diese Eigenheit steigert die Gefahr von Liquiditätsengpässen und möglichen Problemen bei der Kapitalbeschaffung.

---

[1] Bezüglich dieses Problembereiches vgl. grundlegend *ALBACH ET AL.,* Risikokapital (1983), S. 20-54, ergänzend etwa *BITZ,* Finanzdienstleistungen (2002), S. 138, ebenfalls *DAFERNER,* Eigenkapitalausstattung (2000), S. 127. Zur Hebelwirkung der Verschuldung sei auf die klassische Finanzierungslehre verwiesen. Vgl. z.B. *MATSCHKE/HERING/KLINGELHÖFER,* Finanzplanung (2002), S. 55 ff.

- *Betriebswirtschaftliche Defizite der Geschäftsführung*:

  Nicht selten, insbesondere im Bereich technisch orientierter Unternehmensgründungen, besitzt die Geschäftsführung neuer Unternehmen nur geringe betriebswirtschaftliche Kompetenzen und Erfahrungen auf dem Gebiet der Unternehmensführung. Auf der Gegenseite bedingen jedoch die typische Diskrepanz und Diskontinuität im Finanzierungsverlauf junger Unternehmen, daß im Grunde gerade Unternehmensgründungen besonders hohe Ansprüche an die Fähigkeiten dieses Personenkreises zur langfristigen Finanzplanung sowie zur kurzfristigen Liquiditätsplanung stellen.

- *Prognoseunsicherheit bezüglich der zukünftigen Unternehmenserfolge*:

  Sowohl im Rahmen einer Kreditwürdigkeitsanalyse als auch im Zusammenhang mit einer etwaigen Unternehmensbewertung bei einer möglichen Risikokapitalfinanzierung muß üblicherweise eine Einschätzung des zukünftigen Unternehmenserfolges stattfinden. Die mit einer solchen Vorhersage grundsätzlich einhergehende Unsicherheit bezüglich der Zukunftsentwicklung des jeweiligen Unternehmens erfährt nun vor allem bei Unternehmensgründungen aufgrund verschiedener Tatbestände einen besonderen Bedeutungszuwachs und zieht dadurch erhebliche Prognoseprobleme nach sich:

  - *Fehlende Vergangenheit*:

    Wie bereits ausführlich im Kapitel 4.1.1.1 beschrieben, gibt es kennzeichnenderweise gerade bei neu gegründeten Unternehmen keine aussagekräftigen Vergangenheitsdaten, die als Referenz- oder Orientierungsgrößen bei der Ermittlung des Zukunftserfolgs dienen und dadurch dessen Prognose erleichtern könnten.

    In engem inhaltlichen Zusammenhang mit einem solchen Datenmangel steht des weiteren auch die Tatsache, daß junge Unternehmen normalerweise noch keine festgefügten Unternehmensstrukturen besitzen und insofern diversen Veränderungsprozessen während ihrer Entwicklung unterworfen sind. Gerade in Hinblick auf langfristige Finanzierungsbeziehungen zieht dieser zweite Aspekt einer fehlenden Unternehmensvergangenheit ebenfalls eine Vermehrung der Unsicherheit auf seiten der möglichen Kapitalgeber bei den möglichen Kapitalgebern nach sich.

▪ *Unternehmensbezogener Innovationsaspekt:*[1]

Insbesondere in den technisch ausgerichteten Wirtschaftszweigen besteht ein überdurchschnittlich hoher Einfluß von Gegebenheiten aus dem Forschungs- und Entwicklungsbereich auf den Unternehmenserfolg. Oftmals sind solche Unternehmen bekanntlich auch dadurch charakterisiert, daß der Alteigentümer und Gründer vor allem auch im technischen Bereich eine zentrale Position als Wissensträger einnimmt. Für Kreditberater oder sonstige Bewerter eines potentiellen Kapitalgebers wird es daher vor allem in Fällen, in denen zusätzlich noch eine technische Vorreiterrolle der betrachteten Unternehmensgründung vorliegt, kaum möglich sein, die Angaben des Gründers insbesondere zu einzelnen technischen Aspekten seines Unternehmens zu überprüfen.

Gerade hinsichtlich innovativer Unternehmensgründungen, die ja im Verständnis SCHUMPETERS als die eigentlichen Triebkräfte der wirtschaftlichen Entwicklung wirken,[2] lassen sich prognoserelevante und zugleich glaubwürdige Informationen durch Außenstehende also nicht oder nur sehr schwer beschaffen. Vor allem bei innovativen jungen Unternehmen in technikorientierten Branchen kommt es folglich wegen solcher struktureller Eigenheiten besonders häufig und besonders ausgeprägt zum Sachverhalt der Informationsasymmetrie zwischen kapitalnachfragendem Unternehmen einerseits und den möglichen Kapitalgebern andererseits.[3] Auswirkungen dieser Informationsasymmetrie können dann weitere negative Folgeerscheinungen, wie etwa Phänomene *adverser Selektion* oder eines *moralischen Hasardspiels* sein, die genauso wie der fehlende Vergangenheitsbezug eine valide Zukunftsprognose behindern.[4]

▪ *Branchendynamik:*

Des öfteren sind hauptsächlich besonders innovative Unternehmensgründungen bekanntlich vorwiegend in Wirtschaftszweigen angesiedelt, die ihrerseits fast ständig einem strukturellen Wandel ausgesetzt sind. Derartige junge und dynamische Branchen und ihre Eigenheiten[5] erschweren eine verläßliche Kalkulation des Unternehmensumfeldes und damit auch der künftigen Entwicklung des jeweils analysierten Unternehmens. Auf diese Weise verstärkt sich

---

[1] Zu dieser Thematik vgl. auch die Darstellung in Kap. 4.1.2.3.

[2] Vgl. Kap. 3.3.1.3.

[3] Vgl. diesbezüglich beispielsweise HARTMANN-WENDELS, Venture Capital (1987), S. 19, weiterhin KAUFMANN/KOKALJ, Risikokapitalmärkte (1996), S. 4-6, ebenso LELAND/PYLE, Informational Asymmetries (1977), S. 371, gleichermaßen DE MEZA/WEBB, Risk (1990), S. 206, auch SABISCH/ GROß, Finanzierung (1999), S. 140, desgleichen D'SOUSA, Venture Capital (2001), S. 37-40.

[4] Umfassend bezüglich dieses Themenkreises vgl. die Darstellung in Kap. 4.2.3.1.2.

[5] Ausführlich zu ihren Charakteristika vgl. Kap. 4.1.1.1.

abermals die prognostische Unsicherheit bei der Einschätzung solcher Gründungsprojekte und führt dadurch für potentielle Kapitalgeber zu einer weiteren Erhöhung des gründungsspezifischen Finanzierungsrisikos.

* *Prognoseunsicherheit bezüglich des zukünftigen Kapitalbedarfs:*[1]

  Die soeben erläuterten drei gründungsspezifischen Prognosefaktoren – fehlende Vergangenheit, unternehmensbezogener Innovationsaspekt sowie Branchendynamik – vermehren jedoch nicht nur die Unsicherheit bei der Vorhersage der künftigen Unternehmenserfolge, sondern wirken sich genauso negativ auf die Finanz- und Liquiditätsplanung für die Unternehmensgründung aus. Vor allem in Hinblick auf die Prognose des künftigen Kapitalbedarfs sind Unternehmensgründungen also durch eine höhere Unsicherheit im Vergleich zu etablierten Unternehmen geprägt. Eine größere Unsicherheit in diesem Bereich steigert jedoch wiederum die Möglichkeit eines Liquiditätsengpasses und damit gleichzeitig stets auch die Gefahr einer Insolvenz bei dem von diesem Engpaß betroffenen Unternehmen.

Eine schematische Zusammenfassung der verschiedenen obig beschriebenen Einflußelemente des gründungsspezifischen Finanzierungsrisikos liefert nachfolgende *Abbildung 24*. Bei ihrer Interpretation ist jedoch zu beachten, daß auf eine Darstellung diverser wechselseitiger Abhängigkeiten zwischen den einzelnen Wirkgrößen – wie beispielsweise zwischen den Aspekten „Fehlende Selbstfinanzierung" und „Niedrige Eigenkapitalausstattung" – aus Gründen der Übersichtlichkeit verzichtet worden ist. Deshalb sowie aus Gründen der Systematik sind die gründungs- bzw. altersbedingten Gesichtspunkte im oberen Teil der Graphik angeordnet, während die größenbedingten Gesichtspunkte – davon getrennt – sich unterhalb des Finanzierungsrisikos gruppieren:

---

[1] Vgl. auch *HEITZER*, Finanzierung (2000), S. 18.

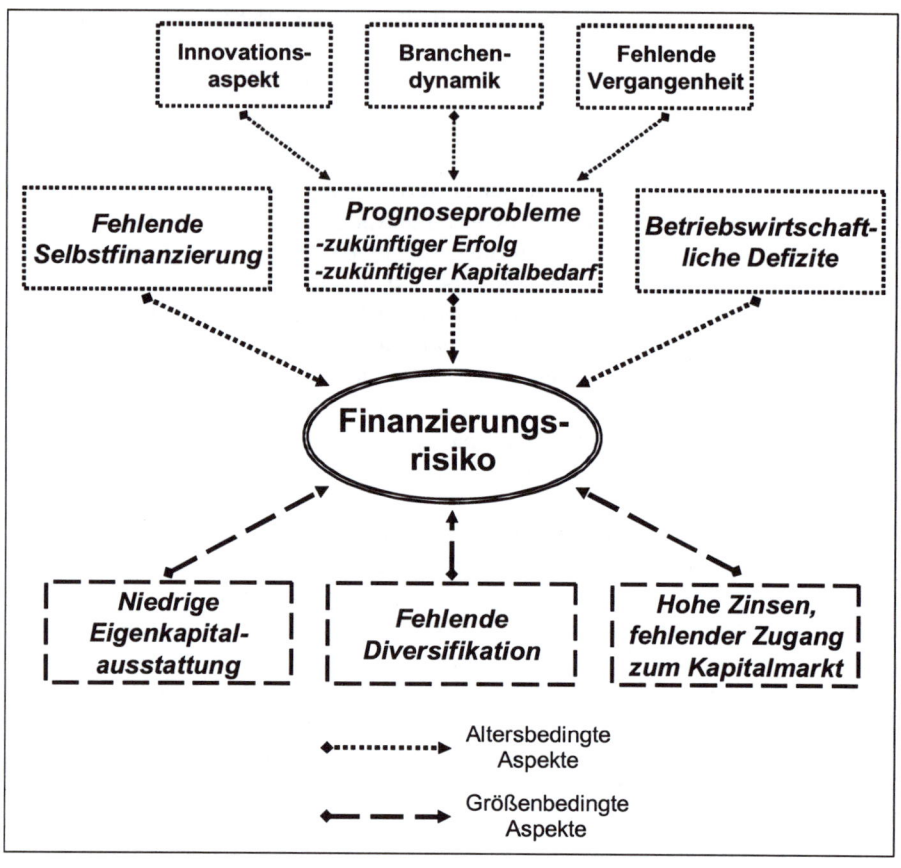

Abbildung 24: Aspekte des gründungsspezifischen Finanzierungsrisikos

Insgesamt werden sich die einzelnen sowohl größen- als auch altersabhängigen Bestimmungsfaktoren des Finanzierungsrisikos mit wachsender Größe und zunehmendem Alter des jeweiligen Unternehmens tendenziell verringern. Aus diesem Grund treten auch die dadurch verursachten Probleme und Einschränkungen, die mit der Kapitalbeschaffung verbunden sind, vorwiegend im Bereich neu gegründeter Klein- und Mittelunternehmen auf und können erhebliche Entwicklungshemmnisse bei den betroffenen Unternehmen, gegebenenfalls auch ein vollständiges Mißlingen des gesamten Gründungsvorhaben zur Folge haben.

Aufgabe 10:

Erläutern Sie in einer kurzen Zusammenfassung die verschiedenen Aspekte, die das höhere Finanzierungsrisiko von Unternehmensgründungen im Vergleich zu etablierten Unternehmen bedingen!

4.2.1.5 Zeitliche Entwicklungstendenzen

Bereits im Zusammenhang mit den Besonderheiten, welche die Finanzierung von Unternehmensgründungen hinsichtlich der Bereiche Finanzierungsbedarf, Finanzierungsquellen sowie Finanzierungsrisiko aufweist, sind die jeweiligen Veränderungstendenzen dieser Gründungsspezifika im Zeitablauf des Gründungsprozesses einzeln erläutert worden. Es liegt nun nahe, die Untersuchungsergebnisse aus diesen drei thematischen Einzelbetrachtungen zu einer Gesamtbetrachtung zusammenzuführen.

Abbildung 25 stellt einen zusammenfassenden *Überblick* zu verschiedenen Entwicklungstendenzen dar, die sich als durchaus typisch dafür ansehen lassen, wie sich die Bedeutungen einzelner wesentlicher Aspekte der Gründungsfinanzierung aus den vorherigen Kapiteln im Zeitablauf verändern.

Bei der Interpretation dieser Graphik sollte man sich allerdings noch einmal vergegenwärtigen, daß es sich hierbei um eine stark schematisierende Darstellung handelt, die insbesondere keine Kardinalskala beinhaltet und daher grundsätzlich keine quantitativ vergleichenden Aussagen erlaubt. Dennoch werden anhand der eingezeichneten Kurvenverläufe einige *tendenzielle Grundaussagen* ersichtlich:

- Auf der einen Seite ist die *Frühphasenfinanzierung* einer Unternehmensgründung wohl durch einen (noch) niedrigen Kapitalbedarf gekennzeichnet. Finanzierungsprobleme entstehen während dieses Zeitraums jedoch sowohl durch ein sehr hohes Finanzierungsrisiko als auch durch die weitgehend fehlende Innenfinanzierung sowie durch die eingeschränkten Möglichkeiten zur Außenfinanzierung, sieht man vom Eigenkapital des Unternehmensgründers und den Finanzmitteln aus seinem privaten Umfeld ab.

- Auf der anderen Seite nimmt zwar mit zunehmenden Unternehmensalter prinzipiell das Finanzierungsrisiko ab, genauso wie die Verfügbarkeit von Finanzmitteln aus Innen- und Außenfinanzierung in der Regel wächst. Trotzdem führt eine solche Tendenz, die für die Expansionsfinanzierung in späteren Perioden der Unternehmensentwicklung charakteristisch ist, vor allem bei am Markt erfolgreichen und schnell wachsenden Unternehmensgründungen zu keiner Entspannung in der

Finanz- und Liquiditätsplanung. Denn gleichsam gegensätzlich steigt der Kapitalbedarf derartiger Unternehmen außergewöhnlich stark an.

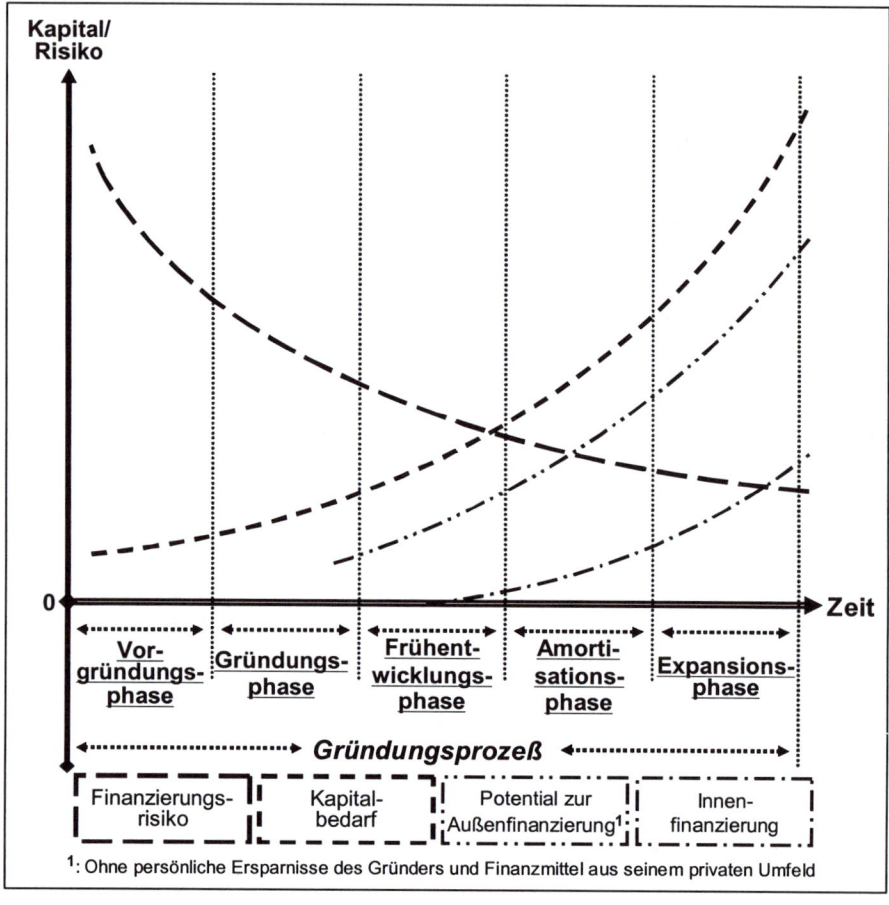

Abbildung 25: Zeitliche Entwicklung verschiedener Finanzierungsmerkmale[1]

---

[1]   In Anlehnung an *SABISCH/GROß*, Finanzierung (1999), S. 146.

4.2.2 Finanzierung mit Risikokapital

4.2.2.1 Verschiedene Begrifflichkeiten

4.2.2.1.1 Wesen und Merkmale von Risikokapital

Erinnert man sich an die Erkenntnisse aus Kapitel 4.2.1.3 und klammert sowohl die Innen- als auch die Fremdfinanzierung aufgrund ihrer eingeschränkten Nutzungs-möglichkeiten für neu gegründete Unternehmen aus einer weiteren Betrachtung maß-geblicher Finanzierungsquellen aus, verbleibt als wichtiges Instrument zur Deckung des Kapitalbedarfs, welches sich vor allem für kapitalintensive Unternehmensgrün-dungen in technikorientierten Branchen eignet, neben der öffentlichen Gründungsför-derung lediglich die Beteiligungsfinanzierung mit *Risikokapital*.

Dieser Begriff stellt eine im deutschen Sprachraum gängige synonyme Bezeichnung für den englischsprachigen Ausdruck *„Venture Capital"* dar. Ebenfalls bedeutungs-gleich, aber etwas weniger gebräuchlich ist der Ausdruck *„Wagniskapital"*. Unter Berücksichtigung der Tatsache, daß man Risiko im deutschen ökonomischen Sprach-gebrauch häufig als *Gefahr des Mißlingens einer geplanten Leistung* versteht,[1] kann der Begriff „Wagniskapital" zweifelsohne als die eigentlich treffendere und von älte-ren Literaturquellen auch bevorzugte Übersetzung von „Venture Capital" angesehen werden. Allerdings hat sich gerade in jüngerer Zeit die Bezeichnung „Risikokapital" in den einschlägigen Veröffentlichungen weitgehend durchgesetzt. Dieser Tendenz in der Sprachentwicklung soll deshalb auch im Rahmen dieses Lehrbuches gefolgt wer-den.[2]

Allgemein betrachtet handelt es sich um eine spezielle, institutionell zuerst in den USA genutzte Form einer Beteiligungsfinanzierung durch externe Kapitalgeber. Zwar gibt es keine allgemein anerkannte und daher sozusagen einheitliche Definition von Risikokapital, dennoch lassen sich als charakteristische Kennzeichen dieses Finanzie-rungsinstruments üblicherweise folgende drei Merkmalsbereiche nennen:[3]

---

[1] Vgl. *EUCKEN*, Nationalökonomie (1989), S. 139 f.

[2] Für eine umfassende Darstellung der Begriffsvielfalt auf diesem Gebiet vgl. insbesondere *RÄBEL*, Venture Capital (1986), S. 19-34.

[3] Vgl. grundlegend *ALBACH ET AL.*, Risikokapital (1983), S. 70, ergänzend zu den Kennzeichen von Risikokapital z.B. *BETSCH/GROH/SCHMIDT*, Gründungsfinanzierung (2000), S. 16 f., weiterhin *BRINKROLF*, Managementunterstützung (2002), S. 16, gleichermaßen *DANZ*, Venture Capital (2001), S. 331-334, ebenso *SCHEFCZYK/PANKOTSCH*, Betriebswirtschaftslehre (2003), S. 252-255, desgleichen *WEIMERSKIRCH*, Finanzierungsdesign (1998), S. 9 f.

- *Risikotragendes Beteiligungskapital*:

  Dieser Umstand beschreibt Risikokapitel als eine Unterform von Beteiligungskapital, welches in der Regel nur an Unternehmensgründungen oder Klein- und Mittelunternehmen vergeben wird, wobei diese typischerweise – etwa wegen eines als besonders innovativ eingestuften Unternehmenskonzeptes – als besonders wachstumsträchtige Wirtschaftseinheiten gelten.[1] Üblich ist in diesem Zusammenhang eine Minderheitsbeteiligung, die allerdings zum einen noch durch verschiedene hybride Finanzierungsinstrumente[2] ergänzt werden kann. Zum anderen werden oftmals auch zusätzliche Befugnisse des Kapitalgebers vertraglich vereinbart, die diesem ein im Verhältnis zu seinem Beteiligungsanteil überdurchschnittliches Mitsprache- und Kontrollrecht an wichtigen Führungsentscheidungen im Unternehmen einräumen.

- *Beratung und Betreuung*:

  Stets ist jede Vergabe von Risikokapital an die gleichzeitige Bereitstellung von Unterstützung in Hinblick auf betriebswirtschaftliche Fragen bei der Geschäftsführung des jungen Unternehmens gekoppelt. Die Formen einer solchen Unterstützung reichen dabei von einer aktiven *Mitarbeit* des Beteiligungskapitalgebers in verschiedenen unternehmensinternen *Institutionen* – wie z.B. Gesellschafterversammlung oder Unternehmensbeirat – über eine, der Leistung einer herkömmlichen Unternehmensberatung vergleichbaren *Beratungstätigkeit* bis hin zur zeitweiligen Übernahme einzelner *Geschäftsführungsaufgaben* aus dem Tagesgeschäft. Dem Grundsatz nach können sie alle Funktionen unternehmerischen Handelns umfassen.

- *Renditeorientierung und befristeter Anlagehorizont*:

  Die Geber von Risikokapital sind in der Regel mittelfristig, meist für einen Zeitraum von fünf bis maximal zehn Jahren planende Investoren. Wegen des Verzichts auf eine Zwischenausschüttung wollen sie dabei einen Gewinn vor allem durch die spätere Veräußerung ihrer Beteiligung im Rahmen verschiedener Desinvestitionsstrategien[3] erwirtschaften. Eine solche Renditeorientierung stellt üblicherweise zugleich das Hauptziel bei der Vergabe von Risikokapital dar.

---

[1] Derartige Unternehmen sind bekanntlich sowohl einerseits durch hohe technische, marktliche und finanzielle Risiken als auch andererseits – im Falle einer erfolgreichen Gründung – durch ein deutlich überdurchschnittliches finanzielles Ertragspotential gekennzeichnet. Anhand dieses Sachverhaltes wird sichtbar, weshalb eine solche besondere Beteiligungsfinanzierung im Unterschied zu einer gleichsam „normalen" und traditionellen Beteiligung mit den Namenszusätzen „Risiko", „Wagnis" oder im Englischen „Venture" charakterisiert wird.

[2] Vgl. dazu die Darstellung in Kap. 4.2.1.3.5.

[3] Vgl. ausführlich Kap. 4.2.2.2.4.

Zusätzliche Ziele, etwa in Form strategischer Überlegungen, können jedoch ergänzend hinzutreten.

Setzt man diese soeben erläuterten typischen Kennzeichen einer Risikokapitalfinanzierung mit den spezifischen Merkmalen von Unternehmensgründungen entsprechend der bisher gegebenen Darstellung in Verbindung, zeigt sich folgendes: Sowohl durch den Verzicht der Kapitalgeber auf kontinuierliche Zwischenerträge zugunsten eines möglichst hohen späteren Veräußerungsgewinns für die Beteiligung als auch durch das ebenfalls konstitutive Gestaltungselement der unternehmerischen Mitarbeit berücksichtigt das Finanzierungsmittel Risikokapital wichtige Problemfelder der Gründungsfinanzierung auf besondere Weise.

Während erstes Charakteristikum vor allem auf den hohen Kapitalbedarf, das geringe Selbstfinanzierungspotential und die hieraus entstehenden prinzipiellen Liquiditätsprobleme junger und schnell wachsender Unternehmen Bezug nimmt, hilft die zusätzliche Betreuung und Beratung, die oftmals vorhandenen betriebswirtschaftlichen Defizite der Ersteigentümer bei der Geschäftsführung auszugleichen. Aber auch das hohe Finanzierungsrisiko neu gegründeter Unternehmen wird in das Grundkonzept einer Risikokapitalfinanzierung angemessen einbezogen. Vor allem durch die im Rahmen des Beteiligungsvertrages zumeist vereinbarten Mitsprache- und Kontrollbefugnisse, die inhaltlich natürlich in einer engen Wechselbeziehung zur gleichzeitigen unternehmerischen Mitarbeit stehen,[1] erscheint es möglich, zumindest die auf unternehmensinterne Einflüsse zurückführbaren Aspekte des finanzwirtschaftlichen Gründungsrisikos zu mindern.

4.2.2.1.2 Verfahren der Risikokapitalfinanzierung

Hinsichtlich der *Vorgehensweise* sowie der beteiligten Institutionen bei der Durchführung einer Finanzierung mit Risikokapital kann man gemeinhin zwischen zwei Methoden trennen:

- *Direkte Verfahren der Risikokapitalbeteiligung*:

  Wie nachstehende *Abbildung 26* aufzeigt, erwerben in diesem Zusammenhang die Investoren die Unternehmensanteile im Rahmen einer *direkten Beteiligung* unmittelbar und ohne Umweg über einen Finanzintermediär vom bisherigen Eigentümer:

---

[1] Pointiert ausgedrückt handelt es sich sozusagen um zwei verschiedene Perspektiven eines einzigen Sachverhaltes.

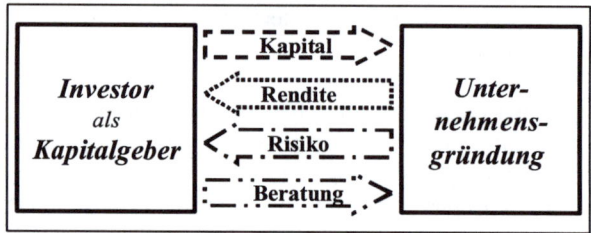

Abbildung 26: Prinzip der direkten Risikokapitalfinanzierung

Ein derartiges Verfahren der direkten Risikokapitalfinanzierung findet sich vor allem im Bereich des informellen Risikokapitalmarktes. Bezüglich zeitlicher Aspekte liegt der Schwerpunkt seiner Nutzung dabei, wie bereits im Kapitel 4.2.1.3.4 thematisiert, in den Frühphasen des Gründungsprozesses.

- *Indirekte Verfahren der Risikokapitalbeteiligung*:

   Darüber hinaus kann eine Beteiligung – entsprechend der Darstellung in nachfolgender *Abbildung 27* – aber auch *indirekt* erfolgen, indem eine auf diese Finanzierungsform spezialisierte Risikokapitalgesellschaft[1] als *Finanzintermediär*[2] zwischengeschaltet wird:

Abbildung 27: Prinzip der indirekten Risikokapitalfinanzierung[3]

---

[1]   Zum Begriff der Risikokapitalgesellschaft vgl. Kap. 4.2.2.1.3.

[2]   Zu den ökonomischen Funktionen eines Finanzintermediärs vgl. die Ausführungen in Kap. 4.2.3.2.4 und die dort gegebenen Literaturhinweise.

[3]   In Anlehnung an *ROLING*, Venture Capital (2001), S. 5.

Da diese zweite Alternative als gleichsam traditionelle Vorgehensweise gilt und auch auf dem realen Risikokapitalmarkt überwiegt, spricht man diesbezüglich häufig auch von der sogenannten *klassischen Methode* einer Risikokapitalfinanzierung. Sie findet sich stets im Bereich des formellen Risikokapitals. Im Rahmen der phasenabhängigen Verwendung verschiedener gründungsspezifischer Finanzierungsquellen spielen indirekte Verfahren vor allem in den späteren Gründungsphasen, insbesondere im Rahmen der Expansionsfinanzierung, eine wichtige Rolle.[1]

4.2.2.1.3 Formen der Risikokapitalfinanzierung

Eine zweite Möglichkeit, um die unterschiedlichen Erscheinungsbilder der Risikokapitalfinanzierung systematisch zu ordnen, orientiert sich hauptsächlich an den *Differenzen in den* spezifischen *Zielsetzungen* der jeweiligen Risikokapitalgeber. Anhand dieser Merkmalsausprägung, aber auch anhand der hierdurch bedingten verschiedenen Gestaltungsalternativen im Prozeß der Risikokapitalfinanzierung läßt sich der gesamte Risikokapitalmarkt im wesentlichen in drei Segmente aufteilen:[2]

(1) Formelles Risikokapital:

Als eher traditionelle und in der betriebswirtschaftlichen Wirklichkeit bedeutsamste Form zeichnet sich diese Spielart von Risikokapital einerseits dadurch aus, daß als Anlageziel eindeutig die *Renditeorientierung* im Vordergrund steht. Weitere und ergänzende Zielsetzungen liegen dagegen üblicherweise nicht vor. Andererseits ist typischerweise zudem noch eine *Risikokapitalgesellschaft* in den Prozeß der Risikokapitalfinanzierung einbezogen. Diese Gesellschaft tritt gegenüber den kapitalsuchenden Unternehmen als Kapitalgeber auf, während sie auf der Gegenseite die notwendigen Finanzmittel von gewinnorientierten Einzelpersonen oder auch institutionellen Investoren zur Verfügung gestellt bekommt. Insofern handelt es sich also um ein *indirektes Verfahren* der Risikokapitalfinanzierung mit zwischengeschaltetem Finanzintermediär.

Um das gründungsspezifische Finanzierungsrisiko für die Investoren so weit wie möglich zu vermindern, offerieren Risikokapitalgesellschaften außerdem nur in Ausnahmefällen die Möglichkeit einer Frühphasenfinanzierung. Im Regelfall liegt der

---

1   Vgl. *Abbildung 23*.

2   Ergänzend zu den verschiedenen Formen der Risikokapitalfinanzierung vgl. etwa BRETTEL/JAU-GEY/ROST, Business Angels (2000), S. 66-84, weiterhin BRINKROLF, Managementunterstützung (2002), S. 17-24, ebenso HEITZER, Finanzierung (2000), S. 30-41, gleichermaßen NITTKA, Informelles Venture Capital (2000), S. 34-46.

Einstiegszeitpunkt für diese Form der Beteiligungsfinanzierung erst in der Amortisations- oder Expansionsphase eines Unternehmens, gegebenenfalls noch später. Konkret lassen sich in diesem Zusammenhang vorwiegend nachstehende zwei Unterformen einer Risikokapitalgesellschaft unterscheiden:

- *Projektorientierte Beteiligungskonzepte*:

  Die Gesellschaft beteiligt sich nur an einem einzigen, ganz bestimmten Gründungsprojekt, zu dessen Finanzierung sie eigens gegründet worden ist.

- *Fondsorientierte Beteiligungskonzepte*:

  In diesem Fall haben die Investoren entsprechend ihrem Kapitaleinsatz am gesamten Fondsvermögen teil. Gleichzeitig stellt der Fonds seinerseits als Anteilseigner sein Kapital verschiedenen Unternehmensgründungen zur Verfügung.

Vor allem aus Gründen der Diversifikation[1] und der damit einhergehenden Senkung des Gesamtrisikos, aber auch wegen der anfallenden Transaktionskosten, bieten Risikokapitalfonds im Vergleich zur projektorientierten Ausgestaltung in der Regel die bessere Anlagemöglichkeit für risikoaverse Investoren. Es kann daher nicht verwundern, daß Fondslösungen die in der Praxis vorherrschende Form einer Risikokapitalgesellschaft darstellen.

(2) Informelles Risikokapital:[2]

Mit diesem Sammelbegriff charakterisiert man den *nicht organisierten* Teilbereich des gesamten Risikokapitalmarktes. Von seinem formellen Gegenstück wird dieser Typus einer Beteiligungsfinanzierung insbesondere durch nachstehende drei Merkmale abgegrenzt:

- So verzichtet diese Form der Kapitalbeteiligung ausdrücklich auf die Inanspruchnahme von Finanzintermediären in Gestalt spezialisierter Risikokapitalgesellschaften. Vielmehr erwerben die Investoren im Prozeß der Beteiligungsfinanzierung ihre Unternehmensanteile *direkt* von dem jeweiligen Ersteigner und Unternehmensgründer.

---

[1]　Vgl. z.B. *HERING*, Investitionstheorie (2003), S. 296 ff.

[2]　Vgl. zu dieser Thematik vor allem *BRETTEL/JAUGEY/ROST*, Business Angels (2000), S. 101-115 sowie *NITTKA*, Informelles Venture Capital (2000), S. 79-94.

- Auch liegt der Zeitpunkt der Beteiligung im Gegensatz zur traditionellen Risikokapitalfinanzierung normalerweise eher in früheren Phasen einer Unternehmensgründung. Insofern handelt es sich bei informellem Risikokapital um ein typisches Instrument der Frühphasenfinanzierung.

- Kennzeichnenderweise wird informelles Risikokapital in der Regel von sogenannten *Privatinvestoren* vergeben. Üblicherweise kann diese eher heterogene Gruppe von Kapitalgebern noch in verschiedene Untergruppen unterteilt werden.

  - Einerseits gehören ihr Personen an, die bereits vor ihrer Beteiligung am Unternehmen in einer persönlichen Beziehung zu dessen Eigner gestanden sind, also etwa Freunde, Bekannte oder Verwandte.

  - Andererseits besteht sie auch aus Personen, die im Vorfeld keinen Kontakt zu dem Unternehmenseigentümer besessen haben. Hierzu gehören sowohl *passive* als auch *aktive Privatinvestoren*. Während erstere der Unternehmensgründung lediglich Eigenkapital zur Verfügung stellen, erbringen letztere zusätzlich zur Kapitalbeteiligung noch umfassende persönliche Unterstützungsleistungen. Daher wird diese Gruppe aktiver Privatinvestoren in manchen deutschsprachigen Veröffentlichungen gelegentlich auch mit dem Ausdruck *„Business Angels"*[1] bezeichnet.

Vergleicht man nun die informelle Risikokapitalfinanzierung – vor allem durch aktive Privatinvestoren – mit ihrem formellen Pendant, fällt dem Betrachter auf, daß es für den in der betriebswirtschaftlichen Theorie normalerweise thematisierten sowohl renditeorientierten als auch risikoaversiven Anleger eigentlich keine überzeugenden Gründe gibt, sich für die informelle Variante dieser Finanzierungsform zu entscheiden. Den beiden Nachteilen, die sich einerseits aus den entgangenen Vorteilen bei der Nutzung eines Finanzintermediärs sowie andererseits dem höheren Finanzierungsrisiko im Rahmen der Frühphasenfinanzierung ergeben, stehen ja häufig keine nennenswerten, finanziell wirksamen Vorteile im Vergleich zur Kapitalanlage in einer Risikokapitalgesellschaft gegenüber.[2]

Ein wesentlicher Schwerpunkt in der Zielsetzung dieser Investoren liegt deshalb im persönlichen, *nicht pekuniären Bereich*. Diese Aussage wird verständlich, sobald man sich des Umstandes bewußt wird, daß der Personenkreis aktiver Privatinvestoren kennzeichnenderweise häufig aus wohlhabenden ehemaligen Unternehmern besteht, die ihre vergangenen berufliche Erfolge aus ihrer früheren Unternehmertätigkeit auf

---

[1] Für angloamerikanische Literaturquellen ist diese Wortschöpfung allerdings weitgehend ungebräuchlich. Diesbezüglich spricht man vielmehr von *„informal investor"*, *„angel investor"* oder kurz *„angel"* sowie auch von *„angel financing"*.

[2] Vgl. für die gleiche Auffassung auch BERGER/UDELL, Small Business Finance (1998), S. 630.

ein neues, ihnen vielversprechend erscheinendes Unternehmenskonzept übertragen möchten.[1] Aufgrund dieses beruflichen Erfahrungshintergrundes beziehen sich ihre Unterstützungsleistungen daher nicht allein auf die Vermittlung kaufmännischer Kenntnisse. Vielmehr bringen sie oftmals noch spezifisches branchenbezogenes und technisches Wissen, eigene unternehmerische Erfahrungen sowie nicht zuletzt auch ein Netzwerk an Kontakten in das von ihnen betreute Unternehmen ein.

(3) Industrielles Risikokapital:[2]

Kennzeichnendes Element dieser Sonderform einer Risikokapitalbeteiligung ist die Tatsache, daß das Kapital für eine solche Beteiligung konstitutiv durch ein Großunternehmen aus der Industrie zur Verfügung gestellt wird. In Hinblick auf die dabei zur Anwendung kommenden Verfahren sind sowohl eine direkte Finanzierung durch das kapitalgebende Unternehmen als auch eine indirekte Vorgehensweise mittels Zwischenschaltung einer rechtlich selbständigen Tochtergesellschaft oder alternativ auch eines externen und unabhängigen Finanzintermediärs denkbar.

Im Gegensatz zur Vergabe von formellem oder informellem Risikokapital verfolgt das investierende Industrieunternehmen allerdings neben den herkömmlichen Renditezielen üblicherweise noch – zumeist ergänzend, gelegentlich aber auch mit Priorität – *strategische Zielsetzungen* bei einer derartigen Beteiligung mit industriellem Risikokapital. Hierzu gehören insbesondere das „Erkunden, Beobachten und Testen"[3] herausragend neuer Innovationen vorzugsweise im technischen Bereich. Häufig wird man gerade in einer längerfristigen Perspektive bei einer derartigen Machart der Risikokapitalfinanzierung zudem noch eine mögliche komplette oder mehrheitliche *Akquisition* der finanzierten Unternehmensgründung als zusätzliches Beteiligungsziel der jeweiligen Kapitalgeber finden.[4]

---

[1]   Vgl. diesbezüglich z.B. *ENGELMANN/HEITZER,* Beteiligungsprozeß (2001), S. 216, ebenfalls *NIEDERÖCKER,* Business Angels (2001), S. 282, weiterhin *SMITH/SMITH,* Finance (2000), S. 37, ebenfalls *TIMMONS,* New Venture (1999), S. 439.

[2]   Nicht selten findet man hierfür in Anlehnung an die englischsprachige Literatur die Bezeichnung „*Corporate Venture Capital*" bzw. „*Corporate Venturing*".

[3]   *NITTKA,* Informelles Venture Capital (2000), S. 37.

[4]   Ausführlich zu den Zielen, die mit der Vergabe industriellen Risikokapitals einhergehen, vgl. vor allem *WITT/BRACHTENDORF,* Gründungsfinanzierung (2002), S. 682 f., ergänzend auch *BALTZER,* Bedeutung (2000), S. 80.

(4) Gesamtklassifikation der Risikokapitalfinanzierung:

Verknüpft man beide im vorherigen Kapitel 4.2.2.1.2 vorgestellten *Verfahren* mit den in diesem Abschnitt beschriebenen unterschiedlichen *Formen* der Risikokapitalfinanzierung, gelangt man zu einem allgemeinen zweidimensionalen Systematisierungskonzept von Risikokapital. In diesem Kontext läßt sich die *erste Dimension* „Verfahren der Risikokapitalfinanzierung" durch das Fehlen bzw. Vorhandensein eines Finanzintermediärs definieren. Für die *zweite Dimension*, welche sich auf die „Formen der Risikokapitalfinanzierung" bezieht, dienen dagegen die für den jeweiligen Kapitalgeber im Vordergrund stehenden Motive seiner Beteiligung als wesentliches Abgrenzungskriterium: Während formelles Risikokapital folglich vorwiegend durch Renditeüberlegungen geprägt ist, dominieren bei der Vergabe von industriellem Risikokapital hauptsächlich strategische Überlegung. Informelles Risikokapital schließlich ist eher durch zusätzliche Zielsetzungen aus der persönlichen Biographie gekennzeichnet.

Selbstverständlich bestehen zwischen diesen beiden Dimensionen auch inhaltliche Wechselwirkungen. Beispielsweise führt eine Betonung finanzieller Renditeziele häufig dazu, daß die Zwischenschaltung eines Finanzintermediärs gewählt wird. Auf der Gegenseite macht das Vorliegen nicht pekuniärer Zielsetzungen bei der Kapitalvergabe normalerweise eine direkte Beteiligung am Unternehmen erforderlich, um diese zusätzlichen Ziele realisieren zu können. Die konkreten Zusammenhänge zwischen den verschiedenen Dimensionen werden dann durch die nachfolgende *Abbildung 28* noch einmal graphisch veranschaulicht:

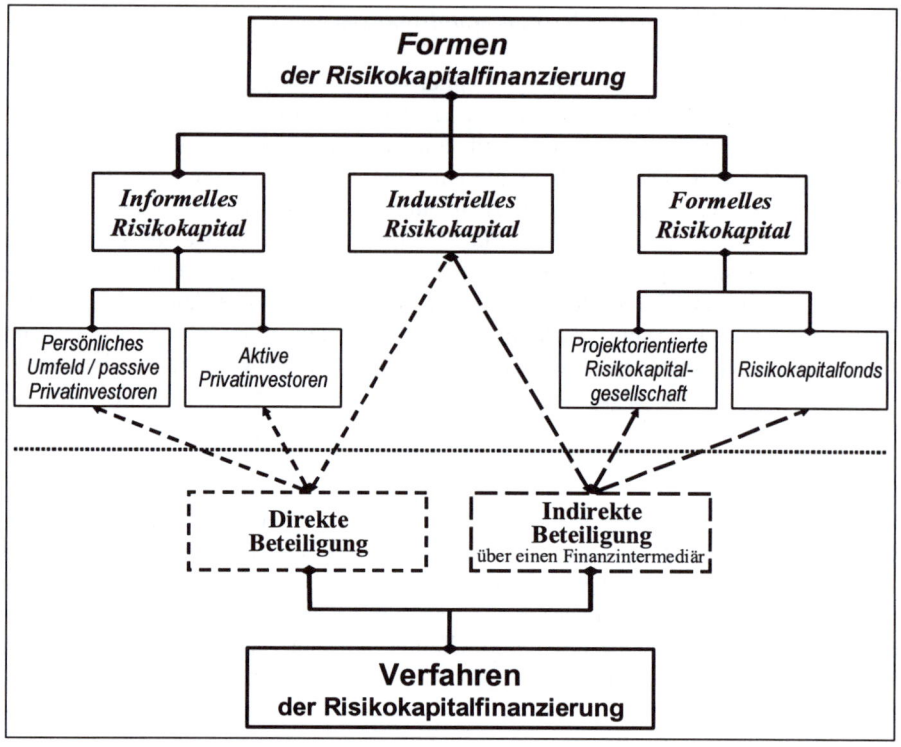

Abbildung 28: Systematisierung der Risikokapitalfinanzierung

Aufgabe 11:

Welche Gründe sprechen dafür, zusätzlich zur Unterscheidung zwischen den Formen einer Risikokapitalfinanzierung ergänzend auch eine Differenzierung bezüglich der verschiedenen Verfahren zu treffen?

4.2.2.2 Ablauf eines traditionellen Finanzierungsprozesses

4.2.2.2.1 Phasenkonzept der Risikokapitalfinanzierung

Die Ausführungen des vorhergehenden Kapitels haben die strukturelle Vielfalt gerade auf dem Gebiet der Risikofinanzierung deutlich gemacht. Genausowenig wie es die eine Form und das eine Verfahren der Risikokapitalfinanzierung geben kann, genausowenig existiert hierfür dann auch ein einheitliches Ablaufschema. Vor allem in

Abhängigkeit von der jeweiligen Finanzierungsform, aber auch aufgrund der Markt-dynamik sowie wegen gewisser branchenbezogener Besonderheiten kommt es hierbei zu vielfältigen Unterschieden im Beteiligungsprozeß einzelner Unternehmen.

Dennoch erscheint es möglich, beschränkt man sich beispielsweise auf die traditio-nelle Variante einer *fondsorientierten Finanzierung* mit formellem Risikokapital, einige wesentliche Hauptphasen während der Durchführung einer solchen Beteili-gung zu identifizieren und diese gegeneinander abzugrenzen. Der Prozeß einer tradi-tionellen Risikokapitalfinanzierung läßt sich idealtypisch in drei aufeinanderfolgende Abschnitte gliedern:[1]

- *Phase der Beteiligungsakquisition.*
- *Phase der Unternehmensentwicklung.*
- *Phase der Desinvestition.*

Zwar finden sich in der einschlägigen Literatur häufig auch Einteilungsvorschläge, die mehr als besagte drei sequentielle Abschnitte – in der Regel zwischen fünf bis acht Stadien[2] – im Verlauf des gesamten Finanzierungsprozesses voneinander tren-nen. Diese Klassifikationsschemata unterscheiden sich von obengenanntem Konzept jedoch hauptsächlich durch den Umstand, daß die Phase der Beteiligungsakquisition hier bereits auf oberster Gliederungsebene in mehrere Einzelperioden unterteilt wird, während die Zeiträume der Unternehmensentwicklung und Desinvestition durchaus vergleichbar charakterisiert sind.

Nachfolgende Abschnitte dieses Kapitels werden sich deshalb ausführlich mit den drei obengenannten Schritten beim Ablauf einer Risikokapitalfinanzierung befassen. Insbesondere in Hinblick auf die ersten beiden Phasen sollen in diesem Zusammen-hang zugleich auch wichtige Problembereiche, welche aus Sicht des Kapitalgebers bei deren Durchführung entstehen könnten, näher erläutert werden. Kapitel 4.2.2.2.5 dient hingegen dazu, das grundsätzliche Spannungsfeld der Interessen zwischen Erst-eigentümer und Beteiligungskapitalgeber beispielhaft anhand der Desinvestitions-strategie Börsengang einer eingehenderen Analyse zu unterziehen.

---

[1] Vgl. für die nachstehende Einteilung des Beteiligungsprozesses vor allem *PAPE/BEYER*, Finanzie-rungsalternative (2001), S. 633.

[2] Zu dieser Thematik vgl. z.B. *BAIER/PLESCHAK*, Junge Technologieunternehmen (1996), S. 119-121, dergleichen *DANZ*, Venture Capital (2001), S. 345-349, ebenso *SCHEFCZYK*, Finanzieren (2000), S. 21 f.

4.2.2.2.2 Beteiligungsakquisition

Diese erste Phase einer Beteiligungsfinanzierung läßt sich sinnvollerweise in mehrere zeitlich aufeinanderfolgende Einzelperioden gliedern, die nachstehend jeweils vorgestellt und beschrieben werden:

- *Kapitalakquisition*:

  Dem eigentlichen Vorgang der Risikokapitalfinanzierung eines Unternehmens oftmals vorgeschaltet ist eine Phase der Kapitalakquisition, in der die notwendigen finanziellen Mittel je nach Ausrichtung des Fonds von institutionellen oder industriellen Investoren, aber auch privaten Kapitalgebern eingeworben werden.

- *Kontaktaufnahme*:

  Der eigentliche Ablauf des Finanzierungsprozesses mit Risikokapital beginnt mit der *Suche* nach entsprechenden, vor allem innovativen Jungunternehmen aus zumeist technikorientierten Wachstumsbranchen, die sich für eine mögliche Beteiligung anbieten. Je nach aktueller wirtschaftlicher Situation – sowohl in diesen interessierenden Wirtschaftszweigen als auch auf dem Markt für Risikokapital – geht dabei die Initiative entweder von den um geeignete Investitionsobjekte miteinander konkurrierenden Fondsgesellschaften oder von den kapitalsuchenden Unternehmen aus. In diesem Zusammenhang kann man durchaus von *zyklischen Verläufen* in einzelnen Branchen hinsichtlich des Angebots und der Nachfrage nach Risikokapital sprechen.[1]

- *Mehrstufiger Prüfungsprozeß*:

  Im Anschluß daran kommt es zu einem mehrstufigen *Bewertungs- und Prüfungsprozeß* dieser potentiellen Investitionsobjekte durch die Risikokapitalgesellschaft.[2] Eine erste *Vorauswahl* findet normalerweise anhand des im Kapitel 4.1.2 eingehend beschriebenen Geschäftsplans statt. Dieser zunächst als eher grober Filter wirkender Maßnahme folgt, wenn sich etwa eine Übereinstimmung zwischen den Anforderungen des Kapitalgebers und dem vorgestellten Unternehmensprofil ergibt, eine umfassendere *Vorprüfung*, in der erstmals persönliche Kontakte zwi-

---

[1] Bezüglich der Probleme, die insbesondere aus Sicht renditeorientierter Anleger dadurch auftreten, daß manchmal gewissermaßen ein „Überangebot" an Risikokapital sich auf ganz bestimmte Innovationsschwerpunkte konzentriert, vgl. ausführlich SAHLMAN, Horse Race (1999), S. 335-350, ergänzend auch BRINKROLF, Managementunterstützung (2002), S. 50-52.

[2] Vgl. zu dieser Thematik insbesondere BAIER/PLESCHAK, Junge Technologieunternehmen (1996), S. 119-121, gleichfalls DANZ, Venture Capital (2001), S. 346-348.

schen beiden Parteien geschehen. Bei positivem Ergebnis wird diese Vorprüfung anschließend durch eine intensive und detaillierte *Feinprüfung* ergänzt.[1]

Aufgrund der bereits im Kontext sowohl der Gründungplanung als auch des gründungsspezifischen Finanzierungsrisikos eingehend erläuterten besonderen Charakteristika junger Unternehmen[2] stehen dabei häufig sogenannte *„weiche" Faktoren* mit im Vordergrund der Beurteilung. Im einzelnen gehören hierzu insbesondere Elemente, welche die Geschäftsführung des Unternehmens anhand verschiedener *persönlichkeitsbezogener Kriterien*, wie beispielsweise „gesunder Menschenverstand", „Kreativität", „emotionale Gelassenheit", „Eigeninitiative" und auch „Leistungs- und Machtstreben" auf ihre unternehmerische Leistungsfähigkeit hin einstufen möchten.[3]

Bei einer kritischen Analyse einer solchen Vorgehensweise wird man allerdings nicht umhin können, die insbesondere in den Kapiteln 2.3.2 und 3.3.2.3.4 hinreichend diskutierten Probleme, welche unweigerlich bei jedem Versuch auftreten, einen Zusammenhang zwischen Persönlichkeitseigenschaften von Unternehmern und *„unternehmerischen Erfolg"* herzustellen, in die Betrachtung mit einzubeziehen. Unter Berücksichtigung dieser grundsätzlichen Erkenntnisse moderner wirtschafts- und sozialwissenschaftlicher Forschung, gemäß der weder typische Persönlichkeitsstrukturen des erfolgreichen Unternehmers noch für unternehmerisches Handeln unabdingbare Persönlichkeitseigenschaften empirisch belegt sind, kommt obengenannten weichen Faktoren der Unternehmensbeurteilung daher nur eine geringe tatsächliche Aussagekraft zu. Eine Abschätzung des künftigen Erfolges eines Unternehmens, die sich allzusehr auf derartige Gesichtspunkte stützt, muß daher als fragwürdig gelten.

- *Beteiligungsverhandlung, Investitionsentscheidung und Vertragsabschluß*:

  Am Ende einer derartigen *Beteiligungs(würdigkeits)prüfung* steht dann im Idealfall eine positive *Investitionsentscheidung* des Fonds auf der einen Seite, welcher durch die grundsätzliche Zustimmung des Unternehmensgründers zur geplanten Beteiligungsfinanzierung auf der anderen Seite ergänzt wird. Bevor jedoch ein entsprechender *Vertragsabschluß* getätigt werden kann, müssen noch vorab in den *Beteiligungsverhandlungen* wichtige Einzeldetails des jeweiligen Beteiligungs-

---

[1] In Anlehnung an Gepflogenheiten aus dem angelsächsischen Raum wird eine solche ausführliche Unternehmensanalyse neuerdings in Teilen der einschlägigen Literatur auch als sogenannte *„Sorgfaltsprüfung"* oder *„Due Diligence"* bezeichnet.

[2] Vgl. die entsprechenden Darstellungen in den Kap. 4.1.1.1 und 4.2.1.4.

[3] Weiterführend zu dieser Thematik vgl. z.B. *BRETTEL*, Entscheidungskriterien (2002), S. 307-309.

vertrages geklärt werden. Derartige Verhandlungen beziehen sich unter inhaltlichen Aspekten hauptsächlich auf folgende zwei Themenkomplexe:[1]

- *Umfang, Art und Preis der finanziellen Beteiligung am Unternehmen*:

  In diesem Kontext geht es also nicht nur um das prozentuale Ausmaß der Eigenkapitalbeteiligung. Vielmehr sind gleichzeitig auch stets Entscheidungen über die mögliche Nutzung zusätzlicher hybrider Finanzierungsinstrumente zu treffen. Der konkrete Preis für den vorgesehenen Unternehmensanteil, der gleichsam als wichtigstes Verhandlungsergebnis von dem Fonds an den Alteigentümer zu zahlen ist, wird sich in der Regel dabei an dem Resultat mindestens einer, gegebenenfalls auch mehrerer beidseitiger *Unternehmensbewertungen* orientieren, wobei zumindest jede Bewertung durch den Risikokapitalfonds sich vorwiegend auf die während der vorhergehenden Prüfprozesse gesammelten Daten stützen wird.[2]

- *Weitere Beteiligungskonditionen*:

  Zu diesem zweiten Bereich gehören sowohl gewisse Festlegungen hinsichtlich des künftigen Betreuungsumfangs durch den Kapitalgeber als auch die vertragliche Regelung der ihm zugestandenen besonderen Kontroll- und Mitspracherechte. Aber auch Vereinbarungen in Hinblick auf die spätere Desinvestition fallen unter diesen Aspekt.

Eine zusammenfassende Übersicht dieser vorstehend genannten, einzelnen Teilschritte, die normalerweise in der Phase der Beteiligungsakquisition zu erfolgen haben, bevor es zu einer tatsächlichen fondsorientierten Finanzierung mit Risikokapital kommt, bietet nachstehende *Abbildung 29*. Ein Abbruch (und damit ein Scheitern des Finanzierungsprozesses) ist dabei im Grundsatz während aller dieser Einzelperioden möglich:

---

[1] Ausführlich zu verschiedenen finanzierungstechnisch wichtigen Bereichen vgl. z.B. auch *NATHUSIUS*, Finanzierungsinstrumente (2003), S. 162-169.

[2] Zu Verfahren der Unternehmensbewertung sowie auch zur Wechselwirkung zwischen dem Bewertungsergebnis und dem tatsächlich zwischen den Verhandlungspartnern ausgehandelten Preis der Beteiligung vgl. umfassend *HERING*, Unternehmensbewertung (1999).

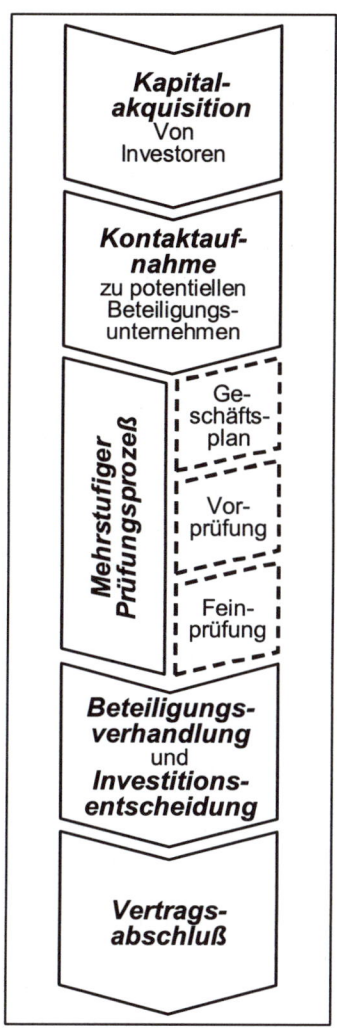

Abbildung 29: Ablauf der Beteiligungsakquisition

Im Rahmen einer an der betriebswirtschaftlichen Theorie ausgerichteten Perspektive wird man vor allem zwei Problemkreise identifizieren können, die während der Periode der Beteiligungsakquisition für den potentiellen Risikokapitalgeber Bedeutung aufweisen. Diese beruhen auf dem bereits im Kontext des gründungsspezifischen Finanzierungsrisikos (Kapitel 4.2.1.4) angesprochenen Problem der Informationsasymmetrie zwischen Ersteigentümer und Beteiligungsgesellschaft, welches dem grundsätzlich besser informierten Unternehmensgründer gewisse Spielräume opportunistischen Handelns eröffnet:[1]

- Zum einen verstärkt ein derartiger ungleich verteilter Wissensstand hinsichtlich einer Einschätzung zum zukünftigen Entwicklungspotential des Unternehmens nicht nur die erheblichen Prognoseschwierigkeiten des Kapitalgebers sowohl bei der Ermittlung der künftigen finanziellen Erfolge – und damit des Entscheidungswertes für das Unternehmen – als auch bei der Bestimmung des künftigen Kapitalbedarfs. Gleichzeitig führt er auch zu einer Relevanz des Phänomens der *Qualitätsunsicherheit* bzw. *adversen Selektion* und den damit einhergehenden Folgeerscheinungen.

- Zum anderen sieht sich die Risikokapitalgesellschaft schon vor Abschluß des Beteiligungsvertrages mit dem Umstand konfrontiert, daß die Informationsasymmetrie und die Informationsvorteile zugunsten des Unternehmensgründers, insbesondere wenn dieser auch weiterhin die Geschäftsführung des Unternehmens wahrnimmt, nach wie vor – im Grunde während des gesamten Zeitraums der Kapitalbeteiligung – bestehen bleiben. Insofern hat sich der Fonds schon im Vorfeld des Vertragsabschlusses mit dem Gesichtspunkt potentiellen *moralischen Hasardspiels* in der Zeit danach zu befassen und dieser Gefahr durch entsprechende vertragliche Regelungen gegenzusteuern.[2]

4.2.2.2.3 Unternehmensentwicklung

Diese zweite Phase im Prozeß einer traditionellen Risikokapitalfinanzierung weist in der Regel eine Laufzeit von etwa fünf bis zehn Jahren auf. Auf der einen Seite ist sie durch die für jede Risikokapitalbeteiligung konstitutive *Beratungs-* und *Betreuungsleistung* hauptsächlich in Hinblick auf betriebswirtschaftliche Aspekte der Unternehmensführung gekennzeichnet.[3] Auf der anderen Seite, gleichsam als Kehrseite derselben Medaille, geht diese Unterstützung für das Unternehmen zugleich aber auch immer mit der Ausübung diverser Mitbestimmungs- und Kontrollrechte einher, wobei solche Rechte sich nicht nur aus der Eigenkapitalbeteiligung am Unternehmen

---

[1] Selbstverständlich wird man davon ausgehen können, daß diese Informationsasymmetrie um so geringer ausfallen wird, je sorgfältiger und umfassender die Vorabprüfung des Unternehmens durch den potentiellen Kapitalgeber oder seinen Beauftragten durchgeführt worden ist.

[2] Für eine ausführliche Beschreibung der beiden Aspekte adverse Selektion und moralisches Hasardspiel sowohl im allgemeinen Kontext neoinstitutionalistischer Theorie als auch im speziellen Bereich der Risikokapitalfinanzierung einschließlich möglicher Folgeerscheinungen und möglicher Vermeidungsansätze vgl. die Darstellungen in Kap. 4.2.3.

[3] Vgl. Kap. 4.2.2.1.1.

per se ableiten lassen, sondern häufig auf ergänzenden Vereinbarungen im Beteiligungsvertrag beruhen.[1]

Unter einem theoretischen, im wesentlich neoinstitutionalistisch geprägten Blickwinkel ist diese Periode der aktiven Beteiligung des Risikokapitalfonds an einem jungen und gemäß den Idealvorstellungen schnell wachsenden Unternehmen deshalb vor allem durch die bereits im vorhergehenden Abschnitt thematisierte Gefahr moralischen Hasardspiels seitens des auch weiterhin den Hauptanteil der Unternehmensführung tragenden Ersteigentümers und Unternehmensgründers gekennzeichnet.[2]

4.2.2.2.4 Desinvestition

Der Begriff *Desinvestition* beschreibt den *planmäßigen „Ausstieg"* aus einer bestehenden Unternehmensbeteiligung und bildet insofern den Abschlußschritt im allgemeinen Phasenprozeß der Risikokapitalbeteiligung. Im einzelnen bezieht er sich dabei auf verschiedene alternative Handlungsmöglichkeiten für einen Risikokapitalgeber, seine Miteigentümerschaft an einem Unternehmen zu beenden. Zum Teil finden in Anlehnung an die angelsächsische Literatur als alternative Bezeichnungen für diesen Vorgang auch die Begriffe „*Exit*" und – allerdings eher selten, obgleich inhaltlich wesentlich treffender als „Exit" – „*Harvesting*" Verwendung.

Zwar ist das Konzept einer Risikokapitalfinanzierung, wie bereits dargestellt, grundsätzlich auf einen längeren Beteiligungszeitraum hin ausgerichtet. Dennoch besitzen gerade renditeorientierte Gesellschaften im Bereich des formellen Risikokapitals das prinzipielle Geschäftsziel, ihre Unternehmensanteile in der Regel nach einer gewissen Haltezeit von in der Regel weniger als zehn Jahren gewinnbringend zu veräußern. Dies ist um so mehr notwendig, da während des gesamten Beteiligungszeitraums häufig zur Erhaltung der Liquidität im Unternehmen auf laufende Ausschüttungen von Gewinnen verzichtet wird. In Hinblick auf die Rendite einer Beteiligung bilden die zukünftigen Veräußerungsmöglichkeiten folglich den entscheidenden unternehmerischen Erfolgsfaktor einer Risikokapitalgesellschaft. Das Einbringen der finanziellen „Ernte" aus der temporären Beteiligung steht im Mittelpunkt der Überlegungen zur Desinvestition.[3]

---

[1] Vgl. hierzu auch *SIDLER*, Risikokapital-Finanzierung (1997), S. 153.

[2] Vgl. diesbezüglich Kap. 4.2.3.2.3.

[3] Vgl. z.B. *HEITZER*, Finanzierung (2000), S. 51, gleichfalls *SMITH/SMITH*, Finance (2000), S. 11. Dieses besondere Merkmal in der Gründungsfinanzierung mit vor allem formellem Risikokapital wird insofern gerade durch die Metapher des Erntens nachdrücklich betont.

Allgemein gibt es fünf grundsätzliche *Desinvestitionsstrategien* bzw. Möglichkeiten, das Beteiligungsverhältnis von Risikokapitalgesellschaften zu beenden. Nachfolgend sollen diese „Ausstiegswege" im einzelnen kurz vorgestellt werden:[1]

- *Börsengang* des Unternehmens:[2]

  Des öfteren auch in Übernahme der englischsprachigen Äquivalente mit den synonymen Begriffen „*Initial Public Offering*", abgekürzt „*IPO*", oder „*Going Public*" bezeichnet,[3] handelt es sich bei einem Börsengang um die erstmalige Emission der Beteiligungsrechte am Unternehmen in Form von Aktien auf dem organisierten Kapitalmarkt.[4] In der Regel geht einem derartigen Schritt daher eine Umwandlung des Unternehmens in eine Aktiengesellschaft voraus, häufig wird er auch zur Durchführung einer Kapitalerhöhung genutzt.

- *Verkauf* des Unternehmens *an einen industriellen Investor* (engl. „*Trade Sale*"):

  Dieser Vorgang beschreibt den Verkauf des Unternehmens an ein anderes Industrieunternehmen. Typischerweise repräsentiert der Käufer ein in der gleichen Branche wirtschaftlich tätiges Unternehmen, welches normalerweise erheblich größer sowie auch etablierter als das Verkaufsobjekt selbst ist und durch den Zukauf meistens strategische Ziele oder Synergieeffekte realisieren möchte. In diesem Zusammenhang übernimmt der Erwerber nicht nur die (Minderheits-)Beteiligung der Risikokapitalgesellschaft, sondern normalerweise noch zusätzliche Anteile vom Unternehmensgründer, so daß er nach Abschluß der Transaktion auf jeden Fall eine Kontrollmehrheit besitzt. Durchaus üblich ist auch ein Verkauf aller Anteile der Altgesellschafter des Unternehmens.[5]

  Neben dem Börsengang gilt der Verkauf an ein großes Industrieunternehmen als die für den Risikokapitalgeber finanziell grundsätzlich am vielversprechendsten eingestufte Desinvestitionsalternative. Gerade im Vergleich zur Emission von Aktien weist sie zudem zwei nicht zu unterschätzende Vorteile auf:

---

[1] Vgl. zu dieser Thematik z.B. BALTZER, Bedeutung (2000), S. 59-62, ebenso BETSCH/GROH/SCHMIDT, Gründungsfinanzierung (2000), S. 57-60, weiterhin BRINKROLF, Managementunterstützung (2002), S. 32 f., wiederum HEITZER, Finanzierung (2000), S. 51-54, gleichermaßen SCHEFCZYK, Finanzieren (2000), S. 29 f.

[2] Bezüglich der Vorteilhaftigkeit des Börsengangs für die beteiligten Interessengruppen vgl. auch die explizite Darstellung dieses Gesichtspunktes im anschließenden Kap. 4.2.2.2.5.

[3] Vgl. ARBEITSKREIS „FINANZIERUNG" DER SCHMALENBACH-GESELLSCHAFT FÜR BETRIEBSWIRTSCHAFT, Börsengänge (2003), S. 516.

[4] Für eine Übersicht zu den einzelnen Schritten eines Börsengangs vgl. z.B. BLÄTTCHEN, Familienunternehmen (1999), S. 41-44.

[5] Vgl. hierfür WEITNAUER, Trade Sale (2000), S. 289.

- Schnelle und kostengünstige Abwicklung aufgrund der geringeren Zahl an beteiligten Akteuren sowie fehlender staatlicher und börsenbezogener Regulative.[1]

- Geringe Abhängigkeit von Börsenzyklen und Kapitalmarktschwankungen.[2]

- *Verkauf* der Anteile *an einen anderen Finanzinvestor* (engl. *„Secondary Purchase"*):

Mit diesem Begriff wird der Weiterverkauf der im Besitz einer Risikokapitalgesellschaft befindlichen Unternehmensanteile an eine andere Beteiligungskapitalgesellschaft charakterisiert, wobei dieser zweite Risikokapitalgeber in der Regel dem Unternehmen Kapital für eine neue Finanzierungsrunde zur Verfügung stellen soll. Für den Unternehmensgründer bedingt eine solche Vorgehensweise deshalb zunächst einmal lediglich einen Wechsel des Mitgesellschafters.

- *Rückkauf* der Anteile *durch den Unternehmensgründer* (engl. *„Buy Back"*):

Bei dieser Desinvestitionsstrategie übernimmt der Unternehmensgründer die Anteile der Risikokapitalgesellschaft. In der Praxis scheitert die Anwendung einer derartigen Ausstiegsalternative allerdings häufig daran, daß gerade der Altgesellschafter in den seltensten Fällen über das notwendige Kapital verfügt, um den geforderten Kaufpreis aufbringen zu können. Aber selbst wenn dies möglich sein sollte, kommt es deshalb bei einem Rückkauf – unabhängig davon, ob die benötigten Finanzmittel aus dem Privatvermögen des Gründers stammen oder durch Kredite aufgebracht sind – zur Bindung wichtiger Finanzmittel, die sonst dem Unternehmen möglicherweise für weitere Wachstumsinvestitionen zur Verfügung gestanden hätten.

- *Liquidation* des Unternehmens:

Vor allem bei einer, den Erwartungen des Risikokapitalgebers nicht entsprechenden ungünstigen Entwicklung der Geschäftstätigkeit kann eine Desinvestition auch durch direkte Liquidation des Unternehmens, verknüpft mit einem Verkauf der verbliebenen Vermögensgegenstände, stattfinden. Eine zweite Möglichkeit besteht darin, daß die Risikokapitalgesellschaft etwaige Kündigungsrechte, die ihr im Beteiligungsvertrag häufig eingeräumt werden, wahrnimmt. Allerdings läßt sich eine derartige einseitige Kündigung angesichts der besonderen Probleme junger Unternehmen bei der Beschaffung der benötigten Finanzmittel hinsichtlich ihrer Folgen durchaus mit der unmittelbaren Liquidation gleichsetzen.

---

[1]   Vgl. *SCHEFCZYK*, Finanzieren (2000), S. 30 f.

[2]   Vgl. *BRINKROLF*, Managementunterstützung (2002), S. 32.

4.2.2.2.5 Börsengang im Spannungsfeld der Interessen

Gemeinhin gilt in der einschlägigen Literatur zur Gründungsfinanzierung ein Börsengang als der klare *„Königsweg"* jeder Desinvestition. Eine solche Argumentation übersieht jedoch zwei wichtige Aspekte:

- Zum einen steht gerade ein solcher Weg nur Unternehmensgründungen mit einem deutlich überdurchschnittlichen Wachstum offen, wobei dieser Entwicklungsverlauf dann in etwa dem Pfad **3** aus *Abbildung 3* entspricht. Es ist naheliegend, daß derartige Unternehmen auch im Rahmen anderer Desinvestitionsstrategien, insbesondere durch einen Weiterverkauf an einen industriellen Investor, sehr gute Gewinnmöglichkeiten versprechen.[1]

- Zum anderen ist der Börsengang, wie jede andere Ausstiegsform auch, nicht nur mit gewissen Vorteilen verbunden, sondern weist genauso spezifische Nachteile auf. Allerdings muß man bei einer Betrachtung der jeweiligen Vor- und Nachteile, die mit der Wahl einer bestimmten „Ausstiegsstrategie" prinzipiell verbunden sind, hinsichtlich des relevanten Blickwinkels zwischen dem Unternehmen als selbständigem Wirtschaftssubjekt einerseits sowie den spezifischen Interessen der beiden Anteilseigner Unternehmensgründer und Risikokapitalgesellschaft andererseits trennen. Demzufolge können die Nachteile eines Desinvestitionsweges das Unternehmen als Ganzes betreffen, beispielsweise die künftige Expansion des Unternehmens fördern und seinen Bekanntheitsgrad erhöhen, oder sich lediglich auf die Interessenlage eines einzelnen Akteurs beziehen. Gegebenenfalls ist es auch denkbar, daß die Wünsche von Alteigentümer und Risikokapitalgeber entgegengesetzt verlaufen und dadurch ein Potential für Interessenkonflikte entsteht.

Bevor also die Vor- und Nachteile einer bestimmten Ausstiegsstrategie thematisiert werden können, soll deshalb zunächst dieses mögliche *Spannungsfeld* bei der Desinvestition zwischen dem Unternehmensgründer und der Risikokapitalgesellschaft aus einer allgemeinen Perspektive heraus näher untersucht werden. Ergänzend sei in diesem Zusammenhang ausdrücklich darauf hingewiesen, daß solche möglichen Interessengegensätze zwischen den beteiligten Akteuren sich natürlich nicht nur auf den Vorgang des „Ausstiegs" beschränken, sondern prinzipiell in allen Phasen des bereits vorgestellten Beteiligungsprozesses Relevanz besitzen. Nachstehende Ausführungen besitzen insofern exemplarischen Charakter.

---

[1] Diesbezüglich vgl. *SCHEFCZYK*, Finanzieren (2000), S. 31.

(1) Akteursabhängige Zielsysteme im Rahmen der Desinvestition:

- Interessen des *kapitalgebenden Akteurs*:

  Auf der einen Seite zeigen sich die für die Wahl einer geeigneten Desinvestitionsstrategie relevanten Ziele des *Risikokapitalgebers* hauptsächlich in folgenden beiden Themenfeldern:

  ▪ *Finanzieller Aspekt*:

    Ganz im Vordergrund stehen zweifelsohne die finanziellen Interessen, also das
    Bestreben, bei der Veräußerung der Beteiligung am jungen Unternehmen den
    Verkaufsgewinn für diese Anteile zu *maximieren*. In diesem Zusammenhang
    ist wichtig, daß ein derartiges Ziel der Gewinnmaximierung nicht unbedingt
    und automatisch mit der Verkaufserlösmaximierung gleichzusetzen ist. Viel-
    mehr müssen von dem erzielten Preis noch die Kosten für die Durchführung
    der Desinvestition, beispielsweise die Gebühren der Konsortialbanken beim
    Börsengang, erlösmindernd berücksichtigt werden.[1] Ihren Mindestverkaufs-
    preis errechnet die Risikokapitalgesellschaft dabei mit Hilfe der Methoden der
    Unternehmensbewertung.[2]

  ▪ *Aspekt der Reputation*:[3]

    Allerdings ist es für eine Risikokapitalgesellschaft ökonomisch gleichermaßen
    sinnvoll und wichtig, in den für sie relevanten Märkten ein gewisses Ansehen
    aufzubauen. Aufgrund ihrer Stellung als Finanzintermediär[4] gilt diese Aussage
    nicht nur für ihren Ruf auf dem *Beteiligungsmarkt*, denn sicherlich erleichtert
    ein Renommee als vertrauenswürdiger Geschäftspartner es erheblich, sich
    künftig gerade an qualitativ hochwertigen Unternehmensgründungen zu betei-
    ligen. Zusätzlich müssen bei der Wahl einer angemessenen Ausstiegsstrategie
    stets auch die Beziehungen zu den eigenen – sowohl bestehenden als auch
    potentiellen – *Investoren*, die ihre Finanzmittel der Risikokapitalgesellschaft
    zur Verfügung stellen, beachtet werden. Schließlich ist es für die Beteili-
    gungsgesellschaft vor allem im Falle eines Börsengangs oder eines Unterneh-
    mensverkaufs zudem noch bedeutsam, auch auf ihre Reputation bei den mög-
    lichen Partnern an diesen *Desinvestitionsmärkten* zu achten.

---

1 Erinnert sei hier an den grundsätzlichen Zusammenhang des COURNOTschen Theorems. Nur bei
   Grenzkosten von null entspricht die Erlösmaximierung genau der Gewinnmaximierung. Vgl. dazu
   allgemein etwa *HERING*, Preispolitik (2003), S. 191-197.

2 Vgl. *HERING/OLBRICH*, Börsengang (2002), S. 150-152.

3 Weitergehend zu Reputationen vgl. etwa *ERLEI*, Institutionen (1998), S. 60-62, ebenso *MICHAEL-
   SEN*, Informationsintermediation (2001), S. 170-187.

4 Vgl. ausführlich zu dieser Thematik die Darstellung in Kap. 4.2.3.2.4.

- Interessen des *Ersteigners*:

  Auf der anderen Seite lassen sich die Ziele des Alteigentümers und Unternehmensgründers in der Regel in drei unterschiedlichen Gesichtspunkten zusammenfassen:

  - *Finanzieller Aspekt*:

    Wohl stehen auch bei dem Unternehmensgründer hinsichtlich der Wahl des geeigneten Ausstiegsweges im wesentlichen finanzielle Interessen im Mittelpunkt des Blickfeldes. Jedoch unterscheidet sich seine Zielsetzung von der des Risikokapitalgebers durch folgenden maßgeblichen Umstand: Normalerweise – eine Ausnahme bilden der Verkauf des gesamten Unternehmens und die Liquidation – bleibt er auch nach der Desinvestition der Risikokapitalgesellschaft weiterhin ein wichtiger Anteilseigner des Unternehmens.

    Deshalb liegt sein finanzielles Ziel in diesen Situationen nicht in der Maximierung des Desinvestitionsgewinns seiner früheren Miteigentümer, sondern er muß in seinem Kalkül an dessen Stelle die künftigen Einnahmen aus seiner Beteiligung am Unternehmen berücksichtigen. Für den vor allem bei einem Börsengang vorstellbaren Sonderfall, daß er sowohl Anteile abgeben als auch gleichzeitig eine gewisse Restbeteiligung am Unternehmen auf Dauer behalten möchte, wäre dann der Gesamtgewinn aus beiden Einkunftsarten für ihn maßgeblich.[1]

  - *Aspekt der persönlichen Vorteile*:

    Entsprechend der persönlichen Motivation, die zur Gründung des Unternehmens geführt hat, entstehen gerade dem Unternehmensgründer zusätzliche persönliche Vorteile aus seiner unternehmerischen Tätigkeit. Derartige Vorteile sind einerseits sehr konkrete materielle Vergünstigungen, wie etwa ein repräsentativer Dienstwagen oder besonders luxuriöse Büroausstattungen. Andererseits kann es sich aber auch um persönliche Nutzenzuwächse auf der emotionalen Ebene handeln, z.B. Gefühl der Selbständigkeit oder Anerkennung bei den Mitarbeitern.[2]

---

[1] Zum Unternehmensbewertungskalkül des Alteigentümers beim Börsengang vgl. HERING, Fusion (2004), S. 148 ff.

[2] Vgl. hierzu vor allem JENSEN/MECKLING, Theory of the Firm (1976), S. 312, für eine zusammenfassende Beschreibung des Konzeptes z.B. ERLEI/LESCHKE/SAUERLAND, Institutionenökonomik (1999), S. 76-85, ergänzend auch GERKE/BANK, Finanzierungsprobleme (1999), S. 15.

- *Aspekt der persönlichen Reputation*:

  Üblicherweise sind typische Unternehmensgründer in der Regel nicht dauerhaft im Risikokapitalmarkt aktiv. Insofern besitzen Aspekte der Reputation für
  sie eigentlich keine Bedeutung. Eine andere Situation stellt sich indes für
  sogenannte „*Serienunternehmer*" dar. Derartige Unternehmer fassen ihre
  Unternehmerstellung für eine Unternehmensgründung prinzipiell nur als befri-
  stete Tätigkeit auf.[1] Daher ziehen sie es auch vor, nach einer gewissen Zeit ihr
  Engagement am Unternehmen zu beenden und ein neues Gründungsprojekt in
  Angriff zu nehmen. Es ist offensichtlich, daß für diese „Serienunternehmer",
  sollten sie für ihre späteren Unternehmensgründungen erneut Risikokapital
  benötigen, ein positives Ansehen im Kreis der potentiellen Risikokapitalgeber
  wichtig ist.

  Eine solche Reputation auf dem Risikokapitalmarkt erwirbt man sich dabei zu
  einem erheblichen Teil aus den Desinvestitionserfolgen früherer Projekte.
  Weil der finanziell erfolgreiche Verkauf seiner Anteile für einen derartigen
  Unternehmer, ähnlich einer Risikokapitalgesellschaft, gleichsam als Wertmaß-
  stab der vorherigen unternehmerischen Tätigkeit gilt, kann man in diesem
  besonderen Fall dann auch von einer grundsätzlichen Übereinstimmung der
  Interessenlage zwischen Serienunternehmer einerseits und Risikokapitalgeber
  andererseits ausgehen.

Diese bisherigen Erkenntnisse zu den maßgeblichen Zielsystemen, welche bei der
Entscheidung für eine Desinvestitionsstrategie eine Rolle spielen, werden durch
nachfolgende *Abbildung 30* zusammengefaßt und mittels einer schematischen Skizzierung graphisch verdeutlicht:

---

[1] In diesem Sinne entsprechen sie am ehesten dem von SCHUMPETER als *Gründer* bzw. *promoter*
bezeichneten funktionalen Unternehmertyp. Vgl. Kap. 3.3.1.3.3.

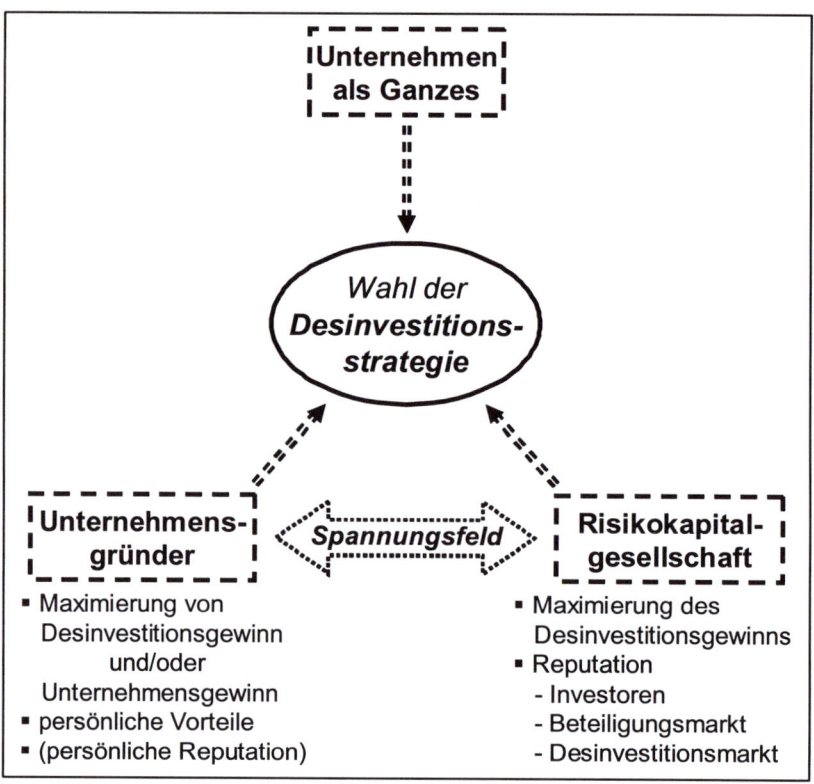

Abbildung 30: Interessenlagen bei der Desinvestition

(2) Vorteilhaftigkeit eines Börsengangs aus verschiedenen Perspektiven:

Obige Ausführungen haben verdeutlicht, daß jede Analyse möglicher Vor- und Nachteile, die mit der Wahl einer bestimmten Ausstiegsstrategie verbunden sind, grundsätzlich hinsichtlich des relevanten Blickwinkels zwischen den verschiedenen Interessengruppen differenzieren muß.

Unter Berücksichtigung dieses Umstandes liegen die möglichen *Vorteile* eines Börsengangs als Desinvestitionsweg dann im wesentlichen in nachfolgenden Sachverhalten:[1]

---

[1] Für die nachstehende Auflistung der Vor- und Nachteile eines Börsengangs vgl. ergänzend auch *REICHEL/SCHÄFER/WEITNAUER,* Börsengang (2000), S. 297 f.

- Vorteile für das *Unternehmen*:

  - Der *Zugang zum organisiertem Kapitalmarkt* bietet einem jungen Unternehmen generell bisher nicht nutzbare Möglichkeiten, einen zukünftig eventuell auftretenden Kapitalbedarf – etwa durch Ausgabe neuer Aktien oder durch eine, im Vergleich zu einem Bankkredit in der Regel niedriger verzinste Anleihe – zu befriedigen.[1] Da ja auch die Erstemission oftmals mit einer Kapitalerhöhung einhergeht, führt bereits der Börsengang in einem solchen Fall dem Unternehmen neue Finanzmittel zu.

  - Zugleich erhöht sich der *Bekanntheitsgrad* sowie die *Reputation* des Unternehmens sowohl auf Beschaffungs- und Absatzmärkten als auch gegenüber Kreditinstituten und stärkt dadurch seine Verhandlungsposition. Gegebenenfalls steigt auch die Attraktivität des Unternehmens auf dem Personalmarkt für potentielle Mitarbeiter.

- Vorteile für die *Risikokapitalgesellschaft*:

  - Da sich im Grunde nur wachstumsintensive Unternehmen mit eindeutig positiven Zukunftserwartungen für eine solche Desinvestitionsstrategie eignen, wird man bei diesem Verfahren in der Regel einen sehr hohen, wenn nicht sogar den höchsten *Veräußerungspreis* für den Verkauf der Unternehmensanteile erzielen können.[2]

  - Wegen des Umstandes, daß nicht alle Anteile bereits bei der Börseneinführung gleichzeitig abgegeben werden müssen, läßt sich der Ausstieg aus dem Unternehmen flexibel über einen längeren Zeitraum gestalten. Die Möglichkeit steigender Börsenkurse eröffnet dabei Chancen auf zusätzliche Gewinne.

- Vorteil für den *Alteigentümer* und Unternehmensgründer:

  Die Tatsache, daß der bisherige in Hinblick auf die Geschäftsführung des Unternehmens durchaus einflußreiche Risikokapitalgeber als Miteigentümer durch eine eher anonyme Vielzahl neuer Aktionäre ersetzt wird, kann durchaus zu einer *Stärkung der Position* des ursprünglichen Ersteigentümers bei der Unternehmensführung beitragen. Außerdem profitiert der Alteigentümer noch von den oben skizzierten Vorteilen für das Unternehmen, an welchem er ja beteiligt bleibt.

---

[1] Vgl. auch *BRAUN*, Eigenkapitalbeschaffung (1999), S. 316-318.

[2] Bezüglich dieser Auffassung vgl. ebenso *SCHEFCZYK*, Finanzieren (2000), S. 31.

Diesen diversen Vorteilen eines Börsengangs für alle beteiligten Interessengruppen stehen jedoch auch verschiedene *Nachteile* gegenüber:

- Nachteil für das *Unternehmen*:

  In diesem Zusammenhang sind vor allem die sich aus der Börsennotierung dauerhaft ergebenden *Zusatzkosten*, etwa aufgrund der Publizitätspflichten, von Bedeutung.

- Nachteile für die *Risikokapitalgesellschaft*:

  - Aufgrund der gegebenenfalls vorhandenen *Haltefristen* für bestimmte Aktienanteile am Unternehmen ist eine sofortige und vollständige Realisierung des Beteiligungsgewinns, beispielsweise im Vergleich zu einem vollständigen Weiterverkauf des Unternehmens an ein Großunternehmen, nicht immer möglich.

  - In der Regel liegen die *Kosten eines Börsengangs* wegen der regulativen Vorgaben und der notwendigen Begleitmaßnahmen deutlich höher als bei allen anderen Desinvestitionsstrategien.

  - Des weiteren hängt der erzielte Emissionspreis auch vom jeweils zur Anwendung kommenden Emissionsverfahren ab, wobei die Emissionsbank kein Interesse an einem zu hohen Emissionspreis besitzt. Wie bereits im vorhergehenden Kapitel angedeutet, kann daher ein direkter Verkauf an einen interessierten Investor unter Umständen zu einem günstigeren Preis getätigt werden.[1]

- Nachteile für den *Alteigentümer*:

  - Häufig ist mit dem Gang an die Börse auch ein organisatorischer Wandel in der Unternehmensführung verbunden, welcher aus dem anfänglichen *Unternehmer-Unternehmen* ein *Manager-Unternehmen* entstehen läßt. Neben den Aktionären als Eigentümern entsteht so ein zweites Zentrum betrieblicher Willensbildung.[2] Sofern der Unternehmensgründer nicht selbst eine maßgebliche Schlüsselposition in diesem neuen Geschäftsführungsorgan übernimmt, führt ein derartiger Strukturwechsel dementsprechend zur Minderung seines Einflusses auf die Leitung des Unternehmens.

---

[1] Vgl. zu dieser Thematik vor allem *HERING/OLBRICH*, Börsengang (2002), S. 153-155.

[2] Vgl. zu diesem Problembereich *GUTENBERG*, Unternehmensführung (1962), S. 12-16.

- Für den Fall, daß es sich bei dem Unternehmensgründer um einen sogenannten „*Serienunternehmer*" handelt, stellen die bereits im Kontext der Risikokapital- gesellschaften angesprochenen *Haltefristen* ebenfalls einen belangvollen Nachteil dieses Ausstiegsweges dar.

- Aber auch in Hinblick auf steuerliche Aspekte, insbesondere bezüglich der künftigen Belastung mit Erbschaftsteuer, kann sich die Börseneinführung eines Unternehmens für die Eigentümer durchaus nachteilig auswirken.[1]

Insgesamt haben die bisherigen Ausführungen zur Desinvestition einer Beteiligung mit Risikokapital sichtbar gemacht, daß in diesem Bereich vielfältige, zum Teil auch gegensätzliche Interessen bestehen, die nicht nur bei der Wahl einer geeigneten Aus- stiegsstrategie angemessen zu berücksichtigen sind. Vielmehr verhindern sie auch einfache Pauschalwertungen über die Vorteilhaftigkeit eines bestimmten Desinvesti- tionsverfahrens. Insbesondere hinsichtlich des Börsengangs wird deutlich, daß dieser Ausstiegsweg nicht immer und für alle Beteiligten die beste Lösung bilden muß und daher keineswegs eine in allen Situationen grundsätzlich anzustrebende und alle anderen Alternative dominierende Idealstrategie darstellt.

4.2.3 Neoinstitutionalistische Interpretation der Gründungsfinanzierung

4.2.3.1 Allgemeine theoretische Grundlagen

4.2.3.1.1 Informationsasymmetrie und Prinzipal-Agenten-Theorie

Bevor die Wirkung ungleich verteilter Informationen speziell im Bereich der Grün- dungsfinanzierung analysiert werden kann, erscheint es zweckmäßig, dieses Problem- feld der Informationsasymmetrie aus einer allgemeinen neoinstitutionalistischen Per- spektive heraus zu betrachten. Im Rahmen einer derartigen Einführung in die The- matik sollen zunächst – gleichsam als vorgelagerter Schritt – sowohl die Bezeichnung *Informationsasymmetrie* als auch ihre inhaltliche Bezugsbasis *Information* begrifflich abgegrenzt werden.

---

[1] So beruht die Ermittlung der Erbschaftsteuer nicht börsennotierter Kapitalgesellschaften auf dem sogenannten *Stuttgarter Verfahren*. Während in diesem Zusammenhang zum Teil der zumeist eher niedrigere Substanzwert des Unternehmens steuerrechtlich relevant ist, dient für börsenno- tierte Gesellschaften dagegen der in der Regel höhere Börsenpreis als zentrale Steuerbemessungs- grundlage. Vgl. z.B. BLÄTTCHEN, Familienunternehmen (1999), S. 41, ebenso auch GERKE/BANK, Finanzierungsprobleme (1999), S. 17.

Ohne die Vielzahl möglicher definitorischer Ansätze im einzelnen aufführen zu wollen, wird dabei in diesem Buch vor allem der von WITTMANN geprägten Definition des Informationsbegriffs gefolgt. Im Verständnis dieses Autors beschreibt Information zweckorientiertes Wissen, also Wissen, welches als Handlungsgrundlage zur Erreichung eines bestimmten Ziels dient.[1] Eine Informationsasymmetrie besteht folglich aus einer Situation, in der sich mindestens zwei unterscheidbare Wirtschaftssubjekte oder Akteursgruppen jeweils durch einen unterschiedlichen Informationszustand bezüglich eines gemeinsam interessierenden Sachverhaltes voneinander abgrenzen lassen. Allerdings kann ein derartiger Umstand asymmetrisch verteilten Wissens nur dann überhaupt eine ökonomische Relevanz erreichen, sofern die verschieden informierten Individuen bezüglich des jeweils betrachteten ökonomischen Entscheidungsproblems konkurrierende persönliche Interessen im Sinne gegensätzlicher Ziele aufweisen. Typischerweise ist dies etwa im Rahmen einer Käufer-Verkäufer-Beziehung der Fall.

Aus einem mikroökonomischen Blickwinkel heraus läßt sich die Informationsasymmetrie dem Bereich der gewissermaßen unerwünschten, aber im Hinblick auf die Realität gleichsam unvermeidlichen Marktunvollkommenheiten zuordnen. Ihren zentralen theoretischen Bezugspunkt finden derartige Marktunvollkommenheiten dabei in der Neuen Institutionenökonomie.[2] Im Gegensatz zur Neoklassik, die ja von den Bedingungen eines vollkommenen Marktes ausgeht, müssen hier die Märkte grundsätzlich nicht mehr reibungslos funktionieren; auch ein Marktversagen kann nicht mehr ausgeschlossen werden.[3]

Insbesondere die *Prinzipal-Agenten-Theorie*[4] befaßt sich im Rahmen ihrer sogenannten Prinzipal-Agenten-Modelle zur Vertragsgestaltung mit dem Problemkreis der Informationsasymmetrie. Die Annahme, daß der Agent besser als der Prinzipal informiert sei, bildet hierbei eines der beiden grundlegenden Merkmale dieses For-

---

[1] Vgl. *WITTMANN*, Information (1959), S. 14.

[2] Alternativ verwendet man in der Literatur gelegentlich auch die Bezeichnung „Neue Institutionenökonomik".

[3] Für eine grundlegende Einführung in die Konzepte und Teilgebiete, aber auch Problemfelder der Neuen Institutionenökonomie vgl. vor allem *GÖBEL*, Neue Institutionenökonomik (2002), ebenfalls *RICHTER/FURUBOTN*, Neue Institutionenökonomik (1999), gleichermaßen *TERBERGER*, Neoinstitutionalistische Ansätze (1994). Zur Bedeutung neoinstitutionalistischer Modelle für die Finanzierungstheorie vgl. z.B. *FRANKE/HAX*, Finanzwirtschaft (1999), S. 409-450, desgleichen *HAX/NEUS*, Kapitalmarktmodelle (1993), S. 1170-1178, weiterhin *MATSCHKE/HERING/KLINGELHÖFER*, Finanzplanung (2002), S. 40 f., ebenso *SCHMIDT/TERBERGER*, Investitions- und Finanzierungstheorie (1997), S. 382-473.

[4] Synonyme Ausdrücke hierfür sind auch „*Prinzipal-Agent-Theorie*" oder – mehr in Anlehnung an den angloamerikanischen Sprachgebrauch – „*Agency-Theorie*", daneben noch „*Agenturtheorie*" oder „*Auftraggeber-Auftragnehmer-Theorie*". Zum Grundkonzept dieses Ansatzes vgl. beispielsweise *FRANKE*, Agency-Theorie (1993), S. 38-48, gleichfalls *HARTMANN-WENDELS*, Principal-Agent-Theorie (1988), S. 714-730.

schungsansatzes. Das zweite charakteristische Kennzeichen beschreibt hingegen die Tatsache, daß das Recht zur konkreten Vertragsausgestaltung häufig allein beim Prinzipal gesehen wird, so daß der Agent nur die Entscheidungsalternativen Vertragsannahme bzw. -ablehnung besitzt.

4.2.3.1.2 Folgen der Informationsasymmetrie

Hinsichtlich der ökonomischen Wirkung ungleich verteilter Informationen auf die beteiligten Wirtschaftssubjekte findet man in der zugehörigen Literatur mittlerweile zahlreiche Klassifikationsvorschläge, die sowohl Entstehungsursache als auch zeitlichen Bezugsrahmen als einschlägige Systematisierungskriterien verwenden. Oftmals treten solche Folgen informationsasymmetrischer Zustände allerdings nicht nur zusammen auf, sondern leider kann man bei manchen dieser Schemata die einzelnen Typen nicht immer überschneidungsfrei gegeneinander abgrenzen.[1]

Aus diesem Grund liegt es nahe, ein möglichst einfaches und verständliches Klassifizierungskonzept zu verwenden. Insbesondere die Aufteilung der Folgeerscheinungen asymmetrischer Informationsstrukturen in die beiden Problembereiche der *adversen Selektion* einerseits sowie des *moralischen Hasardspiels*[2] andererseits bietet sich in diesem Zusammenhang als weitgehend überschneidungsfreies und allgemein akzeptiertes Einteilungsschema an.[3] Nachfolgend sollen die zentralen Grundaussagen dieser zwei Phänomene kurz in allgemeiner Form vorgestellt werden:[4]

---

[1] Für einen Überblick vgl. etwa *BREID*, Aussagefähigkeit agencytheoretischer Ansätze (1995), S. 823-825.

[2] In der deutschsprachigen einschlägigen Literatur findet sich häufig auch anstelle des Begriffs moralisches Hasardspiel die direkte englische Bezeichnung *„moral hazard"*. Alternative deutsche Übersetzungsversuche sind *„Negativauslese"* oder *„Fehlauswahl"* für adverse Selektion und *„moralisches Risiko"* für moralisches Hasardspiel.

[3] Anstatt der oben gewählten Differenzierung in adverse Selektion und moralisches Hasardspiel stößt man des öfteren auch auf die ebenfalls gebräuchliche Trennung in *„hidden information"* einerseits und *„hidden action"* andererseits, wobei dieses zweite Begriffspaar ursprünglich auf ARROW zurückzuführen ist. Vgl. hierzu *ARROW*, Agency (1985), S. 38, weiterhin auch *HARTMANN-WENDELS*, Integration (1990), S. 229 f. Mittlerweile hat sich für den Ausdruck „hidden information" teilweise auch der Begriff *„hidden knowledge"* im einschlägigen Schrifttum eingebürgert.

[4] Für die nachfolgenden Ausführungen vgl. ausführlich vor allem *ERLEI/LESCHKE/SAUERLAND*, Institutionenökonomik (1999), S. 106-168, dergleichen *KREPS*, Mikroökonomische Theorie (1994), S. 521-595, weiterhin *RASMUSEN*, Games (1994), S. 165-248, abermals *RICHTER/FURU-BOTN*, Neue Institutionenökonomik (1999), S. 197-242.

- *Adverse Selektion* nach AKERLOF:[1]

Das Problem adverser Selektion bezieht sich konstitutiv auf ein vorvertragliches Informationsgefälle zweier Parteien. Sind die Nachfrager im Gegensatz zu den Anbietern nicht in der Lage, zwischen der Qualität verschiedener heterogener Produkte oder Dienstleistungen – prinzipiell kann es sich hierbei auch um Investitionsprojekte mit deren künftigen Erträgen als wesentlichen Merkmalen handeln – zu unterscheiden, führt dies bei ihnen zunächst zu einer Situation subjektiver *Qualitätsunsicherheit*.

In dem in der Neuen Institutionenökonomie üblichen Gleichgewichtsmodell wird eine solche Ausgangslage zumeist dadurch modellhaft erfaßt, daß man der einen Hälfte der am Markt angebotenen Güter eine „gute" im Sinne von „überdurchschnittliche" Qualität zuweist, während die andere Hälfte dann aus „schlechten", also qualitativ „unterdurchschnittlichen" Gütern besteht. Die Informationsasymmetrie ergibt sich in diesem Kontext folglich aus der Annahme, daß nur der Verkäufer über die Qualität des von ihm angebotenen Produktes umfassend informiert ist. Im Gegensatz dazu kann der Käufer diese nicht hinreichend beurteilen, sondern besitzt lediglich aufgrund seiner Markterfahrungen Kenntnisse über die durchschnittlich zu erwartende Güterqualität.

AKERLOF hat nun als erster am Beispiel des Gebrauchtwagenmarktes gezeigt, daß sich in Folge einer derartigen *Qualitätsunsicherheit*[2] am Markt ein gemeinsamer Einheitspreis sowohl für über- als auch unterdurchschnittliche Ware bilden kann. Dieser einheitliche Preis bedingt auf der einen Seite eine Benachteiligung der Anbieter „guter" Produkte, genauso wie er auf der anderen Seite die Hersteller „schlechter" Produkte bevorzugt. Unter bestimmten Bedingungen bewirken derartige Informationsdefizite auf seiten der Nachfrager deshalb die Verdrängung von Verkäufern überdurchschnittlicher Qualität vom Markt und verursachen damit letztlich ein Marktversagen. Wesentliches Kennzeichen adverser Selektion ist also der Umstand, daß die unterschiedlichen Güterqualitäten im Grunde schon bei den Vertragsverhandlungen in ihrer endgültigen Form vorliegen, die Ursache der Unsicherheit also bereits vor Vertragsabschluß determiniert ist.

- *Moralisches Hasardspiel*:

Im Gegensatz zum vorherigen Mechanismus der adversen Selektion ergibt sich das Phänomen des moralischen Hasardspiels bzw. der „hidden action", übernimmt man die Kategorisierung von ARROW, aus einem Zustand der Informationsasymmetrie nach Vertragsabschluß. Im einzelnen bezieht sich diese Thematik auf eine mögliche Abweichung des Agentenverhaltens von den ursprünglich vertraglich vereinbarten Vorgaben.

---

[1]   Grundlegend vgl. *AKERLOF*, Market for "Lemons" (1970), S. 488-500.

[2]   Nachfolgend soll dieser Begriff als Synonym für adverse Selektion verwendet werden.

Da der Prinzipal annahmegemäß die Handlungen seines Agenten nicht vollständig beobachten bzw. überwachen kann und diesbezüglich also Informationsdefizite besitzt, eröffnet sich für den Agenten dadurch prinzipiell die Möglichkeit, sein Verhalten lediglich an der Maximierung des persönlichen Eigennutzens zu orientieren und insofern Handlungen vorzunehmen, die eindeutig gegen die Interessen des Kontraktpartners gerichtet sind. Folglich ist der Prinzipal bestrebt, diese *Verhaltensunsicherheit*[1] in bezug auf die Aktionsmöglichkeiten seines Agenten bereits bei Vertragsabschluß zu berücksichtigen. Durch die Einfügung geeigneter Anreizsysteme in den Kontrakt soll gleichsam das Eigeninteresse des Agenten an einem vertragskonformen Verhalten sichergestellt werden. Das zu diesem Sachverhalt wohl am häufigsten gebrauchte Beispiel befaßt sich dabei mit der Vertragsgestaltung im Rahmen eines Beschäftigungsverhältnisses, wobei dem Arbeitgeber die Rolle des Prinzipals zukommt, während der Arbeitnehmer entsprechend als dessen Agent angesehen wird.

Kurz zusammengefaßt besteht also der zentrale Unterschied zwischen adverser Selektion auf der einen und moralischem Hasardspiel auf der anderen Seite gerade in der zeitlichen Beziehung zum Vertragsabschluß. Während die Qualitätsunsicherheit immer bereits *ex ante* Schwierigkeiten bereitet, tritt das Problem der Verhaltensunsicherheit indessen stets *ex post* auf. Gleichzeitig wird erkennbar, daß eine vertragliche Prinzipal-Agenten-Beziehung prinzipiell das Merkmal der Zeitraumbezogenheit aufweisen muß, um als Voraussetzung für das Phänomen eines moralischen Hasardspiels dienen zu können. Mit anderen Worten: Gerade längerfristig ausgerichtete Vertragssituationen sind von dieser negativen Folgeerscheinung asymmetrischer Information betroffen. Auf der Gegenseite ist die Existenz adverser Selektionseffekte grundsätzlich an keine besondere Dauer des vertraglichen Verhältnisses zwischen Prinzipal und Agent geknüpft. Dementsprechend besitzt dieser Problembereich auch bei einmaligen Handlungen, wie etwa dem Verkauf eines Gutes, Bedeutung.

4.2.3.1.3 Mechanismen zur Verminderung der Informationsasymmetrie

Generell liegt es natürlich nicht nur im Interesse des wissensmäßig benachteiligten Prinzipals, durch geeignete Maßnahmen seine Informationsdefizite bezüglich der vertragsrelevanten Sachverhalte gegenüber dem Agenten zu reduzieren. Vielmehr kann eine solche Verminderung der Informationsasymmetrie auch für den Agenten durchaus von Nutzen sein.

---

[1] Künftig als bedeutungsgleiche Bezeichnung für moralisches Hasardspiel gebraucht.

(1) Adverse Selektion:

In Hinblick auf das Problemfeld adverser Selektion beschränkt sich die durch Qualitätsunsicherheit bedingte Wohlfahrtseinbuße beispielsweise eben nicht allein auf
denjenigen Betrag, den der Käufer eines minderwertigen Produktes gegebenenfalls zu
viel aufwendet, weil er über die „schlechten" Eigenschaften dieses Gutes nicht in
Kenntnis gesetzt ist. Da ein Käufer vice versa selbstverständlich genausowenig auch
„gute" Qualitäten erkennen kann, gehören in diesem Zusammenhang zu den *Kosten
der Unehrlichkeit* stets auch die Preisabschläge, welche die Anbieter hochwertiger
Produkte von ihren Käufern akzeptieren müssen.[1]

Allerdings ist es, wenn es sich um nicht unmittelbar nachprüfbare Sachverhalte handelt, gerade für den Verkäufer „guter" Qualität nicht einfach möglich, die notwendigen Zusatzinformationen dem Käufer gegenüber glaubwürdig mitzuteilen. Aus diesem Grund schließt sich beim Vorliegen adverser Selektion häufig ein einfacher
direkter Informationstransfer vom besser zum weniger informierten Verhandlungs-
partner aus.[2] Als geeignete Ansätze, um die negativen Auswirkungen adverser Selektion zu vermeiden, bieten sich jedoch Maßnahmen der *Signalisierung* und der *Filterung* an.[3] Beide Konzepte lassen sich hierbei nach dem primär handelnden Akteur
differenzieren. Im Rahmen des „*Signal(l)ing*" geht die Initiative vom besser informierten Agenten aus, während „*Screening*"-Aktivitäten seitens des Prinzipals erfolgen, um seine Informationsdefizite auszugleichen.[4]

- *Signalisierung:*[5]

  Signale zur Qualität eines Gutes können sich sowohl direkt aus den Eigenschaften
  dieses Produktes, welches auf dem Markt angeboten wird, ergeben, als auch durch
  ergänzende Handlungsweisen der besser informierten Anbieterseite entstehen. Der
  Informationsgehalt eines derartigen Signals resultiert hierbei aus der prinzipiellen
  Variationsmöglichkeit in Hinblick auf die Eigenschaften bzw. Handlungen, seine
  Glaubwürdigkeit für den weniger informierten Vertragspartner dagegen aus den
  Kosten, die für den Signalerwerb durch den Anbieter aufgebracht werden müssen.
  Wichtig ist, daß unterdurchschnittliche Verkäufer nur dann wirksam an einer

---

[1]   Vgl. *AKERLOF,* Market for "Lemons" (1970), S. 495.

[2]   Zu dieser Thematik vgl. z.B. *WOHLSCHIEß,* Unternehmensfinanzierung (1996), S. 19.

[3]   In Anlehnung an den angloamerikanischen Sprachgebrauch findet man auch häufig die synony-
      men Bezeichnungen „*Signal(l)ing*" für Signalisierung sowie „*Screening*" für Filterung.

[4]   Vgl. z.B. *ROTH,* Modelle (2001), S. 372.

[5]   Das Grundkonzept des klassischen Signalisierungs-Modells mit dem Signal Bildung, dargestellt
      anhand des Paradigmas Arbeitsmarkt, findet sich bei *SPENCE,* Signaling (1973), S. 355-374.

Imitation der Signale überdurchschnittlicher Güteranbieter gehindert werden, wenn die Kosten derartiger Aktivitäten mit fallender Güterqualität zunehmen.[1]

Durch Verwendung geeigneter Signale werden der weniger informierten Vertragspartei also Zusatzinformationen übermittelt, die zur Verminderung der Qualitätsunsicherheit führen. Bekannte allgemeine Beispiele sind insbesondere Werbe- und sonstige Informationsmaßnahmen sowie Garantiezusagen von Güterherstellern, aber auch das Streben nach Reputation und nicht zuletzt auch die Nutzung von Intermediären läßt sich in diesen sachlichen Zusammenhang einordnen.[2]

- *Filterung*:

  Dieser Begriff bezieht sich auf Aktivitäten, die von der geringer informierten Vertragspartei ausgehen. Ziel ist es, die Gegenseite zu beobachtbaren Handlungen oder überprüfbaren Aussagen zu bewegen, aus denen sich Erkenntnisse herleiten lassen, welche die ursprüngliche Qualitätsunsicherheit verringern. Zu diesem Zweck bietet die nicht informierte Seite gleichsam ein Menü verschiedener Verträge an, aus dem die besser informierte Partei auswählen kann. Sobald die Wahl gewisser Verträge für qualitativ hochwertige Partner ökonomisch sinnvoller als für Akteure minderer Qualität ist, eignet sich dieses Instrument dann als Filter zur Differenzierung zwischen guten und schlechten Qualitäten auf der informierten Seite.

  Ein häufig aufgeführtes Filtermodell stellt der Versicherungsmarkt dar. Unter bestimmten Voraussetzungen ist es Versicherungsunternehmen möglich, durch das geschickte Angebot unterschiedlich ausgestalteter Versicherungsverträge eine Situation zu schaffen, in der die Versicherungsnehmer allein durch die Wahl des Vertrages ihre eigenen besseren Kenntnisse zu ihrer tatsächlichen Schadenwahrscheinlichkeit dem Unternehmen gegenüber offenbaren.[3] Als weiteres bekanntes Beispiel derartiger Filtermaßnahmen kann im gewissen Sinn auch das Phänomen der *Kreditrationierung* aufgeführt werden.[4]

---

1 Im theoretischen Idealfall liegen die Grenzkosten einer Signalhandlung für die Verkäufer „guter" Produkte unterhalb des Grenzerlöses dieser Maßnahme, für die Verkäufer „schlechter" Güter und Dienstleistungen hingegen oberhalb dieses Wertes. Als Grenzerlös eines Signals läßt sich beispielsweise die Bereitschaft des Käufers interpretieren, für einen solchermaßen „gesicherten" Qualitätsstandard einen höheren Preis zu zahlen.

2 Bezüglich einer allgemeinen Zusammenstellung verschiedener Signalaktivitäten vgl. z.B. *GIERL/ HELM/SATZINGER*, Technologische Innovationen (1999), S. 1183-1185, für die Signalisierungsrolle von Intermediären im Kapitalmarktbereich etwa *CAMPBELL/KRACAW*, Financial Intermediation (1980), S. 863-881.

3 Weiterführend zu dieser Thematik vgl. vor allem *ROTHSCHILD/STIGLITZ*, Equilibrium (1976), S. 630-648.

4 Vgl. hierzu auch die Ausführungen in Kap. 4.2.3.2.2.

(2) Moralisches Hasardspiel:

Aber auch bezüglich des moralischen Hasardspiels gilt die Feststellung, daß die Gefahr opportunistischen Verhaltens des Agenten nach Vertragsabschluß nicht nur den Nutzen des Prinzipals schmälert. Indem dieser die Möglichkeit solcher, gegen seine Interessenlage gerichteten Handlungen gleichsam gedanklich antizipiert, berücksichtigt er diesen Sachverhalt bereits ex ante durch eine entsprechende Vertragsgestaltung, die dem Agenten schlechtere Vertragsbedingungen im Vergleich zu einer Situation ohne Chance auf ein moralisches Hasardspiel einräumt. Damit liegt es auch im Interesse eines „ehrlichen" Agenten, die Spielräume für eine derartige Verhaltensunsicherheit weitgehend einzudämmen.

Als geeignete Gegenmaßnahmen bieten sich hierbei im wesentlichen folgende Konzepte an:[1]

- *Kontrolle*:

  Für den außenstehenden Betrachter mag eine Überwachung der vom Agenten jeweils durchzuführenden Handlungen durch den Prinzipal als die zunächst naheliegende Lösung erscheinen. Eine solche Sichtweise berücksichtigt jedoch zum einen nicht den Umstand, daß jede Kontrolle in der betriebswirtschaftlichen Realität mit *Transaktionskosten* in Form der zugehörigen Kontrollkosten einhergeht.[2] Zum anderen ist der Prinzipal wohl normalerweise in der Lage, das für ihn maßgebliche Ergebnis der Agententätigkeit zu beobachten. Dies gilt jedoch nicht immer für die tatsächlichen Handlungen seines Vertragspartners. Wegen der zahlreichen Umwelteinflüsse, die die Höhe des Ergebnisses oftmals ebenfalls beeinflussen, kann er also nicht beurteilen, inwieweit ein „schlechtes" Resultat auf opportunistischem Verhalten des Agenten oder auf sonstigen ergebnisrelevanten Einflußfaktoren beruht. Insgesamt ist eine vollständige Kontrolle also bei vielen Vertragsverhältnissen weder möglich noch aus Kostengründen durchführbar.

- *Anreizsysteme*:

  Der Grundgedanke dieser zweiten Möglichkeit zur Verringerung moralischen Hasardspiels liegt darin, dem Agenten die negativen wirtschaftlichen Folgen eines opportunistischen Verhaltens durch eine entsprechende Teilhabeklausel zumindest teilweise aufzubürden. Umgekehrt soll vertragskonformes Verhalten dagegen durch eine Beteiligung an dem hierbei entstandenen Zusatzgewinn entsprechend anerkannt werden. Um dieses zu erreichen, sehen vor allem längerfristige Ver-

---

[1] Diesbezüglich vgl. etwa BREID, Aussagefähigkeit agencytheoretischer Ansätze (1995), S. 824-829, ebenso KREPS, Mikroökonomische Theorie (1994), S. 522-553.

[2] Nur in der neoklassischen Modellwelt vollkommener Märkte gibt es keine Transaktionskosten. Zum Begriff der Transaktionskosten vgl. auch die Darstellung in Kap. 4.3.2.2.

tragsbeziehungen entsprechende Leistungsanreize in Form diverser Belohnungssysteme für den Agenten vor.

• *Reputation bzw. Vertrauen*:

Aber auch der bereits im Kontext des Signalisierungskonzeptes thematisierte Reputationsaspekt kann den Problemen, die durch die Gefahr eines moralischen Hasardspiels auftreten, entgegenwirken. Hier werden ja Erfahrungen aus der Vergangenheit auf die gegenwärtig anstehende Entscheidungssituation übertragen. Dies führt gerade in längerfristigen Geschäftsbeziehungen zu einer Vertrauensbasis zwischen beiden Vertragspartnern mit beiderseitigen Nutzenvorteilen. Während auf der einen Seite der Agent gleichsam eine Vorabprämie für sein früher gezeigtes Verhalten erhält, kann der Prinzipal dagegen auch künftig vertragsgemäße Leistungen seines Partners erwarten.[1]

Aufgabe 12:

Ein Unternehmensgründer möchte sein innovatives Geschäftskonzept einem externen Adressatenkreis gegenüber dadurch besser nahebringen, daß er zu dessen Vorstellung einen technisch besonders aufwendigen und finanziell besonders kostspieligen Präsentationsrahmen wählt. Wieso kann eine derartige Handlung kaum als geeignete Signalisierungsmaßnahme im Sinne der Prinzipal-Agenten-Theorie interpretiert werden?

4.2.3.2 Gesichtspunkte einer neoinstitutionalistischen Gründungsfinanzierung

4.2.3.2.1 Informationsasymmetrie als zentrales Merkmal

Schon bei der Darstellung der Problembereiche eines Geschäftsplans im Kapitel 4.1.2.3 sind der Sachverhalt ungleicher Informationsverteilung zwischen den Unternehmensgründern einerseits und externen Adressaten dieses Dokuments andererseits sowie mögliche Konsequenzen dieses Umstandes kurz angesprochen worden. Erneut hat dieser Aspekt der Informationsasymmetrie und seiner potentiellen Folgeerscheinungen dann bei der Beschreibung des gründungsspezifischen Finanzierungsrisikos im Kapitel 4.2.1.4 Relevanz erlangt. Eine dritte Bezugnahme auf eine derartige Thematik findet sich schließlich noch im Kapitel 4.2.2.2 im Kontext der Problemkreise, mit denen sich der Risikokapitalgeber während des Finanzierungsprozesses konfrontiert sieht.

---

[1] Vgl. ergänzend z.B. *ALBACH*, Vertrauen (1980), S. 4 f.

In Anbetracht dieser bisherigen Ergebnisse kann man daher zu Recht davon ausgehen, daß das Phänomen der Informationsasymmetrie, welches ja im Grunde zunächst als allgemeines Charakteristikum realwirtschaftlicher Kapitalmärkte zu sehen ist,[1] gerade in Hinblick auf die Beziehung zwischen Unternehmensgründern einerseits – insbesondere wenn es sich um innovative und technikorientierte Gründungsprojekte handelt – und externen Finanzierungspartnern andererseits eine besonders hervorgehobene Bedeutung besitzt.[2] Dieser Sachverhalt zieht dann im Bereich der Gründungsfinanzierung verschiedene Problembereiche nach sich, welche die Aufnahme von Finanzierungsbeziehungen zwischen potentiellen Kapitalgebern und neu gegründeten Unternehmen behindern. Konkret handelt es sich hierbei um folgende Gegebenheiten:[3]

- *Glaubwürdige Informationen* zu verschiedenen, insbesondere wichtige Kernbereiche des Unternehmenskonzepts betreffenden Merkmalen sind gerade für besonders innovative Unternehmensgründungen – hauptsächlich wegen des unternehmensspezifischen Innovationsaspektes sowie we;,en der fehlenden Vergangenheitsdaten[4] – kaum erhältlich.

- In Verbindung mit der hohen Branchendynamik innovativer Wirtschaftszweige führen diese Informationsdefizite dazu, daß die für die Abschätzung des Finanzierungsrisikos notwendige *Prognose* der zukünftigen Unternehmensentwicklung genauso wie eine Vorhersage des zukünftigen Kapitalbedarfs, für mögliche Kapitalgeber mit erheblichen Schwierigkeiten verbunden ist.

- Aber selbst für den Fall, daß manche der benötigten Wissenstatbestände grundsätzlich auch für externe Interessenten erhältlich sind, würden die dazu erforderlichen Maßnahmen zur Informationsbeschaffung einen so hohen *Ressourceneinsatz* bedingen, daß aus informationsökonomischen Überlegungen heraus deren Durchführung nicht immer sinnvoll erscheint.

- Handelt es sich um eine längerfristige Vertragsbeziehung, die zwischen dem neu gegründeten Unternehmen und dem externen Finanzierungspartner eingegangen werden soll, besteht aufgrund der auch nach Vertragsabschluß prinzipiell weiter-

---

[1] Vgl. zur allgemeinen Relevanz der Informationsasymmetrie z.B. *ALBACH*, Shareholder Value (2001), S. 656, ebenso *SPREMANN*, Asymmetrische Information (1990), S. 562.

[2] Hinsichtlich dieser Auffassung vgl. auch *HARTMANN-WENDELS*, Venture Capital (1987), S. 19, weiterhin *KAUFMANN/KOKALJ*, Risikokapitalmärkte (1996), S. 4-6, ebenso *LELAND/PYLE*, Informational Asymmetries (1977), S. 371, gleichermaßen *DE MEZA/WEBB*, Risk (1990), S. 206, wiederum *MRZYK*, Kreditwürdigkeitsprüfung (1999), S. 52, desgleichen *D'SOUSA*, Venture Capital (2001), S. 37 f., abermals *STUMMER*, Venture-Capital-Partnerschaften (2002), S. 37.

[3] Vgl. für die nachstehende Auflistung auch *GERKE ET AL.*, Probleme mittelständischer Unternehmen (1995), S. 17 f.

[4] Ausführlich vgl. Kap. 4.2.1.4.

hin vorhandenen Informationsasymmetrie bezüglich gründungsspezifischer Umstände zudem die Gefahr opportunistischen Verhaltens seitens des besser informierten Unternehmensgründers. Daher fallen ergänzend zu den Informationsbeschaffungskosten im Vorfeld des Finanzierungsvertrages noch zusätzlich erhebliche *Kosten* für die laufende *Überwachung* der vertraglichen Vereinbarungen an. Diese liegen dabei deutlich über den Kontrollkosten, die für eine vergleichbare Finanzierungsbeziehung zu einem etablierten Unternehmen als Kapitalempfänger entstünden.

- Als weiterer in diesem Kontext relevanter Aspekt ist schließlich auch das für die Gründungsfinanzierung charakteristische *Fehlen* einer vorherigen *langfristigen Geschäftsbeziehung* zwischen den Beteiligten zu berücksichtigen. Ohne ein entsprechendes, etwa durch viele Jahre erfolgreicher Zusammenarbeit entstandenes Vertrauensverhältnis zwischen beiden Parteien werden die gerade thematisierten Problemfelder der Qualitätsunsicherheit und Verhaltensunsicherheit sowie die hierdurch hervorgerufenen Vorbehalte des Kapitalgebers abermals verstärkt.

Wenn man die bisherigen Erkenntnisse noch einmal in Kurzform zusammenfassen möchte, wird man die Gründung von Unternehmen deshalb insgesamt als einen zentralen Anwendungsfall der neoinstitutionalistisch geprägten Finanzierungstheorie ansehen dürfen. Das Informationsgefälle zwischen dem informierten Unternehmensgründer auf der einen und seinem nur mit mangelhafter Kenntnis zum Unternehmen ausgestatteten potentiellen Investor auf der anderen Seite stellt die Ursache für mögliche Phänomene sowohl der adversen Selektion als auch des moralischen Hasardspiels dar. Beide Problembereiche lassen sich insofern als wesentliche und konstitutive Elemente jeder gründungsbezogenen Finanzierungsbeziehung ansehen.[1]

Auch die Literatur trägt dieser Erkenntnis gebührend Rechnung, dadurch daß auf dem Gebiet der theorieorientierten Gründungsfinanzierung häufig Modelle thematisiert werden, deren entscheidender Bezugspunkt auf der Annahme einer solchen Informationsasymmetrie und etwaiger Maßnahmen zur Gegensteuerung beruht. Insbesondere verschiedene Überlegungen zur Qualitätsunsicherheit und seinen Folgen stehen hierbei im Mittelpunkt des wissenschaftlichen Interesses. Aber auch Konflikte zwischen

---

[1] Für diese Auffassung vgl. auch *ILLING*, Existenzgründung (1994), S. 7-12, gleichermaßen *LORENZANA/VIGIER*, Financial Problems (2002), S. 4-6, ergänzend *DEAKINS/HUSSAIN*, Risk Assessment (1994), S. 24.

kapitalgebender und kapitalnehmender Vertragsseite durch verhaltensunsicherheits-bedingte Risiken besitzen in diesem Zusammenhang einen bedeutenden Stellenwert.[1]

Bekanntlich führen jedoch verschiedene Finanzierungsinstrumente zu verschiedenen Anrechten der Kapitalgeber. Aufgrund dieses Sachverhaltes befinden sich die relevanten Problemfelder in der Beziehung zwischen dem Unternehmensgründer und seinen potentiellen Kapitalgebern, die mit den Phänomenen der adversen Selektion und des moralischen Hasardspiels einhergehen können, in einer gewissen Abhängigkeit von dem jeweils gewählten Finanzierungsmittel. Es gibt also Sinn, im Rahmen einer prinzipal-agenten-theoretischen Interpretation spezifischer Problembereiche der Gründungsfinanzierung in den nachfolgenden Kapiteln zwischen den finanzierungs-formabhängigen Konsequenzen ungleich verteilten Wissens zu unterscheiden.

4.2.3.2.2 Auswirkung auf die Finanzierung mit Fremdkapital

Auf diesem Gebiet lassen sich beide im Kapitel 4.2.3.1.2 eingehend dargestellten Folgeerscheinungen asymmetrischer Informationsstrukturen beobachten. Sowohl der Aspekt Qualitätsunsicherheit als auch der Gesichtspunkt Verhaltensunsicherheit besitzen bei dieser Form der Prinzipal-Agenten-Beziehung – mit der kapitalgebenden Bank als Prinzipal und dem kapitalnachfragenden Unternehmensgründer als Agenten – eine erhebliche Bedeutung.

(1) Problemfeld adverse Selektion:

Wie bereits mehrfach thematisiert, kann ein Unternehmer gerade bei innovativen Unternehmensgründungen wegen der Ex-ante-Informationsasymmetrie den möglichen Erfolg seines Vorhabens grundsätzlich besser als externe Kreise, zu denen Kreditinstitute und ihre Beauftragten gehören, einschätzen. Jeder Unternehmensgründer besitzt zudem natürlich Interesse daran, sein Gründungsprojekt tunlichst positiv darzustellen, um den benötigten Kreditbetrag zu möglichst günstigen Kreditkonditionen – also einem möglichst niedrigen Zinssatz – zu erhalten. Da ein Fremdkapitalgeber solche Angaben sowohl aus grundsätzlichen Überlegungen heraus als auch aufgrund der Kosten derartiger Verifizierungsmaßnahmen niemals vollständig überprüfen kann, gelingt es ihm nur mit Einschränkungen, „gute" von „schlechten" Gründungs-vorhaben zu trennen. Deshalb muß er seine Kreditkonditionen gemäß der durch-

---

[1] Hinsichtlich einer allgemeinen Einführung in die neoinstitutionalistische Finanzierungstheorie vgl. etwa *SCHMIDT/TERBERGER*, Investitions- und Finanzierungstheorie (1997), S.409-450, für eine umfassende Auflistung derartiger finanzwirtschaftlicher Grundmodelle vgl. beispielsweise *DANIEL/TITMAN*, Investment under Asymmetric Information (1995), S. 724-756, ebenfalls die Übersichtsdarstellung in *WOHLSCHIEß*, Unternehmensfinanzierung (1996), S. 15-16.

schnittlich am Markt vorhandenen Qualität festlegen und einen *durchschnittlichen Zinssatz* für die Kreditvergabe an alle Unternehmen fordern.[1]

Auf der einen Seite fallen für „schlechte" Unternehmensgründungen mit einem hohen Finanzierungsrisiko die Kreditzinsen damit unangemessen günstig aus. Auf der anderen Seite werden „gute" Unternehmen mit einem überhöhten Risikozuschlag bedacht. Diese Preisverzerrung wird die Gesamtnachfrage nach Fremdkapital dahingehend beeinflussen, daß vorwiegend informierte Eigentümer unterdurchschnittlicher Unternehmen bereit sind, Fremdkapital zu einem solchen, für ihre Risikosituation eigentlich zu günstigen Zinssatz nachzufragen. Die ebenfalls informierten Eigner von Unternehmen mit überdurchschnittlichen Zukunftserwartungen hingegen werden sich tendenziell aus diesem Markt zurückziehen. In einer Gesamtbetrachtung führt dieser Prozeß negativer Auslese dazu, daß eher „schlechte" Unternehmensgründungen mit derartigen Krediten finanziert werden, während „gute" Gründungsvorhaben von dieser Finanzierung gleichsam ausgeschlossen sind.[2]

Die Folgen adverser Selektion für den Bereich der Fremdfinanzierung können unter ganz bestimmten Voraussetzungen in ein gesamtwirtschaftlich zu niedriges Investitionsniveau, welches sich durch die Begriffe *Unterinvestition* oder *Kreditrationierung* kennzeichnen läßt, einmünden. Nachstehend soll dieser Fall einer Unterinvestition als mögliches Ergebnis adverser Selektionsmechanismen kurz vorgestellt werden:[3]

Ausgangsbasis dieses theoretischen Konzepts ist die Annahme, daß der Kreditgeber – wie normalerweise üblich – insgesamt seinen erwarteten finanziellen Erfolg aus der Vergabe von Krediten an verschiedene Unternehmensgründer als Kapitalnachfrager maximieren möchte. Der wesentliche Grundgedanke in diesem Ansatz besteht nun aus der Überlegung, als Bestimmungsgrößen dieses Erfolges nicht nur die Höhe des Kreditzinses, sondern zugleich auch das Kreditausfallrisiko – also die Insolvenzwahrscheinlichkeit des neu gegründeten Unternehmens – anzusehen. Aufgrund der bestehenden Informationsasymmetrie kann der Kapitalgeber dabei das „tatsächliche" Risiko der Zahlungsunfähigkeit eines einzelnen um Kapital nachfragenden Unternehmens nicht erkennen.

---

[1] Dieser Durchschnittszins entspricht dabei dem im allgemeinen Modell in Kap. 4.2.3.1.2 thematisierten Einheitspreis.

[2] Vgl. *ILLING*, Existenzgründung (1994), S. 21, dergleichen *MISHKIN*, Financial Markets (2003), S. 188.

[3] Hierzu vgl. vor allem *STIGLITZ/WEISS*, Credit Rationing (1981), S. 393-409, ergänzend *ILLING*, Existenzgründung (1994), S. 25-28, weiterhin *MRZYK*, Kreditwürdigkeitsprüfung (1999), S. 61 f., gleichfalls *ROLING*, Venture Capital (2001), S. 36-43.

Ein höherer Zins steigert dadurch zum einen wohl die finanziellen Rückflüsse zum Kapitalgeber. Gleichzeitig führt er allerdings auch dazu, daß diesen Zins vermehrt nur Unternehmensgründer in Anspruch nehmen, deren Gründungskonzept eine zwar geringere Erfolgswahrscheinlichkeit, gleichsam zum Ausgleich dafür aber einen höheren Gewinn verspricht, sollte dieser (unwahrscheinliche) Erfolgsfall eintreten.[1] Wegen des vorab feststehenden Zinssatzes bedingt diese steigende Insolvenzwahrscheinlichkeit damit zum anderen eine Ertragsminderung für das Kreditinstitut. Bei zwei gegenläufigen Ertragsdeterminanten gibt es daher einen optimalen Zinssatz, welcher den Gewinn der Bank maximiert.

Insgesamt verliert der Zins damit zum Teil seine Funktion zur Steuerung von Angebot und Nachfrage auf dem Fremdkapitalmarkt. Bei einer überschießenden Nachfrage nach Krediten werden die kapitalgebenden Institutionen aufgrund des oben beschriebenen Umstandes nur so lange bereit sein, den Zins zu erhöhen und dadurch das Angebot des Fremdkapitals auszuweiten, bis ihr gewinnmaximierender Zinssatz erreicht ist. Wenn dieser optimale Kreditzins dann unterhalb des Markträumungszinses liegt, wie dieser sich in vollkommenen Kreditmärkten normalerweise aufgrund der Marktsituation im Gleichgewicht einstellen würde, können in einem derartigen Fall nicht alle Nachfrager, unabhängig von ihrer Zahlungsbereitschaft, mit Krediten versorgt werden. Folglich kommt es gleichsam zu einer Kreditrationierung, aufgrund derer auch gesamtwirtschaftlich lohnende Gründungsprojekte nicht finanziert werden und deshalb aus Kapitalmangel unterbleiben.

Indes kann man die Ergebnisse eines derartigen Modells nicht dahingehend interpretieren, hieraus etwa eine allgemeine Rechtfertigung für staatliche Kapitalfördermaßnahmen gegenüber Unternehmensgründungen ableiten zu wollen. Grundsätzlich sind die jeweiligen Resultate solcher ökonomischen Ansätze zwingend von der Existenz gewisser, genau definierter Modellannahmen abhängig. So ist es andererseits genau so möglich, den im oben genannten Konzept von STIGLITZ und WEISS verwendeten Prämissenkranz derartig zu verändern, daß bei Gültigkeit dieser anderen Bedingungen ein genau gegensätzliches Ergebnis entsteht. Wie diesbezüglich DE MEZA und WEBB anhand des von ihnen entwickelten Ansatzes verdeutlichen,[2] kann die Quali-

---

[1] An dieser Stelle sei angemerkt, daß das ursprünglich von STIGLITZ und WEISS vorgestellte Modell sich nicht nur auf den Aspekt der Qualitätsunsicherheit anwenden läßt, sondern sich genauso gut zur Darstellung der Konsequenzen eines moralischen Hasardspiels eignet. Entscheidend ist allein das Insolvenzrisiko des Unternehmens. Ob dieses nun ex ante bereits sehr hoch ist und aufgrund der Informationsasymmetrie dem Kapitalgeber verheimlicht werden kann, oder ob es erst durch ex post risikoreiches und von der Bank nicht kontrollierbares Geschäftsverhalten des Unternehmers entsteht, dieser Unterschied ist für das Ergebnis nicht bedeutsam.

[2] Diesbezüglich vgl. ausführlich die Darstellung bei *DE MEZA/WEBB*, Too Much Investment (1987), S. 281-292, weiterführend *DE MEZA/WEBB*, Insufficient Lending (2000), S. 216-233 sowie in Ergänzung *ILLING*, Existenzgründung (1994), S. 28-30.

tätsunsicherheit des Kreditgebers bei entsprechender Wahl der Modellannahmen vielmehr zu einer Situation der *Überinvestition* führen, in der dann – aus gesamtwirtschaftlicher Sicht – zu viele schlechte Unternehmensgründungen mittels Fremdkapital finanziert werden. Eine finanzielle Gründungsförderung würde in diesem Fall eine gesamtwirtschaftlich negative Entwicklung weiter verstärken.

(2) Problemfeld moralisches Hasardspiel:

Charakteristisches und gleichsam konstitutives Element einer Fremdfinanzierung mit Krediten ist bekanntlich der Umstand, daß der an den Kapitalgeber zurückzuzahlende Betrag – mit Ausnahme des Insolvenzfalls – vertraglich festgelegt ist. Damit fällt dem Unternehmer der gesamte Residualgewinn des Gründungsvorhabens alleine zu. Insofern kann für einen Unternehmensgründer durchaus ein finanzieller Anreiz bestehen, eine risikoreichere Geschäftspolitik nach Abschluß des Kreditvertrages zu betreiben, als dies bei den Vertragsverhandlungen mit dem Kapitalgeber eigentlich vereinbart worden ist.

Eine derartige Anreizsituation ergibt sich beispielsweise immer dann, wenn sich die Chancen des Eigentümers durch einen Wandel im Unternehmenskonzept stärker als seine Risiken erhöhen lassen. Wegen der prinzipiell unterschiedlichen und asymmetrischen Verteilung der Gesamtchancen und Gesamtrisiken der jeweiligen Geschäftspolitik auf Eigner und Fremdkapitalgeber ist es dabei nicht maßgeblich, inwieweit eine solche Risikosteigerung mit einer möglichen Erhöhung des Erwartungswertes des Gesamtertrages aus dem Unternehmen einhergeht. So können sich für den Unternehmensgründer schon dann Vorteile ergeben, wenn dieses neue Unternehmenskonzept sogar zu einer Senkung dieses Erwartungswertes führt. Sobald es dem Unternehmensgründer nämlich gelingt, die Chancen einer derartigen Geschäftspolitik für sich zu reservieren, während auf der Gegenseite die Risiken dieser Kursänderung von dem Fremdkapitalgeber weitgehend allein zu tragen sind, stellt er sich dadurch besser. Allgemein sollte ihm dies um so leichter gelingen, je höher der Anteil des Fremdkapitals am Gesamtkapital ist.[1]

Die Voraussetzungen, eine für dieses moralische Hasardspiel notwendige strukturelle Neuausrichtung des Unternehmens überhaupt durchführen zu können, liegen nun bei der Neugründung eines Unternehmens grundsätzlich viel besser als bei bereits etablierten Unternehmen vor. Diese Aussage erklärt sich aus der bereits im Zusammenhang mit der Gründungsplanung angesprochenen Gegebenheit, daß junge Unternehmen aufgrund ihres Altersaspekts bei noch kaum festgefügten – organisatorischen wie auch materiellen – Unternehmensstrukturen große planerische Gestaltungsfrei-

---

[1] Zu dieser Thematik vgl. ausführlich *BITZ*, Asymmetrien (1988), S. 10 f., gleichfalls *MISHKIN*, Financial Markets (2003), S. 195 f., ebenso *SCHMIDT/TERBERGER*, Investitions- und Finanzierungstheorie (1997), S. 416 f.

räume bieten.[1] Ergänzend muß man bei dieser Betrachtung moralischen Hasardspiels im Rahmen der Fremdfinanzierung zudem noch folgenden Sachverhalt berücksichtigen: Für Fremdkapitalgeber wird eine dauerhafte Überwachung des Verhaltens des Kreditempfängers allein schon aus Kostengründen her kaum möglich sein. Insofern kann man deshalb bezüglich der Verhaltensunsicherheit – das gleiche Fazit läßt sich übrigens auch für die vorher besprochene Qualitätsunsicherheit ziehen – von einem erheblichen *gründungsspezifischen Risikopotential* sprechen, dem die klassische Kreditfinanzierung von Unternehmensgründungen ausgesetzt ist.[2]

4.2.3.2.3 Auswirkung auf die Finanzierung mit Eigenkapital

In Analogie zur gerade beschriebenen Situation bei der Fremdfinanzierung entstehen natürlich auch im Bereich der Eigenkapitalfinanzierung von Unternehmensgründungen Probleme sowohl aufgrund adverser Selektionsphänomene als auch aufgrund der Gelegenheiten zu moralischem Hasardspiel.[3] Entsprechend den bisherigen Darlegungen zur Gründungsfinanzierung kann das Gebiet der Beteiligungsfinanzierung für junge Unternehmen allerdings im wesentlichen mit der im Kapitel 4.2.2 eingehend vorgestellten Risikokapitalfinanzierung gleichgesetzt werden. Hierbei sind sowohl der Aspekt der Informationsasymmetrie zwischen dem Ersteigentümer auf der einen sowie dem Beteiligungskapitalgeber auf der anderen Seite als auch die hierdurch bedingten Folgeerscheinungen bereits mehrfach – insbesondere im Rahmen der Ausführungen zum Ablauf eines klassischen Finanzierungsprozesses mit Risikokapital[4] – erläutert worden.

(1) Problemfeld adverse Selektion:

Bezüglich dieses Bereiches läßt sich auf die ausführliche Darstellung zur Phase der Beteiligungsakquisition im Kapitel 4.2.2.2.2 hinweisen, welche sich eingehend mit den Schwierigkeiten befaßt, die aufgrund der Qualitätsunsicherheit bei der konkreten Preisfestlegung für die finanzielle Beteiligung am Unternehmen auftreten. Im Ergebnis führt eine solche Qualitätsunsicherheit dazu, daß der Risikokapitalgeber wegen seiner Informationsdefizite nicht hinreichend in der Lage ist, hinsichtlich der in Frage

---

[1]   Vgl. dazu Kap. 4.1.1.1.

[2]   Hierzu vgl. auch *DEAKINS/HUSSAIN,* Risk Assessment (1994), S. 24.

[3]   Der Vollständigkeit halber sei angemerkt, daß man im Rahmen einer Beteiligungsfinanzierung vor allem hinsichtlich der Verhaltensunsicherheit zusätzlich noch von einer zweiten, umgekehrt gestalteten Prinzipal-Agenten-Beziehung ausgehen kann, in welcher der Kapitalgeber die Agentenfunktion übernimmt, während der Alteigentümer die Rolle des Prinzipals erhält. Vgl. zu dieser Thematik z.B. *STUMMER,* Venture-Capital-Partnerschaften (2002), S. 44 f.

[4]   Vgl. Kap. 4.2.2.2.

kommenden Unternehmensgründungen, an denen er sich beteiligen möchte, zwischen „wertvolleren" Investitionsobjekten mit einem hohen künftigen Erfolgspotential und „weniger wertvollen" Beteiligungsunternehmen, die nur eine geringe Chance auf zukünftige finanzielle Erfolge bieten, zu unterscheiden.

Darum wird er sowohl „gute" als auch „schlechte" Unternehmen tendenziell als qualitativ gleichwertig einstufen und sie mit dem durchschnittlich zu erwartenden Zukunftserfolg bewerten. Als Ergebnis eines solchen adversen Selektionsmechanismus kommt es dann dazu, daß auf den entsprechenden Risikokapitalmärkten die Beteiligungspreise für „gute" Unternehmen bzw. Geschäftsideen tendenziell zu niedrig ausfallen, während im Gegenzug „schlechte" Unternehmen bzw. Geschäftsideen einen zu hohen Verkaufspreis erzielen. Da auf der Gegenseite der Unternehmensgründer und potentielle Verkäufer der Beteiligung die Qualität seines Unternehmens sehr viel besser einschätzen kann, bedingt diese Preisverzerrung – ganz vergleichbar der Situation im Rahmen der Fremdkapitalfinanzierung – einen tendenziellen Rückzug „guter" Gründungsvorhaben vom Risikokapitalmarkt, sofern nicht entsprechende Gegenmaßnahmen zur Minderung der Qualitätsunsicherheit des Kapitalgebers ergriffen werden.[1]

(2) Problemfeld moralisches Hasardspiel:

Auch im Hinblick auf den Stellenwert dieses zweiten Komplexes informationsasymmetriebedingter Folgeerscheinungen für die Gründungsfinanzierung kann vorderhand auf die bisherigen Darlegungen verwiesen werden. Diese sind hauptsächlich im Zusammenhang mit dem Phasenkonzept der Risikokapitalfinanzierungen sowohl im Kapitel 4.2.2.2.2 zur Phase der Beteiligungsakquisition als auch im Kapitel 4.2.2.2.3 zur Phase der Unternehmensentwicklung gegeben worden.

Bekanntlich erhält ein Beteiligungskapitalgeber in der Regel einen seinem Anteil am Unternehmen entsprechenden festen Teil am Gesamtgewinn. Aufgrund dieses Umstandes ist es für den Alteigentümer – anders als bei der im vorherigen Abschnitt thematisierten Fremdkapitalfinanzierung von Unternehmensgründungen – normalerweise nicht mehr möglich, durch einen Wechsel der Geschäftspolitik und gleichzeitiger Verschiebung des Risiko-Chancen-Profils seine Gewinnchancen zu Lasten des Kapitalgebers zu erhöhen.

Wenn er, wie im Regelfall üblich, nach wie vor die Geschäftsführung des jungen Unternehmens wahrnimmt, führt eine Eigenkapitalfinanzierung allerdings dazu, daß er den Nutzen für zusätzliche Arbeitsanstrengungen, die zu einer Erhöhung des gesamten Unternehmensgewinns führen, künftig nicht mehr alleine für sich bean-

---

[1] Diesbezüglich vgl. das folgende Kap. 4.2.3.2.4.

spruchen kann. Vielmehr muß er jetzt stets einen Bestandteil davon an seine Miteigentümer abtreten. Da der Ersteigentümer auf der Gegenseite die Last einer solchen zusätzlichen Tätigkeit alleine trägt, wirkt sich diese Gewinnbeteiligung für ihn folglich wie eine Art Steuer aus. Diese Situation läßt sich jedoch dadurch vermeiden, daß er vermehrt einen Teil des Unternehmensgewinns in Güter umlenkt, aus denen nur er als Geschäftsführer einen Nutzen ziehen kann. Hierzu gehören beispielsweise eine besonders großzügige Büroausstattung oder ein besonders repräsentativer Geschäftswagen. Die Anreize zu solchen *nichtpekuniären eigennützigen Konsumausgaben* sind um so stärker ausgeprägt, je geringer der verbliebene Eigenkapitalanteil und demzufolge auch die Gewinnbeteiligung des Unternehmensgründers ausfallen.[1]

Aus Sicht des Risikokapitalgebers handelt es sich bei diesem soeben geschilderten Sachverhalt um die Gefahr eines gewissermaßen *eigenkapitalspezifischen Aspektes der Verhaltensunsicherheit*, dessen finanziell nachteilige Folgen man entweder bei Vertragsabschluß durch einen entsprechenden Preisabschlag für die Unternehmensanteile oder nachvertraglich durch entsprechende Kontrollmaßnahmen mindern kann.

Zwischenfazit:

Bezieht man die Resultate des vorhergehenden Kapitels in eine Gesamtbetrachtung mit ein, muß man im Rahmen eines Kurzresümees sowohl im Bereich der Fremd- als auch der Eigenkapitalfinanzierung von Unternehmensgründungen aufgrund des hohen gründungsspezifischen Finanzierungsrisikos mit erheblichen informationsasymmetriebedingten Folgeerscheinungen in Hinblick auf die beiden Problemfelder der Qualitäts- und der Verhaltensunsicherheit rechnen. Unter zusätzlicher Berücksichtigung der weiteren besonderen Finanzierungsaspekte in diesem Bereich[2] wird es deshalb verständlich, weshalb die jeweiligen Kapitalgeber bei neu gegründeten und jungen Unternehmen insgesamt einen deutlich höheren Entlohnungssatz für ihr eingesetztes Kapital fordern, als sie dies bei der Finanzierung eines etablierten Unternehmens tun würden.

In Hinblick auf die zeitliche Dimension gilt außerdem: Je größer ein Unternehmen und je länger es am Markt tätig ist, desto mehr Informationen zum Unternehmen sind allgemein verfügbar. Damit ist es für Investoren, unabhängig davon, welche Finanzierungsform jeweils betroffen ist, generell einfacher, die Qualität des Unternehmens einzuschätzen. Zudem mindert die dann in der Regel vorhandene Reputation des Unternehmens etwaige Verhaltensunsicherheiten. Aus diesem Grund zeigen Kapital-

---

[1] Hierfür vgl. grundlegend *JENSEN/MECKLING*, Theory of the Firm (1976), S. 305-360, ergänzend z.B. die Ausführungen in *ERLEI/LESCHKE/SAUERLAND*, Institutionenökonomik (1999), S. 76-85, ebenso *ILLING*, Existenzgründung (1994), S. 14, weiterhin *ROLING*, Venture Capital (2001), S. 47-51.

[2] Ausführlich zu dieser Thematik vgl. die Darstellung in Kap. 4.2.1.

geber bei derartigen etablierten Unternehmen prinzipiell weniger Vorbehalte, mit diesem Unternehmen eine direkte Finanzierungsbeziehung etwa durch Aktienerwerb[1] über den organisierten Kapitalmarkt einzugehen. Gleichzeitig wird mit dieser Erkenntnis auch die im Kapitel 4.2.1.4 sowie *Abbildung 25* getroffene Aussage verständlich, daß Unternehmensgründungen in der Regel kaum Möglichkeiten besitzen, auf solche Finanzierungsinstrumente zurückzugreifen.[2]

4.2.3.2.4 Möglichkeiten zur Gegensteuerung

Wie die Untersuchungsergebnisse der beiden vorherigen Abschnitte deutlich aufgezeigt haben, bilden die ungleiche Informationsverteilung zwischen Unternehmer und Kapitalgeber sowie ihre Folgen zentrale Problembereiche einer jeden Gründungsfinanzierung. Neben einer sorgfältigen Prüfung des jeweiligen Unternehmens durch den Investor[3] kommt den im Kapitel 4.2.3.1.3 vorgestellten Mechanismen zur Verminderung der Informationsasymmetrie – einerseits Signalisierung und Filterung zur Verhinderung adverser Selektionsphänomene, andererseits Kontrolle, Anreizsysteme und Reputation zur Eindämmung moralischer Hasardspiele – eine wichtige Rolle zu. Allerdings handelt es sich hierbei zunächst lediglich um allgemeine Maßnahmen. Diese eignen sich mit Ausnahme von Reputationssachverhalten, welche aufgrund des Altersaspektes junger Unternehmen normalerweise keine Relevanz besitzen, wohl prinzipiell für eine Nutzung im Bereich der Gründungsfinanzierung, bedürfen jedoch, um Wirksamkeit zu erlangen, noch einer konkreten Einbindung in den zugehörigen Finanzierungsprozeß. Nachfolgend sollen daher verschiedene Möglichkeiten dafür aufgezeigt werden, wie sich die Probleme der Qualitäts- und Verhaltensunsicherheit im Bereich der Finanzierung von Unternehmensgründungen für die jeweiligen Kapitalgeber entsprechend reduzieren lassen.

---

[1] Vom Grundsatz her gilt diese Feststellung natürlich genauso für eine Fremdkapitalfinanzierung, etwa durch Anleihen, auf dem organisierten Kapitalmarkt.

[2] Vgl. diesbezüglich auch MISHKIN, Financial Markets (2003), S. 191.

[3] Zu diesem Sachverhalt vgl. insbesondere die Ausführungen in Kap. 4.2.2.2.2. Selbstverständlich ergibt eine solche Sorgfaltsprüfung nicht nur im Rahmen einer Beteiligungsfinanzierung Sinn, sondern bietet sich – in eingeschränktem Umfang – prinzipiell auch im Vorfeld einer größeren Kreditvergabe an.

(1) Signalisierung durch die finanzielle Eigenbeteiligung des Unternehmensgründers an dem Gründungsvorhaben:[1]

Als Ausgangsbasis dient eine Situation, in der Personen zur Realisation ihrer Geschäftsideen neue Unternehmen gründen möchten, für die Umsetzung dieses Vorhabens indes noch Beteiligungskapital außenstehender Investoren benötigen. Die asymmetrische Informationsverteilung zwischen den Unternehmensgründern auf der einen und den potentiellen Eigenkapitalgebern auf der anderen Seite bezieht sich in diesem Fall vor allem auf die Geschäftsideen, über deren künftige Zahlungsströme im Falle einer Durchführung die jeweiligen Gründer einen deutlich besseren Kenntnisstand aufweisen.[2] Entsprechend dem Prinzip adverser Selektion kann auch hier eine Entwicklung nicht von der Hand gewiesen werden, in der es zu einer nivellierenden Bewertung der verschiedenen sowohl „guten" als auch „schlechten" Geschäftspläne und damit sozusagen zur Bildung von „Durchschnittspreisen" für die Beteiligung durch die Investoren kommt. Als Konsequenz davon werden zunächst Unternehmensgründer mit eher fragwürdigen Gründungskonzepten bevorzugt. Bei sinkender Durchschnittsqualität aller Neugründungen steigen dementsprechend die Kosten für Beteiligungskapital, so daß viele auch qualitativ hochwertige Geschäftsideen nicht mehr verwirklichbar sind.[3]

Um eine derartige Fehlentwicklung zu vermeiden, müssen die potentiellen Investoren daher in der Lage sein, glaubwürdige Informationen zur Qualität der Unternehmensgründung zu gewinnen. In diesem Zusammenhang kann nun die Bereitschaft des Gründers, große Teile seines persönlichen Eigentums in das neue Unternehmen zu investieren und/oder sich einer unbeschränkten persönlichen Haftung zu unterwerfen, als geeignetes Qualitätszeichen im Sinne einer Signalisierungsmaßnahme an die möglichen Geber von Beteiligungskapital aufgefaßt werden. Diese Feststellung bedeutet zugleich aber auch, daß die Investoren das persönliche und finanzielle Engagement des Gründers in ihr Bewertungskalkül des Unternehmens mit einbeziehen: Je größer die Bereitschaft des Gründers ist, sich und Teile seiner Privatsphäre in das Unternehmen einzubringen, desto geringer wird folglich das Risiko eines Projektmißerfolges durch Außenstehende eingeschätzt und desto eher sind diese deshalb geneigt, Anteile dieses Unternehmens zu einem höheren Kaufpreis zu erwerben.

---

[1] Ein derartiges Konzept wurde erstmals von LELAND und PYLE vorgestellt. Für die weiteren Ausführungen im Text vgl. dementsprechend *LELAND/PYLE*, Informational Asymmetries (1977), S. 371-384.

[2] Insofern handelt es sich hier um ein typisches Beispiel einer Unternehmensbewertung. In Abweichung von den üblichen Gepflogenheiten erfolgt diese allerdings nicht im herkömmlichen Sinne für ein bereits bestehendes, sondern für ein noch zu gründendes, aktuell nur virtuell vorhandenes Unternehmen.

[3] Hier bestehen gewisse Parallelen zum Phänomen der Kreditrationierung. Vgl. dazu Kap. 4.2.3.2.2.

Auch wenn dieser Signalisierungsansatz von LELAND und PYLE primär für das Gebiet der Beteiligungsfinanzierung entwickelt worden ist, kann seine Grundaussage, das Ausmaß des persönlichen Engagements des Gründers als entsprechendes Qualitätssignal für dieses Gründungsvorhaben heranzuziehen, natürlich auch auf den Bereich der Fremdkapitalfinanzierung übertragen werden. Deshalb ist z.B. unter sonst gleichen Umständen eine OHG kreditwürdiger als eine GmbH.

(2) Signalisierung durch Garantien:[1]

Unter diesen Aspekt fallen beispielsweise Bilanzgarantien oder Zusicherungen für das Bestehen bzw. Nichtbestehen bestimmter Sachverhalte, wie gewerbliche Schutzrechte, Einzahlung der Kapitaleinlagen, Belastungen hinsichtlich der Rechte Dritter, Verbindlichkeiten, Bezugs- und Lieferverträge etc.

- *Direkte Wirkung*:

  Wichtig ist, daß derartige Garantieversprechen auf der einen Seite bezüglich der sie unmittelbar betreffenden Inhalte nichtüberprüfte oder nichtüberprüfbare Unternehmensdaten in gleichsam verifizierte Informationen überführen.

- *Indirekte Wirkung*:

  Da die zukünftige Entwicklung eines jungen Unternehmens verständlicherweise durch Garantien niemals umfassend abgesichert werden kann, läßt sich ihre Abgabe auf der anderen Seite grundsätzlich als positives Zeichen für die tendenziell überdurchschnittliche Qualität des jeweiligen Unternehmens ansehen. In Analogie zum vorherig vorgestellten Eigenbeteiligungssignal wirken Garantien daher sowohl bei der Fremd- als auch der Eigenkapitalfinanzierung zusätzlich als allgemeine vertrauensbildende Maßnahme des Unternehmensgründers gegenüber den Kapitalgebern.

---

[1] Vgl. z.B. *GRISEBACH*, Innovationsfinanzierung (1989), S. 210-216, ebenso *MEIS*, Existenzgründung (2000), S. 237 f.

(3) Flexibilität (in der Vertragsgestaltung) durch ergebnisabhängige Preisvereinbarungen:[1]

Solche Verfahren bieten sich an, wenn entweder zwischen Kaufinteressent und Alteigentümer abweichende Erwartungen bezüglich des künftigen Unternehmenserfolges bestehen oder die Prognose der Zukunftsgewinne aufgrund der hinlänglich bekannten Eigenheiten von Unternehmensgründungen erhebliche Schwierigkeiten bereitet. Demzufolge eignen sich ergebnisabhängige Preisvereinbarungen vor allem im Kontext einer Beteiligung an jungen und innovativen Unternehmen. Konkret geht es bei derartigen Übereinkünften dann darum, den Kaufpreis für das Unternehmen oder den Unternehmensanteil in eine fixe sowie eine zusätzliche variable Preiskomponente aufzuspalten, wobei dieser zweite Betrag dann von der künftigen Unternehmensentwicklung in den Folgejahren abhängig gemacht wird. Als Indikatoren für diese Entwicklung werden dabei typischerweise Umsatz- oder Gewinngrößen, aber auch sonstige meßbare Erfolgsparameter vereinbart.

Aus einer neoinstitutionalistischen Perspektive heraus stellen sich derartige ergebnisabhängige Preisvereinbarungen nicht nur als Verfahren zur Minderung der vorvertraglichen Qualitätsunsicherheit dar. Zusätzlich liefern sie dem in der Geschäftsführungsfunktion verbleibenden Ersteigentümer einen finanziellen Anreiz, auch nach Vertragsabschluß seine bisherigen Bemühungen um den Unternehmenserfolg zumindest für einen gewissen Zeitraum fortzusetzen, und wirken damit einem moralischen Hasardspiel entgegen. Für eine Fremdfinanzierung lassen sich solche Maßnahmen zur flexiblen Preisgestaltung allerdings aufgrund der bekannten Charakteristika von Fremdkapital nicht nutzen.

(4) Vorteile von Risikokapitalgesellschaften als Finanzintermediäre:

* Anforderungen an die Kapitalgeber:

  Jede Finanzbeziehung zwischen Kapitalgeber und Unternehmensgründung muß die besondere gründungsspezifische Relevanz der beiden Problemfelder vorvertraglicher Qualitätsunsicherheit sowie nachvertraglicher Verhaltensunsicherheit berücksichtigen. Wegen der damit einhergehenden Risiken eignet sich zur direkten Vergabe von Kapital an neu gegründete Unternehmen daher normalerweise nur ein ganz bestimmter Kreis von Personen oder Institutionen, die folgende Eigenschaften besitzen sollten:

---

[1] Für weitergehende Erläuterungen zu dieser Maßnahme, die im an die angelsächsische Begriffswelt angelehnten Sprachgebrauch oftmals auch als *„Earn-Outs"* bezeichnet wird, vgl. etwa BAUMS, Ergebnisabhängige Preisvereinbarungen (1993), S. 1273-1276, dergleichen GRISEBACH, Innovationsfinanzierung (1989), S. 207-209, wiederum MEIS, Existenzgründung (2000), S. 229-233.

- Um vor allem adversen Selektionsmechanismen entgegenzutreten, gehören hierzu zum einen überdurchschnittliche Kenntnisse der Produkte oder Geschäftsfelder, mit denen das potentielle Investitionsobjekt zu tun hat. Aber auch Kenntnisse bzw. Erfahrungen in der betriebswirtschaftlichen Unternehmensführung sind diesbezüglich sinnvoll.

- Zum anderen sollten solche Kapitalgeber stets auch die Bereitschaft zur Mitarbeit an der Geschäftsführung des jungen Unternehmens besitzen. In Anbetracht der inhaltlichen Wechselwirkung zwischen Betreuungsaspekt einerseits und Kontrollaspekt andererseits[1] kann auf diese Weise insbesondere den Problemen eines moralischen Hasardspiels durch den Alteigentümer entgegengetreten werden.

- Relevanz der verschiedenen Finanzierungsalternativen:

  - Eignung aktiver Privatinvestoren:

    Man erkennt also, daß im Rahmen einer *direkten Finanzierungsbeziehung* diese Voraussetzungen nur bei der Vergabe von informellem Risikokapital durch aktive Privatinvestoren vorliegen.[2] Der herkömmliche renditeorientierte Kapitalanleger erfüllt sie hingegen normalerweise nicht. Deshalb wird er, möchte auch er sich finanziell an neu gegründeten und jungen Unternehmen beteiligen, im Regelfall eine *indirekte Beziehung* wählen und zu diesem Zweck einen *Finanzintermediär* zwischenschalten.

  - Probleme der (herkömmlichen) Kreditwirtschaft:

    Zwar gehören auch *Kreditinstitute* zu den klassischen Finanzintermediären. Allerdings weisen sie – strukturell bedingt – üblicherweise nicht die oben genannten beiden Eigenschaften und Fähigkeiten[3] auf und können daher nicht den besonderen Erfordernissen, die sich bei der Finanzierung von Unternehmensgründungen gerade im Kontext einer die Prinzipal-Agenten-Theorie betonenden Sichtweise ergeben, angemessen nachkommen.

  - Eignung von Risikokapitalgesellschaften:

    Neben den aktiven Privatinvestoren erfüllen im Normalfall allein die *Risikokapitalgesellschaften* obige zwei Voraussetzungen. Gleichsam als Sonderform eines Finanzintermediärs nehmen sie daher auf der einen Seite dessen übliche

---

[1] Vgl. dazu auch Kap. 4.2.2.2.3.

[2] Vgl. hierfür die Darstellungen in den Kap. 4.2.2.1.2 und 4.2.2.1.3.

[3] Banken gelten allseits als schlechte Unternehmer außerhalb ihrer eigenen Branche.

Funktionen wahr.[1] Auf der anderen Seite sind sie jedoch auch in der Lage, zusätzlich noch die notwendigen Maßnahmen zur Vermeidung der gründungsspezifischen Folgeerscheinungen ungleich verteilter Informationen entsprechend umzusetzen. So werden die bekannten Problemkreise einer Prinzipal-Agenten-Beziehung durch ausführliche vorvertragliche Informationsbeschaffungs- und -verarbeitungsprozesse genauso wie durch die Ausübung umfangreicher nachvertraglicher Kontrollen wirksam eingegrenzt.[2]

Insgesamt erfährt damit die (aufgrund anderer Sachverhalte bereits in früheren Abschnitten dieses Buches festgestellte) geringe Bedeutung der Fremdfinanzierung bei gleichzeitiger Dominanz der Eigenfinanzierung durch Beteiligungskapital[3] eine erneute, diesmal aus der neoinstitutionalistischen Finanzierungstheorie abgeleitete Bestätigung.

---

[1] Hierzu gehören im einzelnen die Betrags-, Fristen- und Risikotransformation sowie die Informationsbedarfstransformation im herkömmlichen Sinne. Ausführlich vgl. *BITZ,* Finanzdienstleistungen (2002), S. 28-33, ebenso *SCHIRMEISTER/WIPPLER,* Finanzintermediation (1999), S. 208-210.

[2] Umfassend zur neoinstitutionalistischen Interpretation der Finanzintermediärrolle von Risikokapitalgesellschaften vgl. beispielsweise *MISIRLI,* Intermediäre (1988), S. 129-190.

[3] Vgl. dazu die Ausführungen in den Kap. 4.2.1.3.2 und 4.2.1.3.3.

4.3 Gründungshilfe und -förderung

4.3.1 Übersicht der Förderformen

In Hinblick auf die *Art* der Gründungshilfe kann man in der Regel zwischen drei verschiedenen Maßnahmen zur Unterstützung von Unternehmensgründungen trennen: *Finanzielle* Gründungsförderung, *Beratungsleistungen* sowie die Bereitstellung von *Infrastruktur.*[1]

Als zweite Systematisierungsmöglichkeit liegt es nahe, eine Unterscheidung bezüglich des Anbieters bzw. der *Herkunft* der jeweiligen Gründungshilfe vorzunehmen. In diesem Sinn bietet sich vor allem die Differenzierung in *öffentliche* und *gewerbliche Gründungsförderung* an:

- Erstere Alternative beinhaltet in diesem Zusammenhang alle Maßnahmen staatlicher Institutionen, die dazu dienen, die Zahl der Unternehmensgründungen zu erhöhen sowie die wirtschaftliche Überlebensfähigkeit neu gegründeter Unternehmen zu verbessern. Eine wirtschaftspolitische Begründung findet dieses Konzept vor allem in der bereits im Kapitel 2.2.3 vorgestellten ökonomischen These zur positiven Beschäftigungswirkung von Unternehmensgründungen.

  Aus volkswirtschaftlicher Sicht ist eine staatliche Gründungssubventionierung indes kritisch zu beurteilen, da ein zu ihrer Rechtfertigung heranziehbares Marktversagen wissenschaftlich nicht erwiesen ist. Derartige Subventionen benachteiligen einerseits alle nicht-subventionierten Unternehmen im Wettbewerb (insbesondere junge Unternehmen, die gerade die Gründungsphase überlebt haben). Andererseits beeinträchtigen sie die dringend notwendige Haushaltskonsolidierung, ohne die der Staat gezwungen ist, die gewährten Subventionen über Steuererhöhungen bald wieder einzufordern.

- Bei der gewerblichen Gründungsförderung handelt es sich dagegen um das privatwirtschaftlich organisierte Leistungsangebot zur Unterstützung von Unternehmensgründungen. Von der öffentlichen Variante unterscheidet sie sich hauptsächlich durch die Tatsache, daß ihre Anbieter eigene erwerbswirtschaftliche Zielsetzungen entweder als Hauptzweck oder als Zusatzmotiv ihrer Tätigkeit besitzen.

---

[1] Vgl. zu dieser Einteilung vor allem *FESER/FLIEGER,* Gründungsförderung (2002), S. 387.

Führt man nun diese beiden Aspekte Herkunft und Maßnahmen der Gründungshilfe zusammen, erhält man ein zweidimensionales Gliederungsschema, welches durch insgesamt sechs verschiedene *Formen der Gründungshilfe* charakterisiert ist:

- *Finanzielle Gründungshilfe*:

  - *Öffentlich*:

    Zu diesem Bereich gehören neben den Darlehensprogrammen der öffentlichen Hand noch die Zuschußförderung sowie staatliche Bürgschaften und öffentliche Kapitalbeteiligungen. Für eine weiterführende Beschreibung kann auf die Ausführungen im Kapitel 4.2.1.3.2 verwiesen werden.

  - *Gewerblich*:

    Der Begriff der gewerblichen Finanzhilfen für junge und neu gegründete Unternehmen bezieht sich im wesentlichen auf die Bereitstellung von Risikokapital sowohl in seinen formellen als auch informellen und industriellen Spielarten. Auch hinsichtlich dieser Form finanzieller Gründungsförderung sei auf die umfassende Darstellung im Kapitel 4.2.2 aufmerksam gemacht.

- *Beratungsleistungen*:

  - *Öffentlich*:

    Das Angebot auf diesem Gebiet stützt sich einerseits insbesondere auf die von den regionalen *Industrie- und Handelskammern* bereitgestellten Beratungsleistungen. Inhaltlich reichen diese Leistungen dabei von der Durchführung eigenständiger Existenzgründungsseminare, in welchen den künftigen Gründern wichtige Basiskenntnisse vermittelt werden, bis hin zur gezielten Einzelfallberatung. Hierbei lassen sich einzelfallbezogene Sachprobleme – wie etwa die konkreten Möglichkeiten zur Inanspruchnahme der zahlreichen staatlichen Förderprogramme, aber auch Aspekte der Gründungsplanung und sonstiger operativer Probleme des Gründungsprozesses – mit dem Unternehmensgründer besprechen.

    Andererseits rechnen zu den öffentlichen Beratungsleistungen auch die speziellen *staatlichen Förderprojekte* und die darin eingebundenen Institutionen. Zumeist als Modellversuche konzipiert, geht es in der Regel um eine Förderung von Unternehmensgründungen in speziellen Branchen oder Wirtschaftsregionen. Als bekanntes Beispiel kann in diesem Kontext das von der Bundesregierung durchgeführte Projekt „Technologieorientierte Unternehmensgründungen" genannt werden.[1]

---

[1] Zu dieser Thematik vgl. z.B. *WIPPLER*, Innovative Unternehmensgründungen (1998), S. 164 f.

- *Gewerblich*:

    Charakteristischerweise umfaßt dieser Bereich zunächst einmal das von den verschiedenen *Risikokapitalgebern* im Rahmen ihrer Beteiligung bereitgestellte *Beratungs-* und *Betreuungsangebot*, das sich bekanntermaßen hauptsächlich auf Aspekte der betriebswirtschaftlichen Führung des Unternehmens bezieht.[1] Die Leistungen renditeorientierter Risikokapitalgesellschaften sind allerdings vornehmlich auf eine beschränkte Mitarbeit bei zentralen Führungsentscheidungen in den wichtigen unternehmensinternen Institutionen – wie z.B. Gesellschafterversammlung oder Unternehmensbeirat – angelegt.[2]

    Eine deutlich umfassendere persönliche Beratungs- und Betreuungsleistung wird hingegen vor allem von *aktiven Privatinvestoren* geboten, indem dieser Personenkreis dem betreuten Unternehmen oftmals noch spezifische branchenbezogene und technische Kenntnisse, eigene unternehmerische Erfahrungen sowie nicht zuletzt auch ein Netzwerk an Kontakten zur Verfügung stellt. Die intensive Verbindung mit dem geförderten Unternehmen durch zumindest zeitweilige Übernahme einzelner Geschäftsführungsaufgaben aus dem Tagesgeschäft erleichtert dabei häufig die konkrete Einbringung und Umsetzung solcher Unterstützungsmaßnahmen.[3]

    Daneben ist es aber auch möglich, daß ein Unternehmensgründer die benötigte Gründungsberatung und -betreuung typischerweise auch aus seiner Zugehörigkeit zu einem bestimmten *Netzwerk*[4] heraus oder aufgrund seines Betreuungsvertrages mit einem *Inkubator*[5] erhält.

- *Bereitstellung von Infrastruktur*:

    - *Öffentlich*:

        In diesem Zusammenhang lassen sich hauptsächlich die staatlichen *Technologie- und Gründerzentren* (TGZ) aufführen. Es handelt sich dabei um eine zumeist auf mehrere Jahre befristete Standortgemeinschaft von neugegründeten oder jungen Unternehmen, wobei deren betriebliche Tätigkeit im wesentlichen auf die Entwicklung, Herstellung und Vermarktung technisch neuartiger und innovativer Güter, Dienstleistungen oder Produktionsverfahren hin ausge-

---

[1] Vgl. Kap. 4.2.2.1.1.

[2] Insbesondere gilt diese Feststellung für die inländischen Risikokapitalgesellschaften. Vgl. *WIPPLER*, Innovative Unternehmensgründungen (1998), S. 171-176.

[3] Diesbezüglich vgl. auch Kap. 4.2.2.1.3.

[4] Ausführlich vgl. z.B. *BECKER/DIETZ*, Innovationsnetzwerke (2002), S. 240-261, auch *REIß/RUDORF* Netzwerke (1998), S. 130-153, ebenfalls *WITT/ROSENKRANZ*, Netzwerkbildung (2002), S. 95-103.

[5] Weiterführend zu diesem Sachverhalt vgl. Kap. 4.3.2 sowie *HERING/VINCENTI/HEINLE*, Inkubator (2002), S. 614-619.

richtet ist. Zu diesem Zweck werden ihnen vornehmlich kostengünstige Gewerbeflächen bereitgestellt, diverse vorwiegend kaufmännische Beratungs- und andere Dienstleistungen angeboten sowie eine ressourcensparende Nutzung von Gemeinschaftseinrichtungen – wie etwa Kopierer, EDV-Anlagen etc. – ermöglicht.[1]

Vor allem in den Bundesländern Nordrhein-Westfalen und Baden-Württemberg ist die regionale Einrichtung solcher Technologie- und Gründerzentren durch Fördermaßnahmen unterstützt worden. Als maßgeblicher Hauptzweck gilt die vermehrte Gründung bzw. Ansiedlung innovativer Unternehmen vor allem aus dem technischen Bereich und, damit einhergehend, die Hoffnung auf Schaffung zusätzlicher Arbeitsplätze. Daneben möchte man noch andere, zumeist ebenfalls gesamtwirtschaftliche oder strukturpolitische Zielsetzungen mit Hilfe solcher Zentren realisieren. Diese Ziele können beispielsweise in dem Bestreben, den Wissens- und Technologietransfer zwischen staatlichen Institutionen und Unternehmen zu fördern, aber auch auf dem Gebiet der regionalen Wirtschaftsförderung liegen.[2]

- *Gewerblich*:

  Auf privatwirtschaftlicher Basis werden Hilfen für Unternehmensgründungen, die sich auf den Bereich der Infrastruktur beziehen, hauptsächlich von *Inkubatoren* bereitgestellt.

Nachstehende *Tabelle 4* faßt dieses Schema zur Klassifizierung der Gründungshilfe in einer Übersichtsdarstellung zusammen:

---

[1] Vgl. z.B. STERNBERG ET AL., Bilanz (1996), S. 2-3, ergänzend WIPPLER, Innovative Unternehmensgründungen (1998), S. 180.

[2] Zu dieser Thematik vgl. z.B. LUBRICH/OLBRICH/HERING, Investitionsrechnung (2003), S. 582-590, desgleichen ROSENFELD, Technologie- und Gründerzentren (1999), S. 147 f., weiterhin STERNBERG ET AL., Bilanz (1996), S. 38-40.

Herkunft *der Gründungshilfe*		
	Öffentliche Fördermaßnahmen	*Gewerbliche Fördermaßnahmen*
Finanzielle Förderung	• Darlehen • Zuschüsse • Bürgschaften • Kapitalbeteiligungen	• Privatinvestoren • formelles Risikokapital • industrielles Risikokapital
Beratungs-leistung	• regionale Industrie- und Handelskammern • staatliche Förderprojekte	• aktive Privatinvestoren • Geber formellen Risikokapitals • Netzwerk oder Inkubator
Bereitstellung von Infrastruktur	• Technologie- und Gründerzentren	• Inkubatoren

Tabelle 4: Formen der Gründungshilfe

Auch wenn nicht immer alle Leistungen allen Unternehmen prinzipiell zur Verfügung stehen, erkennt man also, daß das Angebot an Förder- und Unterstützungsmaßnahmen für neu gegründete und junge Unternehmen insgesamt vielfältige Möglichkeiten bietet. Inwieweit es für eine einzelne Unternehmensgründung betriebswirtschaftlich sinnvoll ist, eine ihm zugängliche staatliche oder privatwirtschaftliche Gründungshilfe tatsächlich in Anspruch zu nehmen, bedarf allerdings stets einer Einzelfallentscheidung. Da nachfolgend auf eine tiefergehende Darstellung der diversen staatlichen Gründungshilfen verzichtet werden kann und wesentliche Elemente der gewerblichen Alternative bereits im Zusammenhang mit der Finanzierung junger Unternehmen erläutert worden sind, soll im nächsten Kapitel dieses Buches noch der Inkubator als eine aus betriebswirtschaftlicher Sicht besonders interessante Möglichkeit zur privatwirtschaftlichen Gründungsförderung näher betrachtet werden.

4.3.2 Gewerbliche Gründungsförderung durch Inkubatoren

4.3.2.1 Begriff und Konzept

Viele Unternehmensgründungen benötigen – in unterschiedlichem Umfang und unterschiedlicher Intensität – Unterstützung im Gründungsprozeß. In erster Linie besteht bekanntlich Bedarf an finanziellen Mitteln und an Beratung bei individuellen strategischen Fragestellungen, aber auch an Hilfe bei operativen Aspekten der Gründungsplanung wie Marketing und Personal. Wenn sich Unternehmensgründer während des Gründungsprozesses beinahe um alle Belange des Unternehmens selbst kümmern müssen, verlieren sie unter Umständen wertvolle Zeit bis zum Markteintritt. Diese Verzögerung kann gerade bei besonders innovativen Gründungskonzepten in technischen Branchen zu einem Wettbewerbsnachteil führen, der sich später oft nicht mehr kompensieren läßt.

Aufgrund dieses Umstandes hat sich bei manchen Gründern der Wunsch nach einer sogenannten *„Komplettlösung"* bei Gründungsdienstleistungen herausgebildet. Bieten kann diese ganzheitliche Unterstützung eine Organisation, die eine Art Weiterentwicklung der bereits seit einigen Jahrzehnten existenten öffentlichen Technologie- und Gründerzentren darstellt. Es handelt sich hierbei um *Inkubatoren* oder, synonym, *Unternehmensbrutstätten*. Gemeint sind damit erwerbswirtschaftlich orientierte Dienstleister, die jungen Unternehmen vornehmlich in der Gründungsphase folgende drei Leistungen anbieten:[1]

- Finanzierung mit Risikokapital.
- Zugang zu einem Kontaktnetzwerk.
- Deckung des Beratungs- und Infrastrukturbedarfs.

Wesentliches Ziel ist es hierbei, die Geschäftsidee in möglichst kurzer Zeit in ein marktfähiges Produkt zu transformieren.[2] Im Austausch für sein Engagement erhält der Inkubator – in Analogie zur Risikokapitalgesellschaft – Eigenkapitalanteile oder läßt sich die Vermittlung seiner Tätigkeit anderweitig vergüten.

---

[1] Zu diesem Thema vgl. auch *WITT/ZILLMER,* Renditeorientierte Inkubatoren (2002), S. 190.

[2] Vgl. z.B. *ACHLEITNER/ENGEL,* Markt für Inkubatoren (2001), S. 76 f.

4.3.2.2 Transaktionskostentheorie als Grundlage

In der wissenschaftlichen Diskussion zum Thema Inkubatoren dominiert gegenwärtig der Transaktionskostenansatz als theoretische Bezugsbasis. Bevor allerdings eine Deutung und Analyse des Inkubatorprinzips mittels eines solchen Modells erfolgen kann, erscheint es nachstehend zweckmäßig, in einem ersten Schritt die allgemeinen theoretischen Annahmen dieses Konzeptes vorzustellen.

Genauso wie die Prinzipal-Agenten-Theorie kann man auch die Transaktionskostentheorie der Neuen Institutionenökonomie zurechnen. Im Kern beschäftigt sie sich dabei mit der Frage nach der effizienten Koordination wirtschaftlicher Leistungsbeziehungen durch geeignete Wahl der organisatorisch-institutionellen Rahmenbedingungen. Als Koordinationsmöglichkeiten kommen zunächst – gleichsam als Gegenpole – die beiden klassischen Organisationsstrukturen Markt und Hierarchie (Unternehmen), aber auch hybride Formen in Frage. Dabei gilt der Grundsatz, daß eine Senkung der Gesamtkosten der Leistungserstellung auch dann möglich ist, wenn sich die ausgewählte Koordinationsform durch niedrige Transaktionskosten auszeichnet. Als gleichsam struktureller Filter liefert dieses Modell demnach eine Unterstützung für die Entscheidung, vor der die Unternehmen häufig stehen: Wird die betreffende Leistung selbst erstellt, oder ist sie günstiger über den Markt zu beziehen?[1]

Der Begriff Transaktionskosten bezieht sich dabei in erster Linie auf Kosten der Information und Kommunikation, die für die Vereinbarung und Kontrolle eines als gerecht empfundenen Leistungsaustauschs zwischen Aufgabenträgern entstehen. Einerseits können sie monetär meßbar sein, andererseits aber auch nicht tangible Kosten darstellen, wobei unter letztere Kategorie insbesondere diverse Opportunitätskosten fallen. Liegt der Entstehungsort innerhalb des Unternehmens, spricht man von Unternehmenstransaktionskosten, wird die Leistung hingegen über den Markt bezogen, von Markttransaktionskosten.[2] Einen allgemeinen Überblick über verschiedene Formen gibt nachstehende *Abbildung 31*:

---

[1] Ausführlich zu diesem sogenannten „*Make-or-buy*"-Problem vgl. vor allem *HINTERHUBER/STUHEC*, Kernkompetenzen (1997), S. 14.

[2] Vgl. *RICHTER/FURUBOTN*, Neue Institutionenökonomik (1999), S. 49.

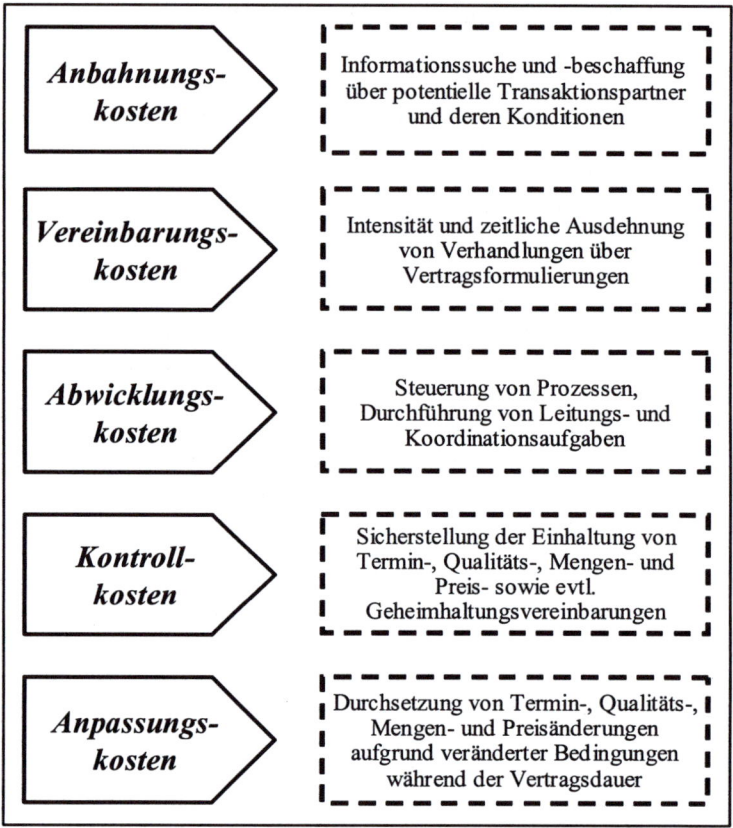

Abbildung 31: Transaktionskosten eines Unternehmens[1]

---

[1]   Vgl. hierfür *PICOT*, Leistungstiefe (1991), S. 344.

Transaktionskosten treten während des gesamten Lebenszyklus eines Unternehmens auf, jedoch verstärkt in der Phase seiner Gründung, da während dieser Zeit eine Vielzahl adäquater Geschäftspartner identifiziert und mit ihnen erstmals Verträge abgeschlossen werden müssen. Vor allem die Organisation innovativer unternehmerischer Aktivitäten führt hierbei zu einer Erhöhung der Transaktionskosten, so daß gerade junge technikorientierte Unternehmensgründungen von einer derartigen Problematik besonders betroffen sind.[1]

Geeignete Ansatzmöglichkeiten für ihre Senkung bestehen in einer betont engen organisationalen Anbindung passender Transaktionspartner an das eigene Unternehmen. Auf diese Weise werden die damit in Zusammenhang stehenden Aktivitäten gleichsam in den unternehmensinternen Bereich verlagert. Dabei bietet sich besonders der Inkubator an. Vor Tätigkeitsbeginn für das zu gründende Unternehmen muß dieser allerdings zunächst gefunden werden, so daß für eine derartige Suche nach dem „richtigen" Partner natürlich ebenfalls Kosten anfallen. Beispielsweise sind Leistungsfähigkeit und Konditionen verschiedener Anbieter sorgfältig miteinander zu vergleichen; anschließend müssen Vertragsverhandlungen durchgeführt werden. Dadurch können, vergleichbar der eigentlichen Unternehmensgründung, entsprechend hohe Transaktionskosten entstehen.

Nachfolgende *Tabelle 5* faßt die transaktionskostenspezifischen Auswirkungen, die durch die Nutzung eines Inkubators für das jeweilige Unternehmen von Belang sind, in einer tabellarischen Übersichtsdarstellung zusammen. Dabei orientiert sich die Systematik der einzelnen transaktionskostensenkenden Wirkprinzipien an der in *Abbildung 31* vorgestellten Klassifikation:

---

[1] Vgl. *KAY*, Innovation (1984), S. 54, ergänzend *SCHNEIDER*, Innovative Unternehmen (1988), S. 199-201.

Art der Kosten	*Transaktionskosten*	*Intensität der Reduktion*
Anbahnungs-kosten	*Dienstleistungserbringer Inkubator*: - Einmaliger Vertragsabschluß mit Inkubator - Daraufhin alle Leistungen inklusive	++
	Dienstleistungserbringer externe Partner des Inkubators: - Erprobte externe Dienstleister im "Pool" - Vorverhandelte, reduzierte Konditionen	++
Vereinbarungs-kosten	*Dienstleistungserbringer Inkubator*: - Einmaliger Vertragsabschluß mit Inkubator - Daraufhin alle Leistungen inklusive	++
	Dienstleistungserbringer externe Partner des Inkubators: - Separater Vertrag, aber Erfahrung mit jungen Unternehmen - Kulanz des externen Dienstleisters	+
Abwicklungs-kosten	*Dienstleistungserbringer Inkubator*: - Einmaliger Vertragsabschluß mit Inkubator - Daraufhin alle Leistungen inklusive	++
	Dienstleistungserbringer externe Partner des Inkubators: - Separater Vertrag, aber Erfahrung mit jungen Unternehmen	+
Kontroll-kosten	*Dienstleistungserbringer Inkubator*: - Durch räumliche Nähe unproblematisch	++
	Dienstleistungserbringer externe Partner des Inkubators: - Druckmittel: schwache Kontrolle durch Inkubator - Eigenmotivation des Dienstleisters	+
Anpassungs-kosten	*Dienstleistungserbringer Inkubator*: - Aufgrund räumlicher Nähe unproblematisch	++
	Dienstleistungserbringer externe Partner des Inkubators: - Kulanz des Dienstleisters	+

+: mäßige Reduktion   ++: starke Reduktion

Tabelle 5: Inkubatorbedingte Transaktionskostenminderungen[1]

---

[1]   In Anlehnung an PAEPER, Inkubatoren (2000), S. 43.

Nach dem erfolgten Vertragsabschluß zwischen Gründer und Inkubator beginnt der eigentliche Unternehmensaufbau. Ab diesem Zeitpunkt wirkt die Unternehmensbrutstätte dann tendenziell transaktionskostenreduzierend. Ihre Mitarbeiter erbringen Dienstleistungen, die auf informelle Anfrage und ohne Abschluß neuer Verträge stattfinden, so daß nur in geringem Umfang Unternehmenstransaktionskosten verursacht werden. Auch die Kontrolle und Anpassung der erhaltenen Leistungen gestaltet sich einfacher, da sich Gründer und Inkubator häufig dieselben Räumlichkeiten teilen und somit eine intensive Zusammenarbeit stattfinden kann. Benötigt ein junges Unternehmen Dienstleistungen, die sein Partner aufgrund mangelnder Kenntnisse selbst nicht erbringen kann, so werden diese zumeist von externen Anbietern, mit denen der Inkubator in Geschäftsbeziehung steht, erstellt. Da durch den Inkubator in diesem Zusammenhang lediglich eine Vermittlungsfunktion wahrgenommen wird, schließen die Unternehmensgründer entsprechend auch separate Verträge mit den Drittanbietern ab. Im allgemeinen fallen bei derartigen externen Leistungen zwar Markttransaktionskosten an, diese können aber durch die Vermittlung und Präsenz der Unternehmensbrutstätte deutlich reduziert werden.[1]

4.3.2.3 Mögliche Einflüsse auf den Gründungsprozeß

Im Rahmen einer Analyse der betriebswirtschaftlichen Vorteile, die durch Nutzung eines Inkubators für das neu gegründete Unternehmen anfallen können, wird man normalerweise folgende Aspekte als relevant erachten:

- *Verkürzen der Zeitspanne bis zum Markteintritt:*

  Der Zeitspanne, die benötigt wird, eine Produkt- oder Dienstleistungsidee zur Marktreife zu entwickeln, kommt häufig zentrale Bedeutung zu. Besonders bei Unternehmensgründungen entfällt allerdings ein nicht geringer Teil des Zeitaufwandes bekanntlich auf gründungsspezifische Tätigkeiten, die nicht unmittelbar zur Wertschöpfung beitragen. Um diesen Zeitaufwand zu minimieren, können Brutstätten den Existenzgründern Aufbauarbeit abnehmen und ihnen somit die Möglichkeit geben, sich auf ihre Kernkompetenzen zu konzentrieren. Dabei wird eine Arbeitsteilung zwischen Inkubator und Unternehmensgründer geschaffen, bei der jeder seine Stärken in die Waagschale wirft, um das Ziel eines möglichst schnellen Markteintritts zu erreichen.

---

[1] Eine Quantifizierung dieser Senkung kann aber letztlich erst dann vorgenommen werden, wenn hinreichende Erfahrungswerte mit Inkubatoren vorliegen. In diesem Zusammenhang ist ergänzend anzumerken, daß trotz häufiger Anwendung in der wissenschaftlichen Diskussion bisher eine geeignete, operationalisierte Definition von Transaktionskosten fehlt. Somit bleibt dieser Begriff vage und läßt sich gewissermaßen beliebig an den jeweiligen Untersuchungskontext anpassen. Dieser Umstand relativiert seine Aussagekraft erheblich. Zu dieser Problematik vgl. z.B. auch WILLIAMSON, Transaction-Cost (1979), S. 233 f.

- *Erhöhung der langfristigen Überlebensfähigkeit*:

  Des weiteren hofft man, die dauerhafte Überlebensfähigkeit eines jungen Unternehmens durch Einbindung in einen Inkubator entscheidend zu verbessern. Diese Annahme wird insbesondere auf zwei Wirkprinzipien zurückgeführt: Zum einen sollen durch das bereichsspezifische Wissen erfahrener Experten typische Anfängerfehler bei der Gründung eher vermieden, zum anderen soll durch eine nachhaltige Kontaktherstellung zu wichtigen Geschäftspartnern gleichzeitig eine Basis für den zukünftigen Erfolg gelegt werden.

- *Förderung eines schnelleren Wachstums*:

  Sowohl die Unterstützung als auch die Synergieeffekte, die ein junges Unternehmen durch das unmittelbare Umfeld in einem Inkubator erfährt, können sich positiv in Form steigender Umsätze, Gewinne und Mitarbeiterzahlen auswirken. Hilfreich kann für Existenzgründer auch das Renommee des Inkubators sein. Eine gute Reputation des Gründungsdienstleisters erweist sich im Umgang mit Geschäftspartnern oftmals als nützlich.

- *Reduzierung der Geschwindigkeit des Kapitalverbrauchs*:

  Informationsdefizite und betriebswirtschaftliche Qualifikationsmängel bei den Gründern sowie Planungsmängel bei der Gestaltung der Aufbau- und Ablauforganisation eines Unternehmens können dazu führen, daß das vorhandene Kapital schneller als geplant aufgebraucht wird. Inkubatoren stellen den zu gründenden Unternehmen im Rahmen einer Frühphasenfinanzierung in gewissem Ausmaß Risikokapital zur Verfügung, um diesen die Möglichkeit zu schaffen, die ersten Entwicklungsstufen bis zum Markterfolg zu bewältigen. Auch durch die Bereitstellung von kostengünstiger oder -loser Infrastruktur und Beratung lassen sich die Zeitspanne, in der das einem Unternehmen anfangs zur Verfügung gestellte Kapital verbraucht wird, evtl. verlängern und eine sonst notwendige, häufig problembehaftete Anschlußfinanzierung verschieben.

4.3.2.4 Vernetzter Inkubator als Sonderform

Einen besonderen Typ Inkubator stellt der *vernetzte Inkubator* („*Networked Incubator*") dar. Derartige Unternehmensbrutstätten ermöglichen und fördern als synergieerzeugende Hilfsorganisation die Zusammenarbeit zwischen dem neu gegründeten Unternehmen einerseits sowie potentiellen Abnehmern, weiteren Unternehmen und Beratern andererseits. Dabei hilft eine solche Bildung von Partnerschaften, die Stärken des Unternehmens hervorzuheben, und bereichert häufig zugleich seine Fertigkeiten. Darüber hinaus bieten solche Organisationsstrukturen ein erhebliches Kostensenkungspotential durch gemeinsam genutzte Ressourcen.[1] Im einzelnen sind folgende Transaktionskostenvorteile im Netzwerk denkbar:

- Die Möglichkeit einer Reduzierung von Transaktionskosten ergibt sich zunächst einmal bei der Suche nach Lieferanten und Abnehmern, da der Inkubator hier seine Netzwerkkontakte nutzt und dem jungen Unternehmen die Prüfung von diversen Anbietern auf dem Markt erspart.

- Weiterhin können Informationen durch die enge Kopplung angegliederter Institutionen, beispielsweise bei gemeinsamen Forschungsprojekten, besser und schneller koordiniert werden.

- Neben dem „primären" Ressourcentransfer findet zusätzlich auch ein „sekundärer" Ressourcentransfer statt, der dem Gründer die Erzielung von Lerneffekten im Rahmen des Arbeitsprozesses ermöglicht. Der Lernprozeß beinhaltet etwa Erfahrungen im Bereich der Personalführung und der betriebswirtschaftlichen Steuerung, die sich in den frühen Phasen des Gründungsvorgangs als besonders hilfreich herausstellen dürften.

- Aufgrund entsprechender Hilfestellungen und Unterstützungsleistungen im Netzwerk lassen sich Entwicklungszeiten verkürzen und damit möglicherweise entscheidende Zeitvorteile bei der Durchsetzung von Innovationen gewinnen.

- Die effiziente Einbindung und Kombination von Ressourcen stellt für die wirtschaftliche Umsetzung einer innovativen Idee eine notwendige Voraussetzung dar.[2] Mit einer derartigen Neukombination sind Gründer jedoch häufig überfordert. Eine gemeinsame Nutzung von Netzwerkleistungen erlaubt es dem jungen Unternehmer, sich auf seine Kernkompetenzen zu konzentrieren und innerhalb des Netzwerks die noch fehlenden Ressourcen zu ergänzen.

In *Tabelle 6* werden diese Transaktionskostenvorteile noch einmal überblicksartig zusammengefaßt:

---

[1] Vgl. z.B. *WEITNAUER*, Inkubator (2001), S. 464, gleichermaßen *WITT/ROSENKRANZ*, Netzwerkbildung (2002), S. 93 f.

[2] Vgl. diesbezüglich auch *PICOT/LAUB/SCHNEIDER*, Unternehmensgründungen (1989), S. 186.

- *Geringere Suchkosten bzgl. Abnehmer und Lieferanten.*

- *Besserer Informationsfluß infolge engerer Kopplung angegliederter Institutionen.*

- *Transfer auch nicht kodifizierten Wissens.*

- *Raschere Durchsetzung von Innovationen.*

- *Gemeinsame Nutzung von Ressourcen.*

Tabelle 6: Wirkungspotential vernetzter Inkubatoren

Insgesamt betrachtet, lohnt sich aus Transaktionskostensicht die Inanspruchnahme eines vernetzten Inkubators immer dann im besonderen Maße, wenn die Unternehmensgründer keine hinreichenden Erfahrungen und Kenntnisse in Hinblick auf die im Rahmen eines Gründungsprozesses erforderlichen Schritte besitzen. Außerdem gilt: Je mangelhafter Branchenerfahrung und Marktübersicht bei den Gründern sind, desto mehr Transaktionskosten müssen sie in die Suche nach Lieferanten und die Anbahnung von Geschäftsbeziehungen investieren. Sind diese zu veranschlagenden Transaktionskosten hoch, ist es gegebenenfalls ökonomisch sinnvoller, solche Leistungen etwa über einen vernetzten Inkubator fremdzubeziehen.

4.3.2.5 Inkubation als Konzept der Gründungsförderung

Besteht generell überhaupt ein Bedarf an Inkubatoren? Diese Frage kann für bestimmte Unternehmensgründungen durchaus mit „Ja" beantwortet werden. Da es in verschiedenen Branchen besonders vorteilhaft ist, unter den ersten am Markt zu sein, um vom Konsumenten wahrgenommen zu werden (Pioniervorteil), gestaltet sich das Inkubationsprinzip aufgrund seiner zeitsparenden Effekte attraktiv. Ein zusätzlicher Grund besteht in dem einzigartigen, vor Ort gebündelten Dienstleistungsspektrum, das andere Anbieter und Gründungshelfer in dieser Art und Weise nicht vorweisen können. Durch das besondere Angebot, jedes einzelne Unternehmen mit dessen individuell notwendigen Dienstleistungsbedarf zu versorgen und damit gezielt die Schwächen der jeweiligen Gründung zu beseitigen, können sich Inkubatoren als wirksames Instrument der Gründungsförderung erweisen, wenn es darum geht, die Überlebensfähigkeit einer Unternehmensgründung zu verbessern.

- Aus theoretischer Perspektive ist das Inkubationsprinzip daher ohne Zweifel als vielversprechend zu beurteilen, vor allem dann, wenn die Inkubatoren ihrerseits gewinnorientiert arbeiten und keinerlei knappe öffentliche Mittel konsumieren. Insoweit öffentliche Mittel verausgabt werden, bleibt allerdings zu untersuchen, ob die Subventionierung der inkubierten Unternehmen tatsächlich ein Marktversagen ausgleicht und somit ökonomisch gerechtfertigt werden kann.

- Aus realwirtschaftlicher Sicht muß das Erfolgspotential des Inkubatorkonzeptes hingegen differenzierter betrachtet werden. Die gegenwärtigen Ergebnisse lassen darauf schließen, daß in diesem Segment gegenwärtig ein harter Ausleseprozeß stattfindet, der mit dem der inkubierten Unternehmen durchaus vergleichbar ist.[1] Für einen derartigen Befund lassen sich mehrere Erklärungen anführen. Zum einen sind Inkubatoren stark vom Erfolg der von ihnen betreuten Unternehmensgründungen abhängig. Zum anderen befindet sich die Branche der kommerziellen Unternehmensbrutstätten noch immer in der Aufbauphase. Auch die Tatsache, daß die meisten Inkubatoren selbst noch sehr junge Einrichtungen sind, die mitunter mit ähnlichen Schwierigkeiten zu kämpfen haben wie die neu zu gründenden oder gegründeten Unternehmen, die sie betreuen, kann eine Beeinträchtigung in der Qualität ihres Leistungsangebots bewirken. Zudem befinden sich einige Anbieter auf dem Markt, die qualitativ unzureichende Dienstleistungen erbringen, gleichzeitig jedoch dafür überzogene Anteilsforderungen durchsetzen, die keinen Spielraum für spätere Beteiligungsfinanzierungsrunden zulassen. Als problematisch gilt weiterhin auch die Intransparenz des Marktes, in dem eine Vielzahl von Einrichtungen existiert, die unter dem Namen „Inkubator" unterschiedliche Leistungen zu unterschiedlichen Konditionen anbieten.

Um so wichtiger ist es deshalb für Existenzgründer, die mit einer Brutstätte zusammenarbeiten möchten, auf einen gründungserfahrenen Inkubator und die Anzahl und Art der bereits inkubierten Unternehmen, die den Umfang des Risikokapitals, die Qualität der Beratung oder das vorhandene Erfahrungspotential maßgeblich widerspiegeln, zu achten. Zusätzlich kommt es darauf an, die Güte des vorhandenen Netzwerks sorgfältig zu prüfen, was allerdings aus Sicht der interessierten jungen Unternehmen nicht leichtfällt. Diese qualitativen Eigenschaften des Inkubators sollten für Gründer einen wesentlich höheren Stellenwert besitzen als die bloße Bereitstellung von technischer Infrastruktur und Büroräumen. Entsprechen sich die Anforderungen sowohl auf Unternehmens- wie auch auf Inkubatorseite, bestehen gute Möglichkeiten, für beide Seiten eine gewinnträchtige Zusammenarbeit herbeizuführen.

---

[1] Für eine ausführliche Übersicht zu dieser Thematik vgl. *HERING/VINCENTI/HEINLE*, Inkubator (2002), S. 618.

Lösungen zu den Aufgaben

Aufgabe 1:

Zwar ist ein neugegründetes Unternehmen auch in der Frühentwicklungsphase bereits am Markt aktiv und kann deshalb erste Einnahmen aus dieser operativen Geschäftstätigkeit verbuchen. Dennoch übersteigen typischerweise während dieses Zeitraums die Ausgaben nach wie vor die Einnahmen. Als wesentliche Gründe für diesen Umstand können neben der Notwendigkeit vermehrter Marketingaktivitäten im Rahmen der Markteinführung des neuen Produktes oftmals noch nicht abgeschlossene Forschungs- und Entwicklungstätigkeiten sowie noch zu errichtende Produktionskapazitäten genannt werden.

Eine gegenteilige Situation ergibt sich in der Amortisationsphase. In dieser Phase gelingt es dem Unternehmen erstmals, Gewinne aus der operativen Geschäftstätigkeit zu erwirtschaften. Aufgrund der hierbei anfallenden Zahlungsüberschüsse kommt es gleichsam zu einer Amortisation der in den vorausgegangen Phasen im Gründungsprozeß – Vorgründungs-, Gründungs- und Frühentwicklungsphase – getätigten Investitionen in die Unternehmensgründung.

Aufgabe 2:

Die ökonomische Theorie diskutiert vier Gegebenheiten, die eine Überlegenheit von Großunternehmen in Hinblick auf die Innovationsfähigkeiten vermuten lassen:

- Fixkostencharakter der innovationsbezogenen Anstrengungen.
- Bindung des Gewinnmaximierungsziels bei Innovationen an eine marktbeherrschende Position als Voraussetzung.
- Ungewißheit bezüglich des Ergebnisses eines Innovationsprojektes.
- Günstige Voraussetzungen zur umfassenden Innovationsverwertung.

Innovationsbezogene Nachteile von Großunternehmen im Vergleich zu mittelständischen Unternehmen bestehen dagegen hauptsächlich aufgrund folgender zwei Sachverhalte:

- Bürokratische Organisationsstrukturen und geringere organisatorische Flexibilität.
- Wenig Interesse an der Verwertung kleinerer Innovationstatbestände.

Aufgabe 3:

Für eine statistische Auswertung des deutschen Gründungsgeschehens sind in der Regel keine primärstatistischen Quellen verfügbar. Aus diesem Grund ist man gezwungen, sekundärstatistische Angaben zumeist aus folgenden Datenbeständen heranzuziehen:

- Gewerbean- bzw. -abmeldungen.

- Handelsregisterein- und -austragungen.

- Selbständigenzahl.

- Umsatzsteuerpflichtiger Personen- bzw. Institutionenkreis.

- Arbeitsstättenzahl.

- Regionale Industrie- und Handelskammern bzw. Handwerkskammern.

- Kreditinstitute.

- Kreditauskunfteien.

Allerdings geht eine Nutzung dieser Quellen in der Regel mit folgenden zwei Hauptproblembereichen einher:

- Einerseits können Ausfälle im eigentlichen Erhebungsprozeß sowie konzeptionsbedingte Auslassungen in der Erhebungsmethodik teilweise zu einer Untererfassung der eigentlichen Zielgruppe Unternehmensgründungen und damit unerwünschten *Minderung* der ermittelten Gründungszahlen führen.

- Andererseits kommt es zugleich auch durch Fehlerfassungen im Erhebungsprozeß und methodisch bedingte Überfassungen zu einer nicht angestrebten *Erhöhung* der Zahl der Unternehmensgründungen.

Aufgabe 4:

Wohl weist WALRAS dem Unternehmer eine wichtige Mittlerrolle im Güter- und Faktorenaustausch zwischen den anderen Wirtschaftsindividuen zu. Dennoch wird diese spezifische unternehmerische Tätigkeit in seiner Gleichgewichtstheorie aufgrund folgender Gegebenheiten nicht berücksichtigt:

- *Konzeptioneller Aspekt*:

  Auf der einen Seite bedingt die neoklassische Tendenz zur Formalisierung des Unternehmensmodells gleichzeitig stets auch eine Entpersonalisierung der beteiligten Wirtschaftssubjekte. Im Rahmen solcher neoklassischen Gleichgewichtssysteme ist jedoch charakteristisches unternehmerisches Handeln genausowenig wie die Unternehmerpersönlichkeit selbst darstellbar.

- *Inhaltlicher Aspekt*:

  Auf der anderen Seite ist das Konzept von WALRAS gerade dadurch gekennzeichnet, daß im Gleichgewichtszustand unternehmerisches Handelns weder zu Gewinnen noch zu Verlusten führt. Mithin wird es deshalb möglich, von einer expliziten Betrachtung der Unternehmerfunktion zu abstrahieren und allein die Beziehungen zwischen den Faktoren Boden, Kapital und Arbeit zu analysieren.

Aufgabe 5:

Im Vordergrund des Unternehmerbildes von SCHUMPETER steht eindeutig das ökonomische Konzept eines dynamischen Zerstörers. Dieser bildet aufgrund seiner Funktion, neue Produktionsfaktorkombinationen durchzusetzen, die treibende Kraft im Wirtschaftsprozeß und wird damit gleichzeitig zur zentralen Figur für die gesamte wirtschaftliche Entwicklung.

Zwar beschreibt SCHUMPETER darüber hinaus noch verschiedene Merkmale der Unternehmerpersönlichkeit, die durchaus als vor allem psychologisch deutbare Persönlichkeitsvorstellungen zu bewerten sind. Faßt man diese Ausführungen zu den personalen Aspekten seines Unternehmermodells allerdings zusammen, zeigt sich bei genauerer Betrachtung, daß diese Aussagen sich nach wie vor im Rahmen des funktional konzipierten wirtschaftswissenschaftlichen Theoriegebäudes bewegen.

Damit erweitert er lediglich seine ökonomische Darstellung um zusätzliche idealisierte Annahmen bezüglich der Person seines dynamischen Unternehmers, die nach seiner Auffassung hauptsächlich der Illustration der ökonomischen Grundaussagen dienen sollen. Auf diese Weise entsteht ein inhaltlich in sich geschlossenes und umfassendes, sozusagen ganzheitliches Unternehmerkonzept, welches sowohl einen funktionalen als auch personalen Ansatz besitzt.

Aufgabe 6:

Beiden Unternehmermodellen gemeinsam ist die Tatsache, daß sowohl SCHUMPETER als auch SOMBART die unternehmerische Tätigkeit in den absoluten Mittelpunkt wirtschaftlichen Handelns stellen. Hauptsächlich im Gegensatz zur Neoklassik betonen beide Autoren eine vor allem an die Person des Unternehmers geknüpfte individualistische Sichtweise von funktionalem Unternehmertum und interpretieren dieses als entscheidenden Erfolgsfaktor des modernen kapitalistischen Wirtschaftssystems. Zugleich wird diese funktionale Perspektive – vor allem gilt diese Feststellung für SOMBART – durch eine Beschreibung der Unternehmerpersönlichkeit ergänzt.

Während SCHUMPETER jedoch die Innovationsaufgabe als alleinig relevantes und insofern konstitutives Element von Unternehmertum auffaßt, liegt nach SOMBART ein Schwerpunkt der Unternehmeraktivitäten durchaus auch in den geschäftsführenden Bereichen. Hierzu gehören die rechnerisch-haushälterische, aber auch händlerische sowie organisatorische Unternehmerfunktionen. Diese werden zwar durch die Innovationsaufgabe als einer vierten und weiteren Funktion unternehmerischen Handelns ergänzt, jedoch niemals dominiert.

Aufgabe 7:

Als wesentliche Teilaspekte eines Persönlichkeitsprofils, welches auf der Basis empirischer Untersuchungen üblicherweise mit einer erfolgreichen unternehmerischen Tätigkeit in Verbindung gebracht wird, gelten folgende Faktoren:

- Autonomie.
- Innovationsbereitschaft.
- Risikobereitschaft.
- Proaktive Orientierung.
- Aggressive Konkurrenz.
- Leistungsorientierung.
- Soziale Orientierung.
- Emotionale Stabilität.

Allerdings wird die Aussagekraft und Verwertbarkeit der meisten empirischen Forschungsresultate zur „Unternehmerpersönlichkeit" durch folgende konzeptionelle Problembereiche erheblich eingeschränkt:

- Fehlende methodische Abgrenzung der persönlichkeitsbedingten Komponenten des Unternehmererfolges von sonstigen Erfolgsfaktoren.
- Fehlende Vergleichbarkeit der verschiedenen Studien.
- Schwierigkeiten der Operationalisierung von unternehmerischem Erfolg
- Ungeklärte Kausalbeziehung zwischen unternehmerischer Persönlichkeit und unternehmerischem Handeln.
- Fehlende Vergleichsgruppe „erfolgloser" Unternehmerpersönlichkeiten.

Insgesamt müssen daher alle Beschreibungen „der" erfolgreichen Unternehmerpersönlichkeit nach wie vor mit deutlicher Zurückhaltung interpretiert werden.

Aufgabe 8:

In Hinblick auf den betriebswirtschaftlichen Teilbereich der Unternehmensplanung besitzen Neugründungen gewisse planungsrelevante Strukturmerkmale, die sie sich mit den sonstigen, schon länger am Markt befindlichen Klein- und Mittelunternehmen gewissermaßen teilen. Derartige Charakteristika werden in der Größendimension zusammengefaßt. Im einzelnen bezieht sich diese Größendimension dabei hauptsächlich auf die primären Aspekte der Überschaubarkeit sowie der Ressourcenbegrenzung und davon abhängig dann auf sekundäre – teilweise als positiv, teilweise als negativ eingestufte – Gesichtspunkte, wie etwa Marktnähe und Flexibilität, aber auch geringe Planungskompetenz und hohes Planungsrisiko.

Allerdings dürfen Gründungen nicht einfach mit allen anderen mittelständischen Unternehmen, welche möglicherweise bereits auf eine langjährige Unternehmensvergangenheit zurückblicken, gleichgesetzt werden. Vielmehr unterscheiden sie sich gerade von diesen Unternehmen durch gewisse, für die Planung ebenfalls wichtige Elemente. Diese zweite Gruppe gründungsspezifischer Merkmale wird unter dem Begriff der Altersdimension vereint und betrifft im wesentlichen die Aspekte der fehlenden Vergangenheitsdaten sowie der strukturellen Unbestimmtheit, wobei letztere sich sowohl positiv im Sinne eines gestalterischen Freiraums, als auch negativ im Sinne eines Strukturrisikos interpretieren läßt.

Mit anderen Worten: Während die Größendimension auf der einen Seite die Gemeinsamkeiten zu den übrigen Klein- und Mittelunternehmen betont, repräsentiert die Altersdimension auf der anderen Seite gerade die Unterschiede zu diesen Unternehmen.

Aufgabe 9:

Bekanntlich unterscheidet man bezüglich der Aufgaben, zu deren Erfüllung ein Geschäftsplan dient, zwischen einem unternehmensinternen und –externen Funktionsbereich. Genau innerhalb dieses unternehmensinternen Bezugsrahmens kann dem Geschäftsplan eine zentrale Rolle als Mittel zur Standortbestimmung im Gründungsprozeß zugewiesen werden. Eine solche Orientierungsaufgabe konkretisiert sich dabei vor allem durch die systematisch-analytische Auseinandersetzung mit dem jeweiligen Gründungsvorhaben und dem Unternehmenskonzept.

In diesem Zusammenhang kommt es folglich bei der Erstellung eines Geschäftsplans dazu, daß der Gründer nicht nur die mit seiner Gründungsentscheidung einhergehenden unternehmerischen Ziele festlegen muß. Darüber hinaus ist er zugleich auch gezwungen, sich die zugehörigen Realisationsstrategien kritisch zu vergegenwärtigen sowie unter Umständen mögliche Problembereiche oder Inkonsistenzen seiner bisherigen Planung aufzudecken und denkbare Alternativen zu prüfen. Genau dieser zusätzliche Erkenntnisgewinn, den jeder Unternehmensgründer allein schon durch seine Arbeiten am Geschäftsplan – unabhängig davon, inwieweit diese Ausarbeitung ihm später im Kontakt zu unternehmensexternen Personengruppen nützen kann – erwirbt, wird durch das Zitat „Der Weg ist das Ziel" entsprechend hervorgehoben.

Aufgabe 10:

Das Finanzierungsrisiko neu gegründeter und junger Unternehmen unterscheidet sich von dem Finanzierungsrisiko etablierter Unternehmen vornehmlich durch zwei Merkmalsgruppen:

Zum einen gehören hierzu diejenigen größenbedingten Einflußfaktoren, welche aus der Zugehörigkeit zur Gruppe mittelständischer Unternehmen entstehen:

- Niedrige Eigenkapitalausstattung.

- Fehlende Diversifikationsmöglichkeiten.

- Hohe Zinsen für Fremdkapital und eingeschränkter Zugang zum organisierten Kapitalmarkt.

Zum anderen lassen sich die gründungsspezifischen Besonderheiten im Finanzierungsrisiko auch auf alterbedingte Einflußfaktoren zurückführen:

- Fehlendes Potential zur Selbstfinanzierung.

- Fehlende Kenntnisse im betriebswirtschaftlichen Bereich der Unternehmensführung.

- Prognoseunsicherheit hinsichtlich der künftigen Entwicklung des Unternehmens und damit auch hinsichtlich seines Kapitalbedarfs, die in der Regel auf folgenden Charakteristika beruht:

  - Innovationsaspekt.

  - Fehlende Vergangenheit.

  - Branchendynamik.

Insgesamt ergibt sich damit sowohl aufgrund der größenabhängigen als auch altersabhängigen Determinanten ein grundsätzlich deutlich höheres Finanzierungsrisiko für Unternehmensgründungen. Beide Einflußfaktoren verlieren jedoch mit zunehmendem Alter und zunehmenden Größenwachstum des Unternehmens maßgeblich an Bedeutung, so daß sich dieses Finanzierungsrisiko dem etablierter Unternehmen normalerweise im Zeitablauf annähert.

Aufgabe 11:

Als maßgebliche Kriterien, um die verschiedenen Formen der Risikokapitalfinanzierung gegeneinander abzugrenzen, dienen die jeweiligen Hauptziele der Kapitalgeber, welche mit der Wahl eines derartigen Finanzierungsinstruments in der Regel einhergehen:

- Formelles Risikokapital: Renditeorientierte Beteiligungsziele.

- Industrielles Risikokapital: Strategische und renditeorientierte Beteiligungsziele.

- Informelles Risikokapital: Persönliche, nicht nur pekuniäre Beteiligungsziele.

Bei der im Rahmen der Verfahren zur Risikokapitalfinanzierung getroffenen Unterscheidung kommt hingegen der Aspekt der Einschaltung eines Finanzintermediärs als zentrales Klassifizierungsmerkmal zum Einsatz:

- Indirektes Risikokapital: Beteiligung über einen Finanzintermediär.

- Direktes Risikokapital: Unmittelbare Beteiligung ohne Finanzintermediär.

Wohl gelten die beiden Feststellungen, daß formelles Risikokapital üblicherweise nur auf indirektem Wege erhältlich ist und informelles Risikokapital im Normalfall als direkte Beteiligungsfinanzierung erfolgt. Allerdings kann eine solche eindeutige Beziehung zwischen Form und Verfahren der Risikokapitalfinanzierung nicht für den industriellen Teilbereich behauptet werden. Grundsätzlich ist hier sowohl eine direkte als auch indirekte Vorgehensweise in Abhängigkeit von der jeweils im Vordergrund stehenden Zielsetzung möglich.

Aufgabe 12:

Jedes Signal im Sinne der Prinzipal-Agenten-Theorie liefert dem Prinzipal eine glaubwürdige Nachricht darüber, daß es sich bei dem vom Agenten angebotenen Produkt um ein Gut überdurchschnittlicher Qualität handelt und verringert dadurch seine Qualitätsunsicherheit. Im Gegenzug wird der Prinzipal dann normalerweise dazu bereit sein, einen auf diese Weise gleichsam „gesicherten" Qualitätsstandard angemessen – beispielsweise durch die Zahlung eines höheren Kaufpreises – zu vergüten.

Als Voraussetzungen, damit dieser Signalisierungsmechanismus funktionieren kann, müssen zwei Gegebenheiten gleichzeitig auftreten:

- Zum einen ist es notwendig, daß die Grenzkosten, die bei der Abgabe eines derartigen Signals anfallen, für die Verkäufer hochwertiger Waren unterhalb des Grenzerlöses dieses Signals liegen. Als zugehöriger Grenzerlös läßt sich dabei die durch das Signal bewirkte Erhöhung des Verkaufspreises interpretieren.

- Zum anderen werden die Verkäufer unterdurchschnittlicher Produkte nur dann erfolgreich an einer Imitation der Signalisierungsmaßnahme gehindert, wenn für diesen Personenkreis die Grenzkosten der Signalabgabe höher als der damit erzielbare Erlöszuwachs sind.

Beide Bedingungen sind zusammen erfüllbar, sobald die Kosten der Signalisierungsmaßnahme von der ursprünglich vorhandenen Güterqualität abhängen und dabei mit fallender Qualität zunehmen.

Bei dem gegebenen Beispiel eines technisch aufwendigen und finanziell kostspieligen Präsentationsrahmens kann man jedoch kaum davon ausgehen, daß die obigen Anwendungsvoraussetzungen vorliegen. Insbesondere erscheint die Annahme plausibel, daß auch für ein Geschäftskonzept mit unterdurchschnittlichen künftigen Erfolgschancen die entsprechenden Erlöse einer solchen Präsentation größer als deren Kosten sein werden. Dementsprechend ist es für die „Verkäufer" von „schlechten" Geschäftskonzepten genauso betriebswirtschaftlich sinnvoll wie für die „Verkäufer" von „guten" Geschäftskonzepten, ihr jeweiliges Produkt stets in dieser aufwendigen Form einem externen Adressatenkreis zu präsentieren. Denn die Kosten einer solchen Präsentation hängen nämlich gar nicht davon ab, ob die dargebotenen Versprechungen gehalten werden können („gutes" Konzept) oder nicht („schlechtes" Konzept). Das Signal besitzt insofern keine Trennschärfe, da „schlechte" Unternehmen es ebenso leicht senden können wie „gute".

Literaturverzeichnis

ACHLEITNER, A.-K., ENGEL, R. (Markt für Inkubatoren): Situation und Entwicklungstendenzen auf dem Markt für Inkubatoren in Deutschland, in: FB, 3. Jg. (2001), S. 76-82.

ACS, Z. J., AUDRETSCH, D. B. (Large and Small Firms): Innovation in Large and Small Firms, in: AER, 78. Jg. (1988), S. 678-690.

ACS, Z. J., AUDRETSCH, D. B. (Innovation): Innovation durch kleine Unternehmen, Berlin 1992.

AENGENENDT, R. (Klein- und Mittelbetriebe): Die Funktion der Klein- und Mittelbetriebe in der wettbewerblichen Marktwirtschaft, Köln/Opladen 1962.

AKERLOF, G. A. (Market for "Lemons"): The Market for "Lemons", in: The Quarterly Journal of Economics, 84. Jg. (1970), S. 488-500.

ALBACH, H. (Kritische Wachstumsschwellen): Kritische Wachstumsschwellen in der Unternehmensentwicklung, in: ZfB, 46. Jg. (1976), S. 683-696.

ALBACH, H. (Vertrauen): Vertrauen in die ökonomische Theorie, in: Zeitschrift für die gesamte Staatswissenschaft, 136. Jg. (1980), S. 2-11.

ALBACH, H. (Innovationsdynamik): Die Innovationsdynamik der mittelständischen Industrie, in: *ALBACH, H., HELD, T.* (Hrsg.), Betriebswirtschaftslehre mittelständischer Unternehmen, Stuttgart 1984, S. 35-50.

ALBACH, H. (Schumpeter-Unternehmer): Die Rolle des Schumpeter-Unternehmers heute, in: *BÖS, D., STOLPE, H.-D.* (Hrsg.), Schumpeter oder Keynes, Berlin u.a. 1984, S. 125-146.

ALBACH, H. (Unternehmensentwicklung): Empirische Theorie der Unternehmensentwicklung, Opladen 1986.

ALBACH, H. (Geburt und Tod): Geburt und Tod von Unternehmen, Bonn 1987.

ALBACH, H. (Shareholder Value): Shareholder Value und Unternehmenswert, in: ZfB, 71. Jg. (2001), S. 643-674.

ALBACH, H., BAATZ, E., BOCK, K., DAHREMÖLLER, A., HELD, T., HUNSDIEK, D., KAYSER, G., KOKALJ, L., MAY, E., MISCHON, C., MORTSIEFER, J., WARNKE, T. (Risikokapital): Zur Versorgung der deutschen Wirtschaft mit Risikokapital, Bonn 1983.

ALBACH, H., BOCK, K., WARNKE, T. (Wachstumsschwellen): Wachstumsschwellen in der Unternehmensentwicklung, Stuttgart 1985.

ALBACH, H., KÖSTER, D. (Risikokapital): Risikokapital in Deutschland, Berlin 1997.

ALMUS, M., ENGEL, D., PRANTL, S. (Mannheimer Gründungspanels): Die Mannheimer Gründungspanels des Zentrums für Europäische Wirtschaftsforschung GmbH (ZEW), in: *FRITSCH, M., GROTZ, R.* (Hrsg.), Das Gründungsgeschehen in Deutschland, Heidelberg 2002, S. 79-102.

ALMUS, M., PRANTL, S. (Öffentliche Gründungsförderung): Die Auswirkungen öffentlicher Gründungsförderung auf das Überleben und Wachstum junger Unternehmen, in: Jahrbücher f. Nationalökonomie u. Statistik, 222. Bd. (2002), S. 161-185.

D'AMBOISE, G., MULDOWNEY, M. (Theorie): Zur betriebswirtschaftlichen Theorie der kleinen und mittleren Unternehmung, in: *PLEITNER, H. J.* (Hrsg.), Aspekte einer Managementlehre für kleinere Unternehmen, Berlin/München/St. Gallen 1986, S. 9-31.

ARBEITSKREIS „FINANZIERUNG" DER SCHMALENBACH-GESELLSCHAFT FÜR BETRIEBS-
WIRTSCHAFT (Börsengänge): Börsengänge von Konzerneinheiten, in: ZfbF, 55. Jg.
(2003), S. 515-542.

ARKEBAUER, J. B. (Guide to Writing): The McGraw-Hill Guide to Writing a High-
Impact Business Plan, New York u.a. 1995.

ARROW, K. J. (Agency): The Economics of Agency, in: PRATT, J. W., ZECKHAUSER, R.
J. (Hrsg.), Principals and Agents, Boston 1985, S. 37-51.

AUDRETSCH, D. B. (Kleinunternehmen): Kleinunternehmen in der Industrieökonomik:
ein neuer Ansatz, Berlin 1993.

AUDRETSCH, D. B. (Asymmetric Information): Asymmetric Information, Agency
Costs and Innovative Entry, Berlin 1994.

AUDRETSCH, D. B. (Innovation): Innovation and Industry Evolution, Cambridge/Lon-
don 1995.

AUDRETSCH, D. B. (Small Firms): Small Firms and Efficiency, in: ACS, Z. J. (Hrsg.),
Are Small Firms Important?, Norwell 1999, S. 21-37.

BAIER, W., PLESCHAK, F. (Junge Technologieunternehmen): Marketing und Finanzierung junger Technologieunternehmen, Wiesbaden 1996.

BALTZER, K. (Bedeutung): Die Bedeutung des Venture Capital für innovative Unternehmen, Aachen 2000.

BAUMOL, W. J. (Entrepreneurship): Entrepreneurship in Economic Theory, in: AER,
58. Jg. (1968), S. 64-71.

BAUMS, T. (Ergebnisabhängige Preisvereinbarungen): Ergebnisabhängige Preisvereinbarungen in Unternehmenskaufverträgen, in: DB, 46. Jg. (1993), S. 1273-1276.

BECKER, W., DIETZ, J. (Innovationsnetzwerke): Unternehmensgründungen, etablierte
Unternehmen und Innovationsnetzwerke, in: SCHMUDE, J., LEINER, R. (Hrsg.),
Unternehmensgründungen, Heidelberg 2002, S. 235-268.

BEHRINGER, S. (Unternehmensbewertung): Unternehmensbewertung der Mittel- und
Kleinbetriebe, Berlin 1999.

BETSCH, O., GROH, A. P., SCHMIDT, K. (Gründungsfinanzierung): Gründungs- und
Wachstumsfinanzierung innovativer Unternehmen, München/Wien 2000.

BERGER, A. N., UDELL, G. F. (Small Business Finance): The Economics of Small
Business Finance, in: Journal of Banking & Finance, 22. Jg. (1998), S. 613-673.

BHIDÉ, A. (Bootstrap Finance): Bootstrap Finance, in: SAHLMAN, W. A., STEVENSON, H.
H., ROBERTS, M. J., BHIDÉ, A. (Hrsg.), The Entrepreneurial Venture, 2. Aufl., Boston 1999, S. 223-237.

BHIDÉ, A. (Start-up Strategies): Developing Start-up Strategies, in: SAHLMAN, W. A.,
STEVENSON, H. H., ROBERTS, M. J., BHIDÉ, A. (Hrsg.), The Entrepreneurial Venture,
2. Aufl., Boston 1999, S. 121-137.

BIRCH, D. L. (Job Generation): The Job Generation Process, Cambridge 1979.

BIRD, B. J. (Behavior): Entrepreneurial Behavior, Glenview/London 1989.

BIRLEY, S. (Role of New Firms): The Role of New Firms, in: Strategic Management
Journal, 7. Jg. (1986), S. 361-376.

BITZ, M. (Entscheidungstheorie): Entscheidungstheorie, München 1981.

BITZ, M. (Asymmetrien): Asymmetrien von Information, Einfluß und Betroffenheit
als Determinanten des Finanzmanagements, Diskussionsbeitrag des Fachbereichs
Wirtschaftswissenschaft der Fernuniversität Hagen, Nr. 136, Hagen 1988.

BITZ, M. (Finanzdienstleistungen): Finanzdienstleistungen, 6. Aufl., München/Wien 2002.

BLASEIO, H. (Kognos-Prinzip): Das Kognos-Prinzip, Berlin 1986.

BLÄTTCHEN, W. (Familienunternehmen): Going Public von Familienunternehmen, in: FB, 1. Jg. (1999), S. 38-44.

BLUME, H. (Gründungszeit): Gründungszeit und Gründungskrach mit Beziehung auf das deutsche Bankwesen, Danzig 1914.

BOCK, K. (Unterschiede): Unterschiede im Beschäftigungsverhalten zwischen kleinen und großen Unternehmen, Bonn 1985.

BRANDSTÄTTER, H. (Entrepreneur): Becoming an Entrepreneur, in: Journal of Economic Psychology, 18. Jg. (1997), S. 157-177.

BRAUN, R. (Eigenkapitalbeschaffung): Eigenkapitalbeschaffung via Börse, in: FB, 1. Jg. (1999), S. 316-318.

BREID, V. (Aussagefähigkeit agencytheoretischer Ansätze): Aussagefähigkeit agencytheoretischer Ansätze im Hinblick auf die Verhaltenssteuerung von Entscheidungsträgern, in: ZfbF, 47. Jg. (1995), S. 821-854.

BRETTEL, M. (Entscheidungskriterien): Entscheidungskriterien von Venture Capitalists, in: DBW, 62. Jg. (2002), S. 305-325.

BRETTEL, M., JAUGEY, C., ROST, C. (Business Angels): Business Angels, Wiesbaden 2000.

BRINKROLF, A. (Managementunterstützung): Managementunterstützung durch Venture-Capital-Gesellschaften, Wiesbaden 2002.

BROCKHOFF, K. (Geschichte): Geschichte der Betriebswirtschaftslehre, Wiesbaden 2000.

BRÜDERL, J., PREISENDÖRFER, P., ZIEGLER, R. (Erfolg neugegründeter Betriebe): Der Erfolg neugegründeter Betriebe, Berlin 1996.

BUHMANN, M., KOCH, A., STEFFENSEN, B. (Risiken und Strategien): Risiken und Strategien zur Risikominderung im Gründungsprozeß, in: *SCHMUDE, J., LEINER, R.* (Hrsg.), Unternehmensgründungen, Heidelberg 2002, S. 137-165.

BURMEISTER, K. (Vorstellungen): Die Vorstellungen Joseph Alois Schumpeters vom dynamischen Unternehmer, in: *SCHINZINGER, F.* (Hrsg.), Unternehmer und technischer Fortschritt. Büdinger Forschungen zur Sozialgeschichte 1994 und 1995, München 1996, S. 23-31.

BURNS, P. (Business Plan): The Business Plan, in: *BURNS, P., DEWHURST, J.* (Hrsg.), Small Business and Entrepreneurship, 2. Aufl., Houndmills/Basingstoke/Hampshire 1996, S. 180-197.

BUSSIEK, J. (Betriebswirtschaftslehre): Anwendungsorientierte Betriebswirtschaftslehre für Klein- und Mittelunternehmen, 2. Aufl., München/Wien 1996.

CAMPBELL, T. S., KRACAW, W. A. (Financial Intermediation): Information Production, Market Signalling, and the Theory of Financial Intermediation, in: The Journal of Finance, 35. Jg. (1980), S. 863-882.

CANTILLON, R. (Abhandlung): Abhandlung über die Natur des Handels im allgemeinen, (nach der französischen Ausgabe von 1755 ins Deutsche übertragen von *H. HAYEK*, mit einer Einleitung von *F. A. HAYEK*), Jena 1931.

CASSON, M. (Entrepreneur): The Entrepreneur – An Economic Theory, Oxford 1982.

CASSON, M. (Entrepreneurship): Entrepreneurship and Business Culture, in: BROWN, J., ROSE, M. B. (Hrsg.), Entrepreneurship, Networks and Modern Business, Manchester/New York 1993, S. 30-54.

CLEMENS, R., FREUND, W. (Erfassung): Die Erfassung von Gründungen und Liquidationen in der Bundesrepublik Deutschland, Stuttgart 1994.

CORSTEN, H. (Gründungsentscheidung): Determinanten der Gründungsentscheidung, in: CORSTEN, H. (Hrsg.), Dimensionen der Unternehmensgründung, Berlin 2002, S. 1-41.

DAFERNER, S. (Eigenkapitalausstattung): Eigenkapitalausstattung von Existenzgründungen im Rahmen der Frühphasenfinanzierung, Sternenfels 2000.

DAHREMÖLLER, A. (Existenzgründungsstatistik): Existenzgründungsstatistik, Stuttgart 1987.

DAHREMÖLLER, A. (Nutzung vorhandener Datenquellen): Die Nutzung vorhandener Datenquellen, insbesondere der Gewerbeanmeldungen und der Umsatzsteuerstatistik, zur Quantifizierung der Unternehmensgründungen, in: KISTNER, K.-P., SÜDFELD, E. U.A. (Hrsg.), Statistische Erfassung von Unternehmensgründungen, Stuttgart/Mainz 1988, S. 93-102.

DANIEL, K., TITMAN, S. (Investment under Asymmetric Information): Financing Investment under Asymmetric Information, in: JARROW, R., MAKSIMOVIC, V., ZIEMBA, W. T. (Hrsg.), Handbooks in Operations Research and Management Science, Bd. 9, Finance, Amsterdam u.a. 1995, S. 721-766.

DANZ, B. (Venture Capital): Venture Capital, in: BLUM, U., LEIBBRAND, F. (Hrsg.), Entrepreneurship und Unternehmertum, Wiesbaden 2001, S. 321-361.

DAVIS, B. M. (Role of Venture Capital): Role of Venture Capital in the Economic Renaissance of an Area, in: HISRICH, R. D. (Hrsg.), Entrepreneurship, Intrapreneurship, and Venture Capital, Lexington/Toronto 1986, S. 107-118.

DEAKINS, D., HUSSAIN, G. (Risk Assessment): Risk Assessment with Asymmetric Information, in: International Journal of Bank Marketing, 12. Jg. (1994), S. 24-31.

DIETZ, J.-W. (Gründung): Gründung innovativer Unternehmen, Wiesbaden 1989.

DÖBLER, T. (Unternehmerinnen): Frauen als Unternehmerinnen, Wiesbaden 1997.

DODGE, R. H., ROBBINS, J. E. (Life Cycle Model): An Empirical Investigation of the Organizational Life Cycle Model for Small Business Development and Survival, in: Journal of Small Business Management, 30. Jg. (1992), S. 27-37.

DOWLING, M. (Erfolgsfaktoren): Erfolgs- und Risikofaktoren bei Neugründungen, in: DOWLING, M., DRUMM, H. J. (Hrsg.), Gründungsmanagement, Berlin/Heidelberg/ New York 2002, S. 17-28.

DRUKARCZYK, J. (Finanzierung junger Unternehmen): Finanzierung junger Unternehmen, in: DOWLING, M., DRUMM, H. J. (Hrsg.), Gründungsmanagement, Berlin/ Heidelberg/New York 2002, S. 69-93.

ELFERS, J. (Unternehmensgründungen): Unternehmensgründungen, Frankfurt am Main 1996.

ENGELMANN, A., HEITZER, B. (Beteiligungsprozeß): Beteiligungsprozeß von Venture-Capital-Gesellschaften und Business Angels bei Marktunvollkommenheiten, in: FB, 3. Jg. (2001), S. 215-221.

ERLEI, M. (Institutionen): Institutionen, Märkte und Marktphasen, Tübingen 1998.

ERLEI, M., LESCHKE, M., SAUERLAND, D. (Institutionenökonomik): Neue Institutionenökonomik, Stuttgart 1999.

EUCKEN, W. (Nationalökonomie): Die Grundlagen der Nationalökonomie, 9. Aufl., Berlin u.a. 1989.

EULER, M., SCHEMMEL, H. (Statistik der Kapitalgesellschaften): Verfügbare Informationen zum Komplex der Unternehmensgründungen aus der Statistik der Kapitalgesellschaften, in: *KISTNER, K.-P., SÜDFELD, E. U.A.* (Hrsg.), Statistische Erfassung von Unternehmensgründungen, Stuttgart/Mainz 1988, S. 75-82.

FALLGATTER, M. J. (Unternehmer): Unternehmer und ihre Besonderheiten in der wissenschaftlichen Diskussion, in: ZfB, 71. Jg. (2001), S. 1217-1235.

FALLGATTER, M. J. (Theorie): Theorie des Entrepreneurship, Wiesbaden 2002.

FALLGATTER, M. J. (Entrepreneurship): Entrepreneurship, in: ZfB, 74. Jg. (2004), S. 23-44.

FESER, H.-D., FLIEGER, W. (Gründungsförderung): Gründungsförderung als regionalpolitisches Instrument, in: *CORSTEN, H.* (Hrsg.), Dimensionen der Unternehmensgründung, Berlin 2002, S. 367-393.

FISCHOFF, E. (Kontroverse): Die protestantische Ethik und der Geist des Kapitalismus, in: *WINKELMANN, J.* (Hrsg.), Die protestantische Ethik II, 2. Aufl., Hamburg 1972, S. 346-379.

FRANKE, G. (Agency-Theorie): Agency-Theorie, in: *WITTMANN, W., KERN, W., KÖHLER, R., KÜPPER, H.-U., V. WYSOCKI, K.* (Hrsg.), Handwörterbuch der Betriebswirtschaft, Bd. 1, 5. Aufl., Stuttgart 1993, S. 37-49.

FRANKE, G., HAX, H. (Finanzwirtschaft): Finanzwirtschaft des Unternehmens und Kapitalmarkt, 4. Aufl., Berlin u.a. 1999.

FREIER, P. (Etablierungsmanagement): Etablierungsmanagement innovativer Unternehmensgründungen, Wiesbaden 2000.

FRITSCH, M., GROTZ, R., BRIXY, U., NIESE, M., OTTO, A. (Gründungen): Gründungen in Deutschland, in: *SCHMUDE, J., LEINER, R.* (Hrsg.), Unternehmensgründungen, Heidelberg 2002, S. 1-31.

FÜSER, K. (Rating): Intelligentes Scoring und Rating, Wiesbaden 2001.

GALBRAITH, J. K. (Capitalism): American Capitalism, 4. Aufl., New Brunswick/London 1993.

GERKE, W., BANK, M. (Finanzierungsprobleme) Finanzierungsprobleme mittelständischer Unternehmen, in: FB, 1. Jg. (1999), S. 10-20.

GERKE, W., BANK, M., NEUKIRCHEN, D., RASCH, S., RASCH, S., SCHRÖDER, M., SPENGEL, C., STEIGER, M., WESTERHEIDE, P. (Probleme mittelständischer Unternehmen): Probleme deutscher mittelständischer Unternehmen beim Zugang zum Kapitalmarkt, Baden-Baden 1995.

GIERL, H., HELM, R., SATZINGER, M. (Technologische Innovationen): Technologische Innovationen und asymmetrische Information, in: ZfB, 69. Jg. (1999), S. 1181-1205.

GLEIßNER, W. (Erfolgsfaktoren): Erfolgsfaktoren, Strategien und Geschäftspläne von Entrepreneuren, in: *BLUM, U., LEIBBRAND, F.* (Hrsg.), Entrepreneurship und Unternehmertum, Wiesbaden 2001, S. 235-320.

GÖBEL, E. (Neue Institutionenökonomik): Neue Institutionenökonomik, Stuttgart 2002.

GÖBEL, S. (Zusammenhänge): Zusammenhänge zwischen Persönlichkeit, Humankapital, Strategien und Erfolg, in: *FRESE, M.* (Hrsg.), Erfolgreiche Unternehmensgründer, Göttingen u.a. 1998, S. 99-122.

GRÄB, C., ZWICK, M. (Umsatzsteuerstatistik): Die Umsatzsteuerstatistik, in: *FRITSCH, M., GROTZ, R.* (Hrsg.), Das Gründungsgeschehen in Deutschland, Heidelberg 2002, S. 129-140.

GRICHNIK, D., KRASCHON, D. (Finanzierungs- und risikotheoretische Probleme): Finanzierungs- und risikotheoretische Probleme bei Unternehmensgründungen, in: *BITZ, M.* (Hrsg.), Theoretische Grundlagen der Gründungsfinanzierung, Diskussionsbeitrag des Fachbereichs Wirtschaftswissenschaft der Fernuniversität Hagen, Nr. 331, Hagen 2002.

GRICHNIK, D., SCHWÄRZEL, F. (Konzeption der Gründungsfinanzierung): Zur Konzeption der Gründungsfinanzierung, in: *BITZ, M.* (Hrsg.), Theoretische Grundlagen der Gründungsfinanzierung, Diskussionsbeitrag des Fachbereichs Wirtschaftswissenschaft der Fernuniversität Hagen, Nr. 331, Hagen 2002.

GRIES, C.-I., MAY-STROBL, E., PAULINI, M. (Bedeutung der Beratung): Die Bedeutung der Beratung für die Gründung von Unternehmen, Bonn 1997.

GRISEBACH, R. (Innovationsfinanzierung): Innovationsfinanzierung durch Venture Capital, München 1989.

GRILLMAIER, G. (Umsatzsteuerstatistik): Verfügbare Informationen zum Komplex der Unternehmensgründungen aus der Umsatzsteuerstatistik, in: *KISTNER, K.-P., SÜDFELD, E. U.A.* (Hrsg.), Statistische Erfassung von Unternehmensgründungen, Stuttgart/Mainz 1988, S. 62-74.

GUTENBERG, E. (Entwicklung von Unternehmungen): Zur Frage des Wachstums und der Entwicklung von Unternehmungen, in: *HENZEL, F.* (Hrsg.), Leistungswirtschaft, Berlin/Wien 1942, S. 148-158.

GUTENBERG, E. (Unternehmensführung): Unternehmensführung, Organisation und Entscheidungen, Wiesbaden 1962.

GUTENBERG, E. (Betriebswirtschaftslehre): Grundlagen der Betriebswirtschaftslehre, Band I: Die Produktion, 24. Auflage, Berlin/Heidelberg/New York 1983.

HÄCKER, H. (Persönlichkeit): Persönlichkeit, in: *ASANGER, R., WENNINGER, G.* (Hrsg.), Handwörterbuch der Psychologie, 4. Aufl., München/Weinheim 1988, S. 530-535.

HAENECKE, H. (Systematisierung): Methodenorientierte Systematisierung der Kritik an der Erfolgsfaktorenforschung, in: ZfB, 72. Jg. (2002), S. 165-183.

HALTIWANGER, J., KRIZAN, C. J. (Small Business): Small Business and Job Creation in the United States, in: *ACS, Z. J.* (Hrsg.), Are Small Firms Important?, Norwell 1999, S. 79-97.

HARTMANN-WENDELS, T. (Venture Capital): Venture Capital aus finanzierungstheoretischer Sicht, in: ZfbF, 39. Jg. (1987), S. 16-30.

HARTMANN-WENDELS, T. (Principal-Agent-Theorie): Principal-Agent-Theorie und asymmetrische Informationsverteilung, in: ZfB, 59. Jg. (1988), S. 714-734.

HARTMANN-WENDELS, T. (Integration): Zur Integration von Moral Hazard und Signalling in finanzierungstheoretischen Ansätzen, in: Kredit und Kapital, 23. Jg. (1990), S. 228-250.

HAX, H., NEUS, W. (Kapitalmarktmodelle): Kapitalmarktmodelle, in: *GERKE, W., STEINER, M.* (Hrsg.), Handwörterbuch des Bank- und Finanzwesens, 2. Aufl., Stuttgart 1995, S. 1165-1178.

HÉBERT, R. F., LINK, A. L. (Entrepreneur): The Entrepreneur, New York 1988.

HEITZER, B. (Finanzierung): Finanzierung junger innovativer Unternehmen durch Venture Capital-Gesellschaften, Lohmar/Köln 2000.

HERING, TH. (Arbitragefreiheit): Arbitragefreiheit und Investitionstheorie, in: DBW, 58. Jg. (1998), S. 166-175.

HERING, TH. (Unternehmensbewertung): Finanzwirtschaftliche Unternehmensbewertung, Wiesbaden 1999.

HERING, TH. (Begriff): Zum Begriff „Controlling", in: *BURCHERT, H., HERING, TH., KEUPER, F.* (Hrsg.), Controlling, München/Wien 2001, S. 3-4.

HERING, TH. (Investitionstheorie): Investitionstheorie, 2. Aufl., München/Wien 2003.

HERING, TH. (Preispolitik): Preispolitik im Monopol, in: *BURCHERT, H., HERING, TH., PECHTL, H.* (Hrsg.), Absatzwirtschaft, München/Wien 2003, S. 191-197.

HERING, TH. (Unternehmensgründung): Unternehmensgründung und Unternehmensnachfolge als betriebswirtschaftliches Schwerpunktfach im Fernstudium, in: *WALTERSCHEID, K.* (Hrsg.), Entrepreneurship in Forschung und Lehre, Frankfurt am Main u.a. 2003, S. 283-294.

HERING, TH. (Fusion): Der Entscheidungswert bei der Fusion, in: BFuP, 56. Jg. (2004), S. 148-165.

HERING, TH., OLBRICH, M. (Börsengang): Einige grundsätzliche Bemerkungen zum Bewertungsproblem beim Börsengang junger Unternehmen, in: ZfB, 72. Jg. (2002), Ergänzungsheft 5, S. 147-161.

HERING, TH., OLBRICH, M. (Unternehmensnachfolge): Unternehmensnachfolge, München/Wien 2003.

HERING, TH., VINCENTI, A. J. F. (Gründungsfinanzierung): Gründungs- und Frühphasenfinanzierung, in: *BREUER, W., SCHWEIZER, T.* (Hrsg.), Gabler-Lexikon Corporate Finance, Wiesbaden 2003, S. 221-224.

HERING, TH., VINCENTI, A. J. F., HEINLE, B. (Inkubator): Zum Einfluß des Inkubators auf Unternehmensgründungen, in: FB, 4. Jg. (2002), S. 614-619.

HINTERHUBER, H. H., STUHEC, U. (Kernkompetenzen): Kernkompetenzen und strategisches In-/Outsourcing, in: ZfB, 67. Jg. (1997), Ergänzungsheft 1, S. 1-20.

HISRICH, R. D., PETERS, M. P. (Entrepreneurship): Entrepreneurship, 4. Aufl., Boston u.a. 1998.

HOCH, W. (Hrsg.) (Röpke – Wort): Wilhelm Röpke – Wort und Wirkung, Ludwigsburg 1964.

V. HODENBERG, C. (Businessplan): Die Erstellung des Businessplans, in: *WEITNAUER, W.* (Hrsg.), Handbuch Venture Capital, München 2000, S. 82-96.

HOLMSTROM, B. (Agency Costs): Agency Costs and Innovation, in: Journal of Economic Behavior and Organization, 12. Jg. (1989), S. 305-327.

HÖLSCHER, R. (Finanzierung): Finanzierung von und in Gründungsunternehmen, in: *CORSTEN, H.* (Hrsg.), Dimensionen der Unternehmensgründung, Berlin 2002, S. 201-230.

HÖRNER, W., GNOSS, R. (Methodische Ansätze): Methodische Ansätze und Möglichkeiten einer statistischen Erfassung von Unternehmensgründungen, in: *KISTNER, K.-P., SÜDFELD, E. U.A.* (Hrsg.), Statistische Erfassung von Unternehmensgründungen, Stuttgart/Mainz 1988, S. 31-53.

HUNSDIEK, D. (Beschäftigungspolitische Wirkungen): Beschäftigungspolitische Wirkungen von Unternehmensgründungen und Aufgaben, Bonn 1985.

HUNSDIEK, D., MAY-STROBL, E. (Entwicklungslinien): Entwicklungslinien und Entwicklungsrisiken neugegründeter Unternehmen, Stuttgart 1986.

ILLING, G. (Existenzgründung): Existenzgründung bei unvollkommenen Kapitalmärkten, Bamberg 1994.

JAFFÉ, W. (Walras' Economics): Walras' Economics as Others See It, in: Journal of Economic Literature, 18. Jg. (1980), S. 528-549.

JENSEN, M. C., MECKLING, W. H. (Theory of the Firm): Theory of the Firm, in: Journal of Financial Economics, 3. Jg. (1976), S. 305-360.

JOST, P.-J. (Aufdeckung von Informationen): Strategisches Verhalten und die Aufdeckung von Informationen, in: WISU, 31. Jg. (2002), S. 83-88.

JUNGBAUER-GANS, M., PREISENDÖRFER, P. (Vorbereitung und Planung): Verbessern eine gründliche Vorbereitung und sorgfältige Planung die Erfolgschancen neugegründeter Betriebe, in: ZfbF, 43 Jg. (1991), S. 987-996.

KAISER, L., GLÄSER, J. (Entwicklungsphasen): Entwicklungsphasen neugegründeter Unternehmen, Trier 1999.

KAUFHOLD, K. H. (Protestantische Ethik): Protestantische Ethik, Kapitalismus und Beruf, in: *KAUFHOLD, K. H., ROTH, G., SHIONOYA, Y.* (Hrsg.), Max Weber und seine »Protestantische Ethik«, Düsseldorf 1992, S. 69-91.

KAUFMANN, F., KOKALJ, L. (Risikokapitalmärkte): Risikokapitalmärkte für mittelständische Unternehmen, Stuttgart 1996.

KAY, N. M. (Innovation): Innovation, Markets and Hierarchies, in: Journal of Economic Studies, 11. Jg. (1984), S. 44-60.

KIESER, A. (Weber): Max Webers Analyse der Bürokratie, in: *KIESER, A.* (Hrsg.), Organisationstheorien, 3. Aufl., Stuttgart/Berlin/Köln 1999, S. 39-64.

KIHLSTROM, R. E., LAFFONT, J.-J. (Equilibrium Entrepreneurial Theory): A General Equilibrium Entrepreneurial Theory of Firm Foundation Based on Risk Aversion, in: Journal of Political Economy, 87. Jg. (1979), S. 719-748.

KIRCHHOFF, B. A. (Entrepreneurship): Entrepreneurship's Contribution to Economics, in: Entrepreneurship, Theory and Practice, 16. Jg. (1991), S. 93-112.

KIRZNER, I. M. (Competition): Competition and Entrepreneurship, Chicago/London 1973.

KIRZNER, I. M. (Wettbewerb): Wettbewerb und Unternehmertum, Tübingen 1978.

KIRZNER, I. M. (Unternehmerisches Entdecken): Die zentrale Bedeutung unternehmerischen Entdeckens, in: Zeitschrift für Wirtschaftspolitik, 33. Jg. (1983), S. 207-224.

KIRZNER, I. M. (Process): The Entrepreneurial Process, in: *KENT, C. A.* (Hrsg.), The Environment for Entrepreneurship, Lexington/Toronto 1984, S. 41-58.

KIRZNER, I. M. (Unternehmer): Unternehmer und Marktdynamik, München/Wien 1988.

KIRZNER, I. M. (Entrepreneurial Discovery): Entrepreneurial Discovery and the Competitive Market Process, in: Journal of Economic Literature, 35. Jg. (1997), S. 60-85.

KISTNER, K.-P. (Einführung): Einführung in die Themenstellung, in: *KISTNER, K.-P., SÜDFELD, E. U.A.* (Hrsg.), Statistische Erfassung von Unternehmensgründungen, Stuttgart/Mainz 1988, S. 10-15.

KLANDT, H. (Person): Die Person des Unternehmensgründers als Determinante des Gründungserfolgs, in: BFuP, 32. Jg. (1980), S. 321-335.

KLANDT, H. (Unternehmensplan): Der integrierte Unternehmensplan, München/Wien 1999.

KNIGHT, F. H. (Risk): Risk, Uncertainty and Profit, Chicago/London 1971.

KOCH, H. (Integrierte Unternehmensplanung): Integrierte Unternehmensplanung, Wiesbaden 1982.

KREPS, D. M. (Mikroökonomische Theorie): Mikroökonomische Theorie, Landsberg am Lech 1994.

KRIEGESMANN, B. (Unternehmensgründungen aus der Wissenschaft): Unternehmensgründungen aus der Wissenschaft, in: ZfB, 70. Jg. (2000), S. 397-414.

KULICKE, M. ET AL. (Chancen und Risiken): Chancen und Risiken junger Technologieunternehmen, Heidelberg 1993.

KULICKE, M. (Finanzierungsbedarf): Finanzierungsbedarf (Höhe, Art) und Finanzierungsprobleme bei Existenzgründungen im Dienstleistungsbereich, Stuttgart 2000.

KUßMAUL, H. (Betriebswirtschaftslehre): Arbeitsbuch Betriebswirtschaftslehre für Existenzgründer, 2. Aufl., München/Wien 1999.

KUßMAUL, H. (Business-Plan): Business-Plan – Der Schlüssel zum Erfolg, in: *CORSTEN, H.* (Hrsg.), Dimensionen der Unternehmensgründung, Berlin 2002, S. 103-125.

LAGEMANN, B., FRICK, S., WELTER, F. (Selbständigkeit): Kultur der Selbständigkeit, in: *RIDINGER, R., WEISS, P.* (Hrsg.), Existenzgründungen und dynamische Wirtschaftsentwicklung, Berlin 1999, S. 61-93.

LEIBBRAND, F. (Unternehmensgründungen): Unternehmensgründungen und –insolvenzen, in: *BLUM, U., LEIBBRAND, F.* (Hrsg.), Entrepreneurship und Unternehmertum, Wiesbaden 2001, S. 57-109.

LEIBBRAND, F. (Gründungsforschung): Gründungsforschung, in: *BLUM, U., LEIBBRAND, F.* (Hrsg.), Entrepreneurship und Unternehmertum, Wiesbaden 2001, S. 111-159.

LEINER, R. (Gewerbeanzeigenstatistik): Die Gewerbeanzeigenstatistik, in: *FRITSCH, M., GROTZ, R.* (Hrsg.), Das Gründungsgeschehen in Deutschland, Heidelberg 2002, S. 103-127.

LEINING, M. (Unternehmenskonzept): Das Unternehmenskonzept (Der Businessplan), in: *SABISCH, H.* (Hrsg.), Management technologieorientierter Unternehmensgründungen, Stuttgart 1999, S. 41-51.

LELAND, H. E., PYLE, D. H. (Informational Asymmetries): Informational Asymmetries, Financial Structure, and Financial Intermediation, in: The Journal of Finance, 32. Jg. (1977), S. 371-387.

LESSAT, V., HEMER, J., ECKERLE, T. H., KULICKE, M., LICHT, G., NERLINGER, E. ET AL. (Beteiligungskapital): Beteiligungskapital und technologieorientierte Unternehmensgründung, Wiesbaden 1999.

LINK, A. N., BOZEMAN, B. (Innovative Behavior): Innovative Behavior in Small-Sized Firms, in: Small Business Economics, 3. Jg. (1991), S. 179-184.

LINK, U. (Förderprogramme): Förderprogramme für Existenzgründer, in: *CORSTEN, H.* (Hrsg.), Dimensionen der Unternehmensgründung, Berlin 2002, S. 231-253.

LORENZANA, T., VIGIER, H. P. (Financial Problems): Financial Problems of Small and Medium-Size Firms, Gießen 2002.

LUBRICH, M., OLBRICH, M., HERING, TH. (Investitionsrechnung): Investitionsrechnung für ein Technologie- und Gründerzentrum, in: FB, 5. Jg. (2003), S. 582-590.

LYLES, M. A., BAIRD, I. S., ORRIS, J. B., KURATKO, D. F. (Formalized Planning): Formalized Planning in Small Business, in: Journal of Small Business Management, 31. Jg. (1993), S. 38-50.

MALEK, M., IBACH, P. K. (Entrepreneurship): Entrepreneurship, Heidelberg 2004.

V. MANGOLDT, H. (Unternehmergewinn): Die Lehre vom Unternehmergewinn, Nachdruck der 1. Aufl. von 1855, Frankfurt am Main 1966.

MARSHALL, A. (Industry and Trade): Industry and Trade, Nachdruck der 4. Aufl. von 1923, New York 1970.

MARSHALL, A. (Volkswirtschaftslehre): Handbuch der Volkswirtschaftslehre, Stuttgart/Berlin 1905.

MÄRZ, E. (Schumpeter): Joseph Alois Schumpeter, München 1983.

MATSCHKE, M. J. (Finanzierung): Finanzierung der Unternehmung, Herne/Berlin 1991.

MATSCHKE, M. J., HERING, TH., KLINGELHÖFER, H. E. (Finanzplanung): Finanzanalyse und Finanzplanung, München/Wien 2002.

MCCLELLAND, D. C. (Characteristics): Characteristics of Successful Entrepreneurs, in: The Journal of Creative Behavior, 21. Jg. (1987), S. 219-233.

MEIS, T. (Existenzgründung): Existenzgründung durch Kauf eines kleinen oder mittleren Unternehmens, Lohmar/Köln 2000.

MELLEWIGT, T., WITT, P. (Vorgründungsprozeß): Die Bedeutung des Vorgründungsprozesses für die Evolution von Unternehmen, in: ZfB, 72. Jg. (2002), S. 81-110.

MENGER, C. (Volkswirtschaftslehre): Grundsätze der Volkswirtschaftslehre, Neudruck der 2. Aufl., Wien 1923, Aalen 1968.

DE MEZA, D., WEBB, D. C. (Too Much Investment): Too Much Investment, in: The Quarterly Journal of Economics, 107. Jg. (1987), S. 281-292.

DE MEZA, D., WEBB, D. C. (Risk): Risk, Adverse Selection, and Capital Market Failure, in: The Economic Journal, 100. Jg. (1990), S. 206-214.

DE MEZA, D., WEBB, D. C. (Insufficient Lending): Does Credit Rationing Imply Insufficient Lending, in: Journal of Public Economics, 78. Jg. (2000), S. 215-234.

MICHAELSEN, L. (Informationsintermediation): Informationsintermediation für Privatanleger am Aktienmarkt unter besonderer Berücksichtigung des Neuen Marktes, Lohmar/Köln 2001.

V. MISES, L. (Nationalökonomie): Nationalökonomie, Unveränderter Nachdruck der 1. Auflage, Genf 1940, München 1980.

MISHKIN, F. S. (Financial Markets): The Economics of Money, Banking, and Financial Markets, 6. Aufl., Boston u.a. 2003.

MISIRLI, O. (Intermediäre): Venture-Capital-Gesellschaften als Intermediäre auf dem Kapitalmarkt, Bergisch Gladbach/Köln 1988.

MRZYK, A. P. (Kreditwürdigkeitsprüfung): Ertragswertorientierte Kreditwürdigkeitsprüfung bei Existenzgründungen, Wiesbaden 1999.

MUELLER, D. C. (Information): Information, Mobility, and Profit, in: Kyklos, 29. Jg. (1976), S. 419-448.

MUGLER, J. (Betriebswirtschaftslehre): Betriebswirtschaftslehre der Klein- und Mittelbetriebe, 2. Aufl., Wien/New York 1995.

MÜLLER, K. O. W. (Schumpeter): Joseph A. Schumpeter, Berlin 1990.

NATHUSIUS, K. (Finanzierungsinstrumente): Finanzierungsinstrumente für unterschiedliche Gründungs-Modelle, in: ZfbF, 55. Jg. (2003), S. 158-193.

NELSON, R. R., WINTER, S. G. (Theories of Economic Growth): Neoclassical vs. Evolutionary Theories of Economic Growth, in: Economic Journal, 84. Jg. (1974), S. 886-905.

NELSON, R. R., WINTER, S. G. (Schumpeterian Competition): Forces Generating and Limiting Concentration under Schumpeterian Competition, in: Bell Journal of Economics, 9. Jg. (1978), S. 524-548.

NERDINGER, F. W. (Perspektiven): Perspektiven der Erforschung des Unternehmertums, in: *v. ROSENSTIEL, L., LANG - VON WINS, T.* (Hrsg.), Existenzgründung und Unternehmertum, Stuttgart 1998, S. 3-21.

NERLINGER, E. A. (Junge innovative Unternehmen): Standorte und Entwicklungen junger innovativer Unternehmen, Baden-Baden 1998.

NICOLAI, A., KIESER, A. (Erfolgsfaktorenforschung): Trotz eklatanter Erfolglosigkeit: die Erfolgsfaktorenforschung weiter auf Erfolgskurs, in: DBW, 62. Jg. (2002), S. 579-596.

NIEDERÖCKER, B. (Business Angels): Die Vorteilhaftigkeit von Business Angels für die Innovationsfinanzierung in jungen Unternehmen, in: FB, 3. Jg. (2001), S. 280-286.

NITTKA, I. (Informelles Venture Capital): Informelles Venture Capital am Beispiel von Business Angels, Stuttgart 2000.

OLBRICH, M. (Universitäre Unternehmungsgründungen): Einkommensteuerliche und körperschaftsteuerliche Hemmnisse universitärer Unternehmungsgründungen, in: BFuP, 54. Jg. (2002), S. 373-387.

OLBRICH, M. (Nachfolge und Gründung): Unternehmensnachfolge und Unternehmensgründung, in: *WALTERSCHEID, K.* (Hrsg.), Entrepreneurship in Forschung und Lehre, Frankfurt am Main u.a. 2003, S. 133-145.

PAEPER, U. (Inkubatoren): Inkubatoren in Deutschland, Koblenz 2000.

PAPE, U., BEYER, S. (Finanzierungsalternative): Venture Capital als Finanzierungsalternative innovativer Wachstumsunternehmen, in: FB, 3. Jg. (2001), S. 627-638.

PAULUS, P. (Persönlichkeit): Persönlichkeit, in: *TEWES, U., WILDGRUBE, K.* (Hrsg.), Psychologie-Lexikon, München/Wien 1992, S. 249-252.

PERRIDON, L., STEINER, M. (Finanzwirtschaft): Finanzwirtschaft der Unternehmung, 12. Aufl., München 2003.

PETERS, U. H. (Wörterbuch): Wörterbuch der Psychiatrie und medizinischen Psychologie, 3. Aufl., München 1990.

PFOHL, H. C. (Abgrenzung): Abgrenzung der Klein- und Mittelbetriebe von Großbetrieben, in: *PFOHL, H. C.* (Hrsg.), Betriebswirtschaftslehre der Mittel- und Kleinbetriebe, 3. Aufl., Berlin 1997, S. 1-25.

PICOT, A. (Leistungstiefe): Ein neuer Ansatz zur Gestaltung der Leistungstiefe, in: ZfbF, 43. Jg. (1991), S. 336-357.

PICOT, A., LAUB, U.-D., SCHNEIDER, D. (Unternehmensgründungen): Innovative Unternehmensgründungen, Berlin/Heidelberg/New York 1989.

PIERENKEMPER, T. (Unternehmensgeschichte): Unternehmensgeschichte, Stuttgart 2000.

PINKWART, A. (Risikogestaltung): Die Unternehmensgründung als Problem der Risikogestaltung, in: ZfB, 72. Jg. (2002), Ergänzungsheft 5, S. 55-84.

PLEITNER, H. J. (Beobachtungen): Beobachtungen und Überlegungen zur Person des mittelständischen Unternehmers, in: *ALBACH, H., HELD, T.* (Hrsg.), Betriebswirtschaftslehre mittelständischer Unternehmen, Stuttgart 1984, S. 511-522.

PLEITNER, H. J. (Unternehmerpersönlichkeit): Unternehmerpersönlichkeit und Unternehmensentwicklung, in: *PLEITNER, H. J.* (Hrsg.), Bedeutung und Behauptung der KMU in einer neuen Umfeldkonstellation, St. Gallen 1996, S. 531-545.

PLEITNER, H. J. (Entrepreneurship): Entrepreneurship, in: ZfB, 71. Jg. (2001), S. 1145-1159.

PORTER, M. E. (Wettbewerbsstrategie): Wettbewerbsstrategie, 10. Aufl., Frankfurt am Main/New York 1999.

PREISENDÖRFER, P. (Erfolgsfaktoren): Erfolgsfaktoren von Unternehmensgründungen, in: *CORSTEN, H.* (Hrsg.), Dimensionen der Unternehmensgründung, Berlin 2002, S. 43-70.

RÄBEL, D. (Venture Capital): Venture Capital als Instrument für Innovationsfinanzierung, Köln 1986.

RASMUSEN, E. (Games): Games and Information, 2. Aufl., Cambridge/Oxford 1994.

RAUCH, A., FRESE, M. (Psychologie Unternehmertum): Was wissen wir über die Psychologie erfolgreichen Unternehmertums, in: *FRESE, M.* (Hrsg.), Erfolgreiche Unternehmensgründer, Göttingen u.a. 1998, S. 5-34.

REICHEL, R., SCHÄFER, H., WEITNAUER, W. (Börsengang): Der Börsengang, in: *WEITNAUER, W.* (Hrsg.), Handbuch Venture Capital, München 2000, S. 296-329.

REIß, M., RUDORF, E. (Netzwerke): Unternehmensgründung in Netzwerken, in: *V. ROSENSTIEL, L., LANG - VON WINS, T.* (Hrsg.), Existenzgründung und Unternehmertum, Stuttgart 1998, S. 129-156.

RICH, S. R., GUMPERT, D. E. (Write): How to Write a Winning Business Plan, in: *SAHLMAN, W. A., STEVENSON, H. H., ROBERTS, M. J., BHIDÉ, A.* (Hrsg.), The Entrepreneurial Venture, 2. Aufl., Boston 1999, S. 177-188.

RICHTER, R., FURUBOTN, E. G. (Neue Institutionenökonomik): Neue Institutionenökonomik, 2. Aufl., Tübingen 1999.

RIPSAS, S. (Business Plan): Die Erstellung eines Business Plans, Berlin 1997.

RIPSAS, S. (Entrepreneurship): Entrepreneurship als ökonomischer Prozeß, Wiesbaden 1997.

RISSEEUW, P., MASUREL, E. (Role of Planning): The Role of Planning in Small Firms, in: Small Business Economics, 6. Jg. (1993), S. 313-322.

ROLING, J. (Venture Capital): Venture Capital und Innovation, Lohmar/Köln 2001.

ROLLBERG, R. (Strategische Unternehmensführung): Lean Management und CIM aus Sicht der strategischen Unternehmensführung, Wiesbaden 1996.

ROLLBERG, R. (Finanzierung): Finanzierung, in: *ARENS-FISCHER, W, STEINKAMP, TH.* (Hrsg.), Betriebswirtschaftslehre, München/Wien 2000, S. 493-539.

ROLLBERG, R. (Unternehmensplanung): Integrierte Unternehmensplanung, Wiesbaden 2001.

RÖPKE, W. (Jenseits): Jenseits von Angebot und Nachfrage, 5. Aufl., Zürich/Stuttgart 1979.

ROSENFELD, B. (Technologie- und Gründerzentren): Die Technologie- und Gründerzentren in Nordrhein-Westfalen, in: *WELFENS, P. J.J., GRAACK, C.* (Hrsg.), Technologieorientierte Unternehmensgründungen und Mittelstandspolitik in Europa, Heidelberg 1999.

ROTH, G. (Wirkungsgeschichte von »Protestantische Ethik«): Zur Entstehungs- und Wirkungsgeschichte von Max Webers »Protestantische Ethik«, in: *KAUFHOLD, K. H., ROTH, G., SHIONOYA, Y.* (Hrsg.), Max Weber und seine »Protestantische Ethik«, Düsseldorf 1992, S. 43-68.

ROTH, S. (Modelle): Screening- und Signaling-Modelle, in: WiSt, 30. Jg. (2001), S. 372-378.

ROTHSCHILD, M., STIGLITZ, J. E. (Equilibrium): Equilibrium in Competitive Insurance Markets, in: The Quarterly Journal of Economics, 90. Jg. (1976), S. 629-649.

ROTHWELL, R. (Innovation): Small Firms, Innovation and Industrial Change, in: Small Business Economics, 1. Jg. (1989), S. 51-64.

SABISCH, H. (Unternehmensgründung und Innovation): Unternehmensgründung und Innovation, in: *SABISCH, H.* (Hrsg.), Management technologieorientierter Unternehmensgründungen, Stuttgart 1999, S. 19-39.

SABISCH, H., GROß, M. (Finanzierung): Die Finanzierung von Innovationen und technologieorientierten Unternehmensgründungen, in: *SABISCH, H.* (Hrsg.), Management technologieorientierter Unternehmensgründungen, Stuttgart 1999, S. 135-159.

SAHLMAN, W. A. (Venture-capital Organizations): The Structure and Governance of Venture-capital Organizations, in: Journal of Financial Economics, 27. Jg. (1990), S. 473-521.

SAHLMAN, W. A. (Business Plans): Some Thoughts on Business Plans, in: *SAHLMAN, W. A., STEVENSON, H. H., ROBERTS, M. J., BHIDÉ, A.* (Hrsg.), The Entrepreneurial Venture, 2. Aufl., Boston 1999, S. 138-176.

SAHLMAN, W. A. (Horse Race): The Horse Race between Capital and Opportunity, in: *SAHLMAN, W. A., STEVENSON, H. H., ROBERTS, M. J., BHIDÉ, A.* (Hrsg.), The Entrepreneurial Venture, 2. Aufl., Boston 1999, S. 335-350.

SCHÄFER, H. (Unternehmensfinanzen): Unternehmensfinanzen, 2. Aufl., Heidelberg 2002.

SCHALLER, A. (Entrepreneurship): Entrepreneurship oder wie man ein Unternehmen denken muß, in: *BLUM, U., LEIBBRAND, F.* (Hrsg.), Entrepreneurship und Unternehmertum, Wiesbaden 2001, S. 3-56.

SCHEFOLD, B. (Max Weber): Max Webers Werk als Hinterfragung der Ökonomie, in: *KAUFHOLD, K. H., ROTH, G., SHIONOYA, Y.* (Hrsg.), Max Weber und seine »Protestantische Ethik«, Düsseldorf 1992, S. 5-31.

SCHEFCZYK, M. (Finanzieren): Finanzieren mit Venture Capital, Stuttgart 2000.

SCHEFCZYK, M., PANKOTSCH, F. (Betriebswirtschaftslehre): Betriebswirtschaftslehre junger Unternehmen, Stuttgart 2003.

SCHENK, R. (Unternehmenserfolg): Beurteilung des Unternehmenserfolges, in: *FRESE, M.* (Hrsg.), Erfolgreiche Unternehmensgründer, Göttingen u.a. 1998, S. 59-82.

SCHERER, F. M. (Firm Size Problem): Changing Perspectives on the Firm Size Problem, in: *ACS, Z. J., AUDRETSCH, D. B.* (Hrsg.), Innovation and Technological Change, Ann Arbor 1991, S. 24-38.

SCHIRMEISTER, R., WIPPLER, A. (Finanzintermediation): Die Bedeutung der Finanzintermediation für informelle Wagniskapitalmärkte, in: *AMADOR, M. B., LOHMANN, K., PLESCHAK, F.* (Hrsg.), Beteiligungskapital in der Unternehmensfinanzierung, Wiesbaden 1999, S. 201-218.

SCHMIDT, A. G. (Einfluß der Unternehmensgröße): Der Einfluß der Unternehmensgröße auf die Rentabilität von Industrieunternehmen, Wiesbaden 1995.

SCHMIDT, A. G. (Überproportionaler Beitrag): Der überproportionale Beitrag kleiner und mittlerer Unternehmen zu Beschäftigungsdynamik, in: ZfB, 66. Jg. (1996), S. 537-557.

SCHMIDT, A. G. (Indikatoren): Indikatoren für Erfolg und Überlebenschancen junger Unternehmen, in: ZfB, 72. Jg. (2002), Ergänzungsheft 5, S. 21-53.

SCHMIDT, R. H., TERBERGER, E. (Investitions- und Finanzierungstheorie): Grundzüge der Investitions- und Finanzierungstheorie, 4. Aufl., Wiesbaden 1997.

V. SCHMOLLER, G. (Grundriß I): Grundriß der Allgemeinen Volkswirtschaftslehre, Erster Teil: Begriff. Psychologische und sittliche Grundlage. Literatur und Methode. Land, Leute und Technik. Die gesellschaftliche Verfassung der Volkswirtschaft, 2. Aufl., München/Leipzig 1923.

V. SCHMOLLER, G. (Grundriß II): Grundriß der Allgemeinen Volkswirtschaftslehre, Zweiter Teil: Verkehr, Handel und Geldwesen. Wert und Preis. Kapital und Arbeit. Einkommen. Krisen, Klassenkämpfe, Handelspolitik. Historische Gesamtentwicklung, 2. Aufl., München/Leipzig 1923.

SCHMUDE, J. (Unternehmensgründungen): Geförderte Unternehmensgründungen in Baden-Württemberg, Stuttgart 1994.

SCHMUDE, J., LEINER, R. (Zur Messung): Zur Messung des Unternehmensgründungsgeschehens, in: *V. ROSENSTIEL, L., LANG - VON WINS, T.* (Hrsg.), Existenzgründung und Unternehmertum, Stuttgart 1998, S. 109-128.

SCHNEELOCH, D. (Mittelständische Unternehmen): Rechtsformwahl und Rechtsformwechsel mittelständischer Unternehmen, Herne/Berlin 1997.

SCHNEIDER, D. („Markt oder Unternehmung"-Diskussion): Die Unhaltbarkeit des Transaktionskostenansatzes für die „Markt oder Unternehmung"-Diskussion, in: ZfB, 55. Jg. (1985), S. 1237-1254.

SCHNEIDER, D. (Innovative Unternehmen): Zur Entstehung innovativer Unternehmen, München 1988.

SCHNEIDER, D. (Neubegründung): Neubegründung der Betriebswirtschaftslehre aus Unternehmerfunktionen, in: The Annals of the School of Business Administration Kobe University No. 32, Kobe 1988, S. 31-47.

SCHNEIDER, D. (Geschichte): Betriebswirtschaftslehre, Band 4: Geschichte und Methoden der Wirtschaftswissenschaft, München/Wien 2001.

SCHNEIDER, D. (Unternehmer): Der Unternehmer – eine Leerstelle in der Theorie der Unternehmung, in: ZfB, 71. Jg. (2001), Ergänzungsheft 4, S. 1-19.

SCHOPPE, S. G., WASS VON CZEGE, A. GRAF, MÜNCHOW, M.-M., STEIN, I., ZIMMER, K. (Theorie der Unternehmung): Moderne Theorie der Unternehmung, München/ Wien 1995.

SCHULZ, N. (Unternehmensgründungen): Unternehmensgründungen und Markteintritt, Heidelberg 1995.

SCHUMPETER, J. A. (Unternehmer): Der Unternehmer, in: *ELSTER, L., WEBER, A., WIESER, F.* (Hrsg.), Handwörterbuch der Staatswissenschaften, Bd. VIII, 4. Aufl., Jena 1928, S. 476-487.

SCHUMPETER, J. A. (Kapitalismus): Kapitalismus, Sozialismus und Demokratie, 3. Aufl., München 1972.

SCHUMPETER, J. A. (Theorie): Theorie der wirtschaftlichen Entwicklung, 8. Aufl., Berlin 1993.

SCHWENK, C. R., SHRADER, C. B. (Formal Strategic Planning): Effects of Formal Strategic Planning on Financial Performance in Small Firms, in: Entrepreneurship Theory and Practice, 17. Jg. (1993), S. 53-64.

SEXTON, D. L. (Role of Entrepreneurship): Role of Entrepreneurship in Economic Development, in: *HISRICH, R. D.* (Hrsg.), Entrepreneurship, Intrapreneurship, and Venture Capital, Lexington/Toronto 1986, S. 27-39.

SHRADER, C. B., MULFORD, C. L., BLACKBURN, V. L. (Planning): Strategic and Operational Planning, Uncertainty, and Performance in Small Firms, in: Journal of Small Business Management, 27. Jg. (1989), S. 45-60.

SIDLER, S. (Risikokapital-Finanzierung): Risikokapital-Finanzierung von Jungunternehmen, 2. Aufl., Bern/Stuttgart/Wien 1997.

SMITH, J. K., SMITH, R. L. (Finance): Entrepreneurial Finance, New York u.a. 2000.

SÖLLNER, F. (Geschichte): Die Geschichte des ökonomischen Denkens, 2. Aufl., Berlin/Heidelberg/New York 2001.

SOMBART, W. (Unternehmer): Der kapitalistische Unternehmer, in: Archiv für Sozialwissenschaft und Sozialpolitik, 29. Jg. (1909), S. 689-758.

SOMBART, W. (Bourgeois): Der Bourgeois, Neudruck der 1. Aufl. 1913, Berlin 1987.

SOMBART, W. (Kapitalismus I/1): Der moderne Kapitalismus, Band I: Die vorkapitalistische Wirtschaft. Erster Halbband, Nachdruck der 2. Aufl. von 1916, München 1987.

SOMBART, W. (Kapitalismus I/2): Der moderne Kapitalismus, Band I: Die vorkapitalistische Wirtschaft. Zweiter Halbband, Nachdruck der 2. Aufl. von 1916, München 1987.

SOMBART, W. (Kapitalismus III/1): Der moderne Kapitalismus, Band III: Das Wirtschaftsleben im Zeitalter des Hochkapitalismus. Erster Halbband: Die Grundlagen – Der Aufbau, Nachdruck der 1. Aufl. von 1927, München 1987.

SOMBART, W. (Kapitalismus III/2): Der moderne Kapitalismus, Band III: Das Wirtschaftsleben im Zeitalter des Hochkapitalismus. Zweiter Halbband: Der Hergang der hochkapitalistischen Wirtschaft. Die Gesamtwirtschaft, Nachdruck der 1. Aufl. von 1927, München 1987.

D'SOUSA, P. (Venture Capital): Venture Capital and Asymmetric Information, Berlin 2001.

SPENCE, M. A. (Signaling): Job Market Signaling, in: The Quarterly Journal of Economics, 87. Jg. (1973), S. 355-374.

SPREMANN, K. (Asymmetrische Information): Asymmetrische Information, in: ZfB, 60. Jg. (1990), S. 561-586.

STEARNS, T. M., HILLS, G. E. (Entrepreneurship): Entrepreneurship and New Firm Development, in: Journal of Business Research, 36. Jg. (1996), S. 1-4.

STERNBERG, R., BEHRENDT, H., SEEGER, H., TAMÁSY, C. (Bilanz): Bilanz eines Booms, Dortmund 1996.

STERNBERG, R., BERGMANN, H., TAMÁSY, C. (Länderbericht 2001): Global Entrepreneurship Monitor: Unternehmensgründungen im weltweiten Vergleich. Länderbericht Deutschland 2001, Köln 2001.

STEVENSON, H. H., SAHLMAN, W. A. (Importance): Importance of Entrepreneurship in Economic Development, in: *HISRICH, R. D.* (Hrsg.), Entrepreneurship, Intrapreneurship, and Venture Capital, Lexington/Toronto 1986, S. 3-26.

STIFTUNG KMU SCHWEIZ (Ratgeber Business-Plan): Der Ratgeber zum Business-Plan, Bern 1997.

STIGLITZ, J. E., WEISS, A. (Credit Rationing): Credit Rationing in Markets with Imperfect Information, in: AER, 71. Jg. (1981), S. 393-410.

STOREY, D., SYKES, N. (Uncertainty, Innovation, Management): Uncertainty, Innovation and Management, in: *BURNS, P., DEWHURST, J.* (Hrsg.), Small Business and Entrepreneurship, 2. Aufl., Houndmills/Basingstoke/Hampshire 1996, S. 73-93.

STUMMER, F. (Venture-Capital-Partnerschaften): Venture-Capital-Partnerschaften, Wiesbaden 2002.

SZYPERSKI, N. (Hochtechnologie): Hochtechnologie als Wachstumschance für mittelständische Unternehmen, in: *ALBACH, H., HELD, T.* (Hrsg.), Betriebswirtschaftslehre mittelständischer Unternehmen, Stuttgart 1984, S. 66-90.

SZYPERSKI, N., NATHUSIUS, K. (Unternehmensgründung): Probleme der Unternehmensgründung, 2. Aufl., Lohmar/Köln 1999.

TERBERGER, E. (Neo-institutionalistische Ansätze): Neo-institutionalistische Ansätze, Wiesbaden 1994.

V. THÜNEN, J. H. (Der isolierte Staat): Der isolierte Staat in Beziehung auf Landwirtschaft und Nationalökonomie, 4. Aufl., Stuttgart 1966.

TIMMONS, J. A. (New Venture): New Venture Creation, 5. Aufl., Boston u.a. 1999.

ULRICH, H. (System): Die Unternehmung als produktives soziales System, 2. Aufl., Bern/Stuttgart 1970.

VINCENTI, A. J. F. (Mittelständische Unternehmen): E-Commerce und mittelständische Unternehmen, in: *KEUPER, F.* (Hrsg.), Electronic Business und Mobile Business, Wiesbaden 2002, S. 27-55.

VINCENTI, A. J. F. (Wirkungen): Wirkungen asymmetrischer Informationsverteilung auf die Unternehmensbewertung, in: BFuP, 54. Jg. (2002), S. 55-68.

WALRAS, L. (Elements): Elements of pure economics or the theory of social wealth (englischsprachige Ausgabe von Eléments d'économie politique pure ou théorie de la richesse sociale, Edition Définitive, Paris/Lausanne 1926, übersetzt durch *JAFFÉ, W.*), Fairfield 1977.

WEBER, M. (Protestantische Ethik): Die protestantische Ethik und der Geist des Kapitalismus, in: *WINKELMANN, J.* (Hrsg.), Die protestantische Ethik I, 4. Aufl., Hamburg 1975, S. 27-277.

WEBER, M. (Wirtschaft und Gesellschaft): Wirtschaft und Gesellschaft, 5. Aufl., Tübingen 1976.

WEIMERSKIRCH, P. (Finanzierungsdesign): Finanzierungsdesign bei Venture-Capital-Verträgen, Wiesbaden 1998.

WEISS, P. (Entwicklung): Entwicklung von Existenzgründungen, in: *RIDINGER, R., WEISS, P.* (Hrsg.), Existenzgründungen und dynamische Wirtschaftsentwicklung, Berlin 1999, S. 41-59.

WEITNAUER, W. (Trade Sale): Trade Sale, in: *WEITNAUER, W.* (Hrsg.), Handbuch Venture Capital, München 2000, S. 288-296.

WEITNAUER, W. (Inkubator): Ein Mehr zu Venture Capital. Der New Economy Inkubator, in: FB, 2001, S. 461-465.

WELZEL, B. (Unternehmer): Der Unternehmer in der Nationalökonomie, Köln 1995.

V. WIESER, F. (Gesellschaftliche Wirtschaft): Theorie der gesellschaftlichen Wirtschaft, Grundriss der Sozialökonomik Bd. I/2, Nachdruck der 2. Aufl. von 1924, Tübingen 1977.

WILLIAMSON, O. E. (Markets and Hierarchies): Markets and Hierarchies, New York/London 1975.

WILLIAMSON, O. E. (Transaction-Cost): Transaction-Cost Economics, in: The Journal of Law and Economics, 22. Jg. (1979), S. 233-261.

WINTER, S. G. (Alternative Regimes): Schumpeterian Competition in Alternative Technological Regimes, in: Journal of Economic Behavior and Organization, 5. Jg. (1984), S. 287-320.

WIPPLER, A. (Innovative Unternehmensgründungen): Innovative Unternehmensgründungen in Deutschland und den USA, Wiesbaden 1998.

WITT, P., BRACHTENDORF, G. (Gründungsfinanzierung): Gründungsfinanzierung durch Großunternehmen, in: DBW, 62. Jg. (2002), S. 681-692.

WITT, P., ROSENKRANZ, S. (Netzwerkbildung): Netzwerkbildung und Gründungserfolg, in: ZfB, 72. Jg. (2002), Ergänzungsheft 5, S. 85-106.

WITT, P., ZILLMER, P. (Renditeorientierte Inkubatoren): Strategie- und Strukturveränderungen bei renditeorientierten Business Inkubatoren in Deutschland, in: FB, 4. Jg. (2002), S. 190-194.

WITTMANN, W. (Information): Unternehmung und unvollkommene Information, Köln/Opladen 1959.

WOHLSCHIEß, V. (Unternehmensfinanzierung): Unternehmensfinanzierung bei asymmetrischer Informationsverteilung, Wiesbaden 1996.

WOLL, H. (Menschenbilder): Menschenbilder in der Ökonomie, München/Wien 1994.

Stichwortverzeichnis